구글의 테스팅 문화와 기법에 관한 인사이드 스토리

구글은 소프트웨어를 어떻게 테스트하는가

구글의 테스팅 문화와 기법에 관한 인사이드 스토리

구글은 소프트웨어를 어떻게 테스트하는가

제임스 휘태커 · 제이슨 아본 · 제프 카롤로 지음
제갈호준 · 이주형 옮김

에이콘

에이콘출판의 기틀을 마련하신 故 정완재 선생님 (1935-2004)

구글, 마이크로소프트, 그리고 새로운 생각을 하게 만들어준 그 모든 곳의 테스터들에게 책을 바칩니다.

— 제임스 휘태커 James A. Whittaker

아내 헤더와, 항상 내가 스타벅스에서 일한다고 생각하는 내 아이들 루카, 마테오, 단테, 오데싸에게 이 책을 바칩니다.

— 제이슨 아본 Jason Arbon

어머니와 아버지, 그리고 로렌과 알렉스에게 이 책을 바칩니다.

— 제프 카롤로 Jeff Carollo

이 책에 쏟아진 각계의 찬사

제임스 휘태커는 테스팅을 하면서 발생하는 이슈들에 대해 오랜 경험을 갖고 있다. 향후 클라우드로의 변화가 진행되는 10년 동안, 이 책은 단순히 구글 직원들만 읽을 것이 아니라 이 분야에서 경쟁력을 갖추고 의미 있는 성과를 이루기 원하는 모든 테스터를 위한 책이다.

– 샘 구켄하이머^{Sam Guckenheimer} / 마이크로소프트 비주얼 스튜디오 전략 팀의 프로덕트 오너

구글은 수동 테스팅 활동과 자동화 테스팅을 혼합하고, 내부와 외부의 자원을 융합하고 있다. 최근에는 내부적인 활동을 보완하기 위해 외부 테스팅 기법까지도 개척하며 앱 테스팅 영역에서 꾸준히 혁신기업 역할을 해오고 있다. 혁신에 대한 욕구를 통해 구글은 새로운 문제를 해결하고 더 나은 앱을 만드는 데 박차를 가하고 있다.

　　이 책에서 제임스 휘태커는 빠르게 변화하는 앱 테스팅 세계에서 성공하기 위한 구글의 청사진을 제공한다.

– 도란 루베니^{Doron Reuveni} / uTest의 CEO이자 창립자

이 책은 일일 릴리스부터 헤드업 디스플레이[*]까지의 모든 판도를 바꿀 것이다. 제임스 휘태커는 미래의 소프트웨어 회사에서 표준으로 자리잡을 테스팅에 대해 전산학적으로 접근했다. 또한 우리 구글에서 사용한 프로세스와 기술 혁신에 대해 사실에 기반을 두고 재미있게 썼다. 소프트웨어 개발과 관련된 사람이라면 누구라도 꼭 읽어봐야 할 책이다.

– 마이클 바흐만^{Michael Bachman} / 구글 애드센스·디스플레이 팀 수석 엔지니어 매니저

---

* 테스트를 용이하게 하기 위해 기존 애플리케이션 위에 추가적으로 나타내는 사용자 인터페이스 – 옮긴이

저자는 구글의 테스트 공학 사례들에 대한 마법을 글로 적어서 현대판 소프트웨어 테스팅의 카마수트라를 집필했다.

– 알베르토 사보이아^{Alberto Savoia} / 구글의 엔지니어링 디렉터

클라우드에 코드를 배포하고, 많은 고객들이 행복할 수 있는 고품질의 제품을 전달할 전략을 세우길 원한다면 이 책에서 제시하는 방법들을 연구하고 심각하게 고민해봐야 한다.

– 필 왈리고라^{Phil Waligora} / 세일즈포스닷컴^{Salesforce.com}

제임스 휘태커는 테스팅 분야에서 많은 이들의 멘토이자 영감을 주는 사람이다. 그의 공헌이 없었더라면 지금의 기술이나 기법들도 없었을 것이다. 나는 아직도 그의 추진력과 열정, 유머에 경외심을 표한다. 그는 IT 업계의 커다란 산이며, 이 책은 IT에 종사하는 사람이라면 누구나 읽어봐야만 하는 필독서다.

– 스튜어트 녹커스^{Stewart Noakes} / 영국의 TCL Group Ltd. 회장

나는 마이크로소프트에서 제임스 휘태커와 함께 근무했었고, 지금도 함께 근무할 때의 그를 그리워하지만, 구글에서도 훌륭한 일을 할 것이라고 생각했다. 제임스, 제이슨 아본, 제프 카롤로는 혁신적인 테스팅 아이디어, 실제 사례, 그리고 구글 테스팅 장비에 대한 통찰 등을 이 책에 담았다. 테스팅과 품질에 대한 구글의 접근법이 궁금한 사람이나 테스팅에 대한 새로운 아이디어를 얻기 바라는 마음이 조금이라도 있다면 이 책에서 많은 것을 얻을 수 있을 것이다.

– 앨런 페이지^{Alan Page} / 마이크로소프트 엑스박스 팀, 『소프트웨어 테스팅, 마이크로소프트에선 이렇게 한다』의 저자

추천의 글 I

내가 직접 쓰고 싶어 했던 책에 추천사를 쓰는 상황은 그리 유쾌한 기분은 아니다. 마치, 결혼하고 싶었던 여자와 평생 해로를 기약하는 친구의 결혼식에서 신랑의 들러리를 서는 기분이랄까? 하지만 제임스 휘태커는 매우 영리한 사람이다. 그는 멕시칸 음식에 열광하는 내 약점을 간파하고 근사한 저녁식사에 초대해 도스 에퀴스 맥주를 몇 잔이고 거푸 권했다. 물론 추천 글을 써달란 부탁은 미처 꺼내지도 않았다. 난 내가 막 먹어치운 구아카몰 샐러드 한 접시에 무슨 말을 해도 모두 다 받아들이고 수용할 기분이 됐다. 그런 상황이었으니 그의 부탁에 "물론이지, 친구." 라는 대답을 건넨 건 당연한 일이었다. 그의 계략은 성공했고, 나는 자신이 쓴 책을 신부로 맞아들이는 제임스의 결혼식에 주례를 맡아 이 자리에 서게 됐다.

앞서도 말했지만, 제임스는 참 교묘한 사람이다.

슬슬 시작하자. 난 내가 직접 쓰고 싶었던 책의 추천글을 적고 있다. 이제 분위기를 띄울 결혼행진곡이 나올 타이밍이다.

세상에 또 다른 소프트웨어 테스팅 책이 필요할까? 더군다나 이미 많은 책을 저술해서 내가 공공연히 '테스트 서적의 옥토맘*'이라고 부르는 제임스 휘태커가 쓰는 다른 소프트웨어 테스팅 책이라니? 비슷하면서 오래된 테스팅 방법론에 대해 설명하고 불확실하고 오래된 조언들을 담아내는 책들은 이미 충분히 많지 않은가? 그렇다. 그런 책들은 이미 충분하다. 하지만 이 책은 그런 책들하고는 다르다. 그게 바로 내가 직접 쓰고 싶었던 이유이기도 하다. 바로 이렇게 실질적인 테스팅 도서가 세상에는 필요했다.

인터넷은 소프트웨어를 설계하고, 개발하고, 배포하는 방식을 매우 극적으로 변화시켰다. 왕년에 유명했던 테스팅 책에서 다룬 많은 테스팅 모범 사례가 이제는 비효율적이면서 효과가 없을 수도 있고, 어떤 경우 요즘 환경에서는 역효과를 일으킬 수도 있다. 산업계의 모든 것이 매우 빠르게 변하고 있는데 최근 나온 소프트웨

---

* 옥토맘(Octomom)을 모른다고? 구글에서 검색해보시라! (체외수정으로 8 쌍둥이를 낳아 유명해진 나디아 슐먼의 별명이다. - 옮긴이)

어 테스팅 책은 예전과 다를 바 없이, 두개골에 드릴로 구멍을 내고 거머리를 넣어 악령을 없애라는 수술 책처럼 진부하기 짝이 없다. 아마도 그 책에 속아 넘어가기 전에 그냥 라면 받침대로 쓰는 편이 그 책을 사용하는 가장 좋은 방법일 수도 있다.

소프트웨어 산업의 발전 상황을 감안할 때 10년 뒤에 이 책 역시 쓸모가 없어진다고 하더라도 놀라운 일이 아니다. 하지만 패러다임이 다시 한 번 바뀌기 전까지, 이 책『구글은 소프트웨어를 어떻게 테스트하는가』에는 21세기에서 소프트웨어 테스팅에 독보적인 도전을 하고, 가장 큰 성공을 이루면서 빠르게 성장한 인터넷 회사 내부인의 시각으로 바라본, 매우 시기 적절하고 유용한 내용이 적혀 있다. 제임스 휘태커와 공저자들은 이 시대에 가장 복잡하고 유명한 소프트웨어를 구글이 어떻게 성공적으로 테스팅했는지에 대한 핵심 요소를 기술했다. 내가 그 변화를 함께했기 때문에 알 수 있다.

나는 엔지니어 디렉터로 2001년에 구글에 입사했다. 그 당시 약 200여 명의 개발자와 무려 3명이나 되는 테스터가 있었다. 개발자들은 자신의 코드를 테스팅할 책임감을 갖고 있었지만, JUnit같이 테스트 주도 개발과 테스트 자동화 툴은 막 도입 시점에 있었다. 그래서 우리가 행하는 테스팅은 대부분 애드혹^{ad-hoc}하게 이뤄졌고, 코드를 작성하는 개개인의 근면성에 의존할 수밖에 없었다. 하지만 그것만으로도 문제는 없었다. 우리는 당시 막 시작하는 단계였으며, 빠르게 움직이면서 위험을 감수해야만 했고, 그렇지 않았다면 기존의 거대한 경쟁자들과 겨룰 수 없었기 때문이다.

하지만 회사가 점점 거대해짐과 동시에 주요 수익원이자 내가 책임을 졌던 제품 중 하나인 애드워즈^{AdWords} 같은 우리의 제품이 사용자와 고객에게 매우 중요해짐에 따라 테스팅에 더 많은 투자를 하고 집중해야 한다는 점이 매우 분명해졌다. 3명의 테스터만으로는 부족했기에 개발자들을 테스팅에 더 관여시킬 수밖에 없었다. 여러 구글 직원들과 함께 나는 단위 테스팅^{Unit Testing}을 소개하고, 가르치고, 홍보했다. 우리는 개발자의 작업 중 테스팅 작업에 대한 우선순위를 높이고 JUnit 같은 툴을 사용해서 자동화하게 했다.

하지만 적용은 매우 더디게 진행됐고, 모든 개발자가 자신의 코드를 직접 테스트하는 아이디어에 대해 호의적이지는 않았다. 모멘텀을 유지하기 위해 금요일 오후 회사의 맥주 파티(TGIF라 한다)에서 나는 테스트를 작성한 개발자에게 매주 테스트 상을 수여했다. 그것은 마치 동물 사육사가 강아지들을 훈련시키기 위해 속임수를 쓰는 것 같았지만, 적어도 테스팅에 주목하게 할 수는 있었다. 이렇게 간단한 방법으로 개발자들이 테스트할 수 있게 했던 내가 행운아였을까?

불행하게도 속임수는 오래가지 않았다. 개발자들이 테스트를 적절하게 수행하려면 코드 라인당 테스트할 두세 줄의 단위 테스트 코드를 작성해야 했고, 그러한 테스트들은 기능 코드와 마찬가지로 유지 보수가 필요했다. 그리고 그만큼 버그가 있을 확률이 높았다. 그리고 또 한 가지 분명한 사실은, 개발자 단위 테스팅만으로는 충분치 않다는 점이었다. 통합 테스트, 시스템 테스트, UI 테스트 등이 여전히 필요했다. 테스팅에 관해서라면 해야 할 일들과 배워야 할 일들이 상당히 많았고, 아주 빠르게 해나가야만 했다. 아주 빠르게 말이다!

뭐가 그리 급하냐고? 자, 난 테스팅만으로 잘못된 아이디어나 문제의 소지가 있는 제품을 성공시킬 수는 없다고 믿는다. 대신 테스팅에 대한 잘못된 접근이 좋은 제품을 만들 기회를 없애거나 좋은 회사를 죽일 수도 있고, 아니면 적어도 회사의 성장을 늦추거나 경쟁자에게 기회를 제공할 거라고 생각한다. 구글은 그 점을 알고 있었다. 연속적인 성공을 이루는 데 가장 큰 장벽 중 하나가 테스팅이 된다는 점을 알고, 제대로 된 테스팅 전략을 찾아내 사용자, 제품, 그리고 직원들에게 굉장한 속도의 성장을 안겨줄 수 있는 혁신적인 접근법과 특별한 솔루션들, 독보적인 툴들을 찾아내고 만들어서 회사의 성장이 둔화되지 않고 유지될 수 있게 했다. 물론 모든 것이 적용되진 않았지만, 그 과정에서 우리는 가치 있는 교훈과, 구글과 같은 성장 속도로 커나가길 원하는 회사에 적용할 수 있는 사례들을 배우게 됐다. 그로 인해 얻은 통찰력들과, 그 결과를 낼 수 있는 작업들로 이뤄진 책이 바로 이 책이다. 여러분들이 21세기에 현재의 인터넷, 모바일, 클라이언트 애플리케이션의 테스팅에 대한 도전을 구글이 어떻게 했는지를 알고 싶다면 제대로 된 책을 찾았다. 나머지 이야기를 전할 수 있는 사람이 내가 된다면 좋겠지만, 제임스와 그의 공저자들이 선수를 쳐서 이 책에 구글에서 테스트를 어떻게 하는지에 대한 핵심을 낱낱이 밝혀버렸다.

책에 대해 마지막으로 언급하겠다. 제임스 휘태커는 이 책의 내용이 만들어질 수 있게 한 장본인이다. 그는 구글에 와서 문화를 만들고, 크롬, 크롬OS 등 수십 가지의 작은 제품들까지 크고 중요한 프로젝트에 참여해 제품으로 만들었다. 그리고 구글 테스팅의 대표 인물이 됐다. 하지만 전에 기술한 그의 다른 책과 달리 이 책의 많은 내용은 그의 것이 아니다. 그는 구글이 소프트웨어를 어떻게 테스트해왔는지 그 진화에 대한 보고자이자 그 진화에 공헌한 사람이다. 제임스가 아마도 모든 일을 자신의 공로로 돌리려고 할지도 모르기 때문에 여러분이 읽는 동안 명심해야 한다.

구글의 직원 수가 200명에서 2만 명이 되는 동안에 테스팅 전략에 많은 공헌을 하고 개발하는 데 중요한 역할을 한 사람들이 매우 많다. 제임스는 그러한 많은 사람들을 신뢰했고, 그들은 관련 기사와 이 책에 적힌 인터뷰들을 작성하는 데 직접적인 기여를 했다. 하지만 나나 제임스는 물론이고 이 책에서 언급한 그 어떤 누구도, 아키텍트이자 구글 생산성 혁신 팀의 리더인 패트릭 코플랜드만큼 영향을 미친 이는 없었다. 패트릭은 제임스가 이 책에 작성하고 공헌한 내용을 비전으로 제시한 중역으로서 구글의 모든 테스터는 패트릭에게 보고한다. 오늘날 구글의 소프트웨어 테스트 방법을 만든 공을 세운 사람을 꼽는다면 바로 패트릭이다. 단지 그가 나의 상사이기 때문에 이렇게 말하는 건 아니다. 그가 나의 상사인데다가, 이렇게 말하라고 시켰기 때문에 밝히는 것이다.

알베르토 사보이아 Alberto Savoia

엔지니어링 디렉터로 구글의 혁신 운동가다. 그는 2001년 구글에 처음 입사해 구글 애드워즈 AdWords의 런칭을 관리했고, 회사에서 개발자/단위 테스팅을 시작하는 데 핵심적인 역할을 했다. 또한 오라일리 출판사에서 나온 『뷰티풀 코드』에서 '아름다운 검사' 챕터를 썼고, 『The Way of Testivus』의 저자다.

> 나도 진심으로 그의 의견에 동의한다! 이 책을 만드는 과정에서 학자와 저널리스트로서, 난 패트릭이 만들어낸 조직의 자료에 대부분을 빚졌다. 단순히 그가 나에게 이 책을 써도 좋다고 허락했기 때문이라고 말하지 않겠다. 상사인 그가, 내게 이 책을 쓰게 만들었을 뿐이다! - 제임스 휘태커

추천의 글 II

구글에서 내 모험은 2005년 3월부터 시작된다. 앞의 알베르토의 서문을 읽었다면 그때 당시 구글의 환경에 대해 조금 알게 됐을 것이다. 구글은 작긴 했지만 심각한 성장통에 대한 신호를 보내고 있었다. 또한 다이내믹한 콘텐츠를 받아들이는 웹 세계의 빠른 기술 변화와 클라우드 시스템이 클라이언트-서버가 지배하던 세상을 바꿀 수 있는 대안으로 부각되기 시작한 시기였다.

그 첫 주에 TGIF라고 불리는 주중 회의에서 나는 세 가지 색깔의 프로펠러 모자*를 쓴 누글러^{Noogler**}들과 함께 앉아 창업자와 함께 협업 전략에 대해 논의했다. 나는 내가 할 일에 대해 아는 게 거의 없었다. 순진했던 나는 그저 신나기만 했고, 더 많은 것을 알고 싶었다. 구글의 속도와 규모에 비하니 지난 수년간 5년 주기로 제품을 출시해온 나의 경력은 빈약하기 이를 데 없었다. 불행히도 나는 내가 누글러 모자를 쓴 사람 중 유일한 테스터였다고 생각했다. 물론 나중에 알고 보니 더 있기 했다!

나는 구글의 엔지니어가 1,000명이 조금 되지 않을 때 입사했다. 테스팅 팀은 50명의 풀타임 근무자와 내가 결코 이해할 수 없었던 몇 명의 임시직 근무자로 이뤄져 있었다. 팀의 이름은 '테스팅 서비스'였고 주된 업무는 UI 검증이었으며, 필요에 따라 프로젝트에 투입됐다. 여러분이 상상하는 바와 같이 구글에서 각광받는 팀은 분명히 아니었다.

하지만 당시는 그걸로 충분했다. 구글의 주 사업이 검색과 광고였으며, 구글의 세상은 지금보다 훨씬 작았고 탐색적 테스팅을 철두철미하게 수행해 대부분의 품질 문제를 충분히 잡을 수 있었다. 하지만 세상이 조금씩 변화하고 있었다. 사용자가 전례 없는 숫자로 웹을 사용했고, 문서 기반의 웹은 앱 기반의 웹에 자리를 내주고 있었다. 피할 수 없는 성장과 확장으로 인한 변화를 느끼고, 빠른 시장 출시를 위해 타당성을 판단해야 했다.

---

* 크롬 심볼 - 옮긴이

** 구글에 새로 입사한 사람 - 옮긴이

구글 내부에선 확장성과 복잡도 이슈가 테스팅 서비스를 변화시키고 있었다. 작고 유사한 프로젝트에서 일을 잘하던 좋은 테스터들은, 한 프로젝트에서 다음으로 급하게 넘어가면서 점점 지쳐갔다. 모든 것을 최고로 마무리하는 것이 빠르게 릴리스하기 위한 구글의 방침이었다. 이 수동 집중적인 과정들을 축소하거나 판을 뒤엎을 무엇인가가 필요했다. 구글과 산업계에서 일어나는 급격한 변화에 맞춰 테스팅 서비스를 변화시켜야 할 필요가 있었다.

내 다양한 경험을 이용해 완벽한 테스트 조직을 만들자고 말하고 싶지만, 사실 내 경험은 잘못된 방식으로 일할 때 방향을 조금 잡아 줄 뿐이다. 내가 부분적으로 참여했거나 내가 이끌었던 모든 테스트 조직은 한 가지 방식이나 다른 팀에서 사용했던 방식으로는 잘 동작하지 않았다. 무엇인가가 항상 망가졌다. 코드가 깨지고, 테스트가 깨지고, 팀이 깨졌다!

혁신적인 아이디어가 깨지면서 거기에 의존하는 제품들이 위험을 무릅써야 하는 것처럼 품질과 기술적인 부담을 동시에 진다는 의미를 나는 잘 알고 있었다. 내 경험이 나에게 가르쳐 준 것이 있다면 그것은 "어떻게 테스트하지 말아야 하는가"다.

지금까지 내 모든 이야기 중 구글에 대한 한 가지는 분명하다. 구글은 전산학과 코딩 기술을 존중했다. 결국 테스터가 이 클럽에 동참하려면 훌륭한 전산학 지식과 몇 가지 절묘한 코딩 기술을 갖고 있어야 했다. 일등 시민이 되기 위해선 반드시 갖춰야 할 요소였다.

구글에서 테스팅을 변화시키기 위해선 테스터부터 변화시켜야 했다. 나는 완벽한 팀을 상상하곤 했는데, 팀이 하나가 돼 품질에 대한 책임을 짊어진다는 전제를 유지하면서 함께 나아갈지를 늘 고민했다. 팀 전체란 제품 매니저, 개발자, 테스터 모두를 말한다. 내 관점에서 이렇게 할 수 있는 최선의 방법은 테스터가 코드 기반의 실제 기능을 테스팅할 수 있는 역량을 갖추는 것이다. 테스팅 기능은 실제 고객이 보는 기능과 동일할 수밖에 없다. 그리고 기능을 만들기 위해 필요한 기술은 개발자와 동일하다.

기능을 개발할 수 있는 테스터를 채용하는 것은 어려운 일이다. 하지만 테스트를 할 수 있는 기능 개발자를 찾는 일이 더 어렵다. 상황이 더 좋아지든 나빠지든 간에 아무것도 하지 않는 것이 가장 나쁘므로, 꾸준히 진행해 갔다. 나는 테스팅에 열심을 가지고 임할 테스터를 원했고, 그와 동시에 테스팅 작업의 오너십과 본질을 개선하기 위해 개발 팀에 매우 거대한 투자를 요청했다. 내가 여태까지 한 번도 만들어본 적 없는 조직 구조였지만, 구글에 딱 적합한 형태라고 스스로 확신했고, 우리는 준비가 돼 있었다.

불행히도 그런 깊고 심오한 변화에 대한 내 열정을 공감하는 사람은 회사 내에 얼마 없었다. 소프트웨어 테스팅 역할에 대해 같지만 다른 내 비전을 진행하는 동안, 나는 결국 나와 뜻을 같이할 파트너를 찾는 것이 어렵다는 것을 알았다! 엔지니어들은 테스팅 작업에 많은 노력이 든다는 생각에 위태로움을 느끼는 것처럼 보였고, '테스트는 당연히 그런 것'이라고 말했다. 테스터들도 비슷하게 그들의 역할에 익숙해지는 데 어려움을 나타냈고, 현실적으로는 그러한 변화에 대한 모멘텀이 없다는 것이 힘든 문제가 됐다.

나는 구글의 엔지니어링 프로세스가 (내가 기쁘게 떠났던) 구식의 5년 주기 출시 방식을 갖는 클라이언트-서버 세계로 다시 돌아가 기술과 품질의 부담에서 벗어나지 못한 채 교착상태에 빠질지도 모른다는 점이 두려웠다. 구글은 혁신에 초점을 맞춘 천재들의 회사로, 제품의 긴 출시 주기와 구글의 기업 구조는 잘 맞지 않는다. 이것을 극복하는 일은 해볼 만한 일이었고, 난 이곳의 천재들이 간소화되고 반복적인 '기술 공장'에서의 개발과 테스팅 사례들에 대해 이해할 것이라고 자신했으며, 그들은 실제로도 그랬다. 그들은 우리가 더 이상 스타트업 기업이 아니고 사용자 기반으로 빠르게 성장하는 회사임을 인지하고, 이런 상황에서 버그가 많은 취약한 코드 구조로는 코더로서의 모든 생명이 마감될 것이라는 점을 잘 알고 있었다.

난 상품화 팀을 돌아다니면서 사례들을 만들고, 내 주장의 구심점을 찾으려고 노력했다. 개발자들에게 나는 연속적인 빌드, 쾌속 개발, 빠르게 움직이는 개발 프로세스, 혁신을 위한 시간 배분 등에 대한 청사진을 보여줬다. 테스터들에게는 엔지니어 파트너로서의 동등한 기술, 동등한 공헌, 동등한 보상을 호소했다.

개발자들은 충분한 기능 개발 능력을 가진 사람을 고용하면 당연히 그에게는 기능 개발을 시켜야 한다는 태도를 갖고 있었다. 그들 중 일부는 내 생각에 반대해서 내 상사의 메일함에 나의 미친 행동을 어떻게 다뤄야 할지 진심어린 충고를 하기도 했다. 운 좋게도 내 상사는 그들의 조언을 무시했다.

놀랍게도 테스터들 역시 비슷하게 반응했다. 자신들이 하는 일들에 대해 불만의 목소리를 키워가긴 했지만, 행동으로 옮기는 이는 없었다.

불만이 있는 사람들에 대해 내 상사는 이렇게 이야기했다. "여긴 구글이야, 뭔가 하고 싶으면 해야지."

따라서 난 행동할 수 있었다. 나는 비슷한 생각을 가진 사람들로 핵심 그룹을 충분하게 모으고, 후보들과 함께 면접을 시작했다. 힘든 과정이었다. 우리는 개발자에 버금가는 기술과 테스터의 마음가짐을 가진 사람을 찾고 있었다. 우린 코드를 작성할 줄 아는 사람이 그 기술을 툴 개발과 인프라스트럭처, 그리고 테스트 자동화 개발에 적용해주길 원했다. 그래서 우린 채용과 면접에 대해 다시 고려해야만 했고 그동안 해왔던 방식에 익숙해져버린 고용 위원회에게 프로세스를 설명해야만 했다.

처음 몇 분기 동안은 매우 힘들었다. 좋은 후보들은 면밀한 후보 조사 과정에서 탈락했다. 아마도 그들은 어려운 코딩 문제를 풀기에는 너무 느리거나, 누군가는 중요하다고 생각하는 무엇인가를 잘 못하고, 테스팅 기술로는 할 줄 아는 게 없었을 것이다. 나는 인력 고용이 점점 어려워짐을 느꼈고, 매주 채용 사유를 쓰고 또 쓰는 데 시간을 쏟았다. 이러한 채용 사유들은 다름 아닌 구글의 공동 창업자이자 채용 프로세스의 최종 승인자였던(지금도 승인자인) 래리 페이지에게 전달됐다. 그리고 그는 내 팀이 성장할 수 있게 충분히 많은 팀원을 뽑아주었다. 나는 종종 매번 래리가 내 이름을 들었을 때, "'테스터 채용!'이라고 항상 생각하지 않았을까?"라는 생각이 든다.

이 시기에 테스터를 얻기 위해 충분히 나댔기 때문에 성과를 내는 것말고는 다른 선택이 없었다. 회사 전체가 지켜본 과정이었기에, 실패했다면 비참했을 것이다. 변화무쌍하게 변경되고 유지되는 협력업체와 임시직으로 이뤄진 작은 테스트 팀에 거는 기대가 너무 컸다. 테스터 채용에 힘겨워할수록 임시직을 더 선호하게 됐고, 달성해야 할 혁신은 이루지 못했다. 테스팅 자원이 부족할수록 개발자가 해야 할 테스트 작업이 더욱 증가했고, 많은 팀의 도전 의지가 강해졌다. 기술이 발전하지 않는다면 기술력 하나만으로도 우리가 가고자 하는 방향으로 갈 수 있을 것이다. 하지만 기술이 계속 변화하면서 개발과 테스팅 규칙 역시 빠르게 변했다. 정적인 웹 콘텐츠는 사라지는 반면 브라우저는 현재 수준만 유지된 상태였다. 이미 철지난 브라우저에 대한 자동화는 일 년 뒤에 진행됐다. 동일 개발자가 그런 거대한 기술 변화에 직면하면서 동시에 개발 문제에 대한 테스트를 작성하는 것은 바보 같은 일처럼 보였다. 우리는 이런 애플리케이션들을 수동으로 적절하게 테스트할 역량이 없었고, 자동화는 말할 필요도 없었다.

개발 팀에게 압력을 가하는 것은 좋은 방법이 아니었다. 그래서 구글은 풍부하고 동적인 웹 애플리케이션을 갖고 있는 회사를 사기 시작했다. 유튜브^{YouTube}, 구글 문서도구^{Google Docs} 등이 우리 내부 인프라스트럭처에 퍼졌다. 개발 팀이 코드를 만들 때 직면한 문제들이 내가 테스팅을 하면서 직면한 문제들보다 더 어려워지기 시작했다! 나는 단순하게 테스팅만 따로 떼어서는 해결할 수 없는 문제를 처리하려고 노력했다. 테스팅과 개발을 분리해 생각하거나 전혀 다른 영역의 문제로 다루게 되면 잘못된 방향으로 가게 되고 해결하지 못하게 된다. 그래서 테스트 팀을 바로잡는 일은 점진적으로 한걸음씩 나아가게 했다.

진척이 보이기 시작했다. 스마트한 사람을 고용하는 일은 재미있는 일이다. 그들은 성과를 내고 싶어 하기 때문이다! 2007년에 이르면서 테스트 분야의 위상은 좀 더 좋아졌다. 릴리스 주기의 마지막 시기를 잘 관리하고 있었다. 개발 팀은 우리 테스터들을, 함께 제품을 만드는 파트너로 인식했다. 하지만 우리 스스로 우리의 존재를 개발 주기의 뒷부분에서 팀을 지원해주는 전통적인 QA 모델에 가둬두고 있었다. 우리의 능력이 꽤 괜찮음에도 불구하고 여전히 원하는 방향으로 가지 못하고 있었다. 고용 문제를 조절하고 테스팅은 올바른 방향으로 이동하고 있었지만, 우리는 프로세스의 후반부에서만 관여했다.

우리는 '테스트 인증'이라 부르는 컨셉으로 진척을 만들어갔다(자세한 내용은 이 책에서 설명할 것이다). 개발 팀에 컨설팅을 제공하고 좀 더 나은 코드를 만들 수 있게 도와주고 단위 테스팅을 조기에 할 수 있게 도와준다. 툴을 만들고 팀이 연속적인 통합을 할 수 있게 해서 제품이 항상 테스트 가능한 상태에 있게 했다. 셀 수 없이 많은 진척과 변화가 있었고 회의적인 내용들 중 많은 부분을 해결했던 내용 대부분을 이 책에서 자세히 다룬다. 여전히 전체적으로 보면 아직 부족한 부분이 있다. 개발은 여전히 개발이고, 테스트는 여전히 테스트다. 문화를 변화시키기 위한 많은 재료들이 있지만, 이를 유지하기 위한 촉매가 필요했다.

내 아이디어로 인해 테스팅 직무로 고용된 개발자들이 증가하는 조직을 보면 테스팅은 우리가 했던 일의 일부분임을 깨닫는다. 우리는 소스코드 저장소부터 인프라스트럭처, 버그 데이터베이스까지 팀을 구축하는 데 필요한 모든 것을 갖고 있었다. 우리는 테스트 엔지니어이자 릴리스 엔지니어, 툴 개발자이자 컨설턴트였다. 내게 갑자기 떠오른 것은 우리 업무 중에서 테스트 영역이 아니라고 생각한 부분이 얼마나 생산성에 영향을 미치는가였다. 우리의 이름이 테스팅 서비스 팀이었을 수도 있지만, 우리는 더 많은 것을 이뤄낼 수도 있었다.

그래서 나는 이를 좀 더 공식적으로 만들기로 결심하고 팀 이름을 생산성 혁신 팀으로 변경했다. 이름을 변경하니 문화적 변경도 일어났다. 사람들이 테스팅과 품질 대신 생산성에 대해서 이야기하기 시작했다. 생산성을 높이는 일이 이제 우리의 일이 됐고, 테스팅과 품질은 개발에 관계된 모든 이들의 일이 됐다. 다시 말하면 개발자가 테스팅을 책임지고 개발자가 품질을 책임진다. 그리고 생산성 혁신 팀은 개발이 이 두 가지를 이뤄낼 수 있게 하는 책임을 갖게 됐다.

초기에는 그 아이디어가 거의 우리의 바람만 담은 아이디어이고, '구글 가속화'라는 우리의 모토가 처음에는 공허하게 들렸겠지만, 시간이 지나면서 우린 행동을 통해 그 약속들을 실천해 나갔다. 우리가 만든 툴이 개발자들을 더 빠르게 움직이게 하고, 꽉 막혀있는 병목지점을 해결해주고, 개발자가 직면한 문제들을 해결해주고 있다. 또 우리가 만든 툴들을 통해 개발자는 테스트를 작성하고, 빌드 직후에 바로 테스트 결과를 볼 수 있게 됐다. 테스트 케이스는 더 이상 테스터의 장비에서 따로 수행되지 않는다. 테스트 결과는 대시보드에 게시되고, 연속적으로 버전들이 축적되고, 릴리스 시 필요한 애플리케이션 적합성을 판단하는 공식적인 기록이 됐다. 우리는 단순히 개발자의 참여만을 요구하진 않았다. 우린 그들이 그렇게 하기 쉽게 만들었다. 생산성과 테스팅의 차이가 결국 현실이 됐다. 구글은 작은 저항과 기술적인 부담 없이 혁신을 이뤘다.

그럼 그 결과는? 자, 이 책의 나머지 부분에 대해 스포일러를 발설하지 않겠다. 저자들은 자신의 경험을 세세히 되돌아보고 핵심 사례들에 대해 다른 구글러들의 경험이라는 비밀 소스를 뿌리고 이를 완성하는 수고를 감수했다. 엄청난 규모의 명령 처리, 빌드 시간 감소, 돌리고 잊어버리는 테스트 자동화, 진짜 혁신적인 테스팅 툴 등 많은 방면에서 성공을 이뤘다. 이 추천사를 쓰는 이 시점에 생산성 혁신 팀의 수는 약 1,200명으로 내가 구글에 입사한 2005년의 구글 전체 엔지니어 수보다 약간 많다. 생산성이라는 브랜드는 강하고 구글 가속화에 대한 우리의 헌장은 엔지니어링 문화의 일부에 들어간다. 팀은 TGIF 모임에서 불확실성과 혼란 속에서 앉아있던 첫날과는 이제 차원이 달라졌다. 변하지 않은 단 하나는 세 가지 색깔로 된 프로펠러 모자뿐이었다. 그리고 그 모자는 우리가 얼마나 먼 길을 걸어왔는지를 상기시켜 주면서 여전히 내 책상 위에 놓여있다.

패트릭 코플랜드 Patrick Copeland

생산성 혁신 팀의 고참 디렉터로, 구글에서 테스팅 계열의 최상급자다. 회사 내의 모든 테스터가 패트릭에게 보고를 한다(덧붙여 말하자면 그를 건너뛸 수 있는 매니저 수준은 구글의 공동 창립자이자 CEO인 래리 페이지뿐이다). 패트릭은 구글에서 테스트 디렉터로 근무하기 전에 약 10년간 테스트 부문의 책임자로 일했다. 종종 외부 강의를 많이 하며, 쾌속 개발, 테스팅, 소프트웨어의 배포에 대한 구글의 기술 아키텍트로 알려져 있다.

저자 소개

제임스 휘태커 James Whittaker

구글의 엔지니어링 디렉터로, 크롬, 구글 지도, 구글 웹 앱 등에 대한 테스팅을 맡아왔다. 마이크로소프트에서 일한 바 있으며, 그 전에는 교수를 역임했다. 테스팅계에서 명성이 드높은 인물이다.

제이슨 아본 Jason Arbon

구글의 테스트 엔지니어로, 구글 데스크톱, 크롬, 크롬OS의 테스팅을 맡고 있다. 또한 다수의 오픈소스 테스트 툴과 개인화 실험에 대한 개발 리더 역할을 하고 있다. 구글 입사 전에는 마이크로소프트에서 근무했다.

제프 카롤로 Jeff Carollo

구글 테스트 분야의 소프트웨어 엔지니어로, 구글 보이스, 툴바, 크롬, 크롬OS의 테스팅을 책임지고 있다. 수많은 구글 내부 개발 팀의 초기 코드 품질 향상을 돕기 위해 컨설팅을 하고 있다. 2010년에 소프트웨어 엔지니어로 전향했고, 구글 플러스 API 개발을 리드했다. 그 역시 구글에 입사하기 전에 마이크로소프트에서 근무했다.

저자 서문

패트릭 코플랜드가 이 책을 쓰자고 제안했을 때 망설였는데, 역시 내 생각이 맞았다. 사람들은 내가 이 책을 쓰기에 가장 적합한 구글러인지에 대한 의문을 품었고 (그들은 그랬다), 정말 많은 사람들이 관여하고 싶어 했다(이 또한 사실이다). 하지만 의문의 주된 이유는, 이전에 내가 저술한 모든 책들이 초보자를 위한 책이었기 때문이었다.

「How to Break」 시리즈나 『탐색적 테스팅Exploratory Testing』 책들은 세부적이고 완결된 내용이었다. 그러나 이 책은 달랐다. 독자들은 이 책을 한 번에 읽고 끝낼 수도 있겠지만, 구글이 테스팅 사례를 구성하는 크고 작은 작업들을 실제로 어떻게 수행했는가에 대한 참고서 이상의 의미를 지닐 수도 있다. 보편적으로, 초보자들보다는 협업하는 환경에서 소프트웨어를 테스트하는 사람들이 구글의 프로세스와 그들이 사용해본 프로세스를 비교할 수 있는 기준을 갖고 있기 때문에, 이 책에서 더 많은 영감을 얻을 것이다. 아마도 숙련된 테스터, 관리자, 경영진이 재빠르게 흥미로운 주제를 찾아 몇몇 특정 작업에 대해 구글이 어떻게 행동하는지에 대해 해당 절들만 읽을 것이다. 그리고 이런 스타일은 그동안 내가 써왔던 저술 스타일은 아니다!

지금까지 출판 경험이 없는 두 명의 저자와 함께 책을 출간하게 됐다. 두 명 모두 매우 훌륭한 엔지니어이고, 나보다 더 오래 구글에서 근무했다. 제이슨 아본의 직함은 테스트 엔지니어지만, 그의 마음가짐은 여느 기업가 못지않고, 이 책의 테스트 엔지니어 장에서 다룬 많은 생각과 툴들에 미친 그의 영향은 엄청나게 크다. 서로의 경험을 교류하면서 우리 둘은 변했다. 제프 카롤로는 개발자에서 테스터로 업무를 변경한 사람이고, 내가 여태까지 만난 중에 최고의 테스트 개발자다. 제프는 '자동화 길을 걸어오면서' 성공한 몇 안 되는 사람 중 하나다. 그의 테스트 코드는 매우 잘 만들어져서 처음 작성한 그 상태 그대로 두어도 추가 수정 없이 어느 팀이나 수행할 수 있게 작성돼 있다.

이 두 명은 매우 뛰어난 사람들이었고, 우리는 이 책을 한 목소리로 쓰기 위해 많은 노력을 쏟았다.

　　많은 구글러들이 게스트로서 자료를 제공해줬다. 한 명이 작성한 문서와 주제들인 경우, 글 앞머리에 기고자를 밝혔다. 또한 우리가 수행한 테스트 방법에 막대한 영향을 준 여러 명의 핵심 구글러들과 인터뷰를 하기도 했다. 구글 테스팅에 관여했지만 책에서 언급하지 않은 저자는 아마 30명 정도가 될 것이다! 모든 독자들이 모든 인터뷰 내용에 관심을 갖지 않을 수 있으므로, 본문에 내용을 명확하게 언급해 독자들이 읽거나 건너뛸 수 있게 했다.

　　아낌없이 지원해준 모든 분께 감사를 드리고, 우리가 작성한 내용이 그들이 수행하는 업무보다 부족하다면 어떤 비난도 받아들이겠다. 글만으로는 그들의 뛰어난 재능을 모두 표현하기에는 부족했다.

　　즐겁게 읽고, 즐겁게 테스트하고, 항상 여러분이 찾고자 하는 버그를 찾고 수정하길 바란다.

– 워싱톤 주 커클랜드에서

제임스 휘태커
제이슨 아본
제프 카롤로

저자 감사의 말

품질 향상을 위해 피곤함도 모르고 일하는 모든 구글 엔지니어에게 감사의 말을 전하고 싶다.

구글 엔지니어링과 관리의 개방적인 분산 문화에 대해 감사하고, 자유롭게 탐색하고 실험하면서 우리가 만든 제품만큼 다양한 테스팅 방법과 사례들을 다룰 수 있게 허락해준 것에 대해 감사를 표한다.

그들의 에너지를 쏟고 상상 속으로 테스팅을 몰아붙이는 위험을 감수한 사람들을 특별히 언급하고 싶다. 알렉시스 토레스Alexis O. Torres, 조 무하크시Joe Muharksy, 다니엘 드류Danielle Drew, 리차드 부스타만테Richard Bustamante, 포 후Po Hu, 짐 리어돈Jim Reardon, 테야스 샤Tejas Shah, 줄리 랄프Julie Ralph, 에리얼 토마스Eriel Thomas, 조 미하일Joe Mikhail, 이브라힘 엘 파Ibrahim El Far가 그들이다.

또한 우리의 엔지니어적인 이야기를 예의바르게 참아준 편집자 크리스 구질코스키Chris Guzikowski와 크리스 잔Chris Zahn에게도 감사의 말을 전한다. 본인의 관점과 경험들을 공유해준 모든 인터뷰 대상자들에게도 감사하다. 앵킷 메타Ankit Mehta, 조엘 히노스키Joel Hynoski, 린제이 웹스터Lindsay Webster, 애플 초우Apple Chow, 마크 스트리에벡Mark Striebeck, 닐 노르위츠Neal Norwitz, 트레이시 비알릭Tracy Bialik, 러스 루퍼Russ Rufer, 테드 마오Ted Mao, 쉘튼 마Shelton Mar, 아쉬쉬 쿠마Ashish Kumar, 수제이 사니Sujay Sahni, 브래드 그린Brad Green, 사이몬 스튜어트Simon Stewart, 홍 당Hung Dang. 프로토타입과 신속한 반복 작업에 영감을 준 알베르토 사보이아Alberto Savoia에게도 특별한 감사의 말을 전하고 싶다. 맛있는 음식과 커피를 제공해준 구글과 카페테리아 직원, 주방장에게도 감사의 말을 전한다. 솔직한 피드백을 준 필 왈리고라Phil Waligora, 앨런 페이지Alan Page, 마이클 바흐만Michael Bachman에게도 감사하다. 마지막으로 품질에 초점을 맞춰 열정적이고 재능이 많은 엔지니어를 모을 수 있게 지원해준 패트릭 코플랜드Patrick Copeland에게 감사의 말을 전한다.

옮긴이 소개

제갈호준 jaygarl@gmail.com

아이오와 주립대에서 컴퓨터 사이언스 박사 학위를 받고, 삼성전자 무선사업부에서 타이젠 플랫폼Tizen Platform을 개발 중이다. 주요 관심 분야는 플랫폼 개발, 아키텍처, 오픈소스, 자동화 테스팅이다. 에이콘출판사에서 펴낸 『SWT/JFace 인 액션』(2006), 『엔터프라이즈급 애자일 방법론』(2008), 『린 애자일 기법을 활용한 테스트 주도 개발』(2014) 등을 공역했다.

이주형 nnextia@gmail.com

카이스트 소프트웨어 대학원 석사 과정을 졸업하였으며, 현재는 삼성전자 가전사업부 SE 파트에서 책임연구원으로 재직 중이다. 주요 관심 분야는 요구 공학, 소프트웨어 테스팅이다. 에이콘출판사에서 펴낸 『엔터프라이즈급 애자일 방법론』(2008), 『린 애자일 기법을 활용한 테스트 주도 개발』(2014) 등을 공역했다.

옮긴이의 말

소프트웨어 테스팅 분야는 국내에서는 그동안 중요성이 많이 부각되지 않았고, 전문가도 많이 없는 실정이다. 당연히 컨설팅 받을 만한 곳도 많지 않고 대부분 피상적이거나 교과서적인 테스팅을 거치게 되는 경우가 많았다. 게다가 버그 파악의 많은 부분을 아쉽게도 최종 사용자의 피드백에 의존하고 있기도 하다. 이런 면에서 이 책을 통해 세계 최대의 소프트웨어 회사라 할 수 있는 구글의 고민과 사례를 엿볼 기회가 생겼다는 것은 매우 흥미롭다.

저자들은 "테스팅은 이래야만 한다."라는 것을 말하고자 하는 것이 아니라, "우리는 이렇게 테스트하고 있다."는 이야기를 전한다. 그래서 어쩌면 기대에 미치지 못하거나, 구글 상황에만 맞는 테스트 사례들이라 얻을 것이 많지 않다고 느낄 수도 있다.

하지만 지금 직장이 구글과 비슷한 환경이나 문화가 아니어서 직접적으로 그들의 사례를 적용할 수는 없을지라도, 고품질의 소프트웨어를 빠르게 릴리스하는 구글의 개발과 테스팅에 관한 아이디어와 사례, 조직 구성으로부터 많은 교훈을 배울 수 있을 것이다. 특히, 구글이 어떻게 소프트웨어 테스팅을 중요하게 다루게 되었는지에 대한 히스토리와 실무자들의 여러 인터뷰, 실행하기 어려운 테스트들을 가능하게 만들기 위해 어떻게 노력했는지에 대한 이야기, 그 결과인 테스트 프레임워크와 툴, 탐색적 테스팅을 위한 투어 방법론, 10분 테스트 계획법, 크라우드소싱을 이용한 테스팅 등 매우 광범위한 이야기를 통해 독자들은 분명 많은 아이디어를 얻어갈 수 있을 것이다.

책을 번역하는 중에 저자 중의 한 명인 제임스 휘태커가 구글을 떠나 다시 전직장인 마이크로소프트로 돌아갔다. 그는 자신이 구글에 입사할 당시에는 직원들에게 혁신의 동기를 부여하는 회사여서 열정적으로 임할 수 있었는데, 한 가지 목적에만 집중하는 광고회사임을 발견하고 구글을 떠난다는 소회를 블로그에 밝힌 바가 있다. 그가 떠난 이유야 어찌되었든 간에, 그와 구글의 테스팅 전문가들이 그동안 이룩해놓은 테스팅 분야의 성과는 이 책에 고스란히 담겨있다고 할 수 있다.

함께 번역한 주형 군과 몇 차례 번역과 리뷰를 거듭하면서 저자가 말하고자 하는 바를 최대한 왜곡 없이, 그리고 쉽게 전하고자 노력했다. 그리고 가능한 한 용어들은 이미 출판된 서적들의 용어를 따르고, 좀 더 명확한 의미 전달이 필요하다고 판단되는 경우에는 원문을 병기했다.

바쁜 일정에도 꼼꼼하게 같이 번역을 해준 친구 주형 군에게 고생했다는 말과 고맙다는 말을 전한다. 그리고 결혼 준비 중에도, 신혼 중에도 함께 시간을 보내지 않고 번역한다고 컴퓨터 앞에만 앉아있던 남편을 배려해준 와이프에게도 감사하다는 말을 전한다. 마지막으로 일정이 늦어짐에도 별다른 압박 없이 묵묵히 기다려주신 황지영 과장님과 김희정 부사장님을 비롯한 에이콘출판사분들께 감사의 말씀을 드린다.

목차

들어가며

소프트웨어 개발은 어렵다. 소프트웨어 테스트 역시 어렵다. 웹 전반에 걸쳐 개발과 테스트에 대한 이야기를 할라치면 누구든 구글을 언급한다. 구글과 같은 회사들이 대규모의 테스팅을 어떻게 처리하는지 인터넷에서 관심 있게 찾아본 적이 있다면 여러분은 제대로 된 책을 만난 것이다.

　　매일 구글은 분산된 수백만의 소스 파일들에서 수억의 코드 라인을 테스트하고 릴리스한다. 수십억의 빌드 작업이 수백의 자동화된 테스트를 즉각적으로 수행해 매일 브라우저에서 수억 번 동작한다. 한 해 동안 운영 시스템에서 빌드, 테스트, 릴리스가 이뤄진다. 브라우저는 매일 빌드되고, 웹 애플리케이션은 끊임없이 출시, 배포된다. 2011년에는 구글플러스^{Google+}의 100개 기능이 불과 100일 만에 출시됐다.

　　이것이 구글의 규모이자 구글의 스피드로, 곧 웹 그 자체의 규모와 매한가지이며, 바로 이 책에서 설명하는 테스팅 솔루션이다. 이 책에서는 이러한 인프라스트럭처가 어떻게 계획되고 구현되고 유지 보수되는지 설명한다. 또한 개념과 구현을 개발하는 데 중요한 수많은 인력에 대해 소개하고, 결과를 만들어내는 인프라스트럭처에 대해 이야기한다.

　　하지만 이 방법만이 유일한 길은 아니다. 구글이 오늘날 여기까지 온 과정은 우리가 테스트를 할 때 사용했던 많은 기술들만큼 흥미롭다. 6년 전 구글은 우리가 일해본 여러 회사들과 크게 다르지 않았다. 테스트는 주요 핵심 영역이 아니었다. 테스팅 분야에서 일하는 사람들은 별다른 인정을 받지 못했고 야근도 잦았다. 테스트는 수작업이 매우 많은 업무였기에, 자동화에 소질이 있는 사람들은 좀 더 큰 '영향'을 미칠 수 있는 개발에 재빨리 투입됐다. 오늘날 구글에서 '생산성 혁신_{Engineering Productivity}' 팀은 엔지니어링보다 영웅적인 활동을 선호하는 기업 문화, 그리고 테스팅에 대한 편견을 극복해야만 했다. 오늘날 구글 테스터들은 개발자들과 동일한 수준의 연봉을 받고, 보너스와 승진 기회도 동등하게 주어진다. (제품, 다양성, 수익 측면에서) 괄목할 만한 구글의 성장과 함께 테스터 직군이 형성되고 테스팅 문화가 살아났으며 구조적인 조직 재구성이 이뤄지자, 다른 기업들은 구글의 행로를 밟아나가기에 이르렀다. 이제 테스팅을 제대로 완료할 수 있고 상품화 팀과 회사 경영진은 테스팅 팀에 모두 감사하게 될 것이다.

웹에서 미래를 발견하고 돈을 벌기를 원하는 회사라면 이 책에서 설명하는 테스팅 기술과 조직 구조는 더더욱 유용할 것이다. 그러한 회사들은 이 책을 꼭 읽어보길 바란다.

이 책의 구성

이 책은 직무 역할에 기반을 두고 작성됐다. 1장에서는 구글 품질 프로세스에 대한 모든 개념, 프로세스, 복잡다단한 사항들에 대해 설명하고, 모든 직군을 살펴본다. 1장은 꼭 읽어야 한다.

나머지 각 장은 어떤 방식으로 읽어도 무방하다. 우리는 먼저 테스트 역할에서 SET 또는 소프트웨어 엔지니어에 대해 이야기한다. 그것이 현재 구글 테스팅의 시작이기 때문이다. SET^{테스트 소프트웨어 엔지니어}는 기술적인 테스터이고, 2장에서 다루는 자료들은 기술적인 내용이지만, 누구나 주요 개념을 잡을 수 있는 수준으로 작성됐다. 3장에서는 다른 주요 테스팅 역할인 TE, 즉 테스트 엔지니어에 대해 설명했다. TE의 업무가 매우 방대하고 구글에서 TE는 제품 주기에 많은 역할을 하기 때문에 3장은 매우 길다. TE는 기존의 많은 테스터들이 상상할 수 있는 친숙한 역할로, 이 책을 읽는 대부분의 독자들이 적용할 수 있고, 책에서 가장 많이 읽히는 부분일 것이다.

4장에서는 테스트 관리와 구글 테스트 역사에서 중요한 역할을 하거나 구글 제품에서 핵심 역할을 한 구글의 핵심 인재들과의 인터뷰를 다룬다. 이 인터뷰들은 구글과 비슷한 테스팅 프로세스나 팀을 만들고 싶은 사람들에게 매우 흥미로운 내용일 것이다.

5장은 관심이 있는 독자라면 절대 놓치지 말아야 할 부분이다. 저자 제임스 휘태커는 구글 테스팅이 꾸준히 발전하는 방법에 대해 통찰력을 제공하고, 구글 및 대기업이 가야 할 테스팅 방향에 대해 이야기한다. 저자의 큰 통찰력을 얻을 수 있을 것이며, 조금은 충격을 받을지도 모르겠다.

그림에 대한 참고

논의한 주제의 복잡성과 인터넷의 시각적 특성 때문에 이 책의 3장부터 나오는 몇몇 그림은 매우 자세히 그렸고, 어떤 그림은 의도적으로 고수준의 개념만 제공하기 위해 그렸다. 그러한 그림들은 대표성을 띠며, 세세한 내용을 다루진 않으려고 했다. 여러분의 컴퓨터에서 이 그림들을 보고 싶다면 http://www.informit.com/title/9780321803023에서 다운로드할 수 있다.

구글 소프트웨어 테스팅 개요

제임스 휘태커 James Whittaker

내가 많이 받는 질문이 하나 있다. 어느 나라를 방문하든지, 학회에 참석하면 항상 받는 질문이다. 누글러Noogler, 구글 신입 사원의 별칭들도 신입 사원 오리엔테이션에 오자 마자 나에게 질문하곤 한다. "구글은 어떻게 소프트웨어를 테스트하나요?"

이 질문에 대해 몇 번이나 얼마나 다른 내용으로 대답했는지 확실하진 않지만, 그 질문에 대한 대답은 내가 구글에서 지낸 시간이 늘어나고 다양한 테스팅 사례에서의 미묘한 차이를 알게 됨에 따라 점점 발전했다. 그래서 관련 책을 집필해야겠다고 속으로 마음먹었고, 테스팅 관련 책은 개똥[1]만큼이나 하찮다고 한 알베르토Alberto 가 드디어 책을 쓰자고 했을 때 비로소 나는 이제 책을 쓸 시기가 됐다고 실감했다.

하지만 난 여전히 망설일 수밖에 없었다. 가장 큰 문제는 이 책을 쓰는 데 적합한 사람은 내가 아니라는 데 있었다. 구글에는 나보다 훌륭한 사람들이 훨씬 많았으며, 나는 그들이 책을 쓰게 하고 싶었다. 두 번째 문제는 내가 크롬과 크롬OS의 테스트 디렉터(그 자리는 현재 전 디렉터 중 하나가 맡고 있다)로서 구글 테스팅 솔루션의 극히 일부에 대해서만 알고 있다는 점이다. 아직 배워야 할 구글 테스팅이 매우 많았다.

구글에서는 생산성 혁신 팀Engineering Productivity Team이라 불리는 중앙 조직에서 소프트웨어 테스팅을 담당한다. 생산성 혁신 팀은 개발자와 테스터의 툴 체인을 수행하고, 단위 테스팅부터 탐색적 테스팅에 이르는 모든 분야의 테스팅과, 그에 관련된 공학적인 방법을 만들며, 검색, 광고, 앱, 유튜브 등 모든 웹 특성과 관련된

---

1. 원문에서는 어른들의 기저귀(adult diaper)라고 했다. - 옮긴이

공용 툴과 테스트 인프라스트럭처를 다룬다. 생산성 혁신 팀을 통해 구글은 속도와 규모에 관한 여러 가지 문제를 해결했으며, 대기업이 됐음에도 불구하고 시작 단계의 벤처와 같은 속도로 소프트웨어를 릴리스할 수 있게끔 했다. 패트릭 코플랜드 Patrick Copeland가 자신의 책 서문에서 지적했듯이 이런 마술 같은 일의 기반은 테스트 팀에서부터 시작한다.

> 구글에서는 생산성 혁신 팀(Engineering Productivity Team)이라 불리는 중앙 조직에서 소프트웨어 테스팅을 담당한다.

크롬OS가 2010년 12월에 릴리스됐을 때 성공적으로 나의 리더십이 증명됐고, 그 뒤 다른 제품에도 큰 비중을 두고 참여하게 됐다. 그것이 이 책의 시작이며, 그때 첫 번째 블로그 포스트인 "구글은 어떻게 소프트웨어를 테스트 하는가?"[2]를 쓰고 반응을 살펴봤다. 그 다음은 모두가 아는 바와 같다. 더 짧은 기간에 완성하고 싶었지만 6개월이나 걸려 탈고됐다. 과거 2년보다 마지막 6개월간 구글의 테스팅에 대해 좀 더 많은 것을 배웠으며, 이 책은 구글 신입 사원 오리엔테이션의 일부에서 활용한다.

대규모의 회사가 소프트웨어를 테스트하는 데 관련된 책은 이미 많이 있다. 앨런 페이지Alan Page, 비제이 롤리슨BJ Rollison, 켄 존스톤Ken Johnston이 『소프트웨어 테스팅, 마이크로소프트에선 이렇게 한다』를 집필할 때 나는 마이크로소프트에 근무 중이었으며, 그 책에서 다룬 많은 것들을 책보다 먼저 접하고 있었다. 마이크로소프트는 테스팅 세계에서 최고였다. 소프트웨어 공학 엘리트 사이에서 테스트를 영광의 자리로 승격시켰다. 마이크로소프트의 테스터들을 학회의 발표자 다음으로 사람들이 많이 찾았다. 최초 테스트 디렉터인 로져 셔먼Roger Sherman은 테스트에 탁월한 전세계의 인재들을 매료시켜 워싱톤 레드몬드로 데려 왔다. 그때가 소프트웨어 테스팅의 황금 시대였다.

마이크로소프트는 매우 두꺼운 문서를 작성했다. 마이크로소프트에 늦게 입사했으므로 이 문서를 만드는 데 참여할 수는 없었지만, 구글에 입사했을 때 비로소

---

2. http://googletesting.blogspot.com/2011/01/how-google-tests-software.html

그러한 기회를 잡게 됐다. 생산성 혁신 팀은 2백여 명에서 현재 1,200명으로 성장했다. 패트릭이 그의 서문에서 밝혔듯 성장통은 매우 컸으며, 조직 성장 속도가 가장 빠른 순간이었다. 구글 테스팅 블로그는 매달 십만 건의 페이지 뷰를 보여줬고, GTAC[3]은 테스팅 업계에서 자리 잡은 학회가 됐다. 패트릭은 내가 근무한 지 얼마 되지 않아 승진했고, 많은 디렉터나 엔지니어링 매니저가 그에게 보고를 하게 됐다. 소프트웨어 테스팅의 르네상스를 말하자면 당연히 구글이 그 근원지다.

르네상스의 근원지라는 의미는 구글 테스팅에 관한 이야기를 다룬 이 책 역시 두꺼워야 한다는 것을 뜻하기도 한다. 문제는 내가 두꺼운 책을 쓰고 싶지 않다는 데 있다. 하지만 구글이 간단하고 직관적인 소프트웨어로 유명한 것처럼 이 책도 그러한 명성에 어긋나지 않을 것이다.

이 책은 구글 테스터에게 핵심이 될 만한 정보와 규모, 복잡성, 일반 사용성에 관한 문제를 어떻게 다루는지를 담고 있다. 다른 곳에서 찾아볼 수 없는 정보를 이 책에서 얻을 수 있으며, 이 책의 내용이 부족하다면 인터넷에서 더 찾을 수 있을 것이다. 그냥 구글링하자! 해야 할 이야기가 많았고, 나는 이제 말할 준비가 됐다. 많은 회사들이 데스크톱 애플리케이션에서 벗어나 웹의 자유를 접하는 순간 구글이 소프트웨어를 테스트하는 방법을 자기 회사에서도 사용하게 될 것이다. 마이크로소프트의 책을 읽었다면 그 책과 많은 부분이 비슷할 거라고 예상하지 말라. 저자가 세 명이라는 공통점을 빼고는 각 책에서 다루는 대기업 테스팅 사례와 접근법이 서로 매우 다르다.

> 많은 회사들이 데스크톱 애플리케이션에서 벗어나 웹의 자유를 접하는 순간 구글이 소프트웨어를 테스트하는 방법을 자기 회사에서도 사용하게 될 것이다.

패트릭 코플랜드는 구글의 방법론이 어떻게 생겨났는지 이 책의 서문에서 말하고 있는데, 이것은 초창기에 회사가 커짐에 따라 조직 관점에서 발전했다. 구글은 여기저기에서 온 엔지니어들의 용광로였다. 비효율적이라 증명된 기존 엔지니어의 테크닉들은 구글의 혁신적인 문화 아래에서 버려지거나 더 향상됐다. 테스터의 위

---

3. GTAC은 구글 테스트 자동화 학회(Google Test Automation Conference)의 약자다(www.GTAc.biz).

치가 올라갈수록 새로운 기법과 아이디어가 시도 됐고, 구글에서 실행된 기법과 아이디어는 구글의 일부분이 됐으며, 불필요한 것들은 폐기됐다. 구글 테스터는 무엇이든지 한 번은 시도했고 유용하지 않다고 증명된 방법은 재빨리 버렸다.

구글은 혁신과 스피드를 기반으로 만들어진 회사다. 구글은 코드가 사용할 만할 때 (실망하는 사용자가 적을 때) 릴리스하며, 많은 피드백을 받기 위해 얼리 어댑터에게 새로운 기능을 반복적으로 소개한다. 이런 환경에서 테스팅하려면 무척이나 민첩해야 하며, 너무 일찍 기획되거나 지속적인 관리를 필요로 하는 기술들은 간단히 적용되지 않는다. 가끔 테스팅과 개발 두 가지 기법이 서로 구분하기 어려울 만큼 서로 뒤엉켜있다. 그러나 어떤 경우에는 둘이 서로 완전히 독립적이어서 개발자들은 진행 상황을 알아차리지 못할 정도일 때도 있다.

> 가끔 테스팅과 개발 두 가지 기법이 서로 구분하기 어려울 만큼 서로 뒤엉켜있다. 그러나 어떤 경우에는 둘이 서로 완전히 독립적이어서 개발자들은 진행 상황을 알아차리지 못할 정도일 때도 있다.

구글의 성장을 보면 그 빠른 페이스는 아주 조금 느려졌을 뿐이다. 구글은 거의 일년 안에 운영체제를 만들어낼 수 있으며, 크롬 같은 클라이언트 애플리케이션을 몇 주 만에 릴리스할 수 있고, 웹 애플리케이션은 매일 바뀐다. 그럼에도 불구하고 처음의 믿음은 많이 무너졌다. 이런 환경에서 테스팅의 (이 책이 말하려고 하는) 장점보다 단점(독단적이고, 무거운 프로세스에, 노동 집약적이고, 시간이 많이 드는)을 말하는 게 더 쉽다. 한 가지 확실한 것은, 테스팅은 혁신과 개발의 뒷덜미를 잡아채지 않는다는 점이다. 최소한 두 번 하게 만들진 않는다.

테스트 분야에서 구글의 성공이 작고 간단한 소프트웨어 포트폴리오처럼 쉽게 만들어진 것은 아니다. 소프트웨어 테스팅에 관한 문제의 크기와 복잡도는 구글 역시 다른 여느 회사들처럼 크다. 클라이언트 운영체제에서 웹 앱, 모바일, 엔터프라이즈, 커머스와 소셜까지 구글은 거의 모든 산업에 손대고 있으며, 구글의 소프트웨어는 크고 복잡하다. 구글의 소프트웨어는 수억 명의 사용자를 가지고 있으며, 해커의 표적이 되며, 많은 소스코드가 외부 감사를 위해 오픈돼 있고, 많은 부분들이 레거시 코드이며, 규제 검토에 직면해 있고, 코드는 수백 국가의 매우 많은 언어로 동작한다. 사용자는 구글의 소프트웨어는 간단하면서도 '제대로 작동'할 것이라 기대한다. 구글 테스터들이 매일 쉬운 문제만을 해결하지는 않으며, 하루 안에 일어날 수 있는 거의 모든 테스팅 도전 과제들에 직면하고 있다.

구글이 논쟁을 제기할 권리가 있든 없든 간에 한 가지는 분명하다. 구글의 테스팅 방법은 내가 아는 회사들과는 다르다. 소프트웨어가 데스크톱에서 클라우드로 옮겨가는 냉혹한 세계에서 구글이 겪은 사례들은 앞으로 업계들이 모두 겪게 될 가능성이 높다. 이 책의 저자들의 희망은 세계가 신뢰할 수 있는 소프트웨어를 만들기 위해 직면해야 하는 중요한 문제들에 대한 논쟁을 구글이라는 공식으로 풀어주는 것이다. 구글의 방식에 단점이 있을 수도 있다. 하지만 이 책을 출판해 여기서 소개한 구글의 접근법들에 대해 국제적인 테스팅 커뮤니티의 평가와 피드백을 받고, 그에 따라 지속적으로 향상시키고 진화시키고자 한다.

구글의 접근 방법은 좀 직관적이지 못하다. 하나의 제품에 대해 경쟁사보다 적은 수의 전문 테스터를 가지고 있다. 구글 테스트는 수백만 대군이 아니다. 우리는 뛰어난 전략과 발전된 무기에 의존해 성공을 노리는 작은 엘리트 특공대다. 특공대처럼 인력이 부족하다는 것 자체가 오히려 특별함을 만드는 토대가 된다. 인력의 부족으로 인해 우리는 업무 우선순위를 잡는 데 능숙해졌다. 래리 페이지$^{Larry Page}$는 "부족함이 명석함을 만든다."라고 했다. 기능부터 테스트 테크닉까지 품질에 큰 영향을 주거나 혹은 그렇지 않은 활동들을 만드는 법을 배웠다. 부족함은 테스트 인력을 전보다 중요하게 만들었고, 스마트한 사람들이 적극적이고 활기차게 업무에 임할 수 있게 해주었다. 우리의 성공에 대한 질문을 받을 때 내가 가장 먼저 해주는 조언은 너무 많은 테스터를 고용하지 말라는 것이다.

> 우리의 성공에 대한 질문을 받을 때 내가 가장 먼저 해주는 조언은 너무 많은 테스터를 고용하지 말라는 것이다.

어떻게 구글이 저런 적은 수의 테스터들을 가지고 일할 수 있을까? 간단히 말하면 구글에서는 품질의 책임이 코드를 작성하는 사람에게 있다. 품질은 결코 '특정 테스터'의 문제가 아니다. 구글에서 코드를 작성하는 모든 이가 테스터이고, 품질은 모두의 공통적인 문제다(그림 1.1 참조). 구글의 개발과 테스트의 비율이 얼마인지 말하는 것은 태양 표면의 공기 신선도에 대해서 이야기하자는 것처럼 무의미하다. 당신이 엔지니어라면 당신은 테스터다. 테스트라는 단어가 들어간 업무를 하는 엔지니어라면 다른 엔지니어들이 하지 않는 좋은 테스팅을 할 수 있는 능력자다.

그림 1.1 구글 엔지니어는 기능보다 품질을 좋아한다.

우리가 세계적인 소프트웨어를 생산하고 있다는 사실만으로도 우리의 특별한 방식을 공부할 만한 필요가 있다. 다른 회사에 잘 적용될 만한 부분도 있을 것이며, 당연히 더 향상돼야 할 부분도 있을 것이다. 중요한 것은 우리 방식의 핵심을 아는 것이다. 다음의 장들에서 개발자 중심의 문화 속으로 테스트 사례를 어떻게 녹여내는지 자세하게 파헤쳐보고, 상세한 사항들을 보여줄 것이다.

품질 ≠ 테스트

"품질은 테스트될 수 없다."라는 것은 다 아는 사실이다. 자동차에서 소프트웨어에 이르기까지, 시작부터 제대로 하지 않으면 끝까지 제대로 되지 않는다. 대규모 리콜을 했던 자동차 회사에게 추가 품질 향상을 위해 얼마나 큰 비용을 지불했는지 물어보라. 시작부터 제대로 하든가 영구적인 결함을 생산하든가 해야 한다.

하지만 말하는 것처럼 간단하거나 정확하지만은 않다. 품질이 테스트될 수 없다는 것은 분명하지만, 테스팅 없이 좋은 품질을 만들 수 없다는 것 역시 분명하다. 테스트 없이 좋은 품질을 만들 수 있다고 어떻게 말할 수 있을까? 이 수수께끼에 대한 간단한 해결책은 개발과 테스트를 분리해서 생각하지 않는 것이다. 테스팅과 개발은 함께 나아가야 한다. 코딩을 하면서 만든 것을 테스트하라. 코딩을 조금 했으면 그것을 테스트하라. 그러고 나서 다시 코딩을 좀 더 하고, 테스트를 좀 더 하자. 테스트는 따로 해야 할 업무가 아니다. 테스트는 개발 프로세스 그 자체로서의 중요한 부분이다. 품질과 테스트가 동치는 아니다. 하지만 품질을 이루기 위해서는 개발과 테스팅을 믹서기에 함께 넣고 구분되지 않을 정도로 섞어야만 한다.

> 품질과 테스트가 동치는 아니다. 하지만 품질을 이루기 위해서는 개발과 테스팅을 믹서기에 함께 넣고 구분되지 않을 정도로 섞어야만 한다.

이것이 구글에서의 우리가 추구하는 목적이다. 개발, 테스팅 따로는 아무것도 할 수 없다. 조금만 빌드하고 바로 테스트하라. 좀 더 빌드하고, 좀 더 테스트하라. 누가 테스팅을 하는가가 여기서의 핵심이다. 구글의 전문적인 테스터의 수는 터무니 없이 적기 때문에 개발자가 테스트해야만 한다. 실제로 코딩을 하는 사람보다 더 테스트를 잘할 수 있는 사람은 없다. 코드를 직접 작성한 사람보다 버그를 더 잘 찾아낼 수 있는 사람도 없다. 애초에 버그를 회피해 코드를 작성할 수 있게 독려해야 할 사람도 개발자다. 개발자가 자신의 품질을 스스로 책임지기 때문에 구글이 적은 수의 전문 테스터만으로도 해낼 수 있는 이유다. 제품에서 문제가 발생한다면 문제를 만든 개발자부터 파악을 해야지, 문제를 발견하지 못한 테스터부터가 아니다.

다시 말해서 품질 활동은 잘못된 부분을 발견해 수정하는 활동이 아니라 발생하기 전에 예방하는 활동에 가깝다는 것을 뜻한다. 품질은 개발 관련 문제이지 테스팅에 관한 문제가 아니다. 테스팅 사례를 개발 과정에 녹여 넣기 위해 우리는 하나의 작은 추가 사항으로 인해 무시 못할 결함이 발생하게 되는 경우, 그 실수를 되돌릴 수 있도록 점진적인 코드 추가 프로세스를 만들어냈다. 이를 통해서 단지 수많은 고객 이슈를 방지하는 것뿐만 아니라, 리콜 수준의 버그를 없애는 데 필요한 전문 테스터의 수를 획기적으로 줄일 수 있었다. 구글에서의 테스팅은 이러한 예방법이 얼마나 잘 작동하는지에 초점을 맞추고 있다.

이러한 개발과 테스팅의 조화는 구글의 개발 방식 그 자체라 할 수 있으며,

개발자로 하여금 테스트 모범 사례[4]를 상기시킬 "테스트를 갖고 있나요?"라고 묻는 화장실 포스터의 코드 리뷰 노트와도 연관이 있다. 테스트는 개발에서 빠질 수 없는 한 부분이며, 개발과 테스트의 (화학적) 결합이 품질 향상이 이뤄지는 바로 그 지점임에 틀림없다.

> 테스트는 개발에서 빠질 수 없는 한 부분이며, 개발과 테스트의 (화학적) 결합이 품질 향상이 이뤄지는 바로 그 지점임에 틀림없다.

✳ 역할

"만들고, 부셔라"라는 모토를 따르기 위해 전통적인 기능 개발자를 넘어서는 어떤 역할이 필요하다. 특히 개발자가 테스트를 효율적으로 확보하고 수행할 수 있게 하는 엔지니어링 역할이 필요하다.

　구글의 일부 엔지니어들은 다른 엔지니어들이 좀 더 생산적이고 고품질의 제품을 생산토록 하는 책임을 진다. 이 엔지니어들은 스스로를 테스터라고 밝히지만, 실제 업무는 생산성 향상이다. 테스터는 개발자에게 생산성을 보장하며, 느슨한 개발로 인한 재작업을 회피하게 하는 것이 주 업무다. 즉, 품질이 생산성의 큰 부분을 차지한다. 각 역할에 대해 아주 상세하게 다룰 것이므로, 먼저 각 역할에 대해 요약을 해봤다.

　소프트웨어 엔지니어(SWE, SoftWare Engineer) 전형적인 개발자다. SWE들은 사용자에게 전달되는 기능 코드를 작성한다. 그들은 설계 문서를 작성하며, 데이터 구조와 전체적인 아키텍처를 선택한다. 그리고 대부분의 시간을 코드 작성과 리뷰에 사용한다. SWE는 많은 양의 테스트 코드를 작성한다. 테스트 주도 설계[TDD, Test-Driven Design]에 맞춰 단위 테스트 등을 작성하며, 나중에 설명할 소/중/대형의 테스트를 생성하는 데에도 참여한다. SWE 자체 품질은 그들이 작성하고, 고치고, 수정한 것뿐만 아니라 그들이 건드리는 모든 것에 이른다. 그렇다, SWE가 기능을 수정하고 그 수정이 현재 동작 중인 테스트를 깨거나 다른 새로운 테스트를 필요로

---

4. http://googletesting.blogspot.com/2007/01/introducing-testing-on-toilet.html

한다면 해당 테스트를 작성해야 한다. 그래서 SWE는 거의 100%에 가까운 시간을 코드 작성에 사용한다.

테스트 소프트웨어 엔지니어(SET, Software Engineer in Test) 역시 개발자다. 단지 SET의 경우 테스트 가능성^{testability}과 범용 테스트 인프라스트럭처에 포커스가 맞춰져 있다는 점이 다르다. SET는 설계를 검토하고 코드 품질과 리스크에 대해 꼼꼼히 살펴본다. 그들은 코드가 좀 더 테스트 가능하게 리팩토링하고, 단위 테스트 프레임워크를 작성하고 자동화한다. SET는 SWE 코드베이스에 같이 참여하지만, 새로운 기능 추가나 성능 향상보다는 품질 향상과 테스트 커버리지 향상에 집중한다. SET 역시 100%에 가까운 시간을 코드 작성에 할애하지만, 고객이 사용할 기능보다는 품질에 관한 서비스 기능을 만드는 데 집중한다.

> SET는 SWE 코드베이스에 같이 참여하지만, 새로운 기능 추가나 성능 향상보다는 품질 향상과 테스트 커버리지 향상에 집중한다. SET는 SWE가 기능을 테스트할 수 있도록 코드를 작성한다.

테스트 엔지니어(TE, Test Engineer) SET 역할과 관계가 있으나 집중하는 부분은 다르다. 이 역할은 테스트를 하되, 반은 사용자의 입장에서, 나머지 반은 개발자의 입장에서 테스트한다. 일부 구글 TE들은 자동화 스크립트 형태나 사용자를 흉내 내는 사용자 시나리오를 다루는 코드를 작성하는 데 시간을 보낸다. TE는 SWE와 SET의 테스팅 업무를 계획하며, 테스트 결과를 분석하고 테스트를 수행한다. 특히 프로젝트의 마무리 단계에서 릴리스 일정을 지키기 위해 압력을 넣는 역할을 한다. TE는 제품 전문가이며, 품질 조언자이고, 리스크 분석가다. 이들은 다량의 코드를 작성하기도 하고, 소량의 코드를 작성하기도 한다.

> **참고** TE는 먼저 사용자 관점에서 테스팅을 수행한다. TE는 전체 품질 활동을 계획하며, 테스트 결과를 해석하고, 테스트를 수행하며, 엔드 투 엔드(end to end) 테스트 자동화를 빌드한다.

품질 관점에서 SWE는 기능과 그 기능의 품질을 별개로 다뤄야 한다. SWE는 장애 방지 설계$^{fault-tolerant\ designs}$와 오류 복구, TDD, 단위 테스트에 대해 책임을 지며, SET와 함께 작업해 기능 코드에 대한 테스트를 작성한다.

SET는 테스트 기능을 제공하는 개발자다. 프레임워크는 실제 작업 환경 시뮬레이션(뒷부분에서 설명할 스텁^{stub}, 목^{mock}, 페이크^{fake} 같은 것들을 포함하는 프로세스)에 의해 새로 개발된 코드를 분리하고, 코드 체크인을 관리하기 위해 대기열에 서브밋^{submit}할 수 있다. SET의 관심은 당연히 개발자를 향해 있다. 각 기능의 품질 확보가 목표이며, 개발자들이 코드를 쉽게 테스트하게끔 하는 것이 SET의 주요 관심사다. 사용자 관점의 테스팅은 구글 TE의 일이다. SWE와 SET가 모듈 레벨과 기능 레벨의 테스팅을 적절히 수행한다고 하면 그 다음은 실행 가능한 코드와 데이터의 조합이 함께 사용자의 욕구를 어떻게 충족시키는지 이해해야 한다. TE는 개발자가 잘하고 있는지 재확인한다. 명백한 버그는 초기 개발자 테스팅이 적절치 않거나 조악했다는 증거다. 이러한 버그가 많지 않다면 TE는 자신의 주 업무인 일반 사용자 시나리오를 소프트웨어가 수행하는지, 기대 성능을 만족시키는지, 안전한지, 국제화돼 있는지, 접근성 등을 확인한다. TE는 많은 테스팅을 수행하고, 계약직 테스터나 테스트 집단, 개밥 먹기 테스터[5], 베타 사용자, 얼리 어댑터와 같은 다른 TE와의 협업을 조율한다. 그들은 다른 사람들과 기본 설계, 기능 복잡성, 오류 회피 방법에서 오는 리스크^{risk}들에 대해 논의한다. TE가 관여하기 시작하면 그들의 업무에 끝은 없다.

조직적 구조

그동안 내가 일해 왔던 대부분의 조직에서는 개발자와 테스터가 같은 상품화 팀 안에 존재했다. 조직 측면에서 개발자와 테스터는 한 명의 팀장에게 보고하게 돼 있다. 하나의 제품, 하나의 팀, 그리고 관련된 모든 사람은 항상 함께 있다.

불행히도 그런 방식으로는 일이 잘되지 않는다. 고참 관리자는 프로그램 관리 부서나 개발 출신이지 테스트 전문가가 아니다. 제품을 출시하기 위해 주로 기능

---

5. 개밥 먹기(dogfood)라는 용어는 미국의 많은 소프트웨어 회사에서 릴리스되기 전의 소프트웨어를 내부적으로 채택해 직접 사용하는 것을 의미한다. "네가 만든 개밥을 직접 먹어라(eating your own dogfood)"라는 관용구는 제품을 다른 사람에게 팔기 전에 어떤 좋은 점이 있이 있는지 알아내기 위해 먼저 스스로 사용해야 한다는 의미다.

완료나 주요 품질에 관한 마무리 업무에 우선순위를 둔다. 단일 팀에서는 테스팅이 개발의 부차적인 업무로 취급되는 경향이 있다. 당연히 이러한 것들이 업계에서 발생한 버그 많은 제품이나 완성되지 못한 릴리스의 원인이 된다. 예를 들면 서비스 팩1 같은 것 말이다.

> **참고** 단일 팀에서는 고참 관리자가 프로그램 관리부서나 개발 출신이지 테스트 전문가는 아니다. 제품을 출시하기 위해 주로 기능 완료나 주요 품질에 관한 마무리 업무에 우선순위를 둔다. 이와 같은 조직에서는 테스팅이 개발의 부차적인 업무로 취급되는 경향이 있다.

구글의 보고 체계는 집중 영역^{Focus Areas} 혹은 FA라고 불리는 곳에 따라 나눠져 있다. FA는 클라이언트(크롬, 구글 툴바 등), 지오(구글 지도, 구글 어스 등), 광고, 앱스, 모바일 등이 있다. 모든 SWE는 FA의 디렉터나 임원에게 보고해야 한다.

하지만 SET와 TE는 이러한 틀에 얽매이지 않는다. 테스트는 분리돼 있으며, (제품 FA에 걸쳐) 수평적인 FA인 생산성 혁신 팀으로 존재한다. 테스터는 기본적으로 상품화 팀에 서비스를 제공하며, 품질 관련 논의를 자유롭게 제시할 수 있고, 테스터가 놓치거나 수용할 수 없는 버그 비율을 보여주는 기능 영역에 대해 질문할 수 있다. 상품화 팀에 보고할 필요가 없기 때문에 프로그램과 친하다고 간단히 말하진 않는다. 우리는 우리만의 우선순위가 있으며, 상품화 팀은 우리가 결정하지 않는 한 신뢰성, 보안성 등으로부터 자유로울 수는 없다. 개발 팀이 테스팅에 대해 지름길을 원한다면 미리 협의해야 하며, 우리는 어떤 경우에든 No라고 말할 권리가 있다.

이 구조는 적은 수의 테스터를 유지하게 해준다. 상품화 팀은 임의로 테스팅 기술 수준을 낮추거나, 테스터들에게 지루한 단순 업무를 주는 것보다 단순히 더 많은 테스터들을 고용할 수는 없다. 특정 기능에 대한 지루한 업무들은 해당 기능을 소유한 개발자의 몫이며, 불쌍한 테스터에게 떠 넘겨서는 안 된다. 테스터는 전략적으로 활동하는 생산성 혁신 팀에 의해 우선순위, 복잡성, 상품화 팀의 상대적 필요성에 기반을 두고 할당돼야 한다. 당연히 우리도 실수를 할 수 있지만, 파악되지 않은 요구 사항 등에 자원을 할당할 때 균형을 조정할 수 있다.

테스터를 빌려주는 방식은 SET와 TE의 프로젝트 간 이동을 쉽게 만들어준다. 이렇게 함으로써 그들은 생기를 잃지 않고 적극적으로 행동하게 되고, 좋은 아이디어들이 팀에서 팀으로 회사 전체에 순환한다. 지오^{Geo} 프로젝트에서 일하던 테스터가 그곳에서 사용하던 테스트 테크닉이나 툴을 크롬 프로젝트로 옮겼을 때 다시 사용할 가능성이 많다. 테스트에 있어서 실제 혁신을 이뤄본 사람들을 순환시키는 것보다 더 빠른 혁신 순환 방법은 없다.

보통, 테스터가 한 제품에 관련돼 일하는 기간은 18개월 정도로 계산하며, 그 이후에는 (안 옮겨도 되지만) 아무 문제없이 다른 팀으로 옮길 수 있다. 전문가를 잃을 수 있다는 걱정이 되기도 하지만, 매우 다양한 제품과 기술에 대해 숙련된 팔방미인들은 많아진다. 구글에는 클라이언트, 웹, 브라우저, 모바일 기술들을 이해하면서 여러 플랫폼에서 여러 언어로 프로그래밍을 효율적으로 할 수 있는 테스터들로 넘쳐난다. 구글 제품과 서비스들은 점점 더 유기적으로 통합되고 있고, 테스터들은 회사 내에서 순환할 수 있고, 어디에서 일하던 간에 적절한 전문성을 보유하게 된다.

기기, 걷기, 뛰기

구글이 다른 회사보다 적은 테스터들로 좋은 결과를 달성한 주요 이유 중 하나는 많은 기능을 한 번에 릴리스하려고 시도한 적이 거의 없었기 때문이다. 사실, 완전히 그 반대 방향으로 목표를 삼고 있다. 제품의 핵심을 개발하고, 많은 사람이 그 제품이 유용하다고 생각했을 때 릴리스한 다음, 반복적으로 피드백을 받는 것이다. 4년이나 베타 태그를 달고 있었던 지메일^{Gmail}에서 이렇게 했었다. 베타 태그는 사용자에게 이 제품이 아직 완벽을 기하는 중이라고 경고하는 것이다. 우리의 목표가 실제 사용자의 이메일 데이터를 위해 99.99% 완성됐을 때 비로소 베타 태그를 제거할 수 있었다. 안드로이드로 G1을 제작할 때 우리는 똑같은 것을 반복했고, 사용성을 확보하고 잘 검토된 제품임에도 더 나아지고, 좀 더 많은 기능을 가진 넥서스 계열의 폰이 됐다. 중요한 것은 고객이 돈을 지불한 초기 버전이라면 그 제품들은 충분히 작동해야 하고, 가치가 있어야 한다. 초기 버전이라고 해서 좋지 않은 제품 일 수는 없기 때문이다.

> **▪ 참고** 구글은 '최소 유용 제품(minimum useful product)'을 최초 버전으로 빌드하고, 내외 부의 피드백을 수용하고 품질에 대한 숙고를 해, 이어지는 차기 버전들을 빠르게 반복해 만들어 낸다. 제품은 사용자에게 전달되기 전에 카나리아 개발[6], 테스팅, 베타, 릴리스 채널을 거친다.

이게 처음 들을 땐 멋진 것 같지만, 사실은 그렇지 않은 프로세스다. 베타 채널 릴리스라는 것을 만들기 위해 제품은 다른 여러 채널을 통해 자신의 가치를 증명해 야 한다. 2년 동안 구글에서 작업한 크롬은, 제품 품질에 대한 확신을 갖기 위해 그리고 우리가 찾던 넓은 범위의 피드백에 따라 여러 채널을 거쳤는데, 그 순서는 다음과 같다.

- **카나리아 채널** 릴리스 수준까지는 미치지 못한다고 생각하는 일일 빌드의 경우 사용한다. 광산의 카나리아처럼, 일일 빌드가 죽으면 프로세스가 혼란에 빠졌다 는 신호이며, 작업을 다시 검사해야 한다. 카나리아 채널 빌드는 매우 인내심이 좋은 사용자에게만 실험을 위해 적용되며, 실제 작업이 필요한 누군가에게는 제 공되지 않는다. 일반적으로 제품에 관여한 엔지니어(개발자와 테스터), 그리고 매니 저만 카나리아 채널의 빌드를 사용한다.

> **▪ 참고** 안드로이드 팀은 한 발자국 더 나아가 일일 빌드에 가까운 빌드를 지속적으로 핵심 개발 팀의 폰에 실행한다. 이렇게 하면 집에 전화하는 기능에 영향을 줄 나쁜 코드는 체크인하 려고 하지 않을 것이기 때문이다.

---

6. 카나리아 빌드는 개발 빌드보다 더 새로운 기능을 넣은 테스트 빌드로서, 광부가 가스 경고를 위해 광산에 카나리아를 데리고 갔던 것에서 유래한다. - 옮긴이

- **개발 채널** 개발자가 매일 수행하는 작업을 위해 쓰인다. 보통 일관적이며 사용성을 확보하고, 어느 정도의 테스트(이후의 장에서 다룬다)를 통과한 주간 빌드를 사용한다. 제품에 관여한 모든 엔지니어는 반드시 개발자 채널 빌드를 갖고 작업을 해야 하며, 실제 업무와 일관성 있는 테스트에 사용된다. 개발 채널 빌드가 적합하지 않다면 카나리아 채널로 돌아간다. 이는 즐거운 상황은 아니며, 엔지니어링 팀에 의한 심각한 재평가가 필요하게 된다.

- **테스트 채널** 대부분의 일관된 테스팅을 통과하고 엔지니어가 한 달 정도 작업한 것 중에 대부분의 작업이 신뢰성 있는 제일 좋은 빌드다. 테스트 채널 빌드는 내부 개밥 먹기 사용자가 사용할 수 있고, 일관되고 좋은 성능을 보여줘야 하는 베타 채널 빌드의 후보가 될 수도 있다. 특정 시점을 기준으로 테스트 채널 빌드는 회사 전체가 사용할 수 있을 만큼 충분히 안정적이어야 하고, 때때로 초기 모양을 봐야 할 외부 협력업체나 파트너에게 주어진다.

- **베타 채널 또는 릴리스 채널** 내부 사용에서 살아남고, 팀이 설정한 모든 품질 기준을 통과한 안정된 테스트 채널 빌드로, 외부에 노출되는 첫 번째 빌드다.

  이러한 기기, 걷기, 뛰기 방식은 초기의 애플리케이션을 이용해 테스트와 실험을 할 기회를 주며, 실제 사용자로부터 피드백을 얻고, 게다가 자동으로 각 채널을 매일 수행한다.

❈ 테스트 종류

코드 테스팅, 통합 테스팅, 시스템 테스팅을 구분하는 대신, 구글은 소형 테스트, 중형 테스트, 대형 테스트라는 용어를 사용해 테스트 형태가 아닌 범위를 강조한다 (애자일 커뮤니티에서 예측을 위해 사용하는 티셔츠 크기 용어와 헷갈리지 말자). 소형 테스트는 많지 않은 양의 코드를 테스트한다. 세 가지의 엔지니어링 역할은 어떤 형태의 테스트든 수행할 수 있으며, 이들은 자동 테스트일 수도 수동 테스트일 수도 있다. 실무에서 소형 테스트는 대부분 자동화 테스트로 수행된다.

코드 테스팅, 통합 테스팅, 시스템 테스팅을 구분하는 대신, 구글에서는 소형 테스트, 중형 테스트, 대형 테스트라는 용어를 사용해 테스트 형태가 아닌 범위를 강조한다.

소형 테스트는 거의 자동화돼 있고, 단일 함수나 모듈의 코드를 테스트한다. 일반적인 기능 문제, 데이터 변질, 에러 조건, 오프 바이 원 실수off-by-one mistake[7] 등에 포커스를 맞추고 있다. 소형 테스트는 짧은 주기로 수행되며, 수 초 안에 실행된다. 대부분 SWE가 작성하며, SET는 그보다 적은 수의 테스트를, TE는 거의 작성하지 하지 않는다. 소형 테스트는 일반적으로 수행하기 위한 목mock이나 페이크fake 환경을 필요로 한다(목과 페이크는 실제 함수를 대체하는 스텁stub으로, 의존성을 가진 존재이거나, 버그가 너무 많아 신뢰성이 없거나, 에러 조건을 흉내 내기엔 어려운 부분들을 대체한다). TE는 소형 테스트를 거의 작성하지 않지만, 특정 오류를 분석하기 위해 수행할 수는 있다. 소형 테스트가 답변하려는 질문은 "이 코드가 해야 할 일을 제대로 하고 있는가?"이다.

중형 테스트는 일반적으로 자동화되지만 두 번 이상의 인터랙션 기능을 포함한다. 이 테스트에서 집중하는 것은 가까운 이웃 기능nearest neighbor function이라 불리는 기능 간 상호 호출이나 직접적으로 상호작용하는 기능을 테스트하는 것이다. SET는 이러한 테스트의 개발을 제품 개발 초기에 하나의 개별 기능으로 넣어 완료되게 하며, SWE는 실제 테스트를 작성하고, 디버깅하고, 관리하는 데 크게 관여한다. 중형 테스트가 실패하거나 깨지면 개발자는 자발적으로 이를 관리해야 한다. 개발 후반에 이르면 TE는 중형 테스트를 자동화하기 어렵거나 많은 비용이 들 때 수동으로 수행하거나 그렇지 않을 때는 자동으로 수행한다. 중형 테스트가 대답하는 질문은 "이웃 기능들이 의도한대로 제대로 상호 작용하고 있는가?"이다.

대형 테스트는 세 개 이상의 기능(일반적으로 더 많다)과, 실제 사용자 시나리오와 실제 사용자 데이터 소스를 다루며, 수행하는 데 몇 시간 이상 걸린다. 전체 기능 통합에 대한 고려가 있어야 하지만, 대형 테스트는 좀 더 결과 주도적이며, 소프트웨어가 사용자 요구 사항을 만족시키는지 확인한다. 세 가지 역할은 모두 대형 테스

---

7. 오프-바이-원 에러(off-by-one error)라고도 하는데, 경계 값 조건 계산 실수나 배열 끝 값 위치 계산 오류 등에 의해 발생하는 에러다. - 옮긴이

트를 작성하는 데 관여하며, 자동화부터 탐색적 테스팅에 이르기까지 모든 것들이 대형 테스트 완료를 위해 사용된다. 대형 테스트가 대답하는 질문은 "제품이 사용자가 기대한 대로 동작하며 원하는 결과를 내놓는가?"이다.

> **■ 참고** 소형 테스트는 완전한 페이크(fake) 환경에서 단일 코드 유닛을 다룬다. 중형 테스트는 페이크나 혹은 실제 환경에서 여러 단위 코드들이 상호작용하는 것을 다룬다. 대형 테스트는 단위 코드가 몇 개이든 상관없이 실제 제품 환경에서 페이크 자원 없이 테스트한다.

소형, 중형, 대형 테스트라는 용어는 중요하지 않다. 어떤 용어를 쓰던 간에 모두가 동의하는 뜻을 가지면 된다.[8] 중요한 것은 구글 테스터가 테스트하고자 하는 대상과 테스트 범위에 대해 공통 용어를 쓰는 것이다. 예를 들어 어떤 대기업에 있는 테스터가 초대형 규모의 테스트를 생각하면서 네 번째 클래스에 대해 언급했을 때, 회사에서 다른 모든 테스터가 '시스템 범위의 모든 기능을 커버하며 오랜 시간 수행되는 테스트'를 떠올렸다면 공통 용어를 잘 쓰고 있는 것이다. 더 이상 다른 설명이 필요 없다.[9]

무엇을 얼마나 테스트하는가에 영향을 미치는 것은 매우 다이내믹한 프로세스이며, 제품에 따라 다양하다. 구글은 자주 릴리스해 사용자에게 제품을 빨리 릴리스하고 피드백을 얻어 반복하는 것을 좋아한다. 구글은 사용자가 칭찬할 수 있고, 새로운 기능을 사용자에게 빨리 전달해 그로 인해 사용자가 이득을 얻는 제품에 대해서만 개발 노력을 기울인다. 더불어, 사용자가 원하지 않는 기능에 대해서는 과한 투자를 하지 않는다. 이는 우리의 경험을 통해 알 수 있다. 이렇게 함으로써 프로세스의 초기에 사용자와 외부 개발자의 관심을 이끌어내 구글이 제대로 된 출시를 할 수 있도록 잘 대처할 수 있게 한다.

---

8. 소형 테스트, 중형 테스트, 대형 테스트를 사용하는 원래의 목적은 스모크 테스트, 빌드 검증 테스트 (BVT), 통합 테스트라고 불리는 것들이 다의적이고 충돌되는 의미로 쓰이는 것을 표준화하기 위한 것이었다.

9. 사실, 초대형 테스트에 대한 컨셉은 정형화돼 있고, 구글의 자동화 인프라스트럭처는 자동화 테스트 수행 동안 실행 순서를 결정하기 위해 소형 테스트, 중형 테스트 등을 정했다. 이 내용은 SET를 다루는 장에서 좀 더 자세히 다룬다.

마지막으로, 자동/수동 테스트를 혼합해 이 세 가지 크기의 테스트에 쉽게 적용할 수 있다. 자동화될 수 있고 사람의 지식과 직관을 필요로 하지 않는 문제라면 반드시 자동화해야 한다. "사용자 인터페이스가 예쁜가"라든가 "개인 정보를 노출하는가"와 같은 사람의 판단이 필요하면 테스트 크기에 상관없이 수동 테스팅으로 남아있어야 한다.

> 마지막으로, 자동/수동 테스트를 혼합해 이 세 가지 크기의 테스트에 쉽게 적용할 수 있다. 자동화될 수 있고 사람의 지식과 직관을 필요로 하지 않는 문제라면 반드시 자동화해야 한다.

계속 말해왔듯이 구글이 스크립트 테스트와 탐색적 테스트 같은 수동 테스트를 수행하는 것은 매우 중요하다. 하지만 이러한 테스트 역시 자동화를 통한 감시의 시야 안에서 수행해야 한다. 레코딩 기술은 내용과 위치의 포인트 클릭 검증point and click validation을 통해 수동 테스트를 자동 테스트로 바꿔 놓았고, 통과를 위한 빌드 재실행을 최소화해서 회귀 테스트를 수행하게 하고, 수동 테스트는 새로운 테스트에 집중할 수 있게 해준다. 우리는 또한 버그 리포트의 제출과 수동 테스팅 업무 절차도 자동화했다.[10] 예를 들어 자동화 테스트가 깨지면 시스템은 마지막 코드 변경 사항을 용의자로 보고, 자동으로 코드의 작성자에게 버그를 첨부해 이메일을 보낸다. '사람이 인지할 수 있는 최대 범위' 안에서 자동화하려는 지속적인 노력은 현재 구글이 만드는 다음 세대의 테스트 엔지니어링 툴의 설계 방향이다.

---

10. 구글의 레코딩 기술과 자동화 보조 수동 테스팅은 TE 역할에 대해 설명하는 뒤의 장에서 자세히 다룬다.

2장

테스트 소프트웨어 엔지니어

완벽한 개발 프로세스를 잠깐 상상해보자. 아마도 그 프로세스의 시작은 테스트일 것이다. 한 줄의 코드를 작성하기 전에 개발자는 어떻게 테스트해야 할지 심사숙고하게 된다. 최댓값과 최솟값, 루프의 범위를 벗어나는 경계 값, 그리고 주의를 기울어야 할 무수히 많은 경계 값에 대한 테스트를 작성한다. 이러한 테스트들은 작성한 기능의 일부분이 되기도 하고, 셀프 테스팅 코드나 단위 테스트가 되기도 한다. 이러한 종류의 테스트를 작성하는 데 가장 적합한 사람은 코드를 작성하고 그것을 가장 잘 이해하는 사람이다.

다른 테스트들은 코드 외의 다른 지식도 필요하고 외부 인프라스트럭처에 의존해야만 한다. 예를 들어 원격 데이터 저장소(데이터베이스 서버나 클라우드)로부터 데이터를 추출하는 테스트인 경우, 실제 데이터베이스나 테스트용 시뮬레이션 데이터베이스가 필요하다. 수년에 걸쳐 업계에서는 이러한 추가 장치들을 테스트 하니스 test harness, 테스트 인프라스트럭처 test infrastructure, 목 mock, 페이크 fake라는 용어[1]로 불렀다. 완벽한 개발 프로세스라면 이러한 장치들은 개발자가 마주치는 모든 인터페이스에 대해 적용 가능해야 하고, 어떤 기능이든 테스트할 수 있어야 하며, 테스트하고 싶은 시점에 언제든지 테스트할 수 있어야 한다(지금 우린 완벽한 세계에 대해 논하고 있다는 점을 기억하자!).

---

1. 목(mock)과 페이크(fake)는 모두 테스트를 위해 만든 가짜 객체나 컴포넌트를 말한다. 페이크가 고정된 결과를 반환하는 정적인 것이라면, 목은 동적으로 생성된 결과를 반환하는 좀 더 복잡한 모의체라고 할 수 있다. 모의 객체, 가짜 객체, 모의체, 모형 등 여러 가지 용어로 번역할 수 있으나, 원래 용어를 영문과 함께 표기하기로 결정했다. - 옮긴이

이것이 완벽한 개발 프로세스에서 테스터가 필요한 첫 부분이다. 기능 코드 작성과 테스트 코드 작성과 관련해 기능 개발자와 테스트 개발자로 분리해 놓은 관점도 있다. 기능 코드 작성 시에는 창조적인 마음가짐, 사용자, 유스케이스, 작업 흐름을 염두에 둬야 하며, 테스트 코드의 경우에는 파괴적인 마음가짐을 가지고 사용자와 작업 흐름을 방해하는 방식으로 코드를 작성해야 한다. 우리가 꿈꾸는 완벽한 개발 프로세스에서는 한 명의 기능 작성자와 그것을 파괴하는 개발자 한 명을 구분해 각각 고용할 수 있을 것이다.

> 기능 코드 작성과 테스트 코드 작성과 관련해 기능 개발자와 테스트 개발자로 분리해 놓은 관점도 있다.

이상적인 개발 프로세스에서는 복잡한 제품을 만들기 위해 기능 개발자와 테스트 개발자가 협업해야만 한다. 진정한 유토피아라면 기능당 한 명의 기능 개발자와 중앙 조직의 테스트 인프라스트럭처상에서 기능 개발자들의 주위를 부산하게 돌아다니는 여러 테스트 개발자가 있을 것이다. 소프트웨어 구현이 진행되면서 테스트 개발자들은 특정 단위 테스트를 만들며, 기능 개발자가 기능을 개발하는 데에만 집중할 수 있게 돕는다.

기능 개발자가 기능 코드를 작성하고 테스트 개발자가 테스트 코드를 작성하는 동안, 또 하나 관심을 가져야 할 곳은 바로 사용자다. 완벽하게 유토피아적인 테스트 세계에서 기능 개발자와 테스트 개발자는 사용자에게 신경 쓰지 않게 제3의 엔지니어가 사용자를 담당해줘야 한다. 이러한 개발자를 사용자 개발자라고 하자. 유스케이스use case, 사용자 스토리, 사용자 시나리오, 탐색적 테스팅exploratory testing 등과 같은 사용자 중심 업무는 비즈니스와 직결된다. 사용자 개발자는 기능들을 함께 묶고 통합하고 형성하는 방법에 관심을 갖는다. 사용자 개발자는 전체 시스템에 걸친 이슈들을 해결하고 실사용자 커뮤니티 등을 살펴, 여러 기능이 함께 동작할 때 소프트웨어가 실제로 유용한지 등을 사용자 관점에서 조사한다.

이것이 소프트웨어 개발 유토피아에 대한 우리의 생각이다. 유용한 세 가지 부류의 개발자가 있으며, 완벽한 신뢰 속에서 협업을 이루면서 각각 자신에게 중요한 내용을 다루면서 동등하게 서로 상호작용하는 것이다.

누군들 이런 방식으로 소프트웨어를 구현하는 회사에서 근무하기를 원치 않겠는가? 이런 회사와는 누구나 계약하길 원할 것이다!

불행히도 이런 회사는 없다. 구글도 최선을 다해 다른 회사들과 비슷한 노력을 시도했고, 다행히 그러한 행렬의 맨 뒤에 서 있었기 때문에 앞서 경험한 사람들의 실수로부터 많은 것을 배울 수 있었다. 구글은 몇 년 이상의 릴리스 주기를 갖는 대형 클라이언트 제작 방식에서 몇 주, 몇 개월, 심지어 몇 시간 단위의 릴리스 주기가 필요한 클라우드 서비스로 변화하는 변곡점에 서 있었다는 점에서 많은 혜택을 받았다고 볼 수 있다.[2] 이러한 행운에 가까운 환경 덕분에 구글은 이상적인 모델에 근접한 소프트웨어 개발 프로세스를 갖출 수 있었다.

구글의 SWE^Software Engineer는 기능 개발자로서, 고객에게 전달될 컴포넌트를 만드는 책임이 있다. SWE는 기능 코드를 작성하고, 그 기능 코드에 대한 단위 테스트 코드를 작성한다.

구글의 SET^Software Engineer in Test는 테스트 개발자로, SWE를 도와 단위 테스트의 일부를 작성하는 데 도움을 주고 좀 더 넓은 품질 관점에서 SWE가 중소형의 테스트를 작성하는 데 도움이 되는 좀 더 큰 테스트 프레임워크를 작성한다.

구글의 TE^Test Engineer는 사용자 개발자로, 사용자 관점에서 품질을 측정하는 책임을 갖는다. 개발 측면에서 이들은 사용자 시나리오에 대한 자동화를 구축하고, 제품 측면에서는 제품 전체를 측정하고 다른 역할의 엔지니어들이 수행한 테스팅 활동들이 어떻게 조화롭게 작용했는지 그 효과를 측정한다. 이러한 방식이 유토피아는 아니지만, 예측이 불가능하고, 포기할 수 없는 실세계의 범위 내에서 목적을 가장 잘 달성할 수 있는 실질적인 방식의 시도다.

> **■ 참고** 구글 SWE는 기능 개발자이고, 구글 SET는 테스트 개발자이며, 구글 TE는 사용자 개발자다.

---

2. 재미있는 것은 클라이언트 소프트웨어에 대해서도 마찬가지라는 것이다. 구글은 모든 클라이언트 애플리케이션에게 필수 항목으로 자주 사용되고 신뢰성 있는 '자동 업데이트' 기능의 개발을 시도했다.

이 책에서는 SET와 TE의 역할에 대해 집중적으로 다루며, 직책에 '테스트'라는 단어가 없는 SWE에 대해서는 테스트와 깊이 연관된 부분에 대한 일부 활동만을 다룬다.

SET에 대한 이야기

대부분 소프트웨어 회사의 초창기에는 테스터가 없다.[3] PM, 기획자, 릴리스 엔지니어, 시스템 관리자 등의 어떤 역할도 없었다. 모든 직원이 이 모든 역할을 통합해 담당했었다. 우리는 종종 래리^{Larry}와 세르게이^{Sergey}가 과제 초기에 단위 테스트와 사용자 시나리오에 대해 머리를 쥐어 짜는 것을 상상하길 즐겼다! 하지만 구글이 성장하면서 만들어진 SET는 테스터의 품질 마인드를 결합한 개발자 취향의 첫 번째 엔지니어 역할이었다.[4]

개발과 테스트 작업 흐름

SET의 구체적인 작업 흐름을 파헤치기 전에 SET가 작업하는 전체적인 개발 환경에 대해 이해하는 게 도움이 될 것이다. SET와 SWE는 새로운 제품이나 서비스의 개발에 있어 매우 긴밀한 관계를 형성하고, 실제로 작업하는 많은 부분이 서로 겹친다. 이렇게 하는 이유는 구글에서 테스팅은 엔지니어링 팀 전체의 몫이지 테스팅과 관련된 직함을 갖고 있는 사람들의 몫은 아니라고 생각하기 때문이다.

제품으로 만들어지는 코드는 팀 내의 엔지니어들이 가장 먼저 공유하는 산출물이다. 코드를 개발하고, 관심을 갖고 키워나가는 것이 이 코드를 담당하는 조직이 하는 일이며, 매일 공을 들인다. 대부분의 구글 코드는 하나의 저장소^{repository}와 공통 툴 체인을 통해 공유된다. 구글에서 빌드와 릴리스 프로세스를 진행하려면 이러한 툴과 저장소를 사용해야 한다. 모든 구글 엔지니어는 역할에 관계없이 이런 환경

---

3. '……에 대한 이야기'란 용어는 구글 검색과 광고의 동작 방식을 설명하는 구글 내부 교육 시리즈에서 따온 말이다. 구글은 누글러(Noogler: 구글의 새로 들어오는 사람들)에 대한 코스가 있는데, '쿼리에 대한 이야기'에서는 쿼리가 동적으로 구현되는 방식에 대해 상세하게 설명하고, '달러에 대한 이야기'에서는 어떻게 광고가 동작하는지에 대해 설명한다.

4. 패트릭 코플랜드(Patrick Copeland)는 이 책의 서문에서 SET의 시초에 대해 이야기했다.

을 상세히 알아야 하고, 팀 내에서 누구의 도움도 없이 새로운 코드를 체크인하거나 테스트를 제출하고 실행하고, 빌드를 런칭하는 작업을 수행할 수 있어야 한다.

> 제품으로 만들어지는 코드는 팀 내의 엔지니어들이 가장 먼저 공유하는 산출물이다. 코드를 개발하고, 관심을 갖고 키워나가는 것이 이 코드의 조직이 하는 일이며, 매일 공을 들인다.

단일 저장소로 인해 엔지니어들은 소위 말하는 '20% 공헌자'[5]의 역할을 하면서 하나의 프로젝트에서 다른 프로젝트로 옮길 때, 옮기고자 하는 프로젝트에 관여하는 첫날부터 매우 생산적일 수 있도록 큰 역할을 할 수 있다. 다시 말하면 어떠한 소스코드든지 그것을 보길 원하는 모든 엔지니어는 이용할 수 있다는 의미다. 웹 앱 개발자는 모든 브라우저 코드를 볼 수 있고, 다른 허락 없이도 원하는 일을 쉽게 처리할 수 있다. 그들은 좀 더 경험이 많은 엔지니어가 작성한 코드를 볼 수 있으며, 비슷한 작업들을 다른 사람들이 어떻게 처리했는지도 볼 수 있다. 모듈이나 제어 구조 또는 데이터 구조 레벨의 상세한 내용까지 코드를 재사용할 수 있다. 구글은 하나의 회사이므로 검색 가능한 하나의 소스코드 저장소를 (정말 당연하게도!) 갖고 있다.

이러한 코드의 개방과 엔지니어링 툴 셋의 조화, 회사 차원의 자원 공유를 통해 풍부하게 공유된 코드 라이브러리와 서비스를 이용한 소프트웨어 개발을 가능하게 한다. 이런 공유 코드는 구글의 제품 인프라스트럭처에서 공유 라이브러리들로 작업하기 때문에 높은 신뢰도를 갖고 동작하고, 프로젝트가 완성되는 속도 역시 더 빨라지고 결함 발생률을 줄인다.

---

5. '20% 시간'은 구글러들이 사이드 프로젝트라고 부르는 것이다. 그것은 개념 수준이 아니고 구글에 종사하는 사람들이 자신의 주요 업무와는 별도로 일주일에 하루를 다른 업무에 쓸 수 있게 하는 공식적인 구조다. 이 아이디어는 주 5일 근무 중 4일은 돈을 버는 데 쓰고, 나머지 하루는 혁신과 실험을 하는 데 쓰라는 뜻이다. 어디까지나 선택 사항이며, 이전 구글러들의 경우 이 아이디어는 미신이라고 주장했다. 우리의 경험에 의하면 이 개념은 실제로 가능하고 우리 3명 모두 20%의 프로젝트를 하고 있었다. 사실, 이 책에서 이야기하는 많은 툴이 20% 활동의 결과물이고, 결국에는 실체화돼 제품에 공헌했다. 하지만 많은 구글러가 자신의 20% 시간을 단순히 다른 제품에 작업하는 것을 선택했다. 따라서 20% 공헌자의 개념은 많은 제품, 특히 재밌는 새로운 제품을 즐기는 무엇인가가 됐다.

이러한 코드의 개방과 엔지니어링 툴 셋의 조화, 회사 차원의 자원 공유는 풍부하게 공유된 코드 라이브러리와 서비스를 이용한 소프트웨어 개발을 가능하게 한다.

엔지니어는 공유 인프라스트럭처상에 있는 코드를 특별한 방식으로 다룬다. 문서화되진 않았어도 코드의 중요성에 대해 언급하는 공통의 사례들과 수정 시 엔지니어가 유의해야 할 사항들을 따른다.

- 모든 엔지니어는 프로젝트에 특화된 요구를 충족시키기 위한 목적 외에는 기존 라이브러리를 재사용해야 한다.

- 공유되는 모든 코드를 먼저 작성하고, 무엇보다도 공유 코드는 쓰기 쉬운 곳에 위치해야 하며 가독성이 좋아야 한다. 저장소의 공유 위치에 저장돼야 하고 찾기 쉬워야 한다. 또한 다양한 엔지니어들이 공유해야 하기 때문에 이해하기 쉬워야 한다. 모든 코드는 미래에 누군가가 읽고 수정할 것을 대비해서 작성돼야 한다.

- 공유 코드는 가능한 한 재사용 가능하고 스스로 모든 내용을 담고^{self-contained} 있어야 한다. 서비스를 작성하는 엔지니어는 여러 팀이 사용할 수 있게 해야 한다. 복잡함이나 교묘함보다는 재사용이 훨씬 가치 있다.

- 의존성은 드러나야 하고 무시해서는 안 된다. 공유된 코드를 사용하는 프로젝트의 경우, 엔지니어가 프로젝트 변경에 의해 공유 코드의 의존성에 영향이 있음을 알아채지 못하면 공유 코드를 수정하는 일은 어렵거나 거의 불가능하다.

- 좀 더 나은 방법을 제안한 엔지니어는 기존 모든 라이브러리에 대해 리팩토링을 하고 연관된 프로젝트들이 새로운 라이브러리를 사용하게 도와야 한다. 다시 말하지만, 이러한 아름다운 공동 작업은 얼마든지 권장해야 한다.[6]

- 구글은 진지하게 코드 리뷰를 진행하고, 특히 공동으로 사용하는 코드에 대해서 개발자들은 코드를 작성한 프로그래밍 언어에 해당하는 '가독성'의 관점에서 모든 코드를 리뷰해야 한다. 위원회는 개발자들이 코딩 스타일 가이드라인을 준수

---

6. 구글이 종종 내세우는 이점 중 하나는 '동료 보너스'다. 어떤 엔지니어건 간에 다른 엔지니어에게 긍정적인 영향을 주는 작업을 하면 감사의 의미로 동료 보너스를 받을 수 있다. 매니저들은 그 외 다른 방식으로 보너스를 준다. 이 아이디어는 공동 작업이 강력하면서 긍정적으로 강화되고 지속될 수 있게 한다. 물론, 비공식적으로 보상을 하는 사례도 있다.

한 깨끗한 코드를 만들었을 때 가독성을 보장한다고 인정한다. 구글에는 구글의 4가지 주요 언어인 C++, 자바, 파이썬, 자바스크립트에 대한 가독성 기준이 있다.

● 공유 저장소에 있는 코드는 테스팅에 대해 더 높은 기준을 적용한다(이는 뒤에서 다룬다).

플랫폼 의존성은 최소화해야 한다. 모든 엔지니어는 구글의 생산 시스템과 가능한 한 동일한 데스크톱 운영체제를 갖고 있다. 리눅스용 배포에 대한 의존성은 최소화될 수 있도록 주의 깊게 관리해야 하고, 개발자는 자신의 장비에서 로컬 테스트를 수행해 마치 생산 시스템에서 테스트한 것과 동일한 결과를 내야 한다. 데스크톱부터 데이터 센터까지, CPU와 운영체제 사이의 가변성을 최소화해야 한다.[7] 테스터 장비에서 버그가 발생하면 그 버그는 개발자의 장비와 출시된 제품에서도 재현돼야 한다.

플랫폼 의존성이 있는 모든 코드는 플랫폼의 최하위 레벨에 라이브러리 형태로 들어가고 리눅스 배포를 관리하는 팀이 이 플랫폼 라이브러리도 함께 관리한다. 결국, 구글에서는 각 프로그래밍 언어당 단 하나의 컴파일러만 사용하며, 하나의 리눅스 배포판에 대해 지속적으로 테스트하고 관리한다. 여기에는 대단한 게 있는 건 아니지만, 디버깅하기 어려운 다양한 환경으로부터 오는 영향을 제한함으로 인해 후반부에 다량으로 발생하는 수많은 테스팅 노력을 감소시키고 새로운 기능 개발에 집중할 수 있게 한다. 단순하고, 안전하게 유지하라.

> ■ **참고** 구글 플랫폼의 명확한 목표는 단순하고 단일화해 유지하는 것이다. 엔지니어가 사용하는 워크스테이션과 제품 배포 장비에 대해 동일한 리눅스 배포판을 사용하고, 핵심적인 공통 라이브러리들을 중앙 관리하며, 공통의 소스, 빌드, 테스트에 대한 인프라스트럭처 구축, 각 핵심 프로그래밍 언어당 하나의 컴파일러 사용, 언어의 독립성, 공통화된 빌드 명세, 그리고 이러한 공통 자원에 대한 유지 보수를 존중하고 보상하는 문화 등을 만들어서 이를 가능하게 한다.

---

7. 구글의 로컬 테스트 랩이 관리하는 유일한 외부 공통의 인프라스트럭처는 안드로이드와 크롬 운영체제에 관한 것이며, 다양한 하드웨어에서 새로운 빌드를 쉽게 시험해보기 위한 것이다.

통합된 빌드 시스템을 통해 단일 플랫폼, 단일 저장소라는 방식이 지속되고, 이는 공유 저장소 내의 작업을 단순화시킨다. 프로젝트에서 사용하는 프로그래밍 언어에 의존하지 않고 독립적으로 작성한 빌드 명세 언어를 빌드 시스템에 사용함으로써 팀이 C++, 파이썬, 자바 중 어떤 언어를 사용하든지 동일한 '빌드 파일'을 공유한다.

빌드는 라이브러리, 바이너리 또는 테스트 셋 같이 수십 개의 소스 파일로 구성된 구체적인 타겟을 대상으로 빌드를 수행한다. 전체 흐름은 다음과 같다.

1. 하나 또는 그 이상의 소스 파일에서 서비스에 대한 클래스 또는 함수를 작성하고 모든 코드가 컴파일되게 한다.

2. 이 새로운 서비스에 대한 라이브러리 빌드 타겟을 식별한다.

3. 라이브러리를 임포트하는 단위 테스트를 작성하고, 의존성이 큰 부분에 대해서는 목mock을 만들고, 가장 흥미로운 값을 입력으로 주어, 가장 관심 가는 코드 경로를 수행한다.

4. 이 단위 테스트에 대해 테스트용 타겟을 빌드한다.

5. 테스트 타겟을 빌드하고 수행한다. 모든 테스트를 통과할 때까지 필요한 변경을 한다.

6. 코드 스타일 가이드 규약과 일반적인 문제를 검사하는 데 필요한 모든 정적 분석 툴을 수행한다.

7. 코드 리뷰에 대한 결과 코드를 보내고 (코드 리뷰 상세 사항 포함) 리뷰 결과에 따라 코드 변경을 하고 모든 단위 테스트를 다시 수행한다.

이 모든 활동의 결과는 라이브러리와 테스트라는 한 쌍의 빌드 타겟이다. 라이브러리 빌드 타겟은 우리가 생산하고자 하는 새로운 서비스로 이뤄진 것이며, 이 서비스를 테스트하는 것이 테스트 빌드 타겟이다. 구글의 많은 개발자가 1단계와 2단계 전에 3단계를 먼저 수행하는 테스트 주도 개발을 하고 있다는 사실에도 주목하자.

좀 더 큰 서비스들의 경우에는 서비스가 완성될 때까지 코드를 작성하고 라이브러리 링크를 점진적으로 추가하면서 더 큰 라이브러리 빌드 타겟을 만들어나간다. 이 시점에는 서비스 라이브러리들을 연결하는 메인 소스 파일에서 바이너리 빌드 타겟을 만든다. 이렇게 하면 잘 테스트돼 스스로 동작하는 독립^{standalone} 바이너리, 가독성이 좋고 다른 서비스 생성에도 사용할 수 있는 지원 라이브러리들을 포함한 재사용 가능한 서비스 라이브러리, 그리고 이 빌드 타겟의 모든 주요 부분을 커버하는 단위 테스트들로 구성된 구글 제품이 만들어진다.

전형적인 구글 제품은 많은 서비스로 구성돼 있다. 우리의 목표는 어떤 상품화 팀일지라도 한 개의 서비스에 한 명의 SWE가 매칭되는 1:1의 비율을 갖는 것이다. 이것은 각 서비스가 동시에 생성돼 빌드되고 테스트될 수 있으며, 모든 준비가 됐을 때 최종 빌드 타겟에 한 번에 모두 통합될 수 있음을 의미한다. 의존성이 있는 서비스들이 동시에 빌드될 수 있게 하려면 각 서비스의 인터페이스들은 프로젝트 초기에 모두 결정돼야 한다. 그로 인해 개발자들은 특정 라이브러리의 구현에 의존하는 것이 아닌 약속된 인터페이스에 의존한다. 이러한 인터페이스에 대한 페이크^{fake} 구현은 서비스 레벨 테스트 작성 시 개발자를 구속하지 않기 위해 개발 초기에 생성된다.

SET는 테스트 타겟 빌드 시에 관여를 많이 하고 소형 테스트가 적용돼야 할 곳을 식별한다. 하지만 여러 빌드 타겟이 더 큰 애플리케이션 빌드 타겟으로 통합됨으로써 작업이 증가하면 더 큰 통합 테스트가 필요하다. 개인적으로 작성한 라이브러리 빌드 타겟의 경우, SWE가 기능을 만들면서 프로젝트의 SET에게 지원 받아 직접 작성한 소형 테스트를 수행한다. 빌드 타겟이 점점 더 커질수록 SET가 관여해 중대형 테스트를 작성한다.

빌드 타겟의 크기가 커질수록 통합된 기능에 필요한 소형 테스트는 회귀 테스트 스위트의 일부가 된다. 이 테스트들은 항상 통과할 것이라고 기대되는데, 실패한 경우 테스트 자체에 버그가 있다고 간주하고 기능 버그와 동일하게 다뤄진다. 테스트 역시 기능의 일부이고, 버그가 많은 테스트는 기능적 버그와 동일하게 다뤄지고 꼭 수정돼야 한다. 이렇게 하면 새로운 기능이 기존 기능을 망치지 않음을 보장할 수 있고, 코드 수정이 테스트를 깨지 않음 역시 보장한다.

이 모든 활동의 중심에는 SET가 있다. 그들은 개발자를 도와 단위 테스트를 어떻게 작성해야 하는지 결정한다. SET는 많은 목^{mock}과 페이크^{fake}를 작성한다.

또한 중대형의 통합 테스트도 작성한다. 이러한 작업들이 우리가 지금 의지하고 있는 SET가 수행하는 작업들이다.

SET란?

SET^{Software Engineer in Test}는 방금 설명했듯이 구글 개발 프로세스의 모든 단계에서 테스트를 가능케 하는 사람들이다. SET는 테스트 분야의 소프트웨어 엔지니어다. 중요한 것은 SET가 소프트웨어 엔지니어라는 것이며, 우리의 채용 기준과 내부 진급 체계에는 100% 코딩을 하는 역할로 명시돼 있다. 이것은 테스트에 대한 흥미로운 하이브리드 접근법으로, 테스터들로 하여금 프로젝트 조기에 참여하게 해 '품질 모델'이나 '테스트 계획'에 관한 내용이 아닌 코드 기반의 설계와 생성에 능동적인 참여자로서 접근하게 한다. 이는 SET가 기능 개발자와 테스트 개발자 간에 동등한 입장이 돼 생산적으로 개발을 하고, 프로세스의 후반부에 발생하는 수동 또는 탐색적 테스트를 포함한 모든 종류의 테스트를 믿을 만하게 수행할 수 있도록 해준다.

> **참고** 테스트는 애플리케이션 기능의 하나로 봐야 한다. SET는 애플리케이션의 테스트 기능에 책임을 지는 역할을 한다.

SET들은 기능 개발자 옆에 앉는다(문자 그대로 SWE와 SET가 함께 일하는 것이 목표다). 테스트는 애플리케이션 기능의 하나로 봐야 한다. SET는 애플리케이션의 테스트 기능에 책임을 지는 역할을 한다. SET들은 SWE가 작성한 코드를 리뷰할 때 참석하고 반대의 경우도 있어야 한다. SET의 채용 면접 때 사용하는 '코딩 기준^{coding bar}'은 SWE의 역할에 그들이 작성한 코드를 어떻게 테스트할지를 알고 있는가에 대한 요구 사항을 추가해 실시한다. 다시 말해 SWE와 SET 모두 코딩 질문에 대답을 한다. 그리고 SET는 테스트 관련 질문에 좀 더 상세한 답변을 해야만 한다.

예상하듯이 이 역할에 맞는 사람을 찾기란 어려운 일이다. 그럼에도 불구하고 상대적으로 적은 수의 구글 SET들이 높은 생산성을 만들어내는 것은 마술을 부린 게 아니라 SET가 가져야 할 능력에 현실적인 우리의 엔지니어링 사례들을 적용시켰기 때문이다. SWE와 SET 역할 간 유사성 때문에 발생하는 긍정적 효과 중 하나는 두 역할이 각각 다른 역할의 바탕이 될 수 있다는 점과, 두 역할 간에 전환을 통해 구글이 그 능력을 최대한 사용할 수 있다는 점이다. 회사의 모든 개발자가 테스트를 할 수 있고, 모든 테스터가 코드를 만들 수 있다고 상상해보라. 우리도 아직 그 수준까지 도달하지는 못했고 어쩌면 절대 그렇게 될 수 없을지도 모르지만, 이 두 역할 간의 공통분모는 있다. 우리 회사 최고의 엔지니어들인 SWE와 SET는 서로 기대어 가장 효과적인 상품화 팀을 구성한다.

프로젝트의 초기 단계

구글에는 SET의 프로젝트 참여에 대해 정해진 규칙이 없다. 또한 프로젝트가 '실체화'되는 데 정해진 규칙도 없다. 새로운 프로젝트가 생성되는 공통적인 시나리오 중 하나는 비공식적인 20%의 활동이 실제 구글의 이름을 단 제품으로 전환되는 경우다. 지메일Gmail이나 크롬Chrome OS 두 프로젝트 모두 구글의 공식적인 승인 없이 아이디어만으로 시작됐지만, 함께 일하는 개발 팀과 테스터들이 잉여력을 발휘해 판매할 수 있는 제품이 됐다. 사실, 내 동료 알베르토 사보이아Alberto Savoia(이 책 서문에서 보았던)는 다음과 같이 말하길 좋아한다. "소프트웨어가 중요해질 때까지 품질은 중요하지 않다."

　20%의 작업을 하는 동안 널널하게 구성된 팀에서 많은 혁신이 발생한다. 이들 중 어떤 작업은 끝나지 않을 것이고, 어떤 작업은 더 큰 프로젝트의 일부 기능으로 포함되며, 어떤 작업들은 공식적인 구글 제품이 되기도 한다. 그러한 프로젝트의 존재를 부정할 수도 없지만, 그러한 프로젝트들 중 어느 누구도 테스팅 자원을 가질 수 없다. 프로젝트가 맴돌게 되면 잠재적으로 실패할 확률이 높게 되고, 이때 함께 작업한 테스터들과 프로젝트 멤버들이 만든 테스팅 인프라스트럭처는 자원의 낭비가 되기 때문이다. 프로젝트가 취소되면 테스팅 인프라스트럭처로 작업했던 것들 역시 무용지물이 된다.

　완벽한 제품의 컨셉을 갖고 가능성을 타진하기도 전에 품질에 초점을 두게 되면 우선순위를 거꾸로 작업하는 꼴이 된다. 우리가 보아온 구글 20% 활동이 만들어 낸 많은 초기 프로토타입이 개밥 먹기dog fooding나 베타 버전쯤 됐을 때 오리지널 코드는 약간밖에 남아 있지 않으며, 결국 거의 다시 설계됐다. 실험적인 경우에 대해 테스트를 수행하는 일은 확실히 바보들이나 하는 짓이다.

물론, 그 반대에 대한 리스크도 있다. 제품을 테스트하지 않은 채로 너무 오래 지속되면 테스트 가능성^{testability}을 줄이는 설계 결정들을 되돌리기 어렵게 된다. 뿐만 아니라 자동화 역시 어려워지고 테스트 툴 역시 다루기 어려워지는 결과를 가져온다. 그렇게 되면 이후 품질을 높인다는 미명하에 재작업이 발생한다. 그렇게 생겨나는 품질에 대한 '부담'이 제품의 출시를 수년간 늦출 수도 있다.

구글은 제품 초기 단계에 테스터들을 관여시키기 위해 특별한 조치를 취하진 않았다. 사실, SET의 빠른 참여는 테스팅 역할이 아닌 개발자의 역할로 종종 있어 왔다. 이는 테스팅에 대한 의도적인 누락도 아니고 품질에 대한 빠른 관여가 중요하지 않다는 얘기도 아니다. 단지 구글의 프로세스는 비공식적인 결과물이나 혁신 위주의 프로젝트 생성에 더 중점을 준다는 점이다. 구글에서 품질과 테스트를 포함한 계획을 수개월이나 한 후에 큰 개발 노력을 들여야 하는 빅뱅 같은 프로젝트를 생성하는 경우는 매우 드문 일이다. 구글 프로젝트는 좀 더 비공식적으로 태어난다. 크롬^{Chrome}OS가 좋은 예다. 크롬OS는 이 책의 저자 세 명 모두 1년 이상 작업한 제품이었다. 하지만 우리가 공식적으로 참여하기 전에 몇 명의 개발자들이 프로토타입을 만들었고, 구글의 고위 임원들의 공식적인 프로젝트 승인을 위해 오직 브라우저 앱 모델의 컨셉에 대한 데모를 보여줄 수 있도록 프로토타입의 많은 부분을 스크립트와 페이크^{fake}로 구성했다. 초기 프로토타이핑 단계에서는 많은 실험과 프로젝트의 개념이 실제로 쓸 만한가를 입증하는 데 집중한다. 이 시점에서는 테스팅에 쏟을 시간 또는 테스트가 가능하게 설계할 시간은 없고, 데모에 사용된 모든 비공식적인 스크립트는 결국에는 실제 C++ 코드로 변경될 것이다. 스크립트가 데모의 목적을 만족시키고 제품 승인이 완료되면 이제 개발 디렉터는 우리에게 테스팅 자원 제공을 요청한다.

이렇게 구글의 문화는 다르다. 단순히 프로젝트가 존재한다고 해서 테스팅 자원을 얻지는 못한다. 개발 팀은 테스터에게 도움을 요청하고 그들의 프로젝트가 매우 흥미롭고 잠재력이 많음을 확신시킬 책임이 있다. 크롬OS 개발 매니저가 그들의 프로젝트, 진행 상황, 양산 일정 등을 설명하는 동안 우리는 테스팅에 대한 SWE의 관여, 단위 테스트 커버리지의 기대치 수준, 릴리스 프로세스의 공유 방법에 대한 요청을 할 수 있었다. 우리는 프로젝트 초기에는 관여하지 않지만, 프로젝트가 실체화되면 어떻게 수행할 것인지에 대해 많은 영향력을 갖게 된다.

> 개발 팀은 테스터에게 도움을 요청하고 그들의 프로젝트가 매우 흥미롭고 잠재력이 많음을 확신시킬 책임이 있다.

팀 구조

SWE는 종종 코드에 집중해 하나의 기능 또는 그보다 작은 기능을 작성한다. SWE는 제품의 지엽적이고 부분적인 내용을 최적화하려는 경향이 있다. 훌륭한 SET라면 이와는 정확히 정반대의 접근법을 가져야 하고, 제품 전체와 전체 기능에 대한 넓은 관점뿐만 아니라 제품의 생명주기 동안 많은 SWE가 참여하고 이탈할 것이라는 점과, 제품은 그것을 처음에 만든 사람보다 더 오래 남는다는 점을 이해해야 한다.

지메일과 크롬 같은 제품은 다양한 버전으로 지속된 제품이고, 수백 명의 개발자가 각각의 작업을 할 것이다. SWE가 버전 3에 대해 작업 중인 상품화 팀에 합류했을 때 제품이 잘 문서화되고 테스트 가능하며, 테스트 자동화가 안정적으로 동작하고 새로운 코드가 어떻게 합쳐질지 명확하게 프로세스화돼 있다면 초기 SET가 그들의 일을 정확히 했다는 뜻이다.

프로젝트가 살아있는 동안 기능이 추가되고 버전이 런칭되고, 패치가 만들어지고 품질을 높이기 위한 재작성과 재명명 같은 리팩토링이 발생하기 때문에 프로젝트의 종료 시점을 식별하기가 어려울 것이다. 끝은 모를 수 있어도 모든 소프트웨어 프로젝트에의 시작은 확실하다. 우리는 초기 단계를 진행하는 동안 목표를 다듬는다. 그리고 계획하고 무엇인가를 만들려고 노력한다. 심지어 생각한 것과 해야할 일들에 대해 문서화하려고 노력한다. 조기에 결정한 사항이 제품을 장기적으로 지속될 수 있게 하는 올바른 결정이 되게 노력한다.

새로운 소프트웨어 프로젝트를 시작하기 전에 우리가 수립한 많은 계획과 실험, 문서들은 제품의 성공 및 긴 생명력에 대한 믿음과 정비례한다. 단순히 나중에 계획의 가치만을 평가받기 위해 근시안적인 계획을 시작하고 싶진 않았다. 또한 현재의 결과물이 계획했던 것과는 다른 단순한 변경 사항이 있다거나 최초 생각했던 내용과는 다른 내용을 발견하는 데 몇 주씩 소비하기를 원치 않는다. 이러한 이유로, 초기 단계에서 문서 산출물과 프로세스와 관련된 어떤 구조를 만드는 것이 현명하다. 그러나 궁극적으로 무엇이 얼마만큼 필요한지 결정하는 일은 이 프로젝트를 생성하는 엔지니어에게 달려있다.

구글 상품화 팀은 테크니컬 리드와 한 명 이상의 다양한 엔지니어링 창립 멤버와 함께 시작한다. 구글에서 테크 리드 또는 TL^{Tech Lead}은 엔지니어들이 사용하는 비공식적인 직함으로, 기술적인 방향과 액티비티들을 조율하는 엔지니어로서 다른 팀을 상대하는 프로젝트의 주요 대표 엔지니어처럼 행동한다. 테크 리드는 프로젝트에 대한 어떤 질문에든 답할 수 있고 담당자가 누구인지 말해 줄 수 있다. 프로젝트의 테크 리드는 대개 SWE거나 SWE 역량을 가진 엔지니어다.

프로젝트의 테크 리드와 창립 멤버는 다음 절에서 설명할 프로젝트의 첫 번째 설계 문서를 만들면서 프로젝트를 시작한다. 문서를 발전시켜 나가면서 추가적으로 필요한 엔지니어들을 찾아낸다. 많은 테크 리드가 프로젝트의 인력이 상대적으로 부족해도 조기에 SET를 요구한다.

설계 문서

구글에서의 모든 프로젝트는 주요 설계 문서를 작성한다. 이 문서는 살아서 숨 쉬며 프로젝트와 함께 진화해나간다. 초기 설계 문서는 프로젝트의 목적, 배경, 팀 멤버 제안, 설계 제안의 내용을 담고 있다. 초기 단계에서 팀은 주요 설계 문서의 나머지 관련 부분들을 함께 채워나간다. 대규모 프로젝트인 경우에는 주요 서브시스템을 설명하는 작은 설계 문서들을 생성하고 서로 연결하는 작업도 필요하다. 초기 설계 단계가 끝나갈 무렵, 프로젝트의 설계 문서들은 앞으로 해야 할 일들에 대한 로드맵이 돼야 한다. 이 시점에서 설계 문서는 프로젝트 도메인에 있는 한 명 또는 그 이상의 다른 테크 리드들로부터 리뷰를 받는다. 프로젝트의 설계 문서에 대해 충분한 리뷰가 이뤄지면 프로젝트의 초기 단계를 종료할 때가 다가오며, 구현을 공식적으로 시작한다.

SET로서 우리는 운 좋게 프로젝트의 초기 단계를 함께 할 수 있었다. 중요하고 영향력이 큰 작업은 여기서 끝난다. 우리가 제대로 작업했다면 우리 주변의 다른 모든 이들의 작업을 가속화시키면서 프로젝트 구성원 모두의 삶을 단순화시킬 수 있을 것이다. 실제로 SET들은 제품을 넓은 관점에서 바라보면서 팀의 엔지니어에게 중요한 이점을 가져다준다. 훌륭한 SET라면 넓은 관점에서 바라본 전문 지식을 좀 더 지엽적으로 집중하는 개발자들에게 알려주고, 그들이 작성하는 코드 이상의 더 큰 영향력을 준다. 따라서 일반적으로 코드 재사용의 광범위한 패턴과 컴포넌트 상호작용 설계는 SWE가 아닌 SET가 찾아낸다. 이번 절의 남은 부분에서는 프로젝트 초기 단계에 SET가 할 수 있는 고부가가치의 작업에 초점을 맞춰 이야기한다.

> **참고** 설계 단계에서 SET의 역할은 프로젝트의 모든 이들의 주변 작업을 가속화시키고, 그들의 삶을 단순하게 하는 것이다.

작업을 하는 데 있어 다른 이가 검토해주는 것만큼 좋은 방법은 없다. SWE가 설계 문서를 채워나가는 동안 더 많은 검토자들이 보는 공식적인 리뷰를 하기 전에 성실하게 피어 리뷰를 통해 피드백을 받아야 한다. 훌륭한 SET라면 좀 더 적극적으로 팀이 작성한 문서를 리뷰하려는 열망이 있으며, 필요한 경우 품질과 신뢰성에 관련된 절을 추가한다. 그렇게 해야 하는 이유는 다음과 같다.

- SET는 테스트하는 시스템의 설계를 숙지할 필요가 있다. 그렇게 하려면 설계 문서를 모두 읽어야 하므로 SET와 SWE 모두 리뷰어가 돼야 한다.
- 초기 제안은 쉽게 문서화가 가능하고 코드에 녹아들어가며, SET의 영향력을 전체적으로 증가시킨다.
- 전체 설계 문서 리뷰를 하는 첫 번째 사람이 돼 모든 이터레이션을 지켜보면서 전체 프로젝트에 대한 SET의 지식은 테크 리드의 지식에 버금가게 된다.
- 코드와 테스트를 작성하는 엔지니어와 테스트를 하는 엔지니어 간의 관계를 형성하는 좋은 기회이며, SET는 개발 시작부터 함께 일할 수 있다.

설계 문서 리뷰는 단순히 신문을 읽는 것처럼 설렁설렁 넘어가는 것이 아니라 목적을 갖고 행해져야 한다. 훌륭한 SET는 목적을 갖고 리뷰를 한다. 다음은 우리가 추천하는 몇 가지 리뷰 가이드다.

- **완전성(Completeness)** 문서에서 불완전한 부분이나 팀에서 일반적으로 쓰일 수 없거나 특별한 지식을 요구하는 부분, 특히 새로운 팀 멤버가 알아야 할 부분을 식별한다. 문서 작성자가 좀 더 상세하게 적도록 하고, 부족한 부분을 채울 수 있는 다른 문서와 링크시킨다.

- **정확성(Correctness)** 문법, 철자, 마침표에 대한 실수들을 찾는다. 이러한 잘못은 추후에 작성할 코드에 나쁜 영향을 미치며, 대충 작업했음을 의미한다. 엉성함에 대한 선례를 남기지 말라.

- **일관성(Consistency)** 문서와 다이어그램이 일치하게 하라. 문서 간의 상충되는 내용이 없게 하라.

- **설계(Design)** 문서에 제안된 설계를 고려하라. 현재 가용할 수 있는 자원으로 끝낼 수 있는가? 어떤 인프라스트럭처 위에서 가능한가?(인프라스트럭처에 대한 문서를 읽고 위험성을 파악하라) 제안된 설계를 지원할 수 있는 인프라스트럭처가 사용 가능한가? 설계가 너무 복잡하지 않은가? 단순화 시킬 수 있는가? 너무 단순한가? 설계의 어떤 부분의 설명이 부족한가?

- **인터페이스(Interfaces)와 프로토콜(protocols)** 사용할 프로토콜에 대해 명확하게 식별돼 있는가? 제품에서 드러나는 인터페이스와 프로토콜이 완벽하게 설명돼 있는가? 이러한 인터페이스와 프로토콜을 완성하기 위해 의미 있는 작업이 수행되는가? 구글의 다른 제품에 공통적으로 적용하는 내용이 있는가? 개발자가 한발 더 나아가서 프로토콜 버퍼를 정의하게 할 수 있는가?(프로토콜 버퍼에 대해서는 이후에 다룬다)

- **테스팅(Testing)** 문서에 기술된 시스템(들)을 어떻게 테스트하는가? 새로운 테스트 장비 또는 기술이 필요하다면 문서에 그 내용을 추가하라. 시스템에 대한 설계 내용이 테스트를 더 쉽게 해주고 기존 테스트 인프라스트럭처를 사용할 수 있게 하는가? 시스템을 테스트하기 위해 선행돼야 할 내용과 개발자가 설계 문서에

추가해야 하는 정보들을 미리 추정하라.

> **참고** 설계 문서 리뷰는 신문을 읽는 것과 달리 목표를 갖고 해야 한다. 추구하고자 하는 특정 목표들이 있어야 한다.

SET가 설계 문서를 작성한 SWE와 리뷰 결과에 대해 논의할 때 테스트에 필요한 작업량과 역할 사이에 공유해야 할 작업 방식 등에 대한 심도 있는 대화가 발생한다. 이 시점이 개발자 단위 테스트의 목표를 문서화하고 수행할 좋은 기회이며, 결국 팀 멤버들은 잘 테스트된 제품을 전달하게 된다. 여기서 건설적인 토론이 있다면 좋은 출발이다.

인터페이스와 프로토콜

구글에서 개발자들에게 인터페이스와 프로토콜의 문서화는 코드를 작성하는 일만큼이나 쉬운 일이다. 구글의 프로토콜 버퍼 언어[8]는 언어 독립적이고, 플랫폼 독립적이며, 연속적으로 구조화된 데이터들에 대해 확장 가능한 메커니즘을 갖고 있다. XML을 생각하면 비슷하지만, 좀 더 작고, 빠르고, 쉽다. 개발자는 프로토콜 버퍼 언어 안에서 데이터가 어떻게 구조화되는지 정의하고, 생성된 소스코드를 이용해서 구조화된 데이터와 다양한 언어(자바, C++, 파이썬)에서 다양한 데이터 스트림을 읽고 쓴다. 프로토콜 버퍼 소스는 새로운 프로젝트에서 첫 번째로 작성된다. 전체 시스템이 한번 개발되고 난 후에는 설계 문서에서 프로토콜 버퍼를 시스템 동작에 관한 명세로 참조하는 것은 흔한 일이다.

이처럼 프로토콜 버퍼 코드에서 대부분의 인터페이스와 프로토콜이 구현될 예정이기 때문에 SET는 프로토콜 버퍼 코드를 철저히 리뷰한다. 알다시피 전체 시스템이 의존하는 모든 서브시스템을 구축하기 전부터 통합 테스팅이 필요하므로, SET가 시스템에서 먼저 인터페이스와 프로토콜의 대부분을 구현한다. SET는 초기 통합 테스트를 가능하게 하기 위해 각 콤포넌트의 의존성이 있는 곳에 목^{mock}과

---

8. 구글의 프로토콜 버퍼는 오픈소스다. http://code.google.com/apis/protocolbuffers/를 참조하라.

페이크fake를 작성한다. 그렇게 통합 테스트가 작성되면 코드가 개발되는 동안에 계속 이용 가능하며, 점점 더 가치를 발휘하게 된다. 게다가 실제 출시된 제품에서 보다 목moke을 통해 에러 조건을 만들거나 실패 상황을 만드는 것이 훨씬 편하기 때문에 어떤 단계에서든지 통합 테스팅에 목moke과 페이크fake는 필요하다.

> SET는 초기 통합 테스트를 가능하게 하기 위해 각 콤포넌트의 의존성이 있는 곳에 목(mok)과 (fake)를 작성한다.

자동화 계획

SET의 시간은 제한돼 있고 넓은 범위에 관여해야 하기 때문에 가능한 한 초기에 시스템의 자동화 테스트 계획을 세우는 편이 매우 좋고, 이는 실무에 맞게 이뤄져야 한다. 일반적으로 저지르는 실수는, 하나의 주요 테스트 스위트에 대해 처음부터 끝까지 전체를 자동화하는 설계를 하는 것이다. 당연히 SWE 누구도 모든 내용을 아우르려는 그러한 노력에 감동받지 않고, SET는 큰 도움을 받지 못한다. SET가 SWE로부터 도움을 얻고자 한다면 자동화 계획은 분별력과 영향력이 있어야 한다. 자동화 활동이 확대될수록 유지 보수는 힘들어지고, 시스템이 발전할수록 테스트는 깨지기 쉬워진다. 더 작고 좀 더 특별한 목적을 갖는 자동화 테스트일수록 유용한 인프라스트럭처를 만들며, 더 많은 SWE가 테스트를 작성하게끔 유도한다.

처음부터 끝까지 자동화를 하는 과도한 투자는 제품 설계에 경직성을 가져다 주는데다가 전체 제품이 완성되고 안정화되기 전까지 특별히 유용한 것은 아니다. 하지만 그때가 되면 제품의 설계 변경을 하기에는 너무 늦게 되고, 그 시점에서 테스트를 통해 경험한 내용은 더 이상 고려할 가치가 없어진다. SET의 품질 향상을 위한 시간은 처음부터 끝까지 깨지기 쉬운 테스트 스위트를 유지 보수하는 데가 아닌 다른 곳에 쏟아야 한다.

> 처음부터 끝까지 자동화를 하는 과도한 투자는 제품 설계에 경직성을 가져다준다.

구글의 SET는 다음과 같은 접근 방식을 따른다.

먼저 에러가 발생할 가능성이 있는 인터페이스를 분리하고, 이전 절에서 설명한 목^{mock}과 페이크^{fake}를 만들어 의존성을 가진 인터페이스들을 제어하고, 좋은 테스트 커버리지를 확보할 수 있게 한다. 그 다음 단계는 가벼운 자동화 프레임워크를 만들어서 목^{mock} 시스템을 빌드하고 수행한다. 이렇게 하면 코드를 작성할 수 있는 어떤 SWE든 목^{mock} 인터페이스를 사용해서 자신만의 빌드를 만들고 메인 코드베이스에 변경을 적용하기 전에 테스트 자동화를 수행해 잘 테스트 된 코드만 코드베이스에 들어갈 수 있게 할 수 있다. 이것이 자동화의 탁월한 효과를 맛볼 수 있는 주요 분야 중 하나다. 나쁜 코드를 에코시스템[9] 밖에 두어 메인 코드베이스를 깨끗하게 유지할 수 있게 한다. SET는 목^{mock}, 페이크^{fake}, 프레임워크로 구성된 자동화를 만들고, 빌드 품질에 대한 정보를 모든 관련 부서에게 보여줄 수 있는 방안을 테스트 계획에 포함해야 한다. 구글 SET는 이러한 보고 메커니즘과 테스트 결과 수집 및 진척을 보여주는 대시보드를 테스트 계획의 일부로 포함한다. 이런 방식으로 SET는 전체 프로세스를 쉽고 투명하게 만들어 고품질 코드를 만들 수 있는 기회를 늘려간다.

테스트 가능성

SWE와 SET는 제품 개발을 하면서 가깝게 일을 한다. SWE는 제품 코드와 그 코드에 필요한 테스트를 작성한다. SET는 SWE가 테스트를 작성할 수 있게 테스트 프레임워크를 작성해 이 작업을 지원한다. SET는 또한 유지 보수 작업도 함께 한다. 품질은 이 두 역할이 공동으로 책임을 진다. SET의 첫 번째 작업은 테스트 가능성 testability 확보다. 그들은 컨설턴트처럼 행동해 단위 테스트에 더 적합하게 프로그램 구조와 코딩 스타일을 추천하고, 개발자가 스스로 테스트를 작성할 수 있게 프레임워크를 작성한다. 프레임워크에 대해서는 후에 논의하고, 먼저 구글의 코딩 프로세스에 대해 이야기해보자. SET가 소스코드에 대한 주인 의식을 갖는 진정한 파트너로 만들기 위해 구글은 코드 리뷰 중심의 개발 프로세스를 취한다. 코드 작성보다 코드 리뷰가 훨씬 더 가치가 있다.

---

9. 생태계란 의미로, 여기서는 프로젝트를 개발하는 인프라스트럭처를 의미한다. - 옮긴이

코드 리뷰는 개발자의 기본 업무이고, 이는 전적으로 툴의 지원을 받는다. 코드리뷰를 둘러싼 문화는 오픈소스 커뮤니티의 '커미터commiter' 개념을 약간 빌려와서 신뢰할 만한 개발자임을 증명할 수 있는 사람들만 소스 트리에 코드를 커밋commit할 수 있다.

구글은 코드 리뷰 중심의 개발 프로세스를 취한다. 코드 작성보다 코드 리뷰가 훨씬 더 가치가 있다.

구글에서는 모든 사람이 커미터지만, 인증된 커미터와 신입 개발자를 구분하기 위해 가독성readability이라는 개념을 사용한다. 전체 프로세스에 대한 설명을 해보면 다음과 같다.

코드 작성이 끝나고 한 단위로 패키징되면 이를 체인지 리스트change list라 부르고, 줄여서 CL이라고 한다. CL이 작성되고 나면 리뷰를 위해 내부적으로 몬드리안Mondrian이라는 툴에 서브밋한다(몬드리안은 추상 화가인 네덜란드 화가의 이름을 따라 만들었다). 몬드리안은 리뷰와 최종 종료를 위해 인증된 SWE 또는 SET에게 코드를 보낸다.[10]

CL은 새로운 코드 블록이 될 수도 있고, 기존 코드의 변경이나 버그 수정일 수도 있다. 그 범위는 몇 줄에서 수백 줄이 될 수 있고, 대부분 리뷰어의 지시에 따라 큰 CL들은 작은 CL로 분할된다. 신규 SWE와 SET들이 좋은 CL을 지속적으로 쓰기 위해서는 결국 동료들로부터 가독성에 대한 지적을 받아야 된다.

가독성은 언어에 따라 다르게 적용되며, 구글에서 자주 사용하는 언어인 C++, 자바, 파이썬과 자바스크립트 언어에 대해서는 그 규칙이 잘 정의돼 있다. 이 가독성에 대한 규칙은 경험 있고 신뢰할 수 있는 개발자들이 지적한 내용들로 구성돼, 전체 코드베이스가 한 사람의 개발자에 의해 쓰인 것과 같은 형태를 갖출 수 있게 도와준다.[11]

---

10. 앱 엔진에서 호스팅할 수 있는 몬드리안의 오픈소스 버전은 http://code.google.com/p/rietveld/에 있다.

11. 구글의 C++ 스타일 가이드는 http://googlestyleguide.googlecode.com/svn/trunk/cppguide.xml.에 있다.

CL이 리뷰어에게 전달되기 전에 수행하는 몇 가지 자동화된 검사가 있다. 이러한 프리서브밋pre-submit 규칙은 구글 코딩 스타일 가이드를 준수하고 CL과 관련 있는 기존 테스트 전부가 수행("모든 테스트가 성공해야 한다."는 규칙)됐음을 확인하는 간단한 작업이다. CL에 대한 테스트는 거의 항상 CL 자체에 포함돼 있다. 다시 말해 테스트 코드는 기능 코드와 함께 존재한다. 이러한 검사가 모두 완료되면 몬드리안은 CL의 링크가 포함돼 있는 이메일을 리뷰어에게 보낸다. 리뷰어는 리뷰를 마무리하고 추천 내역을 만들어 전송하고, SWE는 이 내용에 대해 작업한다. 이 프로세스는 리뷰어가 최종적으로 만족하고 사전 제출에 대한 자동화가 깨끗하게 수행될 때까지 계속 반복된다.

서브밋 큐submit queue의 첫 번째 목표는 모든 테스트가 통과했음을 의미하는 '녹색' 빌드의 유지다. 이는 프로젝트의 연속적 빌드 시스템과 버전 컨트롤 시스템 사이의 최종 방어선이다. 깨끗한 환경에서 코드를 빌드하고 테스트를 수행함으로써 서브밋 큐는 개발자가 본인의 워크스테이션에서 수행하면서 발견되진 않았지만, 결국에는 연속적인 빌드가 되지 않거나 최악의 경우, 버전 컨트롤 시스템이 깨진 상태가 되게 하는 환경적인 실패를 잡아준다.

서브밋 큐는 대규모 팀의 멤버들이 소스 트리의 메인 브랜치에서 협업이 가능하게 한다. 이는 더 나아가 브랜치 통합과 테스트가 통과하는지 검사하는 동안 코드 프리즈[12]를 위해 별도로 일정을 잡지 않아도 됨을 의미한다. 이런 방법으로 서브밋 큐는 대규모 팀의 개발자가 소규모 팀의 개발자의 업무 방식과 마찬가지로 효과적이고 독립적으로 작업을 할 수 있게 해준다. 단 한 가지 단점은 개발자가 작성하고 코드를 서브밋하는 비율이 증가해 SET의 업무가 더 힘들어진다는 점이다.

●● 큐에 서브밋하는 방법과 연속적인 빌드는 어떻게 가능한가?

제프 카롤로(Jeff Carollo)

초창기 구글의 규모는 매우 작았다. 변경 내역을 체크인하기 전에 단위 테스트를 작성하고

---

12. 코드 프리즈란, 코드를 고정해 코드에 대한 수정이 없음을 의미한다. - 옮긴이

수행하게 하는 정책 정도로도 충분했다. 가끔 테스트가 깨지고 사람들은 그 원인을 알아내는 데 시간을 쏟고 문제를 해결했다.

회사가 커졌다. 규모의 경제를 실현하기 위해 모든 개발자들이 고품질의 라이브러리들과 인프라스트럭처를 사용하고, 이것들은 유지 보수되고 공유된다. 이러한 핵심 라이브러리들은 시간이 지남에 따라 숫자, 크기, 복잡도가 점점 증가하게 돼 단위 테스트만으로는 충분치 않게 됐다. 다른 라이브러리 또는 인터페이스들과 중요한 상호작용을 하는 코드에 대한 통합 테스트가 필요하게 됐다. 어떤 면에서 구글은 다른 컴포넌트에 대한 의존성을 확보하기 위해 많은 테스트 실패를 경험했다. 프로젝트의 누군가가 변경 내역을 프로젝트에 체크인하기를 원하기 전까지는 테스트가 수행되지 않기 때문에 이러한 통합 테스트의 실패는 며칠 동안이나 존재할 수도 있다.

'단위 테스트 대시보드(Unit Test Dashboard)'라는 것이 생겼다. 이 시스템은 회사 전반의 소스 트리에서 '프로젝트'를 모든 최상위 레벨의 디렉터리로 다룬다. 이 시스템은 누구든지 자신만의 '프로젝트'를 정의할 수 있게 함으로써 빌드 셋(Build Set)을 만들고 유지 보수를 하는 사람들과 함께 테스트 타겟을 공유할 수 있게 한다. 이 시스템은 각 프로젝트에 대해 모든 테스트를 매일 수행하게 한다. 각 테스트와 프로젝트에 대한 성공과 실패 비율이 기록되고, 대시보드를 통해 보고된다. 테스트가 실패하는 경우 이메일을 생성해 매일 각 프로젝트의 유지 보수자들에게 메일을 보낸다. 따라서 테스트는 오랜 기간 동안 깨진 상태로 머물러 있지 않긴 하지만 여전히 무언가 깨지고 있다.

팀들은 깨진 변경 사항을 포착하는 좀 더 적극적인 방법을 원했다. 모든 테스트를 24시간 계속 수행하는 것으로는 충분치 않았다. 개개 팀은 연속적 빌드(Continuous Build) 스크립트를 쓰기 시작해 지정된 장비에서 수행해 연속적으로 빌드를 하고 팀 내의 단위 테스트와 통합 테스트를 수행한다. 그러한 시스템이 어떤 팀이든 지원할 수 있을 만큼 범용화될 수 있다는 것을 깨달은 크리스 로페즈(Chris Lopez)와 제이 코벳(Jay Corbett)은 함께 앉아 '크리스/제이 연속적 빌드(Chris/Jay Continuous Build)'를 만들었고, 장비에 간단히 등록을 하고 설정 파일을 작성한 후 스크립트를 수행을 하기만 함으로써 모든 프로젝트는 자신만의 연속적 빌드가 가능해졌다. 이 사례는 매우 빠르게 퍼져나가 곧 구글의 모든 프로젝트가 크리스/제이 연속적 빌드를 사용하게 됐다. 테스트가 실패하면 변경 사항을 체크인한 수 분 내에 테스트 실패의 원인을 알 것 같은 담당자들에게 이메일을 생성해 송부한다! 게다가 크리스/제이 연속적 빌드는 특정 프로젝트의 모든 테스트가 빌드되고 통과됐을 때 버전 컨트롤 시스템 내의 체크 항목인 '골든 체인지 리스트(Golden Change Lists)'를 알아낸다. 골든 체인지 리스트는 개발자가 자신의 특정 버전에 대한 자신의 소스 트리 뷰를 싱크할 때 최근의 체크인과 빌드 깨짐에 대해 영향 받지 않고 할 수 있게 해준다(릴리스를 목적으로 하는 안정화된 빌드를 선택하는 데 매우 유용하다).

팀들은 여전히 깨진 변경 사항을 포착하는 데 더더욱 적극적이길 원한다. 팀과 프로젝트의 크기와 복잡도가 점점 커지면서 깨진 빌드에 대한 비용 역시 커지기 시작했다. 서브밋 큐는 연속적 빌드 시스템을 보호할 수 없다. 서브밋 큐의 초기 구현은 변경 내역이 서브밋되기 전(따라서 '큐' 접미사가 있다)에 모든 CL이 테스트되기 위해 대기하고 순차적으로 시스템으로 승인될 필요가 있다. 오래 수행하는 테스트가 많을 때 큐에 보내야 하는 CL과 그 CL이 실제로 서브밋되는 버전 컨트롤 사이의 수 시간 백로그는 일반적으로 필요하다. 개선된 서브밋 큐의 구현은 미결된 모든 CL을 각각 다른 변화 사항들과 격리시켜 병렬로 동시에 처리했다. 이러한 '개선'은 드물게 경합 조건(race condition)을 만들긴 했지만, 결국 연속적 빌드에서 발견된다. 서브밋 큐에 들어가는 몇 분의 시간을 줄이는 것이 연속적 빌드의 빈번한 실패를 해결하는 비용보다 훨씬 더 크기 때문에 구글에서 진행하는 대부분의 거대한 프로젝트는 서브밋 큐를 사용한다. 이러한 대규모 프로젝트의 대부분은 '빌드 경찰(Build cop)' 아래에 팀 멤버를 순환시켜가며 배치해, 이들은 프로젝트의 서브밋 큐와 연속적 빌드에서 발견된 어떠한 이슈든 재빠르게 대응한다.

앞에서 살펴본 테스트 대시보드, 크리스/제이 연속적 빌드, 서브밋 큐로 구성된 이 시스템은 구글에서 몇 년 동안 사용됐다. 이 시스템들은 약간의 설정 시간이 필요하긴 했지만, 다양한 유지 보수 사항들을 줄여줌으로써 팀에 커다란 이익을 제공했다. 어떤 시점이 되면 이러한 시스템들을 통합해 모든 팀에게 제공하는 하나의 공유 인프라스트럭처로 만드는 것도 매우 실질적이고 가능한 일이 될 것이다. TAP(Test Automation program, 테스트 자동화 프로그램)도 그러한 것이다. 이 글을 적는 현재, TAP은 이러한 각각의 시스템들을 대체하고 있으며, 크로미엄(Chromium)과 안드로이드(Android) 외에 구글의 거의 모든 프로젝트에서 사용한다(크로미엄과 안드로이드는 오픈소스로 별도의 소스 트리를 운영하고 구글의 서버 사이드에서 빌드 환경을 사용한다).

대부분의 팀에 동일한 툴들과 인프라스트럭처를 갖게 하는 데 대한 이점은 아무리 강조해도 지나치지 않다. 한 번의 단순한 명령으로 단 한 명의 엔지니어가 CL에 의해 영향 받을 수 있는 바이너리와 테스트들을 클라우드 안에서 병렬적으로 빌드하고, 실행하고, 코드 커버리지를 확인할 수 있고, 모든 결과가 클라우드 안에서 저장되고 분석되고 그 결과들이 새로운 웹 페이지에서 시각화된다. 명령에 대한 결과를 터미널에서 '성공' 또는 '실패'로 표시되고 상세 내역을 하이퍼링크로 제공한다. 개발자가 이 방식으로 테스트를 수행하기로 선택했다면 코드 커버리지 정보를 포함한 테스트 성공의 결과는 클라우드 안에 저장되고 구글 자체 코드 리뷰 툴을 통해 코드 리뷰어들이 볼 수 있게 된다.

SET 작업 흐름: 예제

자, 이제 예제를 통해 지금까지의 모든 내용을 살펴보자. 이번 절은 기술적인 내용을 설명함으로써 상세하게 다룰 예정이다. 큰 그림에만 관심이 있다면 다음 절로 넘어가도 좋다.

구글의 인덱스에 추가하기 위해 사용자가 URL을 구글에 추가 요청하는 간단한 웹 애플리케이션을 상상해보자. HTML 폼은 URL과 코멘트라는 두 개의 필드를 입력 값으로 받아 구글 서버에 다음과 같이 HTTP GET 요청을 생성해 보낸다.

```
GET /addurl?url=http://www.foo.com&comment=Foo+comment HTTP/1.1
```

예제 웹 애플리케이션의 서버 측은 최소한 2개의 부분으로 나눠져 있다. 하나는 로우[raw] 형태의 HTTP 요청을 받아들여 파싱하고 검증하는 AddUrlFronted 부분과 또 다른 하나는 AddUrlService 백엔드 서비스다. 이 백엔드 서비스는 AddUrlFronted에서 요청을 받아 에러를 검사하고, 구글의 빅테이블[Bigtable][13]이나 구글 파일 시스템[14] 같이 영속적인 저장소와 더 많은 상호작용을 한다.

이 서비스를 작성하는 SWE는 프로젝트에 대한 디렉토리를 생성하는 작업부터 시작한다.

```
$ mkdir depot/addurl/
```

그들은 구글 프로토콜 버퍼[Google Protocol Buffer][15] 명세 언어를 이용해서 다음과 같이 AddUrlService 프로토콜을 정의한다.

파일: depot/addurl/addurl.proto
```
message AddUrlRequest {
    required string url = 1;        // 사용자가 입력한 URL
    optional string comment = 2;    // 사용자가 작성한 코멘트
}
```

---

13. http://labs.google.com/papers/bigtable.html

14. http://labs.google.com/papers/gfs.html

15. http://code.google.com/apis/protocolbuffers/docs/overview.html.

```
message AddUrlReply {
    // 에러가 발생한 경우, 에러 코드
    optional int32 error_code = 1;
    // 에러가 발생한 경우, 에러 메시지
    optional string error_details = 2;
}

service AddUrlService {
    // 인덱스에 제출할 URL 수락
    rpc AddUrl(AddUrlRequest) returns (AddUrlReply) {
        option deadline = 10.0;
    }
}
```

addurl.proto 파일은 세 가지 중요 아이템을 정의하는데, AddUrlRequest와 AddUrlReply 메시지와 AddUrlService 원격 프로시저 호출^{RPC, Remote Procedure Call} 서비스다.

AddUrlRequest 메시지 정의를 보면 url 필드는 호출자가 필수로 제공해야 하고, comment 필드는 선택적으로 제공할 수 있음을 알 수 있다.

유사하게 AddUrlReplay 메시지는 응답 시 서비스에 의해 선택적으로 제공할 수 있는 error_code와 error_details 필드로 구성됨을 알 수 있다. URL이 안전하고 성공적으로 수락되는 일반적인 상황에서는 이 필드들이 비어있다고 가정해 데이터 전송량을 최소화한다. 일반적인 상황에서는 빠르게 동작하게 만들어라. 이 것이 구글의 규약^{convention}이다.

AddUrlService를 자세히 살펴보면 AddUrlRequest를 넘겨받아 AddUrlReply 를 반환하는 서비스 메소드인 AddUrl을 호출하고 있음을 알 수 있다. 기본적으로 클라이언트가 정해진 10초 내에 응답을 받지 못하면 AddUrl 메소드는 타임아웃을 호출한다. AddUrlService 인터페이스 구현은 영속적인 저장소인 백엔드의 수와 큰 관계가 있을 수 있지만, 이 인터페이스의 클라이언트와는 관련이 없으므로 그러 한 상세 사항을 addurl.proto 파일에서는 표현하지 않는다.

메시지 필드에서 사용한 '=1' 표기법은 필드 값과는 관련이 없다. 그 표기법은 시간이 지나면 변경될 수 있다. 예를 들어 나중에 누군가가 AddUrlRequest 메시 지의 기존 필드에 uri 필드의 추가를 원할 수도 있다.

이를 위해 다음과 같이 변경할 수 있다.

```
message AddUrlRequest {
    required string url = 1;      // 사용자가 입력한 URL
    optional string comment = 2;  // 사용자가 입력한 코멘트
    optional string uri = 3;      // 사용자가 입력한 URI
}
```

하지만 이는 바보 같은 짓일 수도 있다. 보통은 url 필드를 uri 필드로 이름을 바꾸고 싶어 하기 때문이다. 이때 숫자와 타입을 동일하게 유지하면 구 버전과 신 버전 사이에 호환성을 유지한다.

```
message AddUrlRequest {
    required string uri = 1;      // 사용자가 입력한 URI
    optional string comment = 2;  // 사용자가 입력한 코멘트
}
```

addurl.proto를 작성해 개발자들은 proto_library 빌드 규칙을 생성하고, addurl.ptoro에 있는 아이템을 정의한 C++ 소스 파일을 만들고, 정적 addurl C++ 라이브러리로 컴파일한다(부가적인 옵션으로 자바와 파이썬 언어 바인딩을 위한 소스도 가능하다).

파일: depot/addurl/BUILD
```
proto_library(name="addurl",
              srcs=["addurl.proto"])
```

개발자는 빌드 시스템을 호출하고 addurl.proto, 빌드 정의, BUILD 파일 내의 빌드 시스템이 발견한 이슈를 수정한다. 빌드 시스템은 프로토콜 버퍼^{Protocol Buffer} 컴파일러를 호출해 addurl.pb.h와 addurl.pb.cc 소스코드를 생성하고, 정적 addurl 라이브러리를 만들어 링크가 가능하게 한다.

새로운 파일인 addurl_fronted.h에 AddUrlFronted 클래스를 선언해 AddUrlFronted를 생성한다. 이 코드는 매우 자주 사용되는 부분이다.

파일: depot/addurl/addurl_frontend.h
```
#ifndef ADDURL_ADDURL_FRONTEND_H_
#define ADDURL_ADDURL_FRONTEND_H_
```

```cpp
// 의존성에 대한 선행 선언
class AddUrlService;
class HTTPRequest;
class HTTPReply;

// AddUrl 시스템을 위한 프론트엔드
// 웹 클라이언트로부터 HTTP 요청을 수락한다.
// 그리고 구성한 요청을 백엔드에 전송한다.
class AddUrlFrontend {
    public:
        // AddUrlService와 의존성을 만들 수 있는 생성자
        explicit AddUrlFrontend(AddUrlService* add_url_service);
        ~AddUrlFrontend();
        // /addurl 리소스에 요청이 들어왔을 때 HTTP 서버에 의해 호출된 메소드
        void HandleAddUrlFrontendRequest(const HTTPRequest* http_request,
                                         HTTPReply* http_reply);

    private:
        AddUrlService* add_url_service_;
        // 복사 생성자를 선언하고 이 클래스의 의도하지 않은
        // 인스턴스 복사를 방지하기 위해 연산자 =를 사용.
        AddUrlFrontend(const AddUrlFrontend&);
        AddUrlFrontend& operator=(const AddUrlFrontend& rhs);
};

#endif // ADDURL_ADDURL_FRONTEND_H_
```

AddUrlFrontend 클래스 정의를 하면서 개발자는 **addurl_frontend.cc**를 생성한다. 여기서 AddUrlFrontend 클래스의 로직을 코드로 작성한다. 복잡함을 피하기 위해 이 파일의 일부분을 생략했다.

파일: depot/addurl/addurl_frontend.cc
```cpp
#include "addurl/addurl_frontend.h"

#include "addurl/addurl.pb.h"
#include "path/to/httpqueryparams.h"

// 아래에는 HandleAddUrlFrontendRequest()가 사용한 함수들을 적는다.
// 하지만 복잡함을 피하기 위해 일부를 생략했다.
void ExtractHttpQueryParams(const HTTPRequest* http_request,
                            HTTPQueryParams* query_params);
```

```
void WriteHttp200Reply(HTTPReply* reply);
void WriteHttpReplyWithErrorDetails(
    HTTPReply* http_reply, const AddUrlReply& add_url_reply);

// AddUrlService의 의존성 인젝션[16]을 하는 AddUrlFrontend 생성자
AddUrlFrontend::AddUrlFrontend(AddUrlService* add_url_service)
    : add_url_service_(add_url_service) {
}

// AddUrlFrontend 소멸자 - 여기서는 아무것도 하지 않는다.
AddUrlFrontend::~AddUrlFrontend() {
}

// HandleAddUrlFrontendRequest:
// 요청을 파싱하면서 /addurl에 대한 요청을 다룬다.
// 백엔드 요청을 AddUrlService 백엔드에 배정(dispatch)한다.
// 그리고 백엔드 요청을 적절한 HTTP 응답으로 변환한다.
//
// 인자:
// http_request - 서버로부터 받은 HTTP 요청
// http_reply - 요청에 대한 결과를 보내는 HTTP 응답
void AddUrlFrontend::HandleAddUrlFrontendRequest(
    const HTTPRequest* http_request, HTTPReply* http_reply) {
  //로우 HTTP 요청에서 쿼리 매개변수를 추출한다.
  HTTPQueryParams query_params;
  ExtractHttpQueryParams(http_request, &query_params);
  // 'url'과 'comment' 쿼리 컴포넌트를 가져온다.
  // http_request에 표현되지 않았으면 기본 값으로 각각 빈 문자열을 가져온다.
  string url =
  query_params.GetQueryComponentDefault("url", "");
  string comment =
      query_params.GetQueryComponentDefault("comment", "");

  //AddUrlService 백엔드에 요청할 준비를 한다.
  AddUrlRequest add_url_request;
  AddUrlReply add_url_reply;
  add_url_request.set_url(url);
  if (!comment.empty()) {
    add_url_request.set_comment(comment);
```

---

16. 테스트를 고려하지 않는 경우에 이렇게 의존성(dependency)을 갖는 AddService 같은 객체들은 AddUrlFronted의 내부에서 생성해서 사용해도 되지만, 이렇게 생성자(Constructor)에서 받아 사용하게 하면 페이크(fake) 객체를 넣을 수 있어 테스트 가능성(testability)이 향상된다. – 옮긴이

```
    }

    // AddUrlService에 요청을 한다.
    RPC rpc;
    add_url_service_->AddUrl(
            &rpc, &add_url_request, &add_url_reply);

    //AddUrlService 백엔드로부터 응답을 받을 때까지 대기한다.
    rpc.Wait();

    // 에러가 있다면 처리한다.
    if (add_url_reply.has_error_code()) {
        WriteHttpReplyWithErrorDetails(http_reply, add_url_reply);
    } else {
        //에러가 없다면 HTTP 200 OK 응답을 클라이언트에게 보낸다.
        WriteHttp200Reply(http_reply);
    }
}
```

HandleAddUrlFrontendRequest는 매우 분주한 멤버 함수다. 이것이 많은 웹 핸들러의 특성 때문이다. 개발자는 그 기능 중 몇 개를 도우미[Helper] 함수로 추출해서 이 함수를 단순화할 수 있다. 하지만, 빌드가 안정화되기 전이나 준비된 단위 테스트가 성공하기 전에 그런 리팩토링을 하는 일은 드문 일이다.

이 시점에서 개발자는 addurl_frontend 라이브러리에 엔트리를 추가하고 addurl 프로젝트의 기존 빌드 명세를 수정한다. 이렇게 하면 빌드할 때 AddUrlFrontend의 정적 C++ 라이브러리를 생성한다.

파일: /depot/addurl/BUILD
```
# 기존:
proto_library(name="addurl",
              srcs=["addurl.proto"])

#신규:
cc_library(name="addurl_frontend",
           srcs=["addurl_frontend.cc"],
           deps=[
                "path/to/httpqueryparams",
                "other_http_server_stuff",
```

```
        ":addurl", # 위의 addurl 라이브러리에 대한 링크
    ])
```

개발자는 본인의 빌드 툴을 이용해 다시 빌드를 시작하고 모든 빌드와 링크가 경고나 에러 없이 깨끗하게 빌드될 때까지 addurl_frontend.h와 addurl_frontend.cc에 대한 컴파일러 에러와 링커 에러를 수정한다. 이 시점이 AddUrlFrontend에 대한 단위 테스트를 작성할 시점이다. 단위 테스트는 addurl_frontend_test.cc라는 새로운 파일에 작성한다. 이 테스트는 AddUrlService 백엔드에 대한 페이크fake를 정의해 테스트하며, 테스트 시에는 정삭적인 객체가 아닌 AddUrlService의 페이크fake를 AddUrlFrontend 생성자로 넘긴다. 이런 방법으로 개발자는 AddUrlFrontend 코드 자체를 수정하지 않고 AddUrlFrontend의 작업 흐름에 예상 결과와 에러를 주입할 수 있다.

파일: depot/addurl/addurl_frontend_test.cc
```cpp
#include "addurl/addurl.pb.h"
#include "addurl/addurl_frontend.h"

// http://code.google.com/p/googletest/를 참조하라
#include "path/to/googletest.h"

// 페이크(fake) AddUrlService를 정의한다.
// 이는 테스트 상황에서 AddUrlFrontendTest의 테스트 픽스쳐에서
// AddUrlFrontend 인스턴스로 주입될 것이다.
class FakeAddUrlService : public AddUrlService {
    public:
        FakeAddUrlService()
            : has_request_expectations_(false),
              error_code_(0) {
        }

    // 테스트가 요청에 따른 예상 결과를 설정할 수 있게 한다.
    void set_expected_url(const string& url) {
        expected_url_ = url;
        has_request_expectations_ = true;
    }
    void set_expected_comment(const string& comment) {
        expected_comment_ = comment;
        has_request_expectations_ = true;
```

```
    }

    // 테스트를 통해 에러를 주입할 수 있게 한다.
    void set_error_code(int error_code) {
        error_code_ = error_code;
    }
    void set_error_details(const string& error_details) {
        error_details_ = error_details;
    }

    // 프로토콜 버퍼 컴파일러가 만든 addurl.proto의 서비스 정의로부터
    // 생성된 AddUrlService::AddUrl 메소드를 오버라이드한다.
    virtual void AddUrl(RPC* rpc,
                        const AddUrlRequest* request,
                        AddUrlReply* reply) {
        // 설정한 경우 요청에 따른 예상 결과를 시행한다.
        if (has_request_expectations_) {
            EXPECT_EQ(expected_url_, request->url());
            EXPECT_EQ(expected_comment_, request->comment());
        }

        // 설정한 경우 위의 set_* 메소드에 특정 에러를 주입한다.
        if (error_code_ != 0 || !error_details_.empty()) {
            reply->set_error_code(error_code_);
            reply->set_error_details(error_details_);
        }
    }

private:
    // 요청 정보 기대 값
    // 클라이언트가 set_expected_* 메소드를 사용해 설정한다.
    string expected_url_;
    string expected_comment_;
    bool has_request_expectations_;

    // 에러 정보를 주입한다.
    // 클라이언트가 위의 set_* 메소드를 이용해 설정한다.
    int error_code_;
    string error_details_;
};

// AddUrlFrontend에 대한 테스트 픽스쳐
// 아래에 있는 TEST_F 테스트 정의에 의해 공유되는 코드다.
```

```cpp
// 모든 테스트가 이 픽스처를 사용하고
// 픽스처는 FakeAddUrlService, AddUrlFrontend를 생성한다.
// 그리고 FakeAddUrlService를 AddUrlFrontend에 주입한다.
// 테스트는 런타임 시 이 두 개의 객체에 접근할 수 있다.
class AddurlFrontendTest : public ::testing::Test {
    protected:
        // 각각의 모든 테스트 메소드가 수행되기 전에 매번 실행된다.
        virtual void SetUp() {
            // 주입을 위해 FakeAddUrlService를 생성한다.
            fake_add_url_service_.reset(new FakeAddUrlService);

            // AddUrlFrontend를 생성하고 FakeAddUrlService를 주입한다.
            add_url_frontend_.reset(
                    new AddUrlFrontend(fake_add_url_service_.get()));
        }

        scoped_ptr<FakeAddUrlService> fake_add_url_service_;
        scoped_ptr<AddUrlFrontend> add_url_frontend_;
};

// AddurlFrontendTest::SetUp 동작을 테스트한다.
TEST_F(AddurlFrontendTest, FixtureTest) {
    // 이 시점에서 AddurlFrontendTest::SetUp를 호출한다.
}

// AddUrlFrontend가 쿼리 매개변수로부터 받은 URL을
// 정상적으로 파싱하는지 테스트한다.
TEST_F(AddurlFrontendTest, ParsesUrlCorrectly) {
    HTTPRequest http_request;
    HTTPReply http_reply;

    // /addurl 자원으로 가도록 요청을 설정하고
    // 'url' 쿼리 매개변수를 포함하게 설정한다.
    http_request.set_text(
            "GET /addurl?url=http://www.foo.com HTTP/1.1\r\n\r\n");

    // FakeAddUrlService에게 'http://www.foo.com'의 URL을
    // 받게 될 것이라고 말해준다.
    fake_add_url_service_->set_expected_url("http://www.foo.com");

    // FakeAddUrlService로 요청을 넘기는 AddUrlFrontend에 요청을 보내게 한다.
    add_url_frontend_->HandleAddUrlFrontendRequest(
            &http_request, &http_reply);
```

```cpp
    //응답을 검증한다.
    EXPECT_STREQ("200 OK", http_reply.text());
}


// AddUrlFrontend가 쿼리 매개변수로부터 코멘트를
// 정상적으로 파싱하는지 테스트한다.
TEST_F(AddurlFrontendTest, ParsesCommentCorrectly) {
    HTTPRequest http_request;
    HTTPReply http_reply;

    // /addurl 리소스로 요청이 가게 설정하고
    // 'url' 쿼리 매개변수를 포함하게 하고
    // url-인코딩된 'Test comment' 쿼리 스트링을 포함한
    // 'comment' 쿼리 매개변수를 포함하게 한다.
    http_request.set_text("GET /addurl?url=http://www.foo.com"
                          "&comment=Test+comment HTTP/1.1\r\n\r\n");

    // FakeAddUrlService에게 'http://www.foo.com' 의
    // URL을 다시 받게 될 것이라고 예측을 설정한다.
    fake_add_url_service_->set_expected_url("http://www.foo.com");

    // FakeAddUrlService 또한 이번에는 'Test comment'의
    // 코멘트를 받게 될 것이라고 예측을 설정한다.
    fake_add_url_service_->set_expected_comment("Test comment");

    // AddUrlFrontend에게 요청을 보내고,
    //이는 FakeAddUrlService에게 요청을 보낼 것이다.
    add_url_frontend_->HandleAddUrlFrontendRequest(
          &http_request, &http_reply);

    // 응답이 '200 OK' 응답을 받는지 검증한다.
    EXPECT_STREQ("200 OK", http_reply.text());
}

// AddUrlService가 클라이언트 에러를 만났을 때
// AddUrlFrontend가 적절한 에러 정보를 보내는지 테스트한다.
TEST_F(AddurlFrontendTest, HandlesBackendClientErrors) {
    HTTPRequest http_request;
    HTTPReply http_reply;

    // 요청이 /addurl 리소스로 가게 설정한다.
    http_request.set_text("GET /addurl HTTP/1.1\r\n\r\n");
```

```
    // FakeAddUrlService아 error_code 400과 error_detail로 'Client Error'라고
    // 설정되게 클라이언트 에러를 설정한다.
    fake_add_url_service_->set_error_code(400);
    fake_add_url_service_->set_error_details("Client Error");

    // AddUrlFrontend에 요청을 보내서
    // FakeAddUrlService에 요청을 보내게 한다.
    add_url_frontend_->HandleAddUrlFrontendRequest(
            &http_request, &http_reply);

    // 응답이 400 클라이언트 에러를 포함하는지 검증한다.
    EXPECT_STREQ("400\r\nError Details: Client Error",
            http_reply.text());
}
```

개발자는 이것보다 더 많은 테스트를 하고 싶어 하겠지만, 페이크fake를 정의하는 일반적인 패턴, 시험 중 시스템에 페이크fake를 만들어 넣거나 테스트 시 페이크fake를 사용해 에러를 주입하고 작업 흐름에 대한 로직을 검사하는 것을 보여주기에는 본 예제로 충분하다. 여기서 기술하지 않은 테스트 중 언급할 만한 점은 AddUrlFrontend와 FakeAddUrlService 백엔드 간에 네트워크 타임아웃을 흉내내는 테스트가 없다는 점이다. 그러한 테스트는 개발자가 잊어버릴 수 있는 테스트이고, 그런 테스트가 있으면 타임아웃이 일어났을 때 어떻게 처리하는지를 볼 수 있다.

애자일 테스트의 베테랑의 경우에 위의 코드를 보고 목mock을 사용해야 할 부분을 단순히 FakeAddUrlService로 모든 것을 처리했다고 지적할 수 있다. 그 말이 맞지만, 여기서는 단순히 보여주기 위한 목적으로 순수하게 페이크fake를 통해 이러한 기능을 구현했다.

어쨌든 개발자들은 이러한 테스트를 수행하길 원한다. 그렇게 하기 위해 새로운 테스트 규칙인 addurl_frontend_test 테스트 바이너리를 정의하게 빌드 정의를 업데이트해야 한다.

파일: **depot/addurl/BUILD**
```
# 기존:
proto_library(name="addurl",
              srcs=["addurl.proto"])
```

```
# 이것도 기존:
cc_library(name="addurl_frontend",
           srcs=["addurl_frontend.cc"],
           deps=[
                "path/to/httpqueryparams",
                "other_http_server_stuff",
                ":addurl", # 위의 proto_library에 의존성을 갖는다.
                ])

# 신규:
cc_test(name="addurl_frontend_test",
        size="small", # 테스트 크기 섹션을 참조하라.
        srcs=["addurl_frontend_test.cc"],
        deps=[
             ":addurl_frontend", # 위의 라이브러리에 의존성을 갖는다.
             "path/to/googletest_main"])
```

개발자는 한 번 더 빌드 툴을 사용해 컴파일을 하고 addurl_frontend_test 바이너리를 수행하고, 빌드 툴이 발견한 컴파일러 에러와 링커 에러를 수정하고, 테스트, 테스트 픽스쳐, 페이크fake를 수정한 후 테스트 시 AddUrlFrontend 자체에서 발생하는 결함들을 수정한다. 이 프로세스는 FixtureTest를 정의한 후에 즉시 시작한다. 그리고 모든 테스트 케이스를 추가할 때까지 반복한다. 준비된 모든 테스트가 성공할 때 개발자는 이 모든 파일을 포함한 CL을 생성하고 서브밋 직전에 점검을 하면서 발견한 작은 이슈들을 해결한 후 검토를 위해 CL을 보내고 리뷰에 대한 피드백을 기다리는 동안 실제 AddUrlService 백엔드를 작성하는 등 다음과 같은 작업을 진행한다.

```
$ create_cl BUILD \
        addurl.proto \
        addurl_frontend.h \
        addurl_frontend.cc \
        addurl_frontend_test.cc

$ mail_cl -m reviewer@google.com
```

리뷰 피드백이 도착하면 개발자는 그에 맞게 변경을 하거나, 대안을 제시한 리뷰어와 함께 작업을 하거나, 필요하면 추가 리뷰를 진행한 후 버전 컨트롤 시스템에 CL을 서브밋한다. 이 시점부터는 향후 누군가가 이 파일들에 대한 어떠한 변경을 하더라도 구글의 테스트 자동화 시스템이 `addurl_frontend_test`를 수행해서 새로운 변경 사항들이 기존 테스트를 깨는지 알려 준다. 게다가 **addurl_frontend.cc**를 수정하고자 하는 사람들도 수정 사항에 대한 안전 장치로 `addurl_frontend_test`를 수행할 수 있다.

테스트 수행

테스트 자동화는 개별적인 테스트 프로그램 작성을 넘어서는 이야기다. 테스트 자동화가 유용하려면 테스트 프로그램을 컴파일하고, 수행하고, 분석하고, 저장하고 각 수행에 대한 결과를 보고하는 등의 활동을 고려해야 한다. 테스트 자동화는 사실상 소프트웨어 개발 활동 그 자체다.

엔지니어가 이런 모든 이슈를 걱정하면 올바른 자동화를 작성하는 데 집중하기 어려워지며, 프로젝트에 유용한 자동화를 만드는 데 방해가 된다.

테스트 코드는 개발 속도를 가속화시키고 개발을 방해하지 않는 선에서 실행할 수 있을 때 의미가 있다. 따라서 개발 프로세스와 통합돼야 하고 개발과 분리시켜 생각하지 말아야 한다. 외부와 단절된 기능 코드가 절대 존재할 수 없듯이 테스트 코드 역시 외부와 단절해 생각할 수 없다.

따라서 테스트 자동화는 컴파일, 실행, 분석, 저장, 테스트 보고를 할 수 있는 공통의 인프라스트럭처로 발전시켜 만들어야 하고, 필요한 곳에서 문제를 줄여줘야 한다. 개별 테스트 프로그램을 작성한 구글 엔지니어는 수행에 필요한 상세 사항을 작성하기 위해 이를 공통의 인프라스트럭처로 서브밋하고 테스트 코드를 기능 코드와 동일하게 다뤄야 한다.

SET가 새로운 테스트 프로그램을 작성한 후 작성한 테스트의 빌드 명세를 구글 빌드 인프라스트럭처에 생성한다. 테스트 빌드 명세에는 테스트의 이름, 소스 파일의 출처, 다른 라이브러리나 데이터에 대한 의존성과 테스트 크기에 대해 적는다. 모든 테스트에 대한 크기를 '소형', '중형', '대형', '초대형'으로 명시해야 한다. 테스트를 위한 코드와 빌드 명세가 준비되면 구글의 빌드 툴과 테스트 수행 인프라스트럭처가 나머지를 수행한다. 이후부터는 한 번의 명령으로 빌드를 초기화하고,

자동화 테스트를 수행하고, 테스트 결과를 제공 받을 수 있다.

구글의 테스트 수행 인프라스트럭처는 테스트 작성에 대한 제약이 있다. 제약 사항과 이를 관리하는 방법은 다음 절에서 설명한다.

테스트 크기 정의

구글이 성장해 나가고 새로운 직원들이 생겨나면서 기존 테스트 종류에 대한 명명법에 혼동이 생기기 시작했다. 그림 2.1과 같이 단위 테스트, 코드 기반 테스트, 화이트박스 테스트, 통합 테스트, 시스템 테스트, 엔드 투 엔드 테스트 등 많은 용어가 서로 다른 기준을 갖고 쓰이고 있었다. 빠르게 결정할수록 좋다고 판단해서 표준 명명법을 만들었다.

그림 2.1 구글은 매우 다른 종류의 테스트 수행 방식을 갖고 있다.

소형 테스트small test는 일반적으로 수행 환경과 분리해 생각하고 하나의 코드 단위에 대해 그 행동을 검사한다. 소형 테스트의 예로는 하나의 클래스나 관련 함수로 이뤄진 작은 단위를 들 수 있다. 소형 테스트는 외부 의존성이 없어야 한다. 구글 외부에서는 일반적으로 소형 테스트를 '단위 테스트unit test'라고 한다. 소형 테스트는 테스트 카테고리에서 가장 좁은 범위를 말하고, 그림 2.2에서 설명하는 바와 같이 독립적으로 기능을 운영했을 때 이상이 없는지에 초점을 맞춘다. 이렇게 제한된 범위를 정의함으로써 소형 테스트는 소형 테스트보다 더 큰 테스트는 할 수 없는 낮은 레벨의 코드 커버리지를 제공하게 한다.

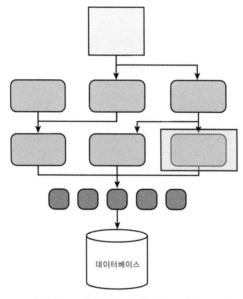

그림 2.2 소형 테스트의 범위는 종종 하나의 함수가 되기도 한다.

소형 테스트 안에서 파일 시스템, 네트워크, 데이터베이스 같은 외부 서비스는 목moke이나 페이크fake가 돼야 한다. 적절한 곳에서 필요한 내부 서비스를 테스트 중에 있는 클래스와 같이 동일 모듈 내에서 목mock으로 작성하면 외부 의존성을 훨씬 더 줄일 수 있다.

독립된 범위와 외부 의존성이 없다는 이야기를 바꿔 이야기하면 소형 테스트는 매우 빠르게 수행할 수 있다는 의미이며, 따라서 매우 자주 수행할 수 있고, 더 빠르게 버그를 찾을 수 있다. 일반적으로는 개발자들이 이 테스트를 수행하면서 기능 코드를 수정해야 한다고 생각한다. 그리고 개발자들이 그 코드에 대한 소형 테스트도 유지 관리해야 한다. 이러한 소형 테스트의 독립성은 빌드와 테스트 수행을 짧게 해준다.

중형 테스트Medium test는 그림 2.3에서 설명하는 바와 같이 하나 또는 그 이상의 애플리케이션 모듈과의 상호작용을 검증한다. 소형 테스트와는 달리 좀 더 넓은 범위를 다루고, 수행 시간에 차이가 있다. 소형 테스트의 목적이 모든 단일 함수의 코드를 확인하기 위함이라면 중형 테스트는 제한된 모듈의 부분집합들 간의 상호작용에 대한 테스트를 목적으로 한다. 구글 외부에서는 중형 테스트를 종종 '통합 테스트'라 부르기도 한다.

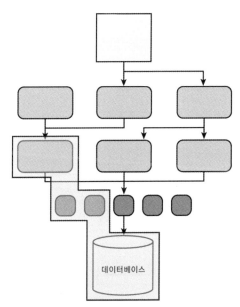

그림 2.3 중형 테스트는 여러 개의 모듈을 다루고 외부 데이터 소스를 포함할 수 있다.

중형 테스트의 수행 시간은 소형 테스트보다는 좀 더 길어서 테스트 수행 인프라스트럭처에서 관리돼야 하고 소형 테스트와 같이 자주 수행하지는 않는다. 일반적으로 SET가 중형 테스트를 구성하고 수행한다.

성능에 대한 고려가 꼭 필요하지 않다면 중형 테스트에서 외부 서비스를 목mock으로 만드는 것은 권장하지만, 꼭 필요한 일은 아니다. 진짜 목mock이 즉각적으로 실용적이진 않겠지만 내부 메모리상에 존재하는 데이터베이스와 같이 경량의 페이크fake는 성능을 개선하는 데 사용될 수도 있다.

대형 테스트Large Test와 초대형 테스트Enormous test를 구글 외부에서는 일반적으로 '시스템 테스트' 또는 '엔드 투 엔드 테스트'라 한다. 대형 테스트는 상위 레벨에서 운영하고, 전체적인 작업 관점에서 애플리케이션을 검증한다. 그림 2.4에서 보는 바와 같이 이 테스트는 UI부터 말단에 있는 데이터 저장소까지 애플리케이션에 있는 모든 서브시스템들의 동작을 검사한다. 그리고 데이터베이스, 파일 시스템, 네트워크 서비스와 같이 외부 자원을 사용할 수 있다.

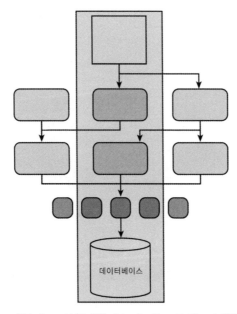

그림 2.4 대형 테스트와 초대형 테스트는 엔드 투 엔드 수행을 강조한다.

공유 인프라스트럭처에서 테스트 크기 사용

테스트 수행 자동화는 보편적인 방식으로 제공하기에는 매우 어려운 서비스다. 공통의 테스트 수행 인프라스트럭처를 거대한 엔지니어링 조직이 공유하려면 다양한 테스트 작업 수행을 지원할 수 있어야 한다.

구글 테스트 수행 인프라스트럭처에서 공유하는 공통의 작업들은 다음과 같다.

- 개발자는 프로젝트에 대한 모든 소형 테스트를 수행해야 하고 그 결과를 즉시 확인할 수 있다.
- 개발자는 컴파일하고 프로젝트 내에서 변경이 있는 부분에 대해서만 테스트를 수행하고 그 결과를 즉시 확인할 수 있다.
- 엔지니어는 프로젝트에 대한 코드 커버리지를 모을 수 있어야 하고 그 결과를 볼 수 있다.
- 팀은 서브밋된 모든 CL에 대해 프로젝트의 소형 테스트를 모두 수행할 수 있고 리뷰를 위해 팀 내에 그 결과를 분산시켜 보낼 수 있다.
- 팀은 CL이 버전 컨트롤 시스템에 커밋된 이후에 프로젝트에 대한 모든 테스트를 수행할 수 있다.
- 팀은 주 단위로 코드 커버리지 결과를 모을 수 있고 시간에 따른 진척 상황을 추적할 수 있다.

모든 작업이 동시에 구글의 테스트 수행 시스템에 서브밋될 때에는 시간이 걸릴 수 있다. 이러한 테스트 중 어떤 테스트들은 자원을 많이 사용하고, 동시에 몇 시간씩 공유 장비를 교착 상태에 빠뜨리기도 한다. 다른 어떤 테스트들은 수행하는 데 오직 밀리초 정도만 걸리고 단일 공유 장비에서 다른 수백 개의 테스트들과 동시에 수행할 수 있다. 각 테스트에는 '소형', '중형', '대형'이라는 레이블이 붙어 있으며, 각 작업이 얼마나 걸리는지 스케줄러가 알기 때문에 작업을 조정하는 일이 매우 쉬워질 수 있다. 따라서 작업 큐를 최적화해 훌륭한 효과를 낼 수 있다.

구글의 테스트 수행 시스템은 테스트 크기를 사용해 느린 작업과 빠른 작업을 분리한다. 표 2.1에서 설명하는 바와 같이 테스트 크기는 각 테스트 수행 시간에 대한 상한선을 갖고 있다. 표 2.2에서 설명하는 바와 같이 테스트 크기는 테스트에 필요한 잠재적인 자원을 의미한다. 테스트 수행 시간이 정해진 시간을 넘거나 사용해야 할 자원의 요구 사항이 테스트 크기에 비해 클 경우 구글의 테스트 수행 시스템은 테스트 수행을 취소한 후 실패라고 보고한다. 이러한 강제성으로 인해 엔지니어들은 적절한 테스트 크기의 레이블을 부여한다. 정확한 테스트 크기가 부여돼 있으므로 구글의 테스트 수행 시스템은 테스트 일정을 스마트하게 결정할 수 있다.

표 2.1 테스트 크기에 따른 테스트 수행 시간제한과 목표

	소형 테스트	중형 테스트	대형 테스트	초대형 테스트
시간 목표 (메소드 당)	100ms 이하의 수행 시간	1초 이하의 수행 시간	가능한 빨리	가능한 빨리
강제화된 제한 시간	1분 후에 소형 테스트 타겟을 종료	5분 후 중형 테스트 타겟을 종료	15분 후 대형 테스트 타겟을 종료	1시간 후 초대형 테스트 타겟을 종료

표 2.2 테스트 크기에 따른 자원 사용

자원	대형	중형	소형
네트워크 서비스(소켓 열기)	예	로컬 호스트만	목(mock)
데이터베이스	예	예	목(mock)
파일 시스템 접근	예	예	목(mock)
사용자가 보는 시스템	예	할 수 없음	목(mock)
시스템 콜 호출	예	할 수 없음	아니오
다중 스레드	예	예	할 수 없음
슬립 구문	예	예	아니오
시스템 속성	예	예	아니오

테스트 크기에 따른 이점

각 테스트 크기에 따라 얻는 이점이 있다. 그림 2.5는 이러한 이점들을 요약한 내용으로, 각 테스트 크기에 따른 장단점을 비교해 열거했다.

그림 2.5 다양한 테스트 크기에 따른 제한 사항

대형 테스트

대형 테스트의 장점과 단점은 다음과 같다.

- 어떻게 애플리케이션이 동작하는가와 같이 궁극적으로 가장 중요한 내용을 테스트한다. 외부 서브시스템의 행동을 설명한다.
- 외부 시스템의 의존성 때문에 비결정적일 수 있다.
- 넓은 범위라는 의미는 테스트가 실패했을 때 그 원인을 찾기 어려울 수도 있다는 의미다.
- 테스트 시나리오를 위해 필요한 데이터 설정 시 시간이 소요된다.
- 고수준의 동작은 종종 특별한 경우에 대한 것으로 비실용적일 수 있다. 그것은 소형 테스트가 해야 할 일이다.

중형 테스트

중형 테스트의 장점과 단점은 다음과 같다.

- 좀 더 느슨한 목^{mock}과 실행 조건 제한으로, 개발 그룹이 대형 테스트에서 소형 테스트로 옮겨갈 때 징검다리가 돼준다.

- 대형 테스트에 비해 상대적으로 빠르게 수행할 수 있고, 개발자가 자주 수행할 수 있다.
- 표준 개발 환경에서 수행해 개발자가 쉽게 수행할 수 있다.
- 외부 시스템의 행동을 설명한다.
- 외부 시스템의 의존성 때문에 비결정적일 수 있다.
- 소형 테스트만큼 빠르지 않다.

소형 테스트

소형 테스트의 장점과 단점은 다음과 같다.

- 메소드가 상대적으로 작고 쉽게 테스트할 수 있게 돼 있어야 하기 때문에 깨끗한 코드를 만들어야 한다. 목^{mock}을 만들어야 하기 때문에 서브시스템 간에 잘 정의된 인터페이스를 만들어야 한다.
- 빠르게 수행할 수 있으므로 조기에 버그를 찾을 수 있고, 코드의 변경이 있을 때 즉각적인 피드백을 제공한다.
- 어떤 환경에서든 신뢰성 있게 수행한다.
- 타이트한 범위를 갖고 있어 테스트 데이터가 가장자리 값을 갖는 경우나 널 포인터와 같은 에러 조건을 쉽게 테스트할 수 있다.
- 범위가 정해져 있으므로 에러들 사이의 독립성을 보장하며 수행할 수 있다.
- 모듈 간에 통합을 하지 않는다. 통합은 다른 테스트에서 수행한다.
- 서브시스템을 목^{mock}으로 만들기가 어렵다.
- 목^{mock}을 만들거나 페이크^{fake} 환경을 만드는 일은 실제와 일치하지 않을 수 있다.

소형 테스트는 더 나은 코드 품질을 갖게 하고, 훌륭한 예외 처리와 에러 보고를 하게 하는 반면, 대형 테스트는 전체 제품의 품질과 데이터에 대한 검증이 가능하게 한다. 한 종류의 테스트 크기만으로 프로젝트 전체에 대한 테스트 요구 사항을 만족시킬 순 없다. 이런 이유로 구글 프로젝트는 다양한 테스트 스위트들 간에 테스트 크기를 잘 혼합해 유지하도록 장려한다. 거대한 엔드 투 엔드 테스팅 프레임워크를 통해 수행하거나 오직 프로젝트의 소형 단위 테스트만을 이용해 테스트하는 것은 잘못된 일이다.

> **참고** 소형 테스트는 코드 품질을 향상시킨다. 중형 테스트와 대형 테스트는 제품의 품질을 향상시킨다.

코드 커버리지는 프로젝트의 테스트가 소형 테스트, 중형 테스트, 대형 테스트로 적절하게 잘 이뤄졌는가를 측정할 수 있는 매우 훌륭한 툴이다. 소형 테스트만을 수행해서 프로젝트의 커버리지 보고서를 만들고, 소형 테스트와 대형 테스트만을 수행해서 또 다른 보고서를 만들 수도 있다. 각 보고서는 프로젝트의 커버리지가 용납할 만한 수준인가를 보여준다. 중형 테스트와 대형 테스트가 오직 20%의 코드 커버리지만을 만족시키는 반면, 소형 테스트는 거의 100%에 준하는 커버리지를 보여준다면 프로젝트는 시스템 단위의 엔드 투 엔드 테스트가 부족하다는 의미다. 숫자가 그 반대라면 유지 보수하기 힘들거나 프로젝트를 확장하기 위해 많은 시간을 디버깅에 소비해야 할 것이다. 구글 엔지니어는 빌드 때 사용한 툴과 동일한 툴을 사용해서 각 상황에 맞게 커버리지 보고서를 생성하고 확인할 수 있다. 또는 커맨드라인에서 플래그를 설정해 이러한 테스트를 수행할 수도 있다. 커버리지 보고서는 클라우드에 저장되고 내부적으로 어떤 엔지니어든 아무 웹 브라우저나 사용해도 볼 수 있다.

구글에는 다양한 종류의 프로젝트가 있고, 테스트에 대한 매우 다양한 요구가 있어서 소형 테스트/중형 테스트/대형 테스트에 대한 정확한 비율은 각 팀에 달려있다. 이 비율은 미리 정해져 있지 않다. 일반적으로 사용하는 규칙은 70/20/10의 비율로 시작하는 것이다. 소형 테스트의 비중을 70으로 하고, 중형 테스트는 20, 대형 테스트는 10%의 비중으로 운영한다. 사용자가 직접 사용하는 내용이 많은 프로젝트는 통합 수준이 높거나 복잡한 사용자 인터페이스를 갖게 되므로, 중형 테스트와 대형 테스트의 비중을 높여야 할 것이다. 인덱싱이나 크롤링crawling 같이 인프라스트럭처나 데이터에 초점이 맞춰진 프로젝트의 경우에는 소형 테스트가 많은 비중을 차지하고, 상대적으로 중형 테스트와 대형 테스트의 비중은 작을 것이다.

테스트 커버리지를 모니터링하기 위해서 우리가 사용하는 또 다른 내부 툴은 하비스터Harvester다. 하비스터는 프로젝트의 모든 CL을 추적해 시각적으로 보여주는 툴이고, CL 각각에 대해 새로운 코드와 테스트된 코드의 비중, 변경의 크기, 날짜와 시간에 따른 변경 빈도, 개발자에 따른 변경 등등과 같은 내용을 그래프로 보여준다. 이 툴의 목적은 전반적으로 프로젝트의 테스트가 시간에 따라 어떻게 변경되는지에 대한 공감대를 형성하기 위함이다.

테스트 수행에 대한 요구 사항

테스트 크기에 관계없이 구글의 테스트 수행 시스템은 다음 사항을 요구한다.

- 각 테스트는 다른 테스트와 독립적이어야 하고, 따라서 테스트는 어떤 순서로든 수행할 수 있어야 한다.
- 테스트는 지속적으로 반복되는 어떠한 부수 효과side effect도 없어야 한다. 테스트가 시작할 때 그 상태로 정확하게 남겨져 있어야 한다.

이런 요구 사항들은 매우 간단하지만, 따르기 힘들 수 있다. 테스트 수행 자체는 정해진 내용을 따르기 위해 최선을 다하더라도 테스트 중에 있는 소프트웨어는 데이터 파일을 저장하거나 환경이나 설정 정보를 설정하면서 정해진 사항을 위배할 수 있다. 운좋게도 구글의 테스트 수행 환경은 기준 준수를 확인할 수 있는 충분한 기능을 제공한다.

독립된 요구 사항에 대해 엔지니어는 플래그를 설정함으로써 랜덤으로 테스트 수행 순서를 수행할 수 있다. 결국 이 기능은 테스트 수행 순서에 의존성이 있는 상황을 포착한다. 하지만 '어떠한 순서라도'라는 의미는 동시 실행할 가능성도 포함할 수 있다. 따라서 테스트 수행 시스템은 동일한 장비에서 두 개의 테스트를 수행할 수 있게 선택이 가능해야 한다. 그 두 개의 테스트가 시스템 자원에 대해 배타적인 접근이 필요한 경우, 하나는 실패할 것이다.

예를 들면 다음과 같은 경우가 있다.

- 두 개의 테스트가 상호 배타적으로 네트워크 트래픽을 받기 위해 동일한 포트

넘버를 바인드^{bind}하기를 원한다.

- 두 개의 테스트가 동일한 경로로 디렉토리 생성을 원한다.
- 하나의 테스트가 데이터베이스의 테이블을 생성하는 동안 다른 테스트가 동일한 테이블을 드롭하고자 한다.

이런 종류의 충돌은 테스트의 실패를 일으킬 뿐만 아니라 테스트 수행 도중 규칙에 의해 동작하는 다른 테스트 또한 실패하게 한다. 따라서 이러한 테스트들을 포착할 수 있는 방법이 시스템에 있어야 하고, 발생 시에 테스트 소유자에게 알려줄 수도 있어야 한다. 게다가 플래그를 설정 등을 통해 특정 장비에서 테스트가 배타적으로 동작할 수 있어야 한다. 그러나 이러한 배타적인 동작은 임시적으로 적용돼야 하며, 매우 자주 테스트할 소프트웨어는 단일 자원에 대한 의존성을 없애게 재작성 돼야 한다. 다음은 이러한 문제에 대한 해결책이다.

- 각 테스트가 테스트 수행 시스템에서 사용하지 않은 포트 번호를 요청하게 하고 테스트할 소프트웨어는 그 포트 번호를 동적으로 할당받게 한다.
- 각 테스트가 임시로 생성된 유일한 디렉토리 내에 모든 디렉토리와 파일들을 생성하게 하고, 시스템은 테스트 수행 바로 직전에 이를 할당하고 프로세스에 삽입하도록 한다.
- 각 테스트가 독립적으로 데이터베이스 인스턴스를 만들어서 테스트를 시작하고 테스트 수행 시스템은 지정한 디렉토리와 할당된 포트에 기반을 두고 독립적인 환경을 갖는다.

구글의 테스트 수행 시스템의 유지 보수자는 테스트 수행 환경을 될 수 있는 한 매우 철저하게 문서화해 기록한다. 이 문서들을 구글의 '테스트 백과사전^{Test Encyclopedia}'이라 하며, 이 문서에는 테스트 수행 시에 테스트에서 어떤 자원이 가용한가에 대한 답이 있다. '테스트 백과사전'은 IEEE의 RFC와 같이 취급되고, "꼭 해야 한다^{must}."와 "할 수도 있다^{shall}."로 구분지어 정의돼 있다. 이 문서는 테스트에 대한 책임, 테스트 수행자, 호스트 시스템, libc 런타임, 파일 시스템 등과 역할에 대해 매우 상세하게 설명한다.

대부분의 구글 엔지니어는 '테스트 백과사전'을 읽어야 할 필요성을 느끼지 못하고, 대신 다른 사람에게서 배우거나 스스로 테스트를 수행하면서 발생하는 시도나 실패를 통해 배우고, 코드 리뷰를 하는 동안 피드백을 통해서도 배우게 된다. 그들은 모르겠지만, 그 문서 내에는 모든 구글 프로젝트의 테스트 수행에 필요한 단일 공유 테스트 수행 환경이 매우 상세하게 적혀 있다. '테스트 백과사전'은 공유된 테스트 수행 환경과 개개인의 워크스테이션에서 수행하는 테스트 환경을 정확하게 일치시켜주며, 개개의 엔지니어들은 이러한 세세한 사항들이 있다는 것을 알 수 없다. 엄청난 노력을 들여 만든 훌륭한 플랫폼은 세세한 내용들이 그것을 사용하는 사람에게는 보이지 않는다. 모든 것이 그냥 잘 동작한다고 느낄 뿐이다!

●● 테스팅에 대한 구글의 속도와 규모

푸자 굽타(Pooja Gupta), 마크 이베이(Mark Ivey), 존 페닉(John Penix)

연속적인 빌드 시스템은 소프트웨어를 개발하는 동안 소프트웨어가 계속 동작할 수 있게 유지시켜주는 매우 핵심적인 역할을 하는 시스템이다. 대부분의 연속적인 통합 시스템의 기본 과정은 다음과 같다.

1. 최종 코드의 복사본을 얻는다.
2. 모든 테스트를 수행한다.
3. 결과를 보고한다.
4. 1-3을 수행한다.

이 작업은 코드베이스가 작을 때 매우 유용하다. 끊임없는 코드의 변화가 가능해지며 빠른 테스트 역시 가능하다. 시간이 지나면서 코드가 많아지게 되면 이러한 시스템은 효용성이 떨어진다. 코드가 점점 더 추가될수록 시간이 더 오래 걸리고 한 번 수행에 있어서 더 많은 변경 사항이 마구 추가됨을 분명히 알아야 한다. 무엇인가가 잘못된 경우, 잘못된 변경 사항을 찾아서 이를 제거하는 일이 지루한 일이 돼 버리며, 개발 팀이 에러를 발생시킬 확률이 높은 작업이 된다.

구글의 소프트웨어 개발은 빠르고 그 규모는 거대하다. 구글의 코드베이스는 분당 20개 이상의 변경 사항을 받고, 파일의 50%가 매달 변경된다! 자동화 테스트에 의존해 제품 동작을 검증하는 '헤드(head) 브랜치'에서 각 제품이 개발되고 릴리스된다. 릴리스 주기는 하루에 몇 번이거나 몇 주에 한 번 등으로 상품화 팀에 따라 매우 다양하다. 그렇게 거대하고 빠른 움직임의 코드베이스를 가진 팀이 빌드를 '녹색' 상태로 유지하기 위해 많은 시간을 소비하며 꼼짝 못할 수도 있다. 연속적인 통합 시스템을 이용하면 의심되는 변경 범위나 문제가 되는 변경을 아주 오랜 시간 검색하는 대신 어떤 테스트가 실패하는가를 통해 정확한 변경 사항을 알 수 있기 때문에 큰 도움이 된다. 테스트를 실패하게 만드는 정확한 변경 사항을 찾기 위해 매번 변화가 있을 때마다 모든 테스트를 수행할 수도 있지만, 대신 매우 비싼 값을 치러야 할 것이다.

이런 문제점을 해결하기 위해 연속적인 통합 시스템(그림 2.6 참조)을 이용함으로써 변경 사항으로 인해 영향을 받는 테스트를 결정하기 위해 의존성을 분석하고 변경 사항에 해당하는 테스트들만 수행한다. 시스템은 구글 클라우드 컴퓨팅 인프라스트럭처상에 빌드 돼 있으며, 많은 빌드를 동시에 수행할 수 있고, 변경 사항이 발생하자마자 시스템은 영향 받는 테스트를 수행할 수 있다.

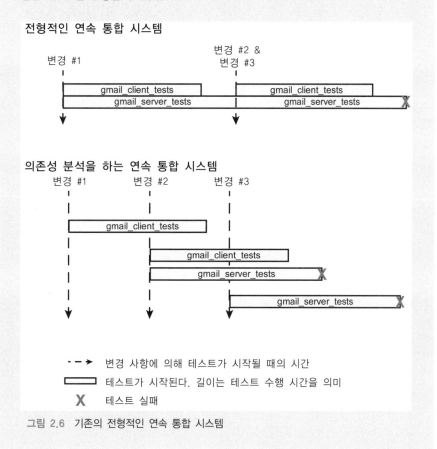

그림 2.6 기존의 전형적인 연속 통합 시스템

다음은 전통적으로 사용했던 연속적 빌드 시스템보다 우리의 시스템이 좀 더 빠르고 더 정확한 피드백을 주는 예제다. 이 시나리오에는 두 개의 테스트와 이 테스트에 영향을 주는 세 개의 변경 사항이 있다. gmail_server_tests가 두 번째 변경 사항에 의해 실패를 했다. 하지만 기존의 연속적인 통합 시스템은 변경 #2와 변경 #3에 의해 이 테스트가 실패 했다고만 말해 줄 수 있을 것이다. 동시 빌드를 사용해 우리는 빌드 테스트가 끝날 때까지 기다리지 않고 테스트를 수행할 수 있다. 의존성 분석을 통해 각 변경에 대해 몇 개의 테스트를 수행해야 하는지 제한시켜 알 수 있는데, 이 예제의 경우에 테스트 수행 전체 수는 이전과 동일하게 된다.

우리 시스템은 코드가 어떻게 컴파일되고 데이터 파일들이 어떻게 모아졌는지 설명하는 빌드 시스템의 규칙을 이용해서 애플리케이션과 테스트 빌드를 수행한다. 이러한 빌드 규칙들은 입력과 출력을 명확하게 정의함으로써 빌드 동안에 어떤 일이 필요한지, 정확하게 서로의 의존성을 파악한다. 우리 시스템은 이러한 빌드 의존성에 대해 내부적으로 그래프를 이용해 유지 보수하고 체크인되는 각 변경 사항과 함께 날짜 기록을 유지한다. 이렇게 해서 직접 혹은 간접적으로 변경 사항에 의해 수정되는 코드의 의존성을 이용해 수행해야 할 테스트를 결정하고, 다시 수행해 빌드의 현재 상태를 알게 한다. 예제를 살펴보자.

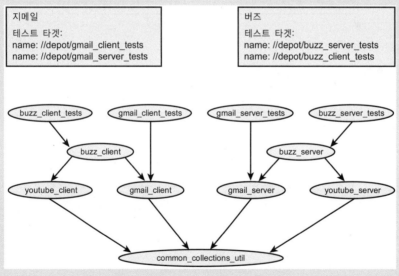

그림 2.7 빌드 의존성 예제

의존성 트리의 다른 레벨에서 영향을 주는 테스트를 결정하기 위해 두 개의 독립된 코드 변경 사항을 분석하는 방법을 살펴봤다. 이는 지메일과 버즈 프로젝트가 모두 '녹색'

임을 보장하기 위해 수행해야 할 최소한의 테스트 셋이다.

사례 1: 공통 라이브러리에서의 변경

첫 번째 시나리오로 그림 2.8에서 보는 바와 같이 공통 라이브러리인 common_collections_util에서 수정된 파일이 있다고 가정해보자.

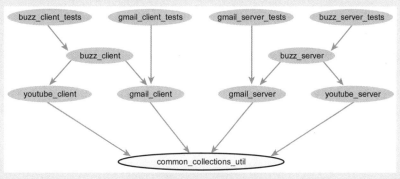

그림 2.8 common_collections_util.h에서 변경이 발생

여기에 대한 변경이 서브밋됐을 때 그래프상에 있는 의존성 화살표를 따라가서 그 변경과 관련 있는 모든 테스트를 찾아낸다. 몇 초 후에 검색이 완료되면 수행해야 할 모든 테스트를 알 수 있고, 이 테스트들의 결과에 따라 프로젝트 중 업데이트된 상태가 반영돼야 할 필요가 있는 부분을 결정할 수 있다(그림 2.9 참조).

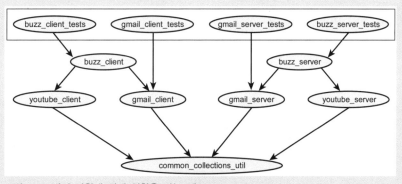

그림 2.9 변경 사항에 의해 영향을 받는 테스트

사례 2: 의존성이 있는 프로젝트에서의 변경 사항

두 번째 시나리오는 youtube_client의 파일을 수정해 변경 사항이 발생한 경우다(그림 2.10 참조).

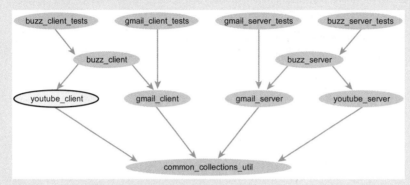

그림 2.10 youtube_client에서 변경이 발생

    동일한 분석을 수행해서 오직 buzz_client_tests만이 영향을 받았는지를 결정하고 버즈(Buzz) 프로젝트의 상태가 업데이트돼야 할 필요가 있는지 결정한다(그림 2.11 참조).

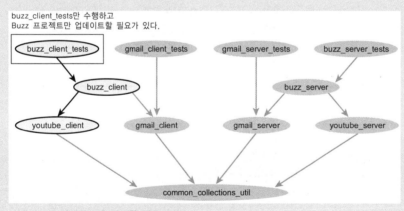

그림 2.11 업데이트가 필요한 버즈

    이 예제는 프로젝트에서 마지막 결과의 정확성을 해치지 않는 수준에서 변경 사항에 대해 수행하는 테스트의 수를 어떻게 최적화할 수 있는지 보여준다. 변경 사항에 대해 수행하는 테스트의 수를 적게 만들면 체크인되는 변경 사항에 의해 영향받는 테스트를 모두

수행할 수 있고, 개발자가 버그에 대해 수정해야 할 것을 더 찾기 쉽게 해준다. 연속적인 통합 시스템을 이용한 스마트한 툴 사용과 클라우딩 컴퓨팅 인프라스트럭처는 변경사항에 대해 더 빠른 개발과 신뢰성 있는 개발을 가능하게 한다. 이 시스템을 계속 향상시키는 작업을 꾸준히 하는 동안 수천 개의 구글 프로젝트들이 이 시스템을 사용해서 빠르게 제품을 런칭하고, 개발 주기를 빠르게 반복해 사용자가 볼 수 있는 빠른 프로세스를 만든다.

테스트 인증

이 책의 서문에 있는 패트릭 코플랜드^{Partick Copeland}의 글에서 테스트에 개발자를 참여시키는 일이 얼마나 어려운지를 강조했었다. 기술적으로 뛰어난 테스터를 고용하는 일은 일부일 뿐이다. 우리는 계속 개발자를 테스트에 참여 시킬 필요가 있다고 생각했다. 이렇게 하기 위한 한 가지 핵심적인 방법은 '테스트 인증'이라고 부르는 프로그램을 도입하는 것이었다. 지금 와서 돌이켜보면 이 프로그램은 구글에 개발자 테스트 문화가 깊이 베이게 해주었다.

테스트 인증은 콘테스트처럼 시작했다. 테스트를 매우 중요한 일로 만들면 개발자들이 테스트를 심각하게 받아들이지 않을까? 개발자가 어떤 활동 사례를 따르고 주어진 결과를 달성했을 때 '인증'을 받고 자부심을 가질 수 있는 배지 시스템(그림 2.12 참조)을 만들면 어떨까?

그림 2.12 프로젝트 위키 페이지에 보이는 테스트 인증 배지

자, 이것이 테스트 인증이다. 팀이 '인증'을 받고 완료하게 팀의 도전을 이끌어 냈다. 모든 팀은 레벨 0부터 시작한다. 팀이 베이직 코드에 대해 기본적으로 지켜야 할 사례를 숙지하고 있다는 것을 보여주면 레벨 1이 됨으로써 외부의 역량

성숙 모델^{capability maturity model}처럼 레벨을 거쳐 가면서 발전해나가 5단계에 이르게 된다.[17]

●● **테스트 인증 레벨의 요약**

레벨 1
테스트 커버리지 번들을 구축하라.
연속적인 빌드를 구축하라.
테스트를 소형, 중형, 대형 테스트로 분류하라.
비결정적(nondeterministic) 테스트를 식별하라.

레벨 2
붉은색의 테스트가 있으면 릴리스할 수 없다.
서브밋하기 전에 스모크 테스트를 성공해야 한다.
모든 테스트를 통해 달성한 점진적 커버리지는 50% 이상이 돼야 한다.
소형 테스트를 통해 달성한 점진적 커버리지는 10% 이상이 돼야 한다.
적어도 각각의 기능은 통합 테스트를 통해 테스트돼야 한다.

레벨 3
사소하지 않은 모든 변경 사항에 대해 테스트를 하라.
소형 테스트를 통해 달성한 점진적 커버리지는 50% 이상이 돼야 한다.
새롭고 중요한 기능은 통합 테스트에서 테스트한다.

레벨 4
새로운 코드를 서브밋하기 전에 스모크 테스트를 테스트 자동화로 수행한다.
스모크 테스트는 30분 이내에 수행돼야 한다.
비결정적 테스트가 없어야 한다.
전체 테스트 커버리지가 적어도 40%는 돼야 한다.
소형 테스트 단독으로 수행한 테스트 커버리지는 적어도 25%는 돼야 한다.
통합 테스트를 통해 중요한 모든 기능이 테스트돼야 한다.

레벨 5
사소하지 않은 각각의 버그 수정 사항에 테스트를 추가한다.
사용 가능한 분석 툴을 활발히 사용한다.

---

17. http://www.sei.cmu.edu/cmmi/start/faq/related-faq.cfm

전체 테스트 커버리지가 적어도 60%는 돼야 한다.
소형 테스트 단독으로 수행한 테스트 커버리지가 적어도 40%는 돼야 한다.

이러한 활동들은 발전시키고자 테스트 마인드를 가진 개발자가 속해 있는 몇 몇 팀들을 중심으로 프로그램은 천천히 진행됐다. 이 프로그램의 몇 가지 문제점들 이 해결되고 난 후, 인증을 받기 위한 큰 콘테스트가 회사 전체를 대상으로 열리게 됐고, 빠른 확산이 이뤄졌다.

생각하는 것만큼 적용이 어렵지는 않았다. 개발 팀은 다음과 같은 실질적 이익 을 얻을 수 있었다.

- 인증된 테스트 멘토^{Test Certified Mentor}가 되기 위해 지원한 훌륭한 테스터들에게서 많은 관심을 받았다. 테스트 자원이 부족한 상황에서 이 프로그램에 등록하면 상품화 팀은 그들이 할당받을 수 있는 테스터보다 더 많은 테스터를 얻게 된다.
- 전문가들로부터 가이드를 받을 수 있으며, 어떻게 하면 소형 테스트를 더 잘 작성 할 수 있는가를 배우게 된다.
- 더 나은 테스트 작업을 하는 팀을 알아가고 그 과정에서 배운다.
- 테스트 인증을 통해 다른 팀보다 더 낫다고 자부심을 가질 수 있다!

회사 차원의 지원이 있은 후, 대부분의 팀이 테스트 인증 과정을 진행하면서 그들이 깨닫기 시작한 내용이 있다. 이 프로그램을 잘 따라 레벨을 올린 팀의 개발 디렉터들은 생산성 혁신 팀의 좋은 피드백을 받았으며, 비웃던 팀들은 심각 한 위험에 빠지게 됐다. 다시 말해 테스트 자원을 얻기 원한다면 어떤 팀이든 생산성 혁신 팀과 사이가 좋아야 한다. 그럼에도 불구하고 모든 팀이 사이가 좋은 것만은 아니다.

프로그램을 수행한 사람들의 이야기를 들어보자.

테스트 인증 프로그램 창시자와의 인터뷰

저자들은 테스트 인증 프로그램을 시작하는 데 공헌한 4명의 구글러와 함께 앉았다. 마크 스트리에벡Mark Striebeck은 지메일의 개발 매니저다. 닐 노르위츠Neal Norwitz는 개발 속도 증진을 위한 툴을 만드는 SWE다. 트레이시 비아릭Tracy bialik과 러스 루퍼Russ Rufer는 회사에서 최고 수준의 SET들 중 관리자가 아닌 SET로, 두 명 모두 스태프 레벨의 엔지니어다.

저자들 테스트 인증 프로그램Test Certified program의 기원은 무엇인가요? 최초의 테스트 인증 팀은 어떤 문제를 해결하고자 했나요? 그 중에서 아직도 프로그램이 풀지 못해 남아있는 문제점이 있나요?

트레이시 우리는 테스트를 모든 기능 개발자의 의무 중 하나로 포함시켜 구글의 개발 문화로 정착시키길 원했어요. 테스트를 진행하면서 겪었던 긍정적 경험들을 공유했고, 팀에게 테스트를 작성하게 권장했어요. 흥미를 갖긴 했지만, 어떻게 시작해야 할지를 모르는 팀도 있었고요. 어떤 팀은 '테스트 개선'을 팀의 목표와 핵심 결과OKR, objectives and key results[18]로 잡아 놓긴 했지만, 실행하지 않은 팀도 있었고요. 마치 매년 새해 결심으로 '다이어트'를 목표로 삼는 것처럼 말이죠. 고결한 목표, 좋아요. 하지만 작심삼일이라면 그건 쓸데없는 짓이죠.

테스트 인증은 팀이 받아들일 수 있는 작고, 분명하고, 실행 가능한 단계를 제공합니다. 첫 번째 레벨은 준비가 돼 있는 기본 단계예요. 테스트 수행을 위해 자동화가 가능하게 설정하고, 테스트 커버리지를 수집하고, 어떠한 비결정적 테스트도 없게 하며, 전체 테스트 스위트를 수행하는 데 오랜 시간이 걸리는 경우에는 스모크 테스트 스위트를 만들어요. 레벨이 올라갈수록 점점 더 어려워지고, 더 높은 테스트 성숙도를 필요로 하죠. 레벨 2는 정책과 점진적인 커버리지 개선을 목표로 시작해요. 레벨 3은 새롭게 작성된 코드를 테스트하는 데 초점을 맞춰요. 레벨 4는 테스트 수행력을 높이기 위해 적어도 몇 번씩 리팩토링을 해야만 하는 레거시 코드를 테스트하는 데 초점을 맞추죠. 레벨 5는 좀 더 나은 전체 커버리지를 요구하고,

---

18. OKR은 개인, 팀, 심지어는 회사 전체가 매 분기마다 작성하는 목적과 핵심 결과로 이를 기준으로 진척도를 평가한다. 기본적으로 달성해야 하는 개인 또는 팀의 목표이다.

모든 결함에 대한 테스트를 작성하고 가능한 한 많은 정적, 동적 분석 툴을 사용하게 하죠.

이제, 모든 구글러는 테스트가 기능 개발자의 책임임을 알아요. 따라서 그 문제는 해결됐어요. 하지만 여전히 테스팅 성숙도를 높이고 역량 증진이 필요한 팀들이 있어요. 따라서 그런 팀들을 돕기 위해 테스트 인증을 계속하죠.

저자들 테스트 인증 팀에 대해 SWE로부터 받은 초기 피드백은 어땠나요?

닐 매우 어려웠죠. 그들은 우리의 목표가 너무 높아서 많은 팀들이 기본적으로 많은 고전을 면치 못할 것이라고 생각했었죠. 우리는 여가시간을 활용해서 성취할 수 있는 정도의 작업들로 레벨을 달성하길 원했죠. 또한 그때 당시 구글의 툴들에 대해 이슈가 있었고, 어떤 것들은 너무 앞서 나갔다는 요청을 받았어요. 사람들이 시작하게끔 만드는 건 정말 어려워서 프로세스를 시작할 수 있는 어떤 작은 동기를 제공해야겠다고 생각했고, 진척을 보이면서 확신을 갖게 해야겠다고 생각했었죠.

마크 그래요, 우리는 여러 차례 반복을 해야만 했어요. 프로그램을 좀 더 현실적으로 만들어서 중간 정도에 맞추고, 훨씬 오래 걸리긴 했지만 결국에는 시작할 수 있게 만들었어요. 준비 기간이 오래 걸리는 건 중요하진 않았지만, 꼭 시작하기를 바랐어요. 따라서 첫 단계로 "연속적인 빌드를 가능하게 하고, 녹색 빌드가 몇 개가 있게 하고, 커버리지를 알아라."라고 결정했죠. 이러한 과정은 덤이라 할 수도 있겠지만, 일부 규율이 추가적으로 생겨났고, 팀들로 하여금 무에서 유를 만들 수 있게 도와줬으며, 그들은 무엇인가 더 요구하게 됐어요.

저자들 누가 적용하고 싶어 하던가요?

닐 테스팅 소그룹에 속해 있는 대부분의 사람들이 원했죠. 이 소그룹은 정기적으로 만남을 갖는 테스팅에 가장 열정적인 사람들로 구성돼 있죠. 그러고 나서 우리가 알던 다른 사람들에게도 전파했어요. 전 더 많은 사람들이 갈망할 거라고 생각했고, 놀랍게도 정말 그랬어요. 우리는 ToTT[19]를 이용해서 더 많은 열정을 만들어냈고 테스트가 더욱 재미있고 섹시하게 보일 만한 다른 활동들도 만들었어요. 예를 들면

---

19. ToTT 는 앞서 이 책에서 언급한 적이 있는 바와 같이 Testing on the Toilet(화장실에 있는 테스트)를 의미한다. 이는 googletesting.blogspot.com에 있는 구글 테스팅 블로그에서도 자주 사용하는 용어다.

픽스잇fixits20, VP 대규모 이메일, 포스터, TGIF에서 이야기하기 등이 있어요.

마크 흥미를 갖는 일부 팀들이 있어서 그들에게 접근했죠. 하지만 그러자마자 그들은 이 활동을 위해서는 a) 좀 심각한 작업이 필요함과 b) 자신들은 경험이 없음을 알아차렸어요. 그 점이 그들의 시작을 절망스럽게 만들었죠.

저자들 누가 적용하기를 꺼려했나요?

닐 대부분의 프로젝트가 그랬죠. 말했듯이 매우 어렵게 느껴졌거든요. 우리는 스스로 초심으로 되돌아갈 필요가 있었어요. 두 개의 프로젝트가 있었는데, 테스트가 전혀 없는 프로젝트와 쓸모없는 테스트가 있는 프로젝트가 있었어요. 우리는 그 프로젝트가 매우 단순하게 보이게 할 필요가 있었고, 반나절만에 필요한 테스트 작업들을 많이 할 수 있게 해야 했어요. 결과부터 말씀드리면 우리의 도움으로 그들은 정말로 해낼 수 있었어요.

마크 게다가 아직도 구글에서 테스트의 가치와 테스트 자동화의 진가가 완전하게 인정되진 않았어요. 지금 당장 될 수는 없지만, 그렇다고 그리 긴 시간이 걸리지도 않을 거예요. 지금까지 대부분의 팀이 이러한 아이디어들이 귀여운 수준 정도라고 생각하고 있지만, 일부에서는 제품 코드를 작성하는 것과 같이 매우 중요한 작업이라고 생각하기도 해요.

저자들 적용을 위해 초기 설정을 할 때 팀이 극복해야 할 장애물에는 어떤 것들이 있을까요?

닐 무력증이요. 나쁜 테스트를 갖고 있거나, 테스트가 아예 없거나, 시간이 오래 걸린다는 걱정들이죠. 테스트를 다른 사람의 문제로 보고, 다른 개발자나 테스트 팀의 일이라고 생각하는 거죠. 한번 생각해보세요. 당신이 모든 코드를 작성하는 동안 누가 그걸 테스트할 시간이 있겠어요?

---

20. '픽스잇(Fixits)'는 또 다른 구글 문화로, 사람들이 함께 모여서 깨질 것이라고 생각되는 무엇인가를 '고치는' 활동이다. 팀은 버그에 대한 부담을 없애기 위해 고칠 것이며, 보안을 위한 테스팅을 할지도 모른다. 리팩토링을 위해 C 코드에서 #include의 사용을 증가시킬지도 모른다. 픽스잇은 기술적인 차이점을 뛰어 넘기 위한 활동으로 알려졌고, 카페에서 음식을 개선하는 데 적용하거나 회의가 더 부드럽게 진행되게 하는 데에도 사용한다. 공통의 문제를 해결하기 위해 사람들이 함께 모이게 되는 어떤 이벤트가 픽스잇이다.

마크 세 가지 장애물로 비유될 수 있는 대표적인 세 팀을 찾았어요. a) 충분한 흥미를 가진 팀, b) 레거시 코드 기반의 문제를 많이 갖고 있지 않은 팀, c) 테스트에 대해 아주 능통한 사람이 있는 팀이 그것이죠. 우린 팀마다 한 번에 차례로 하나씩 뛰어 넘었죠.

저자들 테스트 인증 프로그램이 주요 흐름에 어떤 영향을 미쳤나요? 바이러스처럼 순식간에 증가했나요? 아니면 선형으로 증가했나요?

러스 먼저 테스트에 친숙하게 만들기 위해 팀들과 함께 파일롯 과제를 수행했고, 초기 테스트 인증을 주도한 사람들과 밀접하게 접촉할 수 있는 기회를 주었어요. 또한 기본적으로 성공할 수 있는 최고의 기회를 가진 얼리 어댑터들을 선정했어요.

2007년 중반에 테스트 인증에 대해 '글로벌 런치'를 발표했을 때 다양한 분야에 15개의 파일롯 팀들이 있었어요. 런칭하기 전에 우리는 마운틴 뷰, 뉴욕, 그리고 다른 사무실이 있는 모든 빌딩의 벽에 'TC 미스터리'라는 포스터로 도배를 했고, 각 포스터에는 내부 프로젝트 이름에 기반을 두고 루빅, 바운티, 몬드리안, 레드 테이프 같은 파일롯 팀들을 대표하는 이미지가 있었어요. 포스터에 적혀있는 문장으로는 "미래는 지금이다^The future is now"와 "엄청난 일이 벌어진다. 뒤로 숨지 말라 ^This is big, don't be left behind"라는 문구가 링크와 함께 적혀있었어요. 미스터리가 무엇인지를 보고 싶거나 퍼즐을 사랑하는 구글러들이 단순히 그들의 추측을 확인하기 위해 이 링크를 많이 눌러보았죠. 우리는 또한 새로운 프로그램을 홍보하기 위해 ToTT를 이용했고, 좀 더 많은 정보를 얻을 수 있는 곳에 위치시켰어요. 그건 대규모의 정보 공세였죠.

그 정보에는 테스트 인증이 팀에게 중요한 이유와 어떤 종류의 도움을 받을 수 있는지가 포함돼 있었어요. 팀들이 테스트 인증 멘토를 받는 것과 테스트 경험자들로 이루어진 더 큰 공동체로 '진입'하는 것 자체가 스트레스였죠. 대신 참여의 대가로 팀에게 두 개의 선물을 제공했어요. 첫 번째는, 그들의 (대부분이 처음 접하는) 연속적인 빌드가 성공(녹색) 또는 실패(붉은색)했을 때 팀에게 그 상태를 보여주는 빌드 상태 구슬을 제공했어요. 두 번째 선물은 멋진 스타워즈 포테이토 헤드 킷[21]을

---

21. 스타워즈 포테이토 헤드 킷은 감자 모양의 스타워즈 캐릭터 인형을 말한다. – 옮긴이

선물했죠. 다쓰 타터^{Darth Tater} 킷이라 불리는 이 장비는 세 개의 더 큰 유닛이 있고, 테스트 인증 단계에서 상위권에 진입하는 팀에게 이것들을 상으로 줬어요. 구슬과 포테이토 헤드를 전시한 팀은 프로그램에 대해 더 많은 호기심과 소문을 불러일으키는 데 도움을 주었어요.

테스팅 소그룹 멤버들은 프로젝트의 초기 멘토이자 대변인이었어요. 더 많은 팀들이 참여함으로써 그들은 테스트 인증에 관해 돕고 다른 팀에 대해서는 멘토역할을 하는 열정적인 엔지니어들을 갖게 됐어요. 좀 더 많은 팀이 프로그램에 동참하게 될 것이라는 확신을 갖게 됐고, 우리가 나눴던 좋은 논의들을 다른 사람들과 공유했어요. 인증 프로그램 단계와 멘토를 통해 팀이 중요한 테스팅 영역에서 발전할 수 있다는 점이 설득되면서 일부 팀들이 더 합류했어요. 어떤 팀이든 그들 고유의 방식으로 스스로 개선해 나가겠지만, 그들이 하고 있는 일에 대해 '공식적인' 인정을 받고 싶어 했죠. 또 어떤 팀들은 이미 테스팅 접근 방법에 있어 성숙한 단계에 있었지만, 그들이 적절하게 테스팅을 하고 있다는 것을 회사의 나머지 팀들에게 알리는 것이 중요하다고 판단해서 합류를 했고요.

몇 달이 지난 뒤 약 50개의 팀에서 우리 테스트 엔지니어링 조직의 일부 모험적인 멤버들이 테스트 인증 멘토가 됐고, 이렇게 되면서 상품화 팀의 엔지니어와 생산성 혁신 팀의 엔지니어 간의 좀 더 강력한 파트너십이 시작됐지요.

마치 바이러스처럼 수많은 이들의 대화를 통해 잡초처럼 번져나갔어요. 우리는 특별히 일부 팀을 상대로 작업을 했어요. 어떤 팀들은 우리에게 직접 찾아왔고요. 약 일 년 안에 테스트 인증 팀은 100개가 넘었고, 더 이상의 새로운 변화는 느리게 진행되는 것처럼 보였어요. 그 당시 이 프로그램을 이끌어온 벨라 카즈웰^{Bella Kazwell}은 테스트 인증 도전을 지휘했어요. 그녀는 새로운 테스트 방식을 쓰거나 새로운 팀이 테스트 인증을 취득할 때 팀이 테스트 활동 사례를 개선하고 TC 레벨을 얻을 때처럼 액티비티를 수행할 때마다 포인트를 얻는 시스템을 개발했어요. 개인적인 상들도 있고, 사이트별로 사이트를 통틀어 최고의 점수를 얻게 다른 팀과 경쟁을 시키기도 했어요. 지원자들은 열정적이었고, 열정적인 팀들이 회사 전반에 하나 둘씩 생겨났으며, 그 뒤 적용이 가속화되면서 더 많은 멘토 지원자들을 끌어모았어요.

테스트 인증이 된 팀은 인증 단계의 각 사례와 기준들을 명확하고 측정 가능한 팀의 목표로 사용했어요. 2008년 후반까지 매니저들의 권한으로 팀을 평가하기 위해 이것들을 사용하기도 했고, 생산성 혁신 팀은 테스트 인증 단계에 대한 팀의 진도를 측정해 팀이 테스팅에 대해 얼마나 진지하게 임하는가를 측정했어요. 또한 제한돼 있는 테스트 전문가 풀에서 테스트 전문가들을 활용하는 것이 얼마나 가치 있는지 보여주기 위해 사용했어요. 각 영역에 따라 어떤 곳에서는 매니지먼트에 대한 기대치가 되기도 하고, 다른 곳에서는 팀이 인증 단계에 도달하는 데 필요한 팀의 기준이 되기도 했어요.

2011년 지금은 새로운 지원 멘토들이 지속적으로 합류했으며, 새로운 팀들이 계속적으로 등록하고 있고, 테스트 인증 활동은 회사 전반에 걸쳐 존재하고 있어요.

저자들 테스트 인증 프로그램이 시작되고 나서 몇 년이 지난 후 어떤 변화가 있었나요? 인증 단계의 요구 사항이 변경됐나요? 아니면 멘토링 시스템에 변화는 없었나요? 그런 변화들 중 참여자의 경험을 높이는 데 성공적이었던 건 어떤 것들이 있었나요?

트레이시 가장 큰 변화는 여러 개의 레벨이 생긴 것이고 몇 가지 단계별 요구 사항이 생긴 일이에요. 처음에는 4개의 레벨이 있었어요. 레벨 0에서 레벨 1로 가는 일은 쉬웠어요. 하지만 레벨 1에서 2로 이동하는 데 많은 팀들이 어려움을 겪는 것을 알았어요. 특히 테스트 가능하지 않은 레거시 코드를 가진 팀들이 더욱 그랬어요. 이러한 팀들은 쉽게 의욕을 잃어버렸고 테스트 인증을 포기하는 경향이 있었죠. 따라서 우리는 1과 2 사이에 좀 더 쉽게 취득할 수 있는 새로운 레벨을 추가했어요. 새로운 레벨을 1.5로 할 것인가에 대해 논의해봤지만, 새로운 레벨을 2로 만들고 그전 레벨을 1 높이기로 했어요.

우리는 또한 어떤 요구 사항들은 너무 관행적인 내용이라는 것을 깨달았어요. 소형 테스트, 중형 테스트, 대형 테스트의 비율 같은 경우는 모든 팀에 일괄적으로 적용할 수 없음을 알게 됐어요. 새로운 레벨을 추가했을 때 '점진적인 커버리지' 숫자를 포함해서 기준을 갱신했고, 테스트 크기 비율에 대한 내용을 삭제했어요.

멘토링 시스템은 여전히 존재하지만, '셀프 멘토'가 있는 팀들도 여러 곳에 있어요. 이제는 테스팅 문화가 좀 더 스며들었기 때문에 우리의 조언이 많이 필요하지 않은 팀들이 많아요. 그들은 단지 그들의 진척을 추적해보기만을 원하기 때문에 이러한 팀들에는 멘토를 할당하지 않고, 질문이 있는 경우 메일로 답변하고 팀의 레벨 변경을 검증하는 다른 방법을 두죠.

러스 이 역시 처음부터 가치가 있었던 건 아니었지만, 테스트 인증 기준이 상식적으로 적용돼야 함을 저흰 알고 있었죠. 테스트는 공장에서 물건을 찍어 내듯이 모든 곳에서 동일한 활동이 아니고, 때때로 우리가 선택한 기준에 팀이 잘 맞아떨어져 주지 않거나, 테스트 커버리지 측정 툴이나 일부 측정 기준[metric]들이 올바르게 팀에 동작하지 않기 때문이죠. 각 기준은 그를 뒷받침할 만한 논리적인 근거를 갖고, 우리는 다양한 관점에서 논리적인 근거에 맞게 팀의 기준을 커스터마이징해요.

저자들 팀이 테스트 인증 프로그램에 참여해서 얻고자 하는 바는 무엇인가요? 참여함으로써 감당해야 할 비용은 어떤 게 있나요?

트레이시 자랑할 권리요. 명확한 단계들과 외부의 도움, 그리고 쿨하게 빛나는 구슬[orb]이 있죠. 하지만 팀이 정말로 얻는 것은 테스트 향상이죠.

테스트 성숙도를 향상시키는 일에 초점을 맞추면서도 비용을 최소화할 수 있죠. 멘토가 각 단계가 마무리 됐는지를 검사해가면서 팀의 진척을 추적할 수 있는 툴을 저희는 갖고 있어요. 레벨별로 모든 팀을 포함한 데이터가 한 페이지에 표시되고, 클릭만 하면 특정 팀에 대한 상세 사항을 볼 수 있어요.

저자들 단계를 올라가는 데 있어 팀에 더 많은 어려움을 준 경우들이 있나요?

트레이시 가장 어려운 단계는 "사소한 변경까지 모든 변경에 대해 테스트를 확보하라."예요. 테스트가 가능한 방법으로 작성됐고 개발된 적이 없는 프로젝트의 경우, 이렇게 하는 것은 쉬워요. 하지만 테스트를 처음부터 고려하지 않고 작성된 레거시 프로젝트의 경우에는 매우 힘들죠. 그럴 경우에는 매우 거대한 엔드 투 엔드 테스트를 작성하고, 이를 수행한 뒤 특정 코드 경로를 지나가게 시스템을 강제화하려고 노력하고, 그러고 나서 그 결과를 보고 어떻게 자동화할 것인지를 찾아내야 해요. 더 나은 방법으로는, 약간 시간이 걸릴 것을 예상하고 코드를 리팩토링해 좀 더 테스트 가능하게 만드는 일이 있죠. 마음에 테스트 가능성을 염두에 두지 않고 작성한 코드를 가진 팀은 코드가 충분한 테스트 커버리지를 갖게 하기 위해 도전을 하는데, 특히 단위 테스트에 초점을 맞춘 소형 테스트와 클래스들 간의 집합, 엔드 투 엔드 테스트를 다루는 대형 테스트 사이의 테스트 커버리지를 갖게 해요.

저자들 구글의 활동은 몇 주 혹은 분기 단위로 지속되는 경향이 있는데, 테스트 인증은 거의 5년 가까이 지속됐고 멈출 기세가 보이지 않는데요. 테스트 인증이 지속되는 데 공헌을 하는 것에는 무엇이 있을까요? 테스트 인증이 앞으로 직면할 도전 과제에는 무엇이 있다고 보시나요?

러스 단순히 일부 개인의 참여로 이뤄진 일은 아니기 때문에 여전히 그 힘은 유지되고 있지요. 이건 회사의 문화를 바꾸는 일이예요. 테스트 그룹, ToTT, 지원 메일 리스트, 기술 토크, 업무 단계에 대한 공헌, 코딩 스타일 문서, 정규적인 테스트 등이 회사 전반에 걸쳐 모든 엔지니어의 기대치가 될 거예요. 팀이 테스트 인증을 받든 못 받든 그들 스스로나 테스트 전문가들로 구성된 작은 엔지니어 그룹들과 파트너십을 갖고 자동화된 테스팅 전략을 잘 고려할거예요.

실제 업무로 증명이 됐기 때문에 이건 계속될 거예요. 이제 수동으로 테스트하는 영역은 매우 작은 영역만 갖고 있어요. 그마저도 끝나면 테스트 인증이 해야 할 일을 다한 것이고, '공식적인' 문화 정착 프로그램이 언젠가 끝나더라도 유산으로 남을 가능성이 높죠.

저자들 이와 비슷한 일을 시작하고자 하는 다른 조직의 엔지니어들에게는 어떤 조언을 하고 싶은가요?

트레이시 테스트에 이미 친숙한 팀부터 시작하라고 말하고 싶네요. 여러분의 프로그램으로부터 가치를 얻은 팀을 만들고 키우세요. 전도하는 것에 대해 부끄러워하지 말고 다른 사람도 그렇게 할 수 있다고 요청하구요. 멘토링은 테스트 인증 성공의 중요한 부분이에요. 팀에게 새로운 일이나 무엇인가 향상시킬 수 있는 일을 하게 할 때, 그들이 좀 더 큰 조직에 도움을 요청할 수 있는 컨택 포인트가 있다면 일이 훨씬 더 부드럽게 진행되기 때문이죠. 엔지니어나 팀은 메일에 자신이 멍청한 질문을 적어 메일링 리스트에 있는 사람들에게 부끄러운 짓을 하지 않았는지 고민하겠지만, 믿고 있는 테스트 인증 멘토에게 질문을 하는 건 훨씬 더 편하게 생각할 것이니까요. 또한 재미있게 만들 방법을 찾으세요. 딱딱한 관료주의를 연상시키는 '인증'이란 말이 포함되지 않는 더 좋은 이름을 제시하구요. 또는 우리가 했던 것처럼 딱딱한 '인증'이란 말로 시작을 하고 '그런 종류의 프로그램'에서 인증을 받지 못하면 불명예스러운 일이란 점을 더 큰 조직에 항상 보고하는 보조 수단을 사용할 수도 있고요. 팀들이 볼 수 있는 충분히 작은 단계를 정의하고 어떻게 진척이 되는지를 보여주게 하세요. 완벽한 시스템과 완벽한 측정체계를 갖기 위해 시도하는 데 애쓰지 마세요. 모든 것에 완벽한 건 없으니까요. 대안이 없는 경우에는, 논리적으로 맞는 일부분에 대해서는 우선 동의하고 앞으로 나가는 것이 중요해요. 상식선에서 이뤄질 수 있게 유동적으로 대응하되, 최소한 지켜야 하는 선은 넘지 않게 해야 해요.

이것이 SET에 대한 이야기 절의 결론이다. 나머지 부분은 선택적으로 읽어보면 될 부분으로, 구글이 SET를 면접하는 방법과 구글 SET가 사용하는 몇 가지 툴들에 대해 구글러 테드 마오^{Ted Mao}와 인터뷰한 부분이다.

SET들과의 면접

성공한 SET는 모든 것에 능통하다. 기능 코드를 작성할 수 있을 정도로 충분히 훌륭한 프로그래머이며, 무엇이 주어지든 테스트할 수 있는 훌륭한 테스터이고, 본인의 작업과 툴들을 관리할 수도 있다. 훌륭한 SET는 숲과 나무를 모두 다 본다. 작은 함수 프로토타입이나 API를 자세히 살피거나 코드에 있는 모든 방법을 상상만으로 사용할 수 있고, 그것을 어떻게 망가뜨리는지를 알고 있다. 구글의 모든 코드는 하나의 소스 트리 안에 있어서 원하는 사람 누구나 언제든지 코드를 사용할 수 있다. 따라서 더 견고하다. SET는 기능 개발자가 놓친 버그를 찾을 뿐 아니라 다른 엔지니어들이 어떻게 코드나 컴포넌트에 영향을 주는지를 살피고, 추후에도 기능을 보증할 수 있는지를 살펴본다. 구글은 빠르게 변하므로 코드는 깨끗하고 일관성 있고 최초 개발자가 떠난 뒤에도 오랫동안 유지할 수 있어야 한다.

우리가 어떻게 이러한 개개인의 능력과 마음가짐에 대한 면접을 할 수 있을까? 쉽지는 않았지만, 이러한 조건을 만족시키는 수백의 엔지니어를 찾았다. 우리는 테스트에 대한 많은 관심과 적극적인 태도를 가진 개발자 마인드가 접목된 사람을 찾는다. 훌륭한 SET를 찾는 공통적이면서 효과적인 방법은 우리가 모든 개발자에게 한 질문과 동일한 프로그래밍 질문을 하고, 품질과 테스트에 어떻게 접근하는지를 물어본다. 따라서 SET는 면접에서 잘못된 대답을 두 번 할 수도 있다!

간단한 질문으로 종종 최고의 SET를 식별할 수 있다. 트릭을 사용한 코딩 문제에 너무 많은 시간을 낭비하거나 기능적으로 정확한지를 따지지 말고, 코딩과 품질에 대해 후보들이 어떻게 생각하는지 알아보는 데 그 시간을 사용해야 한다. 면접에서 알고리즘 문제를 해결해야 하는 SWE나 SET들이 있다. 좀 더 나은 SET 면접관이라면 후보가 해결책을 얼마나 환상적으로 만들었는지에 대한 것보다는 해결책을 어떻게 생각했는지에 초점을 맞춘다.

> **참고** SET 면접관은 후보가 해결책에 대해 어떻게 생각하는지에 초점을 맞추지, 해결책을 얼마나 환상적으로 만들었는지에 대해서는 신경 쓰지 않는다.

예를 들어 업무를 시작하는 첫날이라고 생각하고 함수 account(void *s)를 구현하라고 지시를 받았다고 하자. 리턴 값은 문자열 안에 있는 A의 숫자를 센 값이다.

코드 작성으로 바로 뛰어든 후보는 강한 메시지를 보내고 있다. "내가 할 수 있는 건 하나밖에 없어, 그래 난 그렇게 할 거야. 바로 코드를 작성하는 거지." 하지만 SET에 대한 이야기는 그렇게 세상의 일관된 관점을 따르지 않는다. 우리는 후보자로부터 질문을 받고 싶어 한다.

이 함수는 어디에 쓰이는 함수인가요? 왜 이 함수를 만들어야 하죠? 함수의 프로토타입이 맞나요? 우리는 정확성을 고려하고 무엇이 올바른 행동인지를 검증하는 행동을 하는 후보를 기대한다. 좀 더 많은 고려를 할 필요가 있는 문제였다! 아무 생각 없이 바로 코드 작성부터 시작하는 후보는 테스트 문제에서도 똑같이 행동한다. 예를 들어 모듈에 테스트를 위해 변경 가능한 내용을 추가하는 문제를 제시했을 때, 우리가 멈추라고 말할 때까지 테스트 목록을 늘여 놓는 것은 좋지 않다. 우리가 원하는 것은 최상의 테스트^{best test}를 먼저 하는 것이다.

SET의 시간은 제한돼 있다. 우리가 후보들에게 바라는 점은 한발 뒤로 물러서서 문제를 해결하는 데 가장 효과적인 방법을 찾는 것이었고, 함수 정의에 대해 몇 가지 개선점을 찾아내는 것이다. 훌륭한 SET는 빈약하게 정의된 API를 점검하고 테스트하는 동안 그것을 아름답게 향상시킨다. 제대로 된 후보는 명세에 대한 이해를 하기 위해 질문을 하는 데 몇 분을 투자하고, 다음과 같은 질문을 한다.

- 들어오는 문자열은 어떻게 인코딩하나요? ASCII, UTF-8인가요? 아니면 다른 형식인가요?

- 함수 이름이 너무 빈약하네요. 단어의 첫 글자는 대문자로 하는 카멜케이스^{camel case}를 쓰던가, 좀 더 상세해야 하지 않을까요? 따라야 할 다른 표준 명명 규칙^{naming convention}은 없는지요?

- 리턴 타입은 무엇인가요?(면접관님이 잊어버리셨으면 함수 프로토타입 앞에 int를 추가하겠습니다)

- void*는 위험합니다. char* 같이 좀 더 적절한 타입으로 바꿔야겠어요. 그렇게 하면 컴파일 타임에 타입 검사를 할 때 좀 더 이득을 볼 수 있겠어요.

- A의 숫자를 셀 때는 소문자 a도 세야 하나요?

- 이 함수가 이미 표준 라이브러리에 있지 않나요?(따라서 면접의 목적에는 이 함수를 처음 구현하는 것으로 해야 한다)

더 나은 후보는 다음과 같이 할 것이다.

- **규모에 대해 생각한다** 구글은 대규모의 데이터를 다루기 때문에 아마도 64비트 정수 타입을 리턴 타입으로 쓸 것이다.

- **재사용을 생각한다** 왜 이 함수로 A의 개수만 세나요? 이걸 매개변수화하면 함수 하나만 정의해서 다른 알파벳의 숫자도 셀 수 있을 텐데요?

- **안전성에 대해 생각한다** 이 포인터 값들은 믿을 만한 소스에서 오는 것인가요?

최고의 후보는 다음과 같이 할 것이다.

- **확장성에 대해 생각한다.**
  - 조각난^{sharded} 데이터[22]에서 맵 리듀스^{MapReduce}[23]의 부분으로 이 함수를 수행하는가? 그게 아마 이 함수를 호출하는 가장 유용한 형태일 것이다. 이 시나리오에 대해 고려해야 할 다른 이슈들이 있는가? 인터넷에 있는 모든 문서에서 이 함수를 수행하는 데 필요한 성능이나 정확성을 고려한다.
  - 이 서브루틴이 모든 구글 쿼리에서 호출되고 이 검증을 이미 래퍼^{wrapper} 함수에서 하기 때문에 안전한 포인터에서만 호출한다면 널^{null} 체크를 피하는 편이 하루에 수억 CPU 사이클을 절약할 수 있으며, 기본적으로 모든 매개변수 검증으로 인해 영향을 받는 부분에 대해서는 이해하고 있어야 한다.
- **불변 인자(invariants)에 기반을 둔 최적화를 고려한다.**
  - 이미 정렬된 채로 데이터가 들어온다고 가정할 수 있는가? 그렇다면 최초의 B를 찾은 후 빨리 빠져나갈 수도 있다.
  - 입력 데이터의 구조는 어떠한가? 모든 A에 대한 검사가 가장 많은가? 모든 캐릭터의 조합인 경우가 많은가? 아니면 A와 공백에 대해서 만인가? 그렇다면 비교 오퍼레이션을 이용해서 최적화할 수도 있다. 대규모의 데이터를 다룰 때나 심지어 작은 데이터를 다루는 경우에도 연속적으로 들어오는 변화는 코드 수행 시에 실제 계산 속도에 심각한 영향을 줄 수 있다.
- **안전성을 고려한다.**
  - 많은 시스템에서 보안에 민감한 코드 부분이라면 널이 아닌 포인터에 대한 테스트를 더 고려해야 한다. 어떤 시스템에서는 가용하지 않는 포인터 값으로 1을 사용한다.

---

22. 조각난(sharded) 데이터는 데이터베이스 파티셔닝의 형태다. 수평 파티셔닝은 데이터베이스 설계 원칙으로 데이터베이스 테이블은 열에 의해 분할되는 것보다는 행에 의해 분할된다. http://en.wikipedia.org/wiki/Shard_(database_architecture)를 참조하라.
23. MapReduce는 대용량 데이터를 분산 컴퓨팅 환경을 이용해서 병렬 처리를 지원하는 형태로, 키를 기반으로 카테고리화해 분산 처리를 하고, 분할된 문제를 다시 키로 종합해 결과를 확인하는 방식이다. http://en.wikipedia.org/wiki/MapReduce를 참조하라.

○ 문자열 끝을 벗어나지 않게 하게 하기 위해 길이에 대한 매개변수를 추가한다. 안전을 위해 매개변수의 길이를 검사한다. 널 종료 문자열을 사용하는 것은 해커의 좋은 먹잇감이다.

○ 이 함수가 수행되는 동안 다른 스레드가 버퍼를 수정할 가능성이 있다면 스레드 안전성 이슈가 있을 수 있다.

○ 이 검사를 try/catch문에서 수행해야 하는가? 또는 호출하는 코드가 예외 처리를 예상하지 않는다면 호출자에게 에러 코드를 넘겨줘야 한다. 에러 코드가 있다면 그러한 코드는 잘 정의되고 문서화돼야 한다. 이런 것이 바로 거대한 코드 기반과 런타임에 대한 컨텍스트를 고려하는 것이고, 이러한 생각이 향후의 혼동이나 생략으로 인해 발생되는 에러를 피할 수 있는 방법이다.

궁극적으로 최고의 후보는 새로운 각도의 질문들을 한다. 후보자들이 논리적으로 잘 생각했다면 그들이 생각한 모든 관점이 흥미롭게 고려될 것이다.

> **참고** 훌륭한 SET 후보는 자신이 작성한 코드를 테스트하도록 언급받지 않는다. 그것은 그의 생각에 이미 자동으로 나타나는 부분이다.

명세와 입력에 대한 모든 질문의 핵심은 기초 프로그래밍 코스를 통과한 어떤 엔지니어든지 만들 수 있는 기본적인 함수 코드에 대해 질문을 하는 것이다. 하지만 이러한 후보자들의 질문들과 생각은 최고의 후보와 다른 사람들을 차별화시키는 요소들이다. 우리는 후보들이 편하게 질문을 할 수 있는 분위기를 만들어야 한다. 질문하지 않으면 질문하게 부추기며, 바로 코드를 작성하는 태도는 좋지 않고, 제시된 문제를 둘러싼 질문을 하게 해야 한다. 이것은 면접 상황이기 때문이다. 구글러들은 문제가 해결될 때까지 괴로워하지 않고 모든 것에 대해 궁금증을 가져야 한다.

이 책이 프로그래밍이나 면접 책이 아니기 때문에 무수히 많은 올바른 구현과 그에 따르는 일반적인 실수를 나열하는 것은 적당하지 않다. 다만 토론의 목적으로 간단하면서도 분명한 구현을 한 번 살펴보자. 참고: 어떤 질문들은 가비지 컬렉션이나, 타입 안정성, 컴파일레이션, 런타임 고려에 대한 문제를 내기도 하지만, 후보들이 자바나 파이선과 같이 자신이 가장 사용하기 편한 언어를 사용해 구현을 하는 문제들을 낸다.

```
int64 Acount(const char* s) {
   if (!s) return 0;
   int64 count = 0;
   while (*s++) {
      if (*s == 'a') count++;
   }
   return count;
}
```

후보들은 테스트 입력 값을 통해 코드를 세세히 살펴가면서 포인터나 카운터 값의 변화를 보여줄 수 있어야 한다.

일반적으로 괜찮은 SET 후보들은 다음과 같이 한다.

- 이 솔루션에 대해 기본 코딩에는 아주 약간의 문제만 갖고 있다. 문제가 있더라도 재작성할 때 실수를 제거하거나 기본 문법 이슈를 놓치지 않고 다른 언어에서 사용하는 키워드나 문법을 잘못 섞어 쓴 경우도 없다.

- 오해할 수 있는 포인터나 불필요하게 할당된 것들이 없음을 보여준다.

- 널 포인터를 역참조할 때 발생하는 불필요한 크래시를 피하기 위해 입력 값에 대한 검증을 미리 수행하거나 필요한 순간에 그러한 매개변수 검증을 수행하지 않았는지에 대해 알맞게 설명한다.

- 자신이 작성한 코드의 런타임이나 빅오[Big O] 복잡도[24]에 대해 설명할 수 있다. 이 때 선형적인 수행 시간 외의 다른 수행 시간을 갖는 솔루션은 독창성을 보여줄 수 있겠지만, 고려해볼 여지는 있다.

- 코드상의 사소한 이슈에 대해 지적 받았을 때 이를 수정할 수 있다.

- 다른 사람들이 쉽게 읽을 수 있는 명확한 코드를 생성할 수 있다. 비트 연산자를 사용하거나 모든 것을 한 줄에 놓는다면 코드가 기능적으로 잘 동작하더라도 좋

---

24. 빅오 표기는 입력 데이터의 크기에 기반을 두고 함수를 수행하는 데 걸리는 시간을 나타낸다. http://en.wikipedia.org/wiki/Big_O_notation을 참조하라.

은 솔루션이 아니다.

- A 또는 널 등 하나의 입력 값을 가지고 자신의 코드를 마음속으로 실행해본다.

  더 나은 후보들은 다음과 같은 것들을 더 시도해본다.

- 카운터에 대한 int64의 경우를 고려하고 향후 호환성을 위해 리턴 타입을 고려한다. 그리고 누군가 불가피하게 긴 문자열을 이 함수에 사용할 때를 대비해 오버플로우를 피하게 한다.
- 쪼개거나/분산돼 연산할 수 있는 코드를 작성한다. 맵 리듀스MapReduce에 친근하지 않은 후보들은 병렬 연산으로 긴 문자열을 처리할 때 느려지는 것을 줄이기 위해 자신만의 간단한 변종을 만들어 낼 수도 있다.
- 전제와 불변 인자invariant에 대해 노트에 적거나 코드에는 주석을 작성한다.
- 다양하고 많은 입력 값으로 코드를 검토하고 발견되는 모든 버그를 수정한다. 버그를 알아채지 못하고 수정하지 않은 SET 후보는 좋지 않은 후보다.
- 테스트 해보라고 하기 전에 스스로 함수를 테스트한다. 테스트는 당연히 해야 하는 일이다.
- 그만두라는 말이 있기 전까지는 솔루션 최적화를 계속한다. 어느 누구도 코딩이 끝난 뒤 몇 분 동안 몇 가지 테스트 입력만 해보고선 코드가 완벽하다고 확신할 수 없다. 정확성보다는 끈기가 더 중요하다.

이제 우리들은 후보들이 자신의 코드를 어떻게 테스트하는지를 살펴본다. 대단히 난해하거나 트릭이 많이 숨어있는 테스트 코드는 세상에서 가장 최악의 테스트 코드이고, 그런 코드라면 차라리 없는 편이 더 낫다. 구글에서는 테스트가 실패할 때 무엇을 테스트했는지를 분명히 알아야 한다. 그렇지 않으면 엔지니어는 버그를 수정하지 않고 테스트를 신뢰할 수 없다고 표시하거나 테스트 실패를 무시해버린다. 그것은 나쁜 코드가 소스코드 트리에 들어가게 테스트를 작성하고 코드를 검토한 SWE와 SET의 잘못이다.

SET는 블랙박스 기법을 사용해서 누군가 기능을 구현했다는 가정하에서 테스트를 진행하거나, 화이트박스 기법을 사용해서 테스트 케이스와 주어진 구현의 명세와 관련 없는 테스트 케이스가 어떤 것인지를 알고 테스트에 접근한다.

일반적으로 괜찮은 후보는 다음과 같이 행동한다.

- 체계적이고 조직적이다. 무작정 아무 문자열이나 사용하지 않고 문자열 크기와 같이 어떤 식별 가능한 특징에 따라 테스트 데이터를 생성한다.
- 흥미로운 테스트 데이터를 생성하는 데 초점을 맞춘다. 대규모 테스트를 어떻게 수행하는지 고려하고 실제 상황에서 사용되는 값을 얻어 테스트 데이터로 쓰려고 한다.

더 나은 후보들은 다음과 같이 한다.

- 크로스 톡^{cross talk25}, 데드락, 메모리 누수 등을 검출하기 위해 해당 함수를 동시에 수행하는 스레드들을 찾기를 원한다.
- `while(true)` 반복문을 이용해서 긴 수행 테스트를 만들고 장시간에 걸친 동작을 확인한다.
- 그 외의 흥미로운 테스트 케이스를 제시하고, 테스트 데이터 생성, 검증, 수행에 흥미로운 접근법을 시도한다.

●● 최고 후보의 예

제이슨 아본(Jason Arbon)

최근 한 후보(그는 입사한 후에 매우 훌륭하다고 입증됐다)가 64비트 정수 입력 값을 가진 API에 대한 경계 값 테스팅(boundary testing)을 어떻게 하는지에 대한 면접 질문을 받았다. 그는 시간과 공간상의 제약 때문에 물리적으로 불가능하다는 것을 바로 깨달았지만, 이러한 테스트에서 최소한 매우 큰 데이터를 어떻게 다룰 것인지, 즉 확장성에 대해 완벽하게 고려하고 싶어 했고 의심나는 부분을 없애고 싶어 했다. 따라서 입력 값으로 웹의 구글 인덱스를 사용하는 방법을 고안했다. 그가 어떻게 그의 해답을 검증했을까? 그는 병렬 구현의 사용을 제안했고 병렬로 이뤄진 두 개의 결과가 동일함을 확인했다. 그는

---

25. 하나의 회로나 전송 시스템의 채널에 전송된 신호가 다른 채널에 의도하지 않은 효력을 발생시키는 것 – 옮긴이

또한 통계적으로 샘플링하는 접근법도 생각해냈다. 우리는 인덱스된 웹 페이지를 갖고 있기 때문에 웹 페이지에서 A의 출현 빈도를 계산할 수 있었고, 계산된 값은 실제 출현 빈도와 매우 비슷하다. 이것이 테스트에 대해 구글처럼 생각하는 방식이다. 꼭 이런 상황이 아닌 일반적인 규모의 작업에 대해서도 이러한 대규모의 데이터를 사용하는 것과 비슷한 생각은 좀 더 흥미롭고 효과적인 해결안을 이끌어내는 데 도움이 된다.

면접를 하는 또 다른 중요한 관점은 '구글스러움Googliness', 즉 문화적 적합성이다. SET 후보가 면접을 하는 동안 기술적으로 호기심이 많은가? 새로운 아이디어를 표현할 때 후보 본인이 제시한 해결책이 그런 아이니어들을 포함시키는가? 모호성을 어떻게 다루는가? 정리 증명법theorem proving과 같은 품질에 대한 학술적인 접근법에 익숙한가? 품질 측정이나 도시공학 또는 항공우주공학과 같은 다른 분야의 자동화 측정에 대해 알고 있는가? 그의 구현물에서 찾은 버그에 대해 방어적인 태도를 보이는가? 넓게 생각할 줄 아는가? 후보들이 이 모든 것을 갖추고 있을 순 없겠지만, 이러한 특징이 많을수록 좋다. 그리고 마지막으로 매일 함께 일하고 싶어 하는 사람인가도 중요하다.

SET로 면접을 하는 사람이 강한 코더의 기질이 있다는 점은 좋지 않음을 알아야 한다. 물론 그 의미가 곧 훌륭한 TE가 될 수 없다는 것을 말하진 않는다. 최고의 TE 중 일부는 원래 SET에서 면접을 해서 고용된 사람이었다.

구글에서 SET 고용 과정 중 발생하는 흥미로운 점은 테스팅을 하지 않는 SWE를 우연히 만나거나 TE의 역할에 면접이 매우 집중될 때 종종 훌륭한 후보들을 놓친다는 점이다. 우리는 그들과 함께 일할 것이기 때문에 면접하는 SET 후보들에게 다양성을 요구한다. 그리고 SET는 실제로 하이브리드여야 하지만, 이럴 때는 가끔 불리한 면접 점수를 받기도 한다. 우리는 훌륭한 SET를 가려낼 수 있는 능력이 있는 면접관이 면접에 들어가서 훌륭한 후보들을 가려내고, 좋지 않은 후보에게는 나쁜 점수를 주기를 바랄 뿐이다.

패트릭 코플랜드Pat Copeland가 서문에서 말했듯이 예전도 그래왔고 지금도 그렇듯이 SET 고용에 대해서는 다양한 의견이 있다. SET가 코딩 작업에 능하다면 SET

는 기능을 만드는 작업만 해야 하는가? SWE 또한 고용하기 힘든데 말이다. 테스트에 능하다면 그들이 순전히 테스트 문제에만 초점을 맞춰야 하는가? 거의 모든 문제가 그렇듯이 진실은 그 중간에 위치한다.

훌륭한 SET를 고용하는 것은 매우 힘들지만 그만큼 가치가 있다. 단 한 명의 SET 슈퍼스타가 팀에 커다란 영향을 줄 수 있다.

툴 개발자 테드 마오와의 인터뷰

테드 마오[Ted Mao]는 구글의 개발자지만, 테스트 툴을 만드는 데 중점을 둔 개발자다. 특히 그는 구글 내부적으로 빌드되는 모든 것을 다룰 정도의 확장성을 가진 웹 애플리케이션 테스트 툴을 만든다. SET들은 좋은 테스트 툴 없이는 효과적으로 일하기 힘들다는 점을 알기 때문에 SET 세계에서 매우 유명하다. 아마도 회사 내의 그 어느 누구와 비교해도 테드만큼 구글 안에 있는 공통 웹 테스트 인프라스트럭처에 친근한 이는 없을 것이다.

저자들 언제부터 구글에서 일을 시작했고, 여기에서 하는 일 중 어떤 일이 재미있나요?

테드 2004년 6월, 구글에 입사를 했습니다. 그때로 돌아가 보면 IBM과 마이크로소프트 같은 큰 기업에서 일을 해 본 경험만 있었고, 구글은 재능 있는 많은 엔지니어들이 일하고 싶어 하는 이제 막 뜨는 회사였습니다. 구글은 매우 흥미롭고, 도전적인 문제들을 풀 수 있는 기회를 주기 때문에 세계에서 가장 뛰어난 엔지니어들과 함께 이러한 문제들을 해결해보고 싶었습니다.

저자들 당신은 구글의 버그 데이터베이스인 버그나이저[Buganizer][26]를 창시한 사람입니다. 이전의 버그디비[BugDB]와 비교했을 때 버그나이저에 차별점을 주고 싶어 했던 핵심 부분은 무엇인가요?

테드 버그디비는 우리의 개발 프로세스를 지원한다기보다는 지연시켰습니다. 솔직

---

26. 버그나이저(Bugnizer)의 오픈소스 버전은 이슈 트래커로 불리고, http://code.google.com/chromium/issues/list에 있는 크로미엄(Chromium) 프로젝트를 통해 이용 가능하다.

히 말해 소중한 엔지니어들의 시간을 낭비하고 그것을 사용하는 모든 팀이 고통을 맛봐야 했습니다. 그 증상은 많은 방면에서 자연스럽게 나타나기 시작했습니다. 느린 UI, 불편한 작업 흐름, 구조화돼 있지 않는 테스트 필드에서 '특별한' 문자열을 사용한 예 등이 그것입니다. 버그나이저를 설계하는 과정에서 데이터 모델과 UI가 사용자의 실제 개발 프로세스를 반영하게 했고, 향후 핵심 제품과 통합을 하면서 발생할 수 있는 확장성을 고려해 만들었습니다.

저자들　버그나이저는 참 잘 만들어진 프로그램입니다. 정말로 우리가 지금까지 사용해본 최고의 버그 데이터베이스였어요. 어떻게 웹 테스팅 자동화를 시작하게 됐으며, 어떤 필요성을 느끼거나 테스트 수행에 있어 문제를 해결해달라는 요청을 받았나요?

테드　버그나이저, 애드워즈^{AdWords}, 그리고 구글의 다른 제품들을 만들면서 우리가 쓸 수 있는 웹 테스팅 인프라스트럭처가 우리의 욕구를 충분히 만족시키지 못한다고 항상 생각해왔습니다. 제가 원하는 만큼 빠르지도 않았고, 확장성도 없고, 견고하지도, 유용하지도 않았어요. 툴을 관장하는 팀이 이 분야에서 힘이 돼 이끌어줄 누군가를 찾는다고 공고를 냈을 때 이러한 문제를 해결하고 싶어서 그 기회를 잡았죠. 그러한 노력들이 매트릭스^{Matrix} 프로젝트로 이어졌고, 거기서 기술 리더를 하게 됐습니다.

저자들　얼마나 많은 테스트 수행과 팀들이 매트릭스^{Matrix}의 지원을 받고 있죠?

테드　그건 테스트 수행과 팀을 어떻게 측정하는가에 따라 다릅니다. 예를 들어 우리가 사용하는 측정 기준 중에 '브라우저 세션'이라 부르는 것이 있습니다. 특정 브라우저에서 매번 새로운 브라우저 세션은 동일한 상태에서 시작돼야 합니다. 따라서 브라우저에서의 테스트 수행은 테스트, 브라우저, 그리고 운영체제가 정해져야만 결정할 수 있게 됩니다. 매트릭스^{Matrix}는 모든 웹 프론트엔드 팀이 사용하고 있고, 하루에 백만 번 이상의 새로운 브라우저 세션을 제공합니다.

저자들　버그나이저와 매트릭스, 이 두 개의 프로젝트에서 몇 명이나 일을 했나요?

테드　가장 바쁠 때에는 버그나이저에 대략 5명의 엔지니어가, 매트릭스에는 4명의 엔지니어가 있었습니다. 제가 항상 아쉬워했던 부분은 우리가 좀 더 큰일을 해내거나 개발 팀을 좀 더 지원할 수 있었을 텐데라는 부분이지만, 어쨌든 우리에게 주어진 자원 내에서 매우 잘 했다고 생각합니다.

저자들 이 툴들을 만들면서 기술적으로 직면했던 가장 어려운 도전 과제는 무엇이 있었나요?

테드 항상 가장 어렵고 흥미로운 도전 과제는 설계 시점에서 발생합니다. 문제 영역을 이해하고 서로 다른 해결책들을 비교하고 그들 간의 트레이드오프를 생각하고 최선의 결정을 내리는 일이죠. 그 부분이 결정되고 나면 보통 구현은 바로 진행할 수 있습니다. 이러한 종류의 결정은 프로젝트를 진행하는 내내 구현을 하면서도 발생되고, 그런 결정들이 제품을 만들기도, 실패하게 하기도 합니다.

저자들 테스트 툴을 만드는 다른 소프트웨어 엔지니어들에게 일반적으로 조언하고 싶은 말이 있다면요?

테드 사용자에게 초점을 맞추고, 그들의 요구를 이해하고 문제를 해결하세요. 사용성이나 속도와 같은 '보이지 않는' 기능들을 잊지 마세요. 엔지니어들은 아주 독창적인 방법으로 그들 자신의 문제를 해결할 수 있는 능력이 있습니다. 당신이 예측하지 못한 방법으로 툴을 사용해도 문제가 없게 하세요.

저자들 다음으로, 테스트 툴이나 인프라스트럭처 분야에서 해결해보고 싶은 흥미로운 문제점들은 무엇이 있다고 생각하시나요?

테드 최근 제가 생각하고 있는 하나의 문제는 우리의 툴이 점점 더 복잡하고 강력해지지만, 결과적으로는 이해하기 어려워지고 사용하기 어려워진다는 점입니다. 예를 들어 구글에서는 현재 운용되는 웹 테스팅 인프라스트럭처를 이용하면 엔지니어가 한 번의 명령을 통해 수천 개의 웹 테스트를 여러 개의 브라우저에서 동시에 수행할 수 있습니다. 어떤 면에서는 어디서 테스트들이 실제로 동작하는지, 그 브라우저들이 만들어진 곳은 어디인지, 어떻게 테스트 환경이 구성됐는지 기타 등등, 그 모든 동작 방식에 대한 상세 사항을 추상화한다는 것은 매우 좋은 일이긴 합니다. 하지만 테스트가 실패하고 엔지니어가 그것을 디버그한다면 상세 내역은 필수가 돼야 합니다. 이미 이 문제에 대해서 몇 가지 초안들이 있지만, 앞으로 해야 할 일들이 훨씬 많습니다.

웹 드라이버의 창시자 사이몬 스튜어트와의 인터뷰

사이몬 스튜어트[Simon Stewart]는 웹드라이버[WebDriver]의 창시자로, 구글에서 브라우저 자동화에 대한 구루다. 웹드라이버는 구글 내외부에서 오픈소스 웹 애플리케이션 테스팅 툴로 유명하며, 구글 테스트 자동화 컨퍼런스인 GTAC[Google Test Automation Conference]에서 한때 가장 뜨거운 주제였다. 그와 함께 앉아서 웹 애플리케이션 자동화와 웹드라이버의 미래에 대해 이야기했다.

저자들 저희가 생각하기에는 많은 사람들이 셀레니엄[Selenium]과 웹드라이버의 차이점을 이해하지 못할 것 같은데, 좀 명확하게 설명해 줄 수 있나요?

사이몬 셀레니엄은 제이슨 허긴스[Jason Huggins]가 쏘트웍스[ThoughtWorks]에서 일할 때 시작한 프로젝트입니다. 제이슨은 웹 애플리케이션을 만들었고, 그때 당시 시장의 90%를 차지했던 IE를 목표로 개발을 했죠. 하지만 파이어폭스[FireFox]를 사용하는 사용자들로부터 꾸준히 버그 보고서를 받고 파이어폭스에 대한 버그를 수정하면 이 문제가 IE의 애플리케이션을 망가뜨렸습니다. 그에게 셀레니엄은 자신의 애플리케이션 개발 속도를 높이는 방법의 일환으로 개발됐고, 두 개의 브라우저에서 잘 동작하는지를 확인하기 위해 셀레니엄을 이용해서 테스트를 했죠.

저는 그로부터 일 년쯤 뒤에 웹드라이버를 만들었지만 셀레니엄이 완전히 안정화되기 전에 좀 더 일반적인 웹 애플리케이션 테스팅에 초점을 맞춰 개발을 했습니다. 당연히 우리 둘은 구현에서 서로 다른 접근 방식을 가졌던 거죠.

셀레니엄은 브라우저 내부에서 동작하는 자바스크립트상에서 만들어졌고, 웹드라이버는 자동화 API를 이용해 브라우저 그 자체에 통합됐습니다. 각 접근 방식이 서로 장단점이 있죠. 예를 들어 셀레니엄은 크롬 같은 새로운 브라우저를 거의 즉시 지원하지만, 파일 업로드라든지 사용자와의 상호작용을 잘 다루지는 못합니다. 자바스크립트이고 자바스크립트의 샌드박스에서 할 수 있는 행동이 제한돼 있기 때문이죠. 웹드라이버는 브라우저 내에서 만들어져 있기 때문에 이러한 제약 사항들을 회피할 수 있었지만, 새로운 브라우저를 추가할 때는 매우 고통스럽습니다. 따라서 우리 두 명이 구글에서 함께 일을 시작하면서 두 개를 통합하기로 결정했습니다.

저자들 하지만 전 아직도 두 개에 대해 이야기하는 것을 듣고 있어요. 여전히 그 두 개는 서로 분리된 프로젝트인가요?

사이몬 셀레니엄은 모든 브라우저 자동화 툴을 통칭하는 프로젝트에서 사용하는 이름입니다. 웹드라이버는 이러한 툴 중 하나가 되죠. 공식적인 이름은 '셀레니엄 웹드라이버Selenium WebDriver'입니다.

저자들 그래서 구글은 어떻게 관여하게 됐나요?

사이몬 구글은 이전 쏘트웍스Thoughtworks에서 사람을 고용했습니다. 구글이 몇 년 전 런던에 사무실을 설립했을 때 웹드라이버에 대한 기술적 논의를 하자고 저를 초대했죠. 제 판에는 그 대화들이 큰 확신을 주진 않았고, 앞줄의 일부는 잠들었고, 전 청중들을 위해 코고는 소리와 싸워야 했습니다. 운이 좋은 건지, 발표에 대한 녹음은 실패했고, GTAC에서는 코고는 소리 없이 발표할 수 있게 다시 초대해주는 흥미로운 일이 있었습니다. 그 뒤 얼마 되지 않아서 구글에 입사했고, 이제는 그때 코를 골았던 사람이 누구인지를 알고 있습니다.

저자들 그러게요. 얼마나 좋으시겠어요. 진지하게 말하지만 우리가 전에 당신의 발표를 보았더라도 당신 앞에서 누군가가 졸았다는 것은 상상할 수 없는 일이네요. 우리가 아는 사람인가요?

사이몬 아니오. 그는 오래 전에 구글에서 떠났습니다. 그에 대해서는 잊어버리죠!

저자들 그건 독자들에게 교훈으로 남기도록 하죠. 사이몬 스튜어트 앞에서 잠이 드는 건 경력에 매우 안 좋은 일이예요! 자, 구글에 입사한 뒤에 웹드라이버에 모든 시간을 쏟았나요?

사이몬 아니오, 그건 단지 제 업무의 20%였습니다. 주 업무는 제품 SET로 일을 하는 것이었지만, 웹드라이버를 계속 진척할 수 있게 관리를 해왔고, 그 시점에서 외부에 계신 고마우신 분들이 큰 도움을 주었습니다. 오픈소스 프로젝트의 초기 단계일 때 사람들은 재빠르게 움직였습니다. 그것이 필요했고 다른 대안이 없었으니까요. 그게 내부적으로 공헌할 수 있게 하는 자극제였습니다. 지금 웹드라이버의 많은 사용자들이 이 툴을 사용한다고 다른 사람들에게 이야기해 공헌자라기보다는 사용자로서 접근하고 있습니다. 하지만 초기 웹드라이버 공동체는 분명히 툴을 진일보시켰습니다.

저자들 자, 이제 모두 이야기가 어떻게 된 건지 알겠네요. 웹드라이버는 구글 내에서는 매우 유명한데요. 어떻게 시작됐나요? 파일럿 프로젝트가 있었나요? 아니면 잘못된 시작이 있었나요?

사이몬 지금은 없어진 시드니 사무실에서 내부적으로 진행한 소셜 네트워킹 제품인 웨이브^{Wave}에서 시작됐습니다. 웨이브 엔지니어는 테스트 인프라스트럭처로 셀레니엄을 사용하려고 노력했습니다만, 그렇지 못했습니다. 그러기엔 웨이브가 너무 복잡했지요. 부지런한 엔지니어들이 웹드라이버를 찾아내고 훌륭한 많은 질문들을 하기 시작했습니다. 그리고 저는 제 20%의 시간보다 더 많이 웹드라이버를 다루기 시작했지요. 그들은 제 관리자에게 와서 한 달 동안 지원을 요청하고, 저는 시드니로 가서 그들이 사용하는 테스트 인프라스트럭처를 만드는 것을 돕게 됐습니다.

저자들 성공했군요.

사이몬 예, 그 팀은 많은 도움을 주었고, 동작하게 만들었습니다. 웹드라이버의 새로운 요구 사항을 많이 도출해냈고, 최첨단 웹 애플리케이션을 다루기 위해 웹드라이버를 사용하는 다른 구글 팀들에게 좋은 예가 됐습니다. 그때부터 웹드라이버를 사용하는 고객들이 없는 적이 없었고, 결국에는 제가 풀타임으로 일을 하게 해주었습니다.

저자들 첫 고객은 항상 제일 힘들죠. 웹드라이버 개발과 웨이브에서 이 두 마리 토끼를 어떻게 잡았나요?

사이몬 전 DDD라고 불리는 프로세스를 사용했습니다. 결함 주도 개발^{Defect-driven development}이죠. 전 웹드라이버가 오류 하나 없을 것이라고 선언했고, 고객이 버그를 발견했을 때 버그를 수정하고 다시 무결점 프로그램이라고 선언했습니다. 저는 사람들이 실제로 걱정하는 버그들만 수정하는 방식으로 일을 했습니다. 이는 기존 제품을 개선하는 데 매우 적합한 프로세스로, 사람들이 신경 쓰지 않는 버그들에 시간을 낭비하지 않고, 가장 중요한 버그들만 고칠 수 있게 해줍니다.

저자들 아직도 웹드라이버에는 오직 한 명의 엔지니어만 있나요?

사이몬 아니요, 이제 우리는 팀이고, 구글 내부적으로 공식적인 프로젝트로 운영됩니다. 그리고 오픈소스에서 굉장히 활발히 활동을 하구요. 브라우저의 종류, 브라우저 버전, 플랫폼이 늘어나면서 저는 사람들에게 우리는 미쳐야 한다고 말하지만,

우리는 매일 불가능을 해냅니다. 아마도 대부분의 정상적인 엔지니어들은 피하는 일일 겁니다!

저자들 그럼 포스트 웨이브는 많은 모멘텀을 갖겠네요. 사용자 관점에서 볼 때 사용자들이 오래된 셀레니엄 인프라스트럭처로부터 떠나 웹드라이버를 사용하게 되나요?

사이먼 네, 그렇다고 생각합니다. 기존의 많은 셀레니엄 엔지니어들이 다른 곳으로 이동했고, 저는 웨이브의 성공을 위해 웹드라이버에 모든 힘을 쏟았습니다. 제가 만나본 적이 없는 독일의 마이클 탐^{Michael Tam}은 웹드라이버에 정말 중요한 작업을 이미 시작했고, 전 이런 관계들에 주의를 기울이면서 키워 나갈 것입니다. 마이클은 제가 만나지는 않았지만 프로젝트의 소스 저장소에 코드를 서브밋할 수 있게 허가권을 얻은 첫 사람입니다. 하지만 웹드라이버의 확산을 밀접하게 추적하진 않았습니다. 분명한 것은 물리적으로 가깝게 있는 팀들이 웹드라이버를 사용하고 싶어 한다는 점입니다. 웨이브 이전에 피카사^{Picasa} 웹 앨범 팀이 실질적인 첫 번째 팀이라고 생각되고, 그 뒤에 광고 팀^{Ads}이 사용했습니다. 물론 아직도 구글에서는 다른 웹 자동화를 사용하기도 합니다. 크롬^{Chrome}은 파이오토^{PyAuto}를, 검색은 푸펫^{Puppet} (오픈소스 버전은 웹 푸펫티어^{Puppeteer}라 한다), 그리고 애드워즈는 웹드라이버를 사용합니다.

저자들 웹드라이버의 미래는 어떤가요? 당신 팀이 가는 방향은 어떻습니까?

사이먼 점점 복잡해질 것입니다. 몇 년 전만 해도 하나의 브라우저만 생각하면 됐습니다. 하지만 더 이상은 아닙니다. 지금 당장 생각만 해봐도 인터넷 익스플로러, 파이어폭스, 크롬, 사파리, 오페라 등이 있고, 그것도 단순히 데스크톱만 생각했을 때입니다. 모바일 장비들에서 사용하는 웹킷 브라우저의 수는 폭발적입니다. 상용 툴은 IE를 제외하고는 모두 무시했지만, 2008년 후에는 그것도 불가능하게 됐습니다! 웹드라이버의 다음 단계는 그것들을 표준화해서 브라우저를 넘나들며 다른 웹 애플리케이션의 동작을 보장하는 것입니다. 물론 그렇게 함으로써 브라우저 제작자들의 참여를 이끌어내는 데 도움이 되고, 그렇게 되면 웹드라이버 API와의 호환성을 확인할 수 있습니다.

저자들 표준 협회 이슈처럼 들리는데요. 별다른 진척 사항이 있나요?

사이몬 네, 불행히도 제가 코드 대신 영어를 써야 하긴 하지만, 지금 W3C에 명세를 제출했고 모든 브라우저 벤더들이 관련돼 있습니다.

저자들 따라서 당신이 바라는 미래는 무엇인가요? 당신이 상상하는 미래에서는 브라우저 자동화 툴은 어떻게 동작하죠?

사이몬 제 바람은 배경 속으로 사라지는 것입니다. 그 자동화 API가 모든 브라우저에 포함돼 있길 기대하고, 사람들은 인프라스트럭처에 대해서는 걱정하지 않고 단지 쓰기만 하면 되는 것입니다. 저는 사람들이 웹 애플리케이션의 새로운 기능에 대해 생각하길 원하지 어떻게 자동화할 것인가를 고민하지 않았으면 좋겠습니다. 있었는지조차 잊어버린다면 웹드라이버는 성공할 것입니다.

3장

테스트 엔지니어

테스트 가능성^{testability}과 테스트 자동화 인프라스트럭처가 오랜 기간 실행 가능하도록 하는 일은 SET^{Software Engineer in Test, 테스트 소프트웨어 엔지니어}의 업무다. TE^{Test Engineer, 테스트 엔지니어}도 비슷한 일을 하지만 소프트웨어 제품의 전체에 미칠 사용자 영향과 위험도를 바라보는 관점이 서로 다르다. TE를 제외한 구글의 다른 두 직책은 어느 정도의 코딩이 필요하지만, TE는 다르다. TE는 제품에 기여하지만, TE 업무의 대부분은 코딩을 필요로 하지 않는다.[1]

사용자를 대변하는 테스트 역할

지금까지 TE를 '사용자인 개발자'로 소개했는데, 이것은 매우 중요한 개념이다. 상품화 팀의 모든 엔지니어를 개발자로 간주하는 아이디어는 모든 이해관계자를 동일 기준으로 묶는다는 점에서 중요하다. '코드 작성'은 중요한 부분으로 명예롭게 여기는 문화를 가진 회사의 TE는 엔지니어여야 한다. 구글 TE는 개발자가 존중하는 기술과 개발자가 알아둬야만 하는 사용자 측면의 관심 영역을 조합한 직책이다. 다중 인격에 대해 이야기해보자!

> TE는 엔지니어여야 한다. 구글 TE는 개발자가 존중하는 기술과 개발자가 알아둬야만 하는 사용자 측면의 관심 영역을 조합한 직책이다.

---

1. 이는 일반적인 관점이다. 많은 TE들이 SET 직무와 긴밀한 일을 하고, 많은 코드를 작성한다. 몇몇 TE들은 릴리스 엔지니어와 긴밀하게 작업을 수행하며, 약간의 코드를 작성한다.

TE의 직업은 잘라서 설명하기 힘들며, 절대로 하나의 틀로 설명할 수 없다. TE는 관련있는 다양한 빌드 타겟과 궁극적으로는 제품 전체를 포함해 품질에 관계된 모든 것에 대한 감독관을 의미한다. 따라서 대부분의 TE들은 다른 견해와 기술적인 전문성이 필요한 로우레벨 업무를 담당한다. 이는 리스크와 관련이 있다. TE는 소프트웨어의 가장 위험한 부분을 가장 상식적인 선에서 찾아내는 데 기여한다. SET가 가장 가치 있는 일을 한다면 TE 역시 가장 가치 있는 일을 한다. 코드 리뷰를 가장 가치 있는 작업이라고 할 수도 있다. 테스트 인프라스트럭처가 부족해지면 TE의 소중함을 알게 될 것이다.

TE들은 탐색적 테스팅 세션을 프로젝트의 어떤 시점에서 이끌어내거나 개밥 먹기나 베타 테스팅 활동을 관리한다. 이러한 노력은 시점에 따라 다르다. 일반적으로 초기에는 SET를 중심으로 하는 작업이 필요하고, 후반부로 갈수록 TE 를 중심으로 하는 작업이 더 많아진다. 어떤 경우에는 TE의 개인적인 선택에 따라 하나의 직무에서 다른 직무로 전직하는 엔지니어가 많다. 여기에 대한 정답은 없다. 다음 절에서 설명하는 내용은 이상적인 경우를 이야기한다.

TE에 대한 이야기

구글에서 TE[Test Engineer]는 SWE[Software Engineer]나 SET[Software Engineer in Test]보다는 더 늦게 만들어진 직책이다. 따라서 TE의 역할에 대한 논의가 아직도 진행 중이다. 현재 구글에서 TE로 일하는 이들은 어떻게 보면 새롭게 TE로 입사할 다음 세대들을 위한 가이드를 제시하고 있는 것이다. 이번 절에서는 구글에서 최근 부각되고 있는 TE들의 업무 프로세스를 다룬다.

사실 모든 제품이 TE의 관심이 필요한 것은 아니다. 미션이 구체적으로 잘 정의돼 있지 않거나 사용자 스토리도 없는 실험적인 연구와 초기 제품들은 TE가 주목하지 않을 프로젝트다. 개념 증명[proof of concept2]이 실패해 제품이 취소될 단계에 있거나, 아직 사용자에게 공개되지 않았거나, 구체적인 기능 정의가 되지 않았을 경우에는 이를 개발한 사람들이 직접 테스트를 수행한다.

---

2. 시장에 나오지 않은 신제품이 시장에서 성공할 것인가 개념적으로 증명하는 것 - 옮긴이

제품이 곧 출시될 것이 분명하더라도 기능이 계속 추가되고 최종 기능 목록과 범위가 정해지지 않은 개발 초기 사이클에서 TE가 해야 할 테스팅은 그리 많지 않다. 이미 SET가 깊게 관여했을 초기 단계 테스트에 너무 많은 투자를 하는 것은 낭비일 수 있다. 너무 이른 시기에 개발 중인 모듈들을 테스트하는 것은 버려질지도 모르는 모듈을 테스트하는 경우일 수도 있고, 중요한 부분이 아님에도 유지 관리해야 하는 경우일 수도 있다. 제품이 최종 형태에 가까워졌을 때 중대한 버그를 찾으려고 탐색적 테스팅을 수행하는 것보다는 초기에 테스팅 계획을 잘하면 훨씬 적은 TE가 필요하다.

> 기능이 계속 추가되고 최종 기능 목록과 범위가 정해지지 않은 개발 초기 사이클에서 TE가 해야 할 테스팅은 그리 많지 않다.

프로젝트에 TE를 투입할 때 주의해야 할 점은 리스크를 감수해야 한다는 점과 투자 대비 효과를 고려해야 한다는 점이다. 고객과 기업에 영향을 줄 리스크를 모두 고려한다면 더 많은 테스트를 해야 하고, 더 많은 TE가 필요하다. 하지만 더 많은 자원을 투입하기 전에 얼마나 많은 잠재 수익을 얻을 수 있을지 고려해야만 한다. 리스크와 투자 대비 효과를 잘 분석해 적당한 수의 TE를 적절한 시기에 투입해 적당한 효과를 얻어내는 것이 중요하다.

TE가 투입된다고 하더라도 그들이 모든 일을 처음부터 시작하는 것이 아니다. TE는 SWE와 SET가 수행한 많은 테스트 공학과 품질 기반 업무에서 나온 산출물을 바탕으로 추가적인 업무를 하게 된다. TE들은 프로젝트에 투입된 직후에 다음과 같은 사항들을 파악하고 결정한다.

- 개발할 소프트웨어의 취약점은 어디인가?
- 보안, 개인 정보 보호, 성능, 신뢰성, 사용성, 호환성 및 세계화 등 고려해야 할 것들은 무엇인가?
- 모든 주요 사용자 시나리오가 기대하는 대로 작동하는가? 모든 해외 사용자에게도 동작하는가?
- 다른 소프트웨어나 하드웨어와도 정상적으로 상호 운용되는가?

• 문제가 발생했을 때, 그 원인에 대한 분석이 잘 이뤄졌는가?

물론 위에 나열한 것들은 단지 일부분일 뿐이다. 위 사항들을 조합해 테스트 대상이 되는 소프트웨어 릴리스에 대한 위험 프로파일로 사용한다. TE가 이와 관련된 모든 일을 수행할 필요는 없지만, TE는 일이 완료되는지 확인하고, 추가 업무를 파악해 다른 이들이 업무를 수월하게 진행하게 도와준다. 궁극적으로 TE는 좋지 않은 설계, 혼란스런 UX, 기능 버그, 보안과 개인 정보 문제 등의 여러 문제로부터 고객과 기업의 비즈니스를 보호하는 데 주력한다. 구글에서 TE는 팀의 정규 멤버로서 제품과 서비스 전체의 약점을 찾는 유일한 직군이다. 따라서 TE는 SET보다는 훨씬 덜 정형화돼 있고 덜 규범적인 업무를 수행한다. TE는 프로젝트의 모든 준비 단계에서 도와달라는 요청을 받는다. 모든 준비 단계란 아이디어 단계부터 버전 8까지의 단계를 이르며, 심지어는 폐기 예정^{deprecated}이거나 '예비^{mothballed}' 프로젝트인 경우에도 요청한다. 한 명의 TE는 여러 프로젝트에 관여하는 경우가 많으며, 특히 이러한 TE들은 보안, 개인 정보, 국제화 등에 특화된 능력을 보유하고 있다.

TE의 업무는 프로젝트에 따라 분명히 달라진다. 일부 TE는 대부분의 시간을 프로그래밍에 보내면서 작은 테스트보다는 중간 크기 이상의 테스트(예를 들면 엔드 투 엔드 사용자 시나리오)에 집중한다. 다른 일부 TE들은 이미 개발된 코드에 오류 모드^{failure mode} 발생 여부를 결정할 수 있는 설계를 넣은 다음, 에러를 발생시켜 해당 오류가 잘 발생하는지 확인한다. 이러한 업무에서 TE가 코드를 수정할 수 있겠지만 새로 작성하지는 않는다. TE는 더 조직적이어야 하며, 실질적인 사용성과 시스템에 걸친 경험을 바탕으로 테스트를 계획하고 완료해야 한다. TE는 모호한 요구 사항을 뛰어넘어야 하고, 불분명한 문제들에 대한 이유를 밝히고 논의를 이끌어내야 한다.

성공적인 TE는 민감한 사항들과 개발 팀과 상품화 팀 멤버들에 대한 강한 개성들을 모두 다루면서 이러한 것들을 성공적으로 마무리해낸다. 약점이 발견되면 TE는 소프트웨어를 적절히 쪼개고 분석해 SWE, PM, SET와 함께 문제 해결을 이끌어낸다. 보통 TE는 팀에서 제일 잘 알려진 사람들인데, 그들의 업무가 많은 사람과 폭넓은 상호작용을 필요로 하기 때문이다.

TE 업무는 여러 능력과 리더십, 제품에 대한 깊은 이해 등이 복합적으로 요구되기 때문에 엄친아 정도가 돼야 해낼 수 있을 것 같기도 하다. 사실, 적당한 지침 없이는 TE 업무를 수행하기 어렵다. 하지만 구글에서는 이를 보완하기 위한 강력한 TE들의 커뮤니티가 있으며, 이를 통해 문제들과 해결법을 서로 공유하고 있다. 모든 업무를 통틀어 TE 업무는 아마 회사에서 동료 간의 지원peer support이 가장 강한 직무일 것이다. TE 업무를 수행하려면 뛰어난 통찰력과 함께 리더십이 필요하다. 이러한 사실은 최고의 테스트 매니저들이 TE 출신이라는 것에서도 증명된다.

> TE 업무를 수행하려면 뛰어난 통찰력과 함께 리더십이 필요하다. 이러한 사실은 최고의 테스트 매니저들이 TE 출신이라는 것에서도 증명된다.

구글 TE의 업무는 관례적인 업무와는 달리 유연성이 있다. TE는 프로젝트의 어느 시점에나 투입될 수 있고, 프로젝트, 코드, 설계, 사용자의 상태를 반드시 평가해 무엇에 집중해야 할지 빨리 결정해야 한다. 프로젝트가 시작됐을 때 테스트 계획이 가장 먼저 해야 할 업무이다. 때때로 TE는 프로젝트의 출시 준비가 됐는지 혹은 초기 '베타 버전'이 나가기 전에 주요 문제가 있는지 평가하기 위해 뒤늦게 투입되기도 한다. 새로 담당한 애플리케이션이 있거나 사전 경험이 없는 것이면 테스트 계획 없이 먼저 탐색적 테스팅을 수행해본다. 때때로 프로젝트는 한동안 릴리스되지 않고, 내부 수정, 보안 수정, UI 업데이트만을 할 수도 있다. 이런 경우에는 또 다른 접근법이 필요하다.

구글의 모든 TE를 동일하게 다룰 수는 없다. 우리는 주로 TE 업무를 '중간에서 시작하기'라고 설명하기도 하는데, 이는 TE가 상품화 팀의 문화와 상황에 빠르게 적응하고 통합돼야 하기 때문이다. 테스트 계획을 세우기에 너무 늦었다면 굳이 만들 필요는 없다. 프로젝트에 무엇보다 더 많은 테스트가 필요하다면 단지 액티비티를 가이드할 계획만 세우자. 실무적인 관점에서 볼 때 '처음'부터 시작해야 한다는 강박 관념은 좋지 않다.

TE에 대한 일반적인 업무는 다음과 같다.

● 테스트 계획 및 위험 분석

- 스펙, 설계, 코드, 기존 테스트의 검토
- 탐색적 테스팅
- 사용자 시나리오
- 테스트 케이스 생성
- 테스트 케이스 수행
- 크라우드 소싱^{crowd sourcing3}
- 사용 측정 기준 수립
- 사용자 피드백

물론, 강인한 성격과 뛰어난 의사소통 능력을 가진 TE가 이러한 모든 일에 최고의 역량을 발휘할 수 있다.

테스트 계획

개발자는 그들이 개발하는 생성물에 테스터를 포함한 누구나 관심을 갖고 피드백을 주기 때문에 이득을 볼 수 있다. 개발자는 코드를 다루고, 코드는 사용자가 원하는 애플리케이션이 되므로, 이것은 회사에 이익을 준다. 이러한 것은 프로젝트가 수행될 때 생성되는 가장 중요한 문서에 정의돼 있다.

반대로 테스터들은 문서들과 코드보다는 임시로 생성되는 산출물들을 다룬다. 프로젝트의 초기 단계에서 테스터는 테스트 계획을 세우고, 후기 단계에서는 테스트 케이스를 생성하고 수행하며, 버그 리포트를 작성한다. 추후에 그들은 커버리지 리포트와 사용자 만족도와 소프트웨어 품질에 대한 데이터를 수집한다. 소프트웨어가 릴리스 되고 성공적으로(혹은 실패해) 완료된 이후에 일부 사람들은 테스트 생성물에 대해 문의한다. 인기 있는 소프트웨어라면 사람들은 테스트를 당연시한다. 빈약한 소프트웨어라면 사람들은 테스팅에 대해 의문을 가질 것이지만, 테스팅 결과물 자체를 보려고 하려는 사람은 아마 많지 않을 것이다.

---

3. 기업 활동에 소비자 등 외부 인력이 참여할 수 있게 개방하고 이익을 참여자와 공유하는 방법으로, 아마존의 미케니컬 터크라는 서비스가 이러한 크라우드 소싱 인프라를 제공하고 있다. http://en.wikipedia.org/wiki/Crowdsourcing 참조 - 옮긴이

테스터는 테스트 문서를 작성할 때 자기중심적이면 안 된다. 소프트웨어 개발의 코딩, 리뷰, 빌드, 테스트, 재정비rinsing, 반복적인 주기의 고통에서 벗어나 잠깐 앉아서 테스트 계획을 바라보자. 나쁜 테스트 케이스는 충분한 주목을 끌 수 없다. 이것들은 더 나은 무언가를 위해 그냥 버려진다. 점점 발전해가는 코드베이스가 실제로 주목 받는 중요하고 유일한 생산물이고, 그래야만 한다.

테스트 문서가 작성돼 감에 따라 테스트 계획은 다른 테스트 생성물들의 실제 생명주기를 간단하게 보여줘야 한다.[4] 프로젝트 초기에 테스트 계획(초창기 크롬OS 테스트 계획에 대해서는 부록 A, '크롬OS 테스트 계획' 참조)을 작성해야 하는 부담감이 있다.

일부 프로젝트 매니저들은 테스트 계획이 반드시 존재해야 하고, 테스트 계획을 작성하는 것 자체가 매우 중요하다고 주장한다. 하지만 테스트 계획이 한번 작성되고 나면 작성한 매니저가 심혈을 기울여 다시 리뷰를 하거나 업데이트하기가 매우 어렵다. 테스트 계획은 의욕적으로 구매했지만 빨래 걸이가 돼버린 런닝 머신처럼 한구석에 쳐 박힌다. 언젠가 꼭 다시 운동을 할 거라는 다짐만 하고 처분하진 않고 거실을 차지한다. 이사할 때마다 가지고 다니긴 하겠지만, 여전히 빨래 걸이일 뿐이다. 누가 훔쳐간다면 괴로워는 하겠지만……

테스트 계획은 가장 처음으로 생성되는 테스트 산출물이지만, 가장 먼저 방치된다. 프로젝트의 초창기에는 테스트 계획이 실제 소프트웨어가 의도하는 바에 대해 설명하지만, 시간이 지나 코드가 추가되고 기능이 변경됨에 따라 곧 테스트 계획은 동기화가 되지 않는 오래된 문서가 돼버린다. 계획했건 안 했건 이러한 변경 사항에 대해 테스트 계획을 유지하는 방법은 손이 많이 가는 일이며, 프로젝트의 여러 이해관계자와 정기적으로 논의해야만 가치가 있는 것이다.

> **테스트 계획은 가장 처음으로 생성되는 테스트 산출물이지만, 가장 먼저 방치된다.**

테스트 계획은 아침에 배달되는 우유처럼 항상 신선하게 유지돼야 한다는 것에 그 아이디어가 숨어 있다: 테스트 계획이 실제로 제품의 전체 개발 과정을 통해

---

4. 고객이 테스트 계획 개발을 협의하거나, 정부 규제가 필요한 상황에서는 앞서 이야기했던 융통성이 있어서는 안 된다. 반드시 작성해야만 하는 몇몇 테스트 계획이 있으며, 항상 최신으로 유지돼야 한다.

서 얼마나 테스트 액티비티들을 주도해 내는가, 테스터들은 앱의 기능들을 지속적으로 나눠 할당해 테스트를 하는가, 기능이 추가되거나 수정되는 것에 따라 개발자들이 테스트 계획도 수정돼야 한다고 언급해주는가, 개발 매니저가 자신이 해야 할 일을 관리하듯 테스트 계획을 항상 열어놓고 있는가? 진행 상황 회의에서 테스트 매니저는 얼마나 자주 테스트 계획의 내용을 확인하는가를 확인해야 한다. 테스트 계획이 진짜 중요하다면 이러한 모든 일이 매일매일 일어나야 한다.

프로젝트가 수행되는 동안에는 테스트 계획이 위와 같은 중요한 역할을 해주어야 하는 것이 이상적이며, 소프트웨어가 존재하는 동안 테스트 계획 문서도 함께 존재해 코드베이스가 업데이트되면 함께 업데이트되고, 초기 제품이 아닌 현재 진행 중인 제품의 상태를 반영해야 한다. 또한 새로운 엔지니어가 이미 진행 중인 프로젝트에 참여해 제 속도를 내기 위해 필요한 문서가 돼야 한다.

이상적인 상황에서는 그렇지만 실제 상황은 다르므로 구글 등에서 실제로 달성해야 할 상황들은 좀 더 적다.

다음은 테스트 계획의 필수 사항들이다.

- 항상 최신으로 유지돼야 한다.
- 소프트웨어가 의도하는 바와 사용자에게 사랑받을 수 있는 이유가 있어야 한다.
- 소프트웨어 구조에 대한 스냅샷과 여러 컴포넌트와 기능에 대한 이름을 포함하고 있어야 한다.
- 소프트웨어가 해야 하는 것들을 설명하고, 어떻게 하는지 요약해야 한다.

순수하게 테스팅 관점에서 보면 테스트 계획의 연관성을 유지하는 것이 그 가치보다 더 부담스러운 일이 되지 않을까 걱정이 되기도 한다.

- 생성하는 데 오랜 시간이 걸리면 안 되고, 쉽게 수정할 수 있어야 한다.
- 무엇을 테스트해야 하는지 설명해야 한다.
- 테스팅하는 동안 진행 상황과 커버리지 간의 차이를 결정하는 데 도움이 돼야만 한다.

구글에서의 테스트 계획의 역사는 우리가 경험한 다른 회사와 크게 다르지 않다. 테스트 계획은 이를 수행하는 사람들이 결정하는 프로세스였으며, 개개의 팀에 따라 수행됐다. 일부 팀은 테스트 계획을 중앙 저장소repository에 따로 저장하지 않고, 단순히 구글 문서도구Google Docs에 텍스트나 스프레드시트로 작성해 공유하기도 한다. 어떤 팀들은 그들의 테스트 계획을 제품 홈 페이지에 링크하기도 한다. 하지만 많은 팀들은 내부 구글 사이트Google Sites 페이지에 있는 자신의 프로젝트 페이지에 추가하거나, 설계 문서에서 링크하거나 내부 위키에 넣어놓는다. 소수의 팀들은 마이크로소프트 워드 문서를 사용하고, 이메일을 통해 전달하는 구식 방식을 사용하기도 한다. 일부 팀들은 테스트 계획을 아예 갖고 있지도 않으며, 단지 그것을 대신하는 테스트 케이스와 그 전체 개수 정보만을 갖고 있다.

이러한 테스트 계획에 대한 검토 경로는 알기가 어려우며, 저자와 검토자를 알아내기 힘들다. 많은 테스트 계획들이 냉장고 저 뒤편에 몇 년 동안 잊혀진 딸기잼 통에 써진 제조 일자처럼 언제 작성된 것인지에 대한 날짜와 시간 정보를 포함하고 있다. 그 당시에는 그러한 정보가 중요했겠지만, 시간이 지나고 나서 보면 그것이 중요치 않게 된다.

모든 제품의 테스트 계획에 대해 중앙 저장소와 템플릿을 이용하라는 제안이 구글에서 있었다. 다른 곳에서는 분명 흥미로운 아이디어였겠지만, 분산된 지자체적 성격을 갖는 구글의 본질과는 정면으로 대치돼 조롱 받을 만한 대기업스러운 발상이었다.

많은 구글 테스트 팀으로부터의 우수 사례가 나오고 나를 포함한 여러 제품 영역의 동료들을 불러 모은 ACCAttribute, Component, Capability 분석에 들어가도록 하자. ACC는 초기 적용 단계를 지나 이제 다른 회사들에게 소개되고 있으며, '구글 테스트 분석학'이라는 이름 아래에 이를 자동화하고 싶은 툴 개발자들의 주목을 받고 있다.

ACC는 다음과 같은 사항을 갖고 있다.

- **서술형을 피하고 단순한 문장을 사용하라.** 모든 테스터가 문학가가 꿈은 아니며, 인생에서 제품의 목적이나 테스트 필요성을 적절히 서술할 일은 거의 없다. 서술형 문장은 읽기 어려우며, 잘못 해석되기가 쉽다. 제발 단순 사실만 나열하자!

- **판매에 신경 쓰지 말자.** 테스트 계획은 마케팅 문서나 틈새시장을 제품이 어떻게 공략하는지, 얼마나 제품이 훌륭한지 알려주는 문서가 아니다. 테스트 계획은 고객이나 분석가들을 위한 것이 아니라 엔지니어를 위한 것이다.

- **뻥튀기 하지 말자.** 테스트 계획 문서에 정해진 길이는 없다. 테스트 계획은 페이지 수로 채점하는 대학교 교양 과목의 리포트가 아니다. 긴 것이 좋다는 편견은 버려야 한다. 테스트 계획의 크기는 테스팅 문제에 대한 크기와 관련이 있을 뿐이지, 작성자의 성향과는 상관이 없다.

- **중요하지 않고 수행할 수 없는 것이라면 테스트 계획에 넣지 말라.** 잠재적 이해관계자로부터 '상관없음'이라는 반응을 얻는 일은 아예 없어야 한다.

- **흐름을 만들어라.** 테스트 계획의 각 섹션은 이전 섹션과 흐름을 이어가면서 독자가 읽는 것을 잠시 멈추고 제품의 기능을 머리속에 그릴 수 있어야 한다. 독자가 좀 더 상세한 사항을 알고 싶다면 계속 읽어나가기만 하면 되게 하자.

- **테스트 계획을 작성한 사람의 생각을 안내하라.** 좋은 기획 프로세스는 기획자가 기능과 테스트 필요성에 대해 생각하는 것을 도우며, 논리적으로 상위 레벨의 개념 단계에서 하위 레벨의 상세 단계까지 직통으로 연결되게 이끌어야 한다.

- **최종 결과물은 테스트 케이스여야 한다.** 테스트 계획이 완성되는 순간 테스트 필요성이 무엇인지 설명하는 것에 그쳐서는 안 되고, 명확한 테스트 케이스를 만들어내야만 한다. 테스트를 직접적으로 이끌어내지 못하는 테스트 계획은 무용지물이다.

> 테스트를 직접적으로 이끌어내지 못하는 테스트 계획은 무용지물이다.

이제 언급할 마지막 부분이 매우 중요하다. 테스트 계획에서 어떤 테스트 케이스가 작성돼야 하는지 충분히 자세하게 설명되지 않았다면 만들고 있는 애플리케이션의 테스트에 도움이 돼야 한다는 첫 번째 목적을 달성하는 데 실패한 것이다. 테스트를 계획한다는 것은 어떤 테스트가 작성돼야 하는가를 알려줘야 한다. 무엇을 테스트하는지 알게 해줬을 때만 테스트 계획을 마칠 수 있다.

ACC는 제품의 세 가지 관점을 통해 테스트 기획자를 인도한다. 1) 제품의 목적과 목표를 설명하는 형용사와 부사, 2) 제품의 여러 부분과 기능을 일컫는 명사, 3) 제품이 실제로 수행하는 것을 지칭하는 동사다. ACC는 애플리케이션의 목적과 목표를 만족시키는 소프트웨어 역량과 컴포넌트를 테스트할 수 있게 해준다.

'애트리뷰트'의 A

테스트 계획이나 ACC를 시작할 때 첫 번째로 해당 제품이 사용자와 비즈니스에 왜 중요한지 이유를 밝혀내는 것이 중요하다. 왜 우리가 이것을 만들고 있는지, 이 제품이 출시되면 그 중심 가치는 무엇인지, 왜 고객들이 흥미로워 할 것인지 밝혀내야 한다. 기억할 것은 이러한 사항들을 정의하거나 설명하고자 하는 것이 아니라 단순히 명기하고자 하는 것이다. 짐작하건데 프로젝트 매니저와 제품 기획자, 혹은 개발자들은 시장에서 신경 써야 할 제품 사항들에 대해 각자의 일들을 수행하겠지만, 테스팅 관점에서는 단지 이러한 사항들을 밝혀내고 명기함으로써 테스트에 착수 할 때 테스트해야 할 것들을 확인할 수 있다.

핵심 가치를 애트리뷰트, 컴포넌트, 캐퍼빌리티 분석의 세 단계 프로세스로 문서화했다. 이 중에서 애트리뷰트가 가장 선행돼야 한다.

애트리뷰트는 시스템의 목적과 목표를 설명하는 형용사다. 이러한 형용사들은 제품을 경쟁 제품과 대비해 향상시키는 품질과 특성이다. 이것들은 고객들이 다른 경쟁사 제품 대신 우리의 제품을 선택하는 이유에 대한 설명이 될 것이다. 크롬을 예로 들면 빠른, 안전한, 안정적인, 세련된 같은 형용사가 되고, 이러한 애트리뷰트를 ACC 안에서 문서화하려고 노력해야 한다. 좀 더 멀리 내다보면 각 형용사에 따라 테스트 케이스를 넣을 만한 요소요소를 알고자 함이다. 그렇게 하면 크롬의 빠른, 안전한 등의 애트리뷰트에 대해 얼마만큼 테스팅을 수행해왔는지 알 수 있다.

> 애트리뷰트는 시스템의 목적과 목표를 설명하는 형용사다. 이러한 형용사들은 제품을 경쟁 제품과 대비해 향상시키는 품질과 특성이다. 이것들은 고객들이 다른 경쟁사 제품 대신 우리의 제품을 선택하는 이유에 대한 설명이 될 것이다.

일반적으로 제품 매니저는 시스템의 애트리뷰트를 더 세분화한다. 테스터는 이 제품 요구 사항 문서나 팀의 비전과 미션, 혹은 단순히 고객의 관점에서 설명하는 영업 담당의 설명을 통해 애트리뷰트를 받게 된다. 사실, 구글의 영업 사원들이나 마케팅 담당자로부터 애트리뷰트를 얻는 것도 매우 좋은 방법이다. 제품 박스에 쓰여 있는 광고 문구를 상상해보거나, 품질, 가치, 편리의 기준에 어떻게 제품이 부합하는지 생각해보자. 그러면 애트리뷰트들에 대한 올바른 목록을 얻어낼 수 있을 것이다.

프로젝트에 대한 애트리뷰트 선택의 팁을 주자면 다음과 같다.

- **단순함을 유지하라.** 작성하는 데 한 시간이나 두 시간이 걸린다면 이 단계에서 너무 오래 시간을 쓴 것이 된다.
- **정확성을 유지하라.** 이미 사실이라고 받아들여진 문서나 마케팅 정보에서 온 것이어야 한다.
- **계속 움직여라.** 무언가 놓쳤더라도 걱정하지 말라. 결국 놓친 것은 드러나게 될 것이고, 그렇지 않다면 별로 중요하지 않는 것이다.
- **짧게 유지하라.** 12개가 넘는다면 좋지 않다. 운영체제에 대해 12개의 주요 애트리뷰트(그림 3.1 참조)를 뽑았고, 회고 단계에서 12개가 아니라 8개나 9개 정도가 적당했을 거라고 이야기했다.

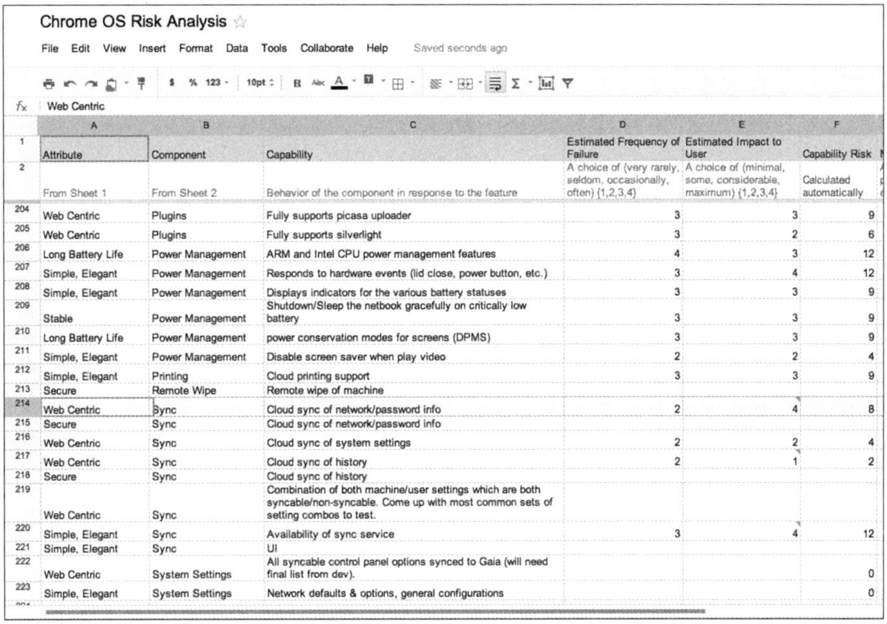

Chrome OS Risk Analysis ☆

File   Edit   View   Insert   Format   Data   Tools   Collaborate   Help   Saved seconds ago

fx | Web Centric

	A	B	C	D	E	F
1	Attribute	Component	Capability	Estimated Frequency of Failure	Estimated Impact to User	Capability Risk
2	From Sheet 1	From Sheet 2	Behavior of the component in response to the feature	A choice of (very rarely, seldom, occasionally, often) {1,2,3,4}	A choice of (minimal, some, considerable, maximum) {1,2,3,4}	Calculated automatically
204	Web Centric	Plugins	Fully supports picasa uploader	3	3	9
205	Web Centric	Plugins	Fully supports silverlight	3	2	6
206	Long Battery Life	Power Management	ARM and Intel CPU power management features	4	3	12
207	Simple, Elegant	Power Management	Responds to hardware events (lid close, power button, etc.)	3	4	12
208	Simple, Elegant	Power Management	Displays indicators for the various battery statuses	3	3	9
209	Stable	Power Management	Shutdown/Sleep the netbook gracefully on critically low battery	3	3	9
210	Long Battery Life	Power Management	power conservation modes for screens (DPMS)	3	3	9
211	Simple, Elegant	Power Management	Disable screen saver when play video	2	2	4
212	Simple, Elegant	Printing	Cloud printing support	3	3	9
213	Secure	Remote Wipe	Remote wipe of machine			
214	Web Centric	Sync	Cloud sync of network/password info	2	4	8
215	Secure	Sync	Cloud sync of network/password info			
216	Web Centric	Sync	Cloud sync of system settings	2	2	4
217	Web Centric	Sync	Cloud sync of history	2	1	2
218	Secure	Sync	Cloud sync of history			
219	Web Centric	Sync	Combination of both machine/user settings which are both syncable/non-syncable. Come up with most common sets of setting combos to test.			
220	Simple, Elegant	Sync	Availability of sync service	3	4	12
221	Simple, Elegant	Sync	UI			
222	Web Centric	System Settings	All syncable control panel options synced to Gaia (will need final list from dev).			0
223	Simple, Elegant	System Settings	Network defaults & options, general configurations			0

그림 3.1 오리지널 크롬에 대한 리스크 분석

> ■ **참고** 3장에서 보여주는 그림들은 대략적인 내용을 보여줄 뿐이므로 상세하게 읽을 필요는
> 없다.

애트리뷰트는 제품이 필요한 주된 이유를 설명하고, 그에 따라 테스터가 애플리케이션이 존재하는 궁극적인 목적을 알고 그에 영향을 주는 테스팅을 어떻게 하는지 깨달을 수 있게 한다.

예를 들면 어떤 커뮤니티의 공유 웹사이트를 자유롭게 개발할 수 있는 무료 애플리케이션인 구글 사이트Google Sites라는 제품의 애트리뷰트를 생각해보자. 많은 엔드 유저 애플리케이션에서도 볼 수 있듯이 구글 사이트는 그림 3.2처럼 대부분의 애트리뷰트를 자체 문서에 충분히 제공한다.

그림 3.2　Google Sites의 환영 페이지

　　사실, 시작하기 페이지를 가진 대부분의 애플리케이션이나 판매 목적의 문서들은 애트리뷰트를 식별하는 작업을 한다. 그러한 문서가 없다면 영업 담당자나 고객센터에 문의하거나, 데모 비디오나 관련 비디오를 보고 정보를 얻어야 한다.

　　애트리뷰트는 언급돼야 한다. 당신이 애트리뷰트 리스트를 몇 분 안에 읊어내지 못한다면 효율적인 테스터가 되기 위해 이해해야만 하는 제품 지식을 얻지 못한 것이다. 테스트해야 할 제품을 공부하고, 몇 분 안에 애트리뷰트 리스트를 만들어낼 수 있게끔 하자.

> 당신이 애트리뷰트 리스트를 몇 분 안에 읊어내지 못한다면 효율적인 테스터가 되기 위해 이해해야만 하는 제품 지식을 얻지 못한 것이다.

　　구글에서 리스크를 문서화하기 위해 문서부터 스프레드시트를 다루는 많은 툴을 사용하는데, 그 중에 구글 테스트 분석기GTA, Google Test Analytics라고 불리는 산업 엔지니어enteprising engineer[5]에 의해 제작된 커스텀 툴이 있다. 사실 어떤 툴을 사용하

---

5. 시스템 공학, 소프트웨어 공학과 연관해 기업의 사업과 조직의 설계와 공학에 관해 연구하는 엔지니어
　　- 옮긴이

는가는 중요하지 않다. 단지 이 툴들 중 하나를 선택해 애트리뷰트를 모두 작성하게 하는 데 중점을 두도록 한다(그림 3.3 참조).

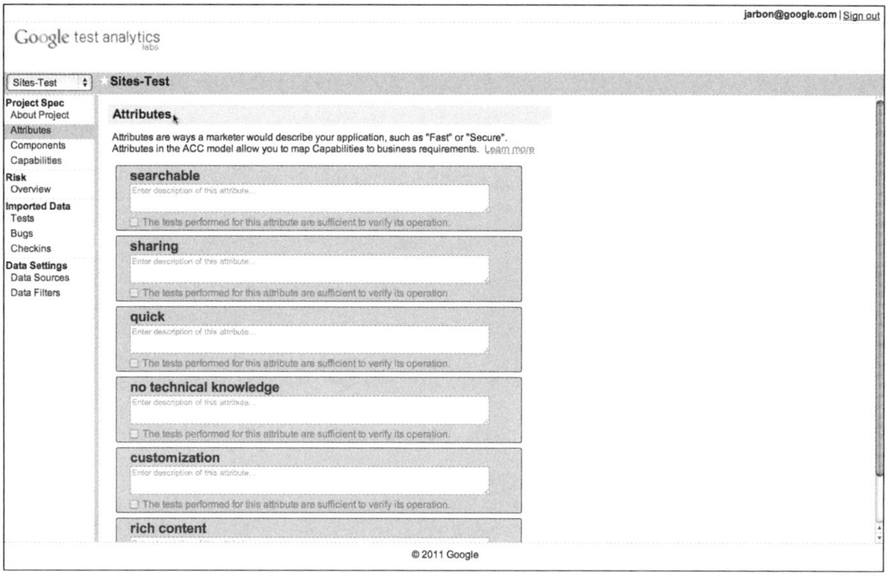

그림 3.3 GTA에서 작성된 구글 사이트의 애트리뷰트

'컴포넌트'의 C

컴포넌트^{component}는 시스템의 여러 부분과 기능을 일컫는 명사이며, 애트리뷰트가 완료된 다음 나열돼야 할 것들이다. 컴포넌트는 목표하는 시스템을 만들기 위해 함께 사용되는 벽돌과 같은 것이다. 온라인 스토어에 장바구니와 구매하기 기능 같은 것이 컴포넌트이며, 어떤 소프트웨어인가를 결정짓는 주요 코드 부분들이 컴포넌트다. 사실, 컴포넌트들은 테스터가 가장 많이 테스트하는 것이기도 하다.

> 컴포넌트는 목표하는 시스템을 만들기 위해 함께 사용되는 벽돌과 같은 것이며, 어떤 소프트웨어
> 인가를 결정짓는 주요 코드 부분들이 컴포넌트다.

컴포넌트들은 쉽게 알아낼 수 있으며, 설계 문서 어딘가에 이미 언급돼 있기도 하다. 큰 시스템에선 아키텍처 다이어그램에서 큰 박스들로 표현되며, 버그 데이터 베이스에 레이블로 표시되기도 하고, 프로젝트 페이지나 문서에 명시적으로 언급되

기도 한다. 작은 프로젝트들에선 코드 안의 클래스와 객체들이 컴포넌트다. 어떤 경우이든 개발자에게 가서 "어떤 김포넌트를 작업하고 있어요?"라고 물으면 쉽게 컴포넌트 리스트를 얻을 수 있다.

애트리뷰트와 함께 제품의 컴포넌트를 어느 정도로 상세하게 알아내는가가 매우 중요하다. 너무 자세하면 숲을 볼 수가 없고, 오히려 더 좋지 않을 수 있다. 너무 상세하지 않으면 애초에 살펴볼 필요도 없게 된다. 10개 정도의 컴포넌트로 나뉠 수 있는 단위로 쪼개는 것이 좋으며, 20개라면 큰 시스템이 아니고서야 너무 많다. 자잘한 것들은 언급하지 않는 것도 좋다. 자잘한 것들은 다른 컴포넌트의 일부이거나 엔드 유저가 신경 쓸 만큼 중요한 것이 아니다.

사실, 애트리뷰트와 컴포넌트를 나열하는 데 몇 분이면 충분해야 한다. 컴포넌트들에 무엇이 있는지 말하는데 버벅 댄다면 당신은 제품에 대해 심각하게 모르고 있다고 할 수 있으며, 빨리 파워 유저 정도의 레벨이 되게 시간을 쏟아야 한다. 실제 파워 유저들은 누구나 애트리뷰트를 순식간에 나열할 수 있으며, 소스코드와 개발 문서에 접근할 수 있는 내부인 역시 컴포넌트들을 순식간에 나열할 수 있어야 한다. 당연히 테스터들도 파워 유저나 내부인처럼 할 수 있어야 한다.

마지막으로 완성도에 대해서는 걱정하지 말자. 전체 ACC 프로세스는 어떤 무언가를 굉장히 빨리 작업하고 반복하는 것에 기반을 둔다. 애트리뷰트를 까먹었다면 컴포넌트를 나열할 때 발견할 수도 있다. 다음에 설명할 캐퍼빌리티^{capability} 부분에 도달하면 놓친 애트리뷰트나 컴포넌트를 다시 털어내야 할 것이다.

그림 3.4에서 구글 사이트의 컴포넌트를 보여준다.

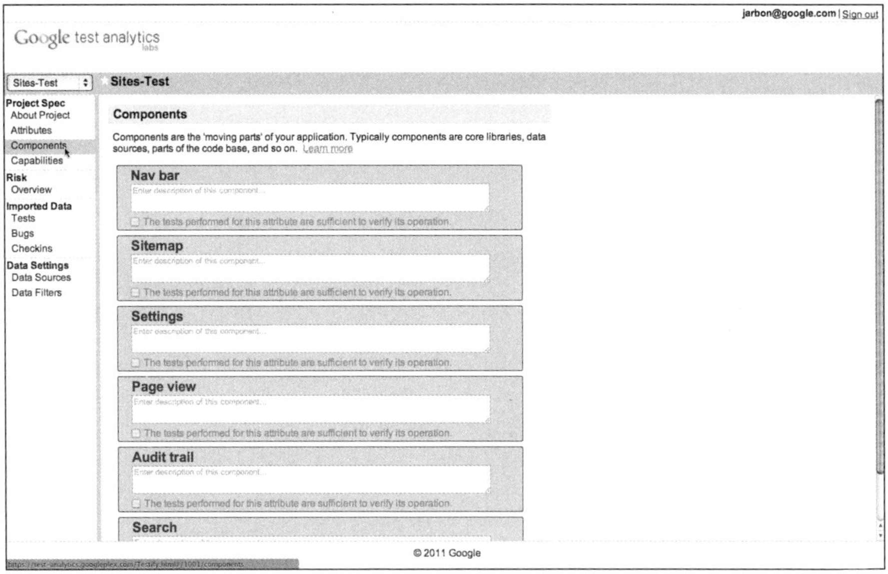

그림 3.4 GTA에 문서화된 구글 사이트의 컴포넌트

'캐퍼빌리티'의 C

캐퍼빌리티^{Capability}는 시스템이 실제로 수행하는 것을 지칭하는 동사다. 캐퍼빌리티는 사용자 명령을 수행하는 시스템 동작을 말한다. 캐퍼빌리티는 입력에 대한 반응이며, 질의에 대한 대답이고, 사용자의 목적을 달성하기 위해 완료하는 활동이다. 사실, 캐퍼빌리티는 사용자가 당신의 소프트웨어를 선택해 사용하는 중요한 이유가 된다. 즉, 사용자들이 원하는 기능이 있고, 당신의 소프트웨어는 그것을 제공한다.

> 캐퍼빌리티는 사용자 명령을 수행하는 시스템 동작을 말한다. 캐퍼빌리티는 입력에 대한 반응이며, 질의에 대한 대답이고, 사용자의 목적을 달성하기 위해 완료하는 활동이다.

크롬을 예로 들면 웹 페이지를 렌더링하는 것과 플래시 파일을 재생하는 캐퍼빌리티가 있다. 크롬은 클라이언트들을 동기화할 수 있으며, 문서를 다운로드할 수 있다. 이러한 모든 캐퍼빌리티와 더 많은 캐퍼빌리티들이 크롬 웹 브라우저를 대표한다. 반면 쇼핑 앱의 경우는 제품 검색과 판매를 완료하는 캐퍼빌리티를 갖고 있으며, 애플리케이션이 어떤 태스크를 수행할 수 있다면 이 태스크는 하나의 캐퍼빌리티로 냉명된다.

캐퍼빌리티는 애트리뷰트와 컴포넌트 사이의 교차점에 위치한다. 컴포넌트는 제품의 애트리뷰트를 만족시키는 기능을 수행하며, 이 활동의 결과가 사용자에게 캐퍼빌리티를 제공한다. 크롬은 웹 페이지를 빠르게 랜더링한다. 크롬은 플래시 파일을 안전하게 재생한다. 당신의 제품이 애트리뷰트와 컴포넌트의 교차점에서 커버하지 않는 무언가를 갖고 있다면 상관이 없거나, 제품에서 쓸모없는 것일 것이다. 제품의 주요 가치를 반영하지 않는 캐퍼빌리티는 빼야 할 뱃살 같은 것이고, 얻는 이익에 비해 잠재적으로 오류가 큰 부분이 된다. 이러한 것들이 캐퍼빌리티가 필요한 이유이며, 찾아내지 못했다면 당신이 제품을 이해하지 못했던 것이다. 제품을 이해하지 못하는 것은 테스팅 업계에선 있을 수 없는 일이다. 프로젝트에서 개개의 엔지니어가 그 제품이 사용자에게 주는 가치를 이해해야 하며, 그 개개의 엔지니어는 바로 테스터다!

온라인 쇼핑 사이트의 캐퍼빌리티를 예로 들면 다음과 같다.

- **장바구니에서 항목 추가/삭제하기** 장바구니 컴포넌트의 캐퍼빌리티로서 '직관적인 UI' 애트리뷰트를 다룬다.

- **신용카드 정보를 수집하고 데이터를 검증하기** 장바구니 컴포넌트의 캐퍼빌리티로서 '편리한' 애트리뷰트와 '통합된(예를 들면 지불 시스템과의 연동)' 애트리뷰트를 다룬다.

- **HTTPS를 통한 결제 정보 처리하기** 장바구니 컴포넌트가 '보안' 애트리뷰트를 따르려 할 때의 캐퍼빌리티다.

- **사용자들이 보고 있는 제품에 기반을 두고 추천 상품을 제공하기** 이는 '편리한' 애트리뷰트를 다루는 검색 컴포넌트의 캐퍼빌리티다.

- **배송비 계산하기** 이것은 '빠른'과 '보안' 애트리뷰트를 다루는 배송 컴포넌트의 캐퍼빌리티다.

- **재고 여부 보여주기** 이것은 '편리한'과 '정확한' 애트리뷰트를 다루는 검색 컴포넌트의 캐퍼빌리티다.

- **구매 미루기 기능 제공하기** 이것은 '편리한' 애트리뷰트를 다루는 장바구니 컴포넌트의 캐퍼빌리티다.

- **키워드, SKU, 카테고리에 따라 상품 검색하기** 이것은 '편리한'과 '정확한' 애트리뷰트를 만족시키려는 검색 컴포넌트의 캐퍼빌리티다. 일반적으로 각 검색 카테고리를 각각의 캐퍼빌리티로 나누는 것이 좋다.[6]

캐퍼빌리티 수가 명백히 많아졌고, 당신이 테스트할 수 있는 모든 것을 나열하는 것 같다면 ACC에 대해 익숙해지고 있는 것이다. 전체 아이디어는 검증 대상 시스템의 가장 중요한 캐퍼빌리티를 작업 순서에 따라 빠르고 간결하게 나열하는 것이다.

캐퍼빌리티는 일반적으로 사용자 중심이며, 시스템이 무엇을 해야 하는지 사용자 관점으로 쓰여진다. 그리고 애트리뷰트나 컴포넌트보다 훨씬 많다. ACC의 처음 두 단계는 간결하게 가져가므로, 캐퍼빌리티의 집합은 시스템이 할 수 있는 모든 일을 설명할 수 있어야 한다. 그러므로 풍부한 기능과 애플리케이션의 복잡성을 따지게 되면 그 개수가 더 많아진다.

구글의 크고 복잡한 애플리케이션에는 대략 수백 개의 캐퍼빌리티가 있으며(크롬OS의 경우 300개를 넘는다), 작은 애플리케이션은 수십 개가 있다. 물론 캐퍼빌리티 수가 작아 테스터가 필요 없이 개발자나 초기 사용자가 테스트할 수 있는 애플리케이션들도 있다. 그러므로 캐퍼빌리티의 수가 20개가 안 되는 애플리케이션을 테스트해야 한다면 그 프로젝트에 테스터의 존재 자체가 필요한지 묻고 싶을 것이다.

캐퍼빌리티의 가장 중요한 관점은 그것들이 테스트 가능하다는 점이다. 이것이 우리가 캐퍼빌리티를 작성하라고 주장하는 가장 중요한 이유다.

캐퍼빌리티는 동사를 이용해서 설명을 하는 문장으로 써지는데, 이는 주요 활동 중 하나인 테스트 케이스 작성을 통해 각 캐퍼빌리티가 정확하게 구현됐는지를 확인하고 사용자에게 유용한 경험을 제공하는지를 확인하기 위해 사용한다.

---

6. SKU(Stock Keeping Unit)란 재고 관리 단위로, 문자, 숫자, 기호로 표시하며, 개별적인 생산물에 대한 재고 관리 목적으로 추적(History) 관리가 용이하게 식별하기 위해 사용되는 논리적 관리 코드다.
   - 옮긴이

이에 대한 것은 뒤에서 캐퍼빌리티를 테스트 케이스로 변환하는 부분에서 더 자세히 논의할 것이다.

캐퍼빌리티의 가장 중요한 관점은 그것들이 테스트 가능하다는 점이다.

캐퍼빌리티가 어느 정도까지 추상화돼야 하는가는 구글 TE 사이에서 굉장한 논의거리다. 정의에 의하면 캐퍼빌리티는 단일 액션이 아니므로, 하나의 캐퍼빌리티는 여러 유스케이스를 설명할 수도 있다. 앞의 쇼핑 예제의 캐퍼빌리티들은 어떤 상품이 장바구니에 있거나 특정 검색의 결과가 무엇인지는 언급하지 않았다. 그것들은 사용자가 연관된 일반적인 작업에 대해서만 설명한다. 실제로 테스트 되지 않을 사항까지 자세히 언급하는 것은 너무 방대하기 때문에 의도적으로 제외한 것이다. 가능한 모든 검색과 장바구니 설정에 대해서 테스트할 수 없으므로, 실제로 테스트돼야만 하는 캐퍼빌리티에 대해서만 테스트 케이스로 변환한다.

캐퍼빌리티는 그것을 실제 테스트로 실행하기 위해 필요한 모든 정보를 갖고 있지는 않으므로 테스트 케이스 자체는 아니다. 우리는 캐퍼빌리티에 정확한 값이나 실제 데이터를 넣고자 하지 않는다. 캐퍼빌리티는 사용자가 쇼핑할 수 있게 하는 것인 반면, 테스트 케이스는 사용자가 쇼핑하는 것이 무엇인가를 언급해야 한다. 캐퍼빌리티는 소프트웨어가 받아들일 수 있고, 사용자가 요청할 수 있는 액션에 대한 일반적인 개념이다. 캐퍼빌리티들은 일반적이어야 한다. 그것들이 테스트와 값을 암시하더라도 테스트 그 자체는 아니다.

그림 3.5에 나온 구글 사이트 예제를 살펴보면 그림 3.5의 표에서 x축은 애트리뷰트를, y축은 컴포넌트를 보여준다. 이것이 우리가 캐퍼빌리티를 애트리뷰트와 컴포넌트로 연결시키는 방법이다. 먼저 눈치 채야 할 것은 많은 칸들이 비어 있다는 점이다. 이것은 당연하며 모든 애트리뷰트가 모든 컴포넌트에 영향을 주는 것은 아니기 때문이다. 크롬에서는 오직 몇 개의 컴포넌트만 빠르거나 안전해야 할 의무가 있다. 다른 컴포넌트들은 영향이 없다는 것을 의미하기 위해 빈칸으로 남아 있다. 이러한 빈칸들은 특정 애트리뷰트/컴포넌트 짝에 대해서는 테스트할 필요가 없음을 뜻한다.

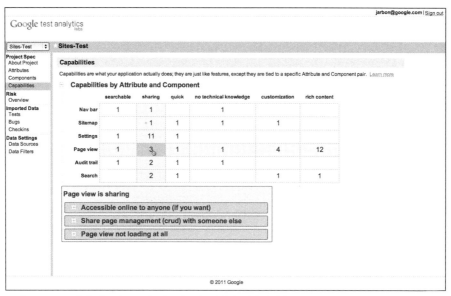

그림 3.5 GTA에서 애트리뷰트와 컴포넌트와 연관된 캐퍼빌리티

캐퍼빌리티 표의 각 열과 행은 어떤 측면에서 기능의 단면을 나타낸다. 하나의 열이나 행은 애플리케이션의 기능을 테스트 가능하도록 쪼개는 좋은 방법을 제시한다. 테스트 매니저는 각 행을 분산된 테스트 팀에게 할당하거나, 행이나 열을 테스트하는 버그 배시bug bash[7]를 가진다.

숫자 값을 가진 칸은 컴포넌트가 만족시켜야 할 애트리뷰트가 제공하는 캐퍼빌리티 숫자다. 숫자가 클수록 특정 교차점의 테스트 포인트가 더 크다. 예를 들면 페이지 뷰 컴포넌트는 '공유' 애트리뷰트에게 다음 세 가지 캐퍼빌리티로 영향을 미친다.

● 협업자가 문서에 접근할 수 있게 만들어라.

● 협업자와 페이지 관리 의무를 공유하라.

● 페이지에서 협업자의 위치를 보여줘라.

---

7. 개발자, 테스터, 매니저 등 모든 이해관계자들을 포함해 제품에 대한 버그를 찾아보는 활동을 말한다. 주로 이런 행사 끝에는 상품 같은 것을 걸어서 사내의 많은 사람이 참여하게 유도한다. - 옮긴이

이러한 캐퍼빌리티는 페이지 뷰, 공유에 관한 것 중 테스트해야 할 내용들을 쉽게 알려준다. 이를 이용해 곧바로 테스트 케이스를 작성하거나 캐퍼빌리티를 조합해 더 큰 유스케이스나 테스트 시나리오에 대해 테스트 케이스를 작성할 수도 있다.

좋은 캐퍼빌리티를 작성하려면 몇 가지 규칙이 필요하다. 캐퍼빌리티를 작성하는 데 도움이 되는 몇 가지 사항은 다음과 같다.

1. 캐퍼빌리티는 어떤 액션에 대해 작성돼야 하며, 테스트하고자 하는 애플리케이션을 사용해 사용자가 하고자 하는 것을 전달해야 한다.

2. 캐퍼빌리티는 설명하는 동작에 대해 어떤 변수들이 테스트 케이스를 작성하는 데 필요한지 테스터가 이해할 수 있게 충분한 가이드를 제공해야 한다. 예를 들어 https를 이용한 결제 시스템은 테스터가 어떤 종류의 결제 방식을 사용해 https를 통한 트랜잭션을 검증하는지 이해할 필요가 있다. 당연히 이를 달성하기 위해서는 엄청난 일들을 해야만 한다. 팀에 들어온 새로운 테스터가 한 가지라도 결제 방식을 놓칠 수 있다면 모든 수단을 동원해 모든 종류의 결제 방식을 나타내는 캐퍼빌리티들을 만들어야 한다. 하지만 모든 테스터가 결제 방식에 대해 잘 이해하고 있다면 캐퍼빌리티를 하나로 추상화하는 것으로 충분하다. 마찬가지로 팀이 https도 잘 이해하고 있다면 그 자체가 캐퍼빌리티가 된다. 캐퍼빌리티들은 추상화돼야 하는 것들이다. 모든 내용을 캐퍼빌리티로 문서화하겠다는 함정에 빠지지 말자. 상세 사항은 테스트 케이스나 탐험적 테스팅에서 테스터 자신이 제공하게 하면 된다.[8]

3. 캐퍼빌리티는 다른 캐퍼빌리티와 함께 구성돼야 한다. 사실 사용자 스토리나 유스케이스(혹은 어떤 다른 용어를 쓰는 것이건)들은 여러 캐퍼빌리티를 이용해 설명돼야만 한다. 사용자 스토리가 이미 만들어진 캐퍼빌리티로 작성될 수 없다면 놓친 캐퍼빌리티가 있거나 캐퍼빌리티가 너무 추상화돼 있는 것이다.

---

8. 이러한 다양성을 테스트에게 주는 것은 좋은 아이디어다. 이렇게 하면 캐퍼빌리티를 어떻게 해석하고 실제 테스트 케이스로 변환되는지에 대해 다양성을 가질 수 있다. 그리고 이런 다양성이 더 나은 커버리지를 갖게 해준다.

캐퍼빌리티들을 사용자 스토리로 변경하는 과정은 테스팅에 큰 유연성을 줄 수 있는 선택 가능한 중간 단계다. 사실 구글에서 외부 협력 업체와 일하거나 크라우드 소싱 업체를 통해 탐색적 테스팅을 하려고 할 때에는 더 자세한 테스트 케이스보다는 일반적인 사용자 스토리를 선호한다. 테스트 케이스는 상세하기 때문에 협력 업체들이 계속적으로 수행하기에는 지겨운 반면, 사용자 스토리는 상세한 부분을 자유롭게 선택할 수 있기 때문에 테스팅이 좀 더 재밌고, 지루하고 단순 반복적인 실행에서 오는 실수를 줄일 수 있다.

사용자 스토리이건 테스트 케이스이건 둘 다 궁극적인 목표다. 캐퍼빌리티를 테스트 케이스로 변경하는 일반적인 가이드를 제공하면 다음과 같다. 이러한 것들은 목표이지 절대적으로 따라야 할 것은 아니라는 점을 상기하자.

- 모든 캐퍼빌리티는 최소한 하나의 테스트 케이스에 연결돼야 한다. 캐퍼빌리티가 문서화될 정도로 중요하다면 테스트될 정도로도 중요한 것이다.
- 많은 캐퍼빌리티가 하나 이상의 테스트 케이스를 필요로 한다. 다양한 입력 값, 입력 순서, 시스템 사양, 사용되는 데이터 등이 있을 수 있기 때문에 여러 테스트 케이스가 필요하다. "어떻게 소프트웨어를 깰 것인가How to Break Software"에 나오는 공격과 '탐색적 소프트웨어 테스팅'에 나오는 투어들은 테스트 케이스 선택에 대한 좋은 지침을 제공하고, 캐퍼빌리티에서 버그를 찾는 테스트 케이스로 변환할 때 필요한 데이터와 입력 값에 대해 어떻게 생각하면 되는지 알려준다.

모든 캐퍼빌리티가 동등하지 않으며, 그 중 일부는 다른 것들보다 중요하다. 다음 절에서 설명할 프로세스의 다음 단계는 캐퍼빌리티를 중요성에 따라 구분하기 위해 리스크를 캐퍼빌리티에 어떻게 적용하는지 알아본다.

ACC가 완료된 후 예산과 시간이 문제가 되지 않는다면 우리가 테스트할 수 있는 모든 것을 언급할 수 있다. 예산과 시간은 매우 중요한 문제이기 때문에 테스트할 수 있는 것들을 우선순위화 하는 데 도움이 된다. 구글에서는 리스크 분석이라는 우선순위화 방법을 쓰며, 다음 절에서 이에 대한 내용을 다룰 것이다.

●● 예제: 구글플러스의 애트리뷰트, 컴포넌트, 캐퍼빌리티

ACC는 문서, 스프레드시트 혹은 냅킨 위에 끄적일 수 있을 정도로 빠르게 수행할 수 있다. 구글플러스에서 쓰인 간략화된 ACC 예제를 여기에서 다뤄봤다.

- 구글플러스 애트리뷰트(구글플러스의 실무적인 내용을 지켜보면서 독립적으로 만듦)

  Social: 사용자에게 정보를 공유시키고, 그들이 해야 할 일에 힘을 실어 준다.

  Expressive: 사용자는 기능을 통해 자신을 표현 가능해야 한다.

  Easy: 직관적인. 어떻게 하는지, 무엇을 하고자 하는지 쉽게 알 수 있어야 한다.

  Relevant: 사용자가 관심 있는 정보만 보여준다.

  Extensible: 구글의 속성이나 서드파티 사이트, 애플리케이션과 통합 가능해야 한다.

  Private: 사용자 데이터는 공유되지 말아야 한다.

- 구글플러스 컴포넌트(아키텍처 문서로부터 얻어냄)

  사용자 정보: 로그인한 사용자의 정보와 환경설정

  지인: 사용자가 연결한 사람들의 프로필 정보

  스트림: 소식, 코멘트, 알림, 사진 등에 대한 우선순위화된 스트림

  써클: '친구', '동료' 등과 같이 지인들을 구분하는 그룹

  알림: 소식에 사용자가 언급이 된 경우 알려주는 표식

  소식: 사용자나 지인들로부터 올라온 포스트

  댓글: 소식, 사진, 동영상 등에 남기는 댓글

  사진: 사용자나 지인들로부터 올려진 사진들

- 구글플러스 캐퍼빌리티

  사용자 정보:

  Social: 사용자 정보와 설정을 친구와 연락처에 공유한다.

  Expressive: 사용자는 온라인 버전의 자신을 창조할 수 있다.

  Expressive: 구글플러스 사용 방법을 개인화한다.

  Easy: 쉽게 정보를 입력하고 업데이트하며 전파한다.

  Extensible: 사용자 정보를 적당한 접근 권한과 함께 애플리케이션에 공유한다.

  Private: 개인 정보가 노출되지 않게 설정한다.

  Private: 접근이 허락되거나 적당한 대상에게만 데이터를 공유한다.

  지인:

  Social: 사용자의 친구, 동료, 가족에게 연결할 수 있다.

  Expressive: 다른 사용자의 정보는 개인화돼 있고, 쉽게 구분 가능하다.

  Easy: 사용자의 연락처를 쉽게 관리할 수 있는 툴을 제공한다.

Relevant: 연관 정도에 따라 사용자를 필터링할 수 있다.

Extensible: 허가된 서비스나 애플리케이션에 연락처 정보를 제공한다.

Private: 허가된 대상 안에서 사용자의 연락처를 보호한다.

스트림:

Social: 사용자의 소셜 네트워크에서 업데이트가 있을 때 알려준다.

Relevant: 사용자가 관심 있어 할 만한 업데이트만 필터링한다.

Extensible: 서비스와 애플리케이션에 스트림 업데이트를 제공한다.

써클:

Social: 관계에 따라 연락처를 써클에 넣어 그룹화한다.

Expressive: 새로운 써클은 사용자가 정의한 의미에 따라 생성된다.

Easy: 써클에 연락처 추가, 수정, 삭제를 제공한다.

Extensible: 써클을 생성하고 수정할 수 있다.

Private: 서비스와 애플리케이션에 써클 데이터를 제공한다.

알림:

Easy: 알림 사항을 간결하게 보여준다.

Extensible: 다른 서비스와 애플리케이션에 알림을 보낸다.

행아웃:

Social: 사용자는 행아웃하기 위해 써클을 초대할 수 있다.

Social: 사용자는 행아웃을 누구에게나 공개할 수 있다.

Social: 다른 사용자가 자신의 스트림에 접근할 때 행아웃 알림을 받는다.

Easy: 몇 번의 클릭으로 행아웃을 생성하거나 참가할 수 있다.

Easy: 동영상과 소리 입력은 한 번의 클릭으로 설정을 변경할 수 있다.

Easy: 존재하는 행아웃에 사용자를 더 추가할 수 있다.

Expressive: 행아웃에 조인하기 전에 사용자는 다른 이들에게 어떻게 보일지 미리보기를 할 수 있다.

Extensible: 사용자는 행아웃 중에 채팅을 할 수 있다.

Extensible: 행아웃에 유튜브의 동영상을 추가할 수 있다.

Extensible: 설정에서 디바이스를 설정하고 조정할 수 있다.

Extensible: 웹캠이 없는 사용자는 오디오를 통해 행아웃에 참가할 수 있다.

Private: 오직 초대된 손님만 행아웃에 참가할 수 있다.

Private: 오직 초대된 손님만 행아웃의 알림을 받는다.

소식:

Expressive: 사용자의 생각을 표현한다.

Private: 의도한 사용자에게만 소식을 제한한다.

댓글:

Expressive: 댓글을 통해 사용자의 생각을 표현한다.

Extensible: 다른 서비스와 애플리케이션에게 댓글 소식을 보낸다.

Private: 의도한 사용자에게만 소식을 제한한다.

사진:

Social: 사용자는 자신의 사진을 지인과 친구들에게 공유할 수 있다.

Easy: 사용자는 쉽게 사진을 업로드할 수 있다.

Easy: 사용자는 쉽게 다른 곳의 사진을 가져올 수 있다.

Extensible: 다른 사진 서비스와 통합된다.

Private: 사진은 제한돼 허락된 사용자에게만 보여준다.

그림 3.6에서 기본적인 ACC의 표 양식을 볼 수 있다.

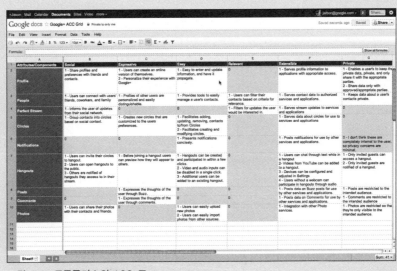

그림 3.6 구글플러스의 ACC 표

그림 3.7은 다른 형식의 표로 ACC를 보여준다.

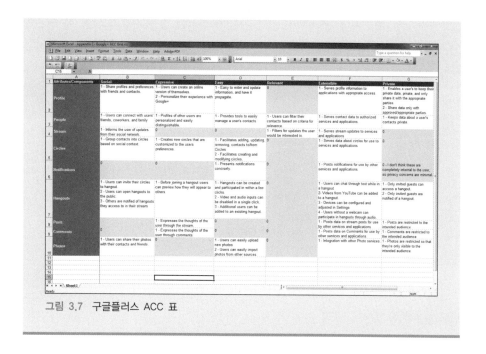

그림 3.7 구글플러스 ACC 표

리스크

위험은 어디에나 도사리고 있다. 집이든, 길 위에서든, 사무실에서든, 생활 어디에든 위험 요소는 있으며, 소프트웨어를 출시하는 데에도 위험 요소는 있다. 우리는 안전을 위해 안전한 차를 사고, 방어 운전을 연습한다. 사무실에서는 직장을 잃지 않고 인정받기 위해 회의석상에서 자신의 언변을 신경 써야 하며, 능력에 맞는 프로젝트를 선택해야 한다. 소프트웨어 출시 시에 리스크를 줄이기 위해서는 어떻게 해야 할까? (완벽한 소프트웨어는 없다지만) 소프트웨어가 실패해 회사의 명성을 깎아내릴 위험을 어떻게 하면 피할 수 있을까?

소프트웨어 출시를 포기하는 게 리스크를 완벽하게 피하는 길일 수 있지만, 당연히 말도 안 되는 일이다. 기업은 리스크를 잘 계산함으로써 이익을 얻는다.

'잘 수치화된' 리스크라고 말한 적이 없다는 데 주목하자. 최소한 우리의 목적은 수학적 정확도를 요구하는 것이 아니다. 사람들이 차도로 걷지 않고 인도로 걷는 것은 사고 확률을 줄여주기 때문이 아니라, 차도는 걷기에 안전하지 않다는 일반적인 믿음 때문이다. 에어백이 있는 차를 구입하는 것은 사고가 났을 때 생존율을 높인다는 수학적 배경 네이티기 아닌, 운전대에 얼굴을 부딪칠 가능성을 줄여줄 것이 확실해보이기 때문이다. 리스크 완화는 정확한 계산이나 리스크 분석이라 불리는 결정 절차 없이도 매우 강력할 수 있다.

리스크 분석

소프트웨어 테스팅에 있어서 우리는 상식적인 절차에 따라 리스크를 이해한다. 다음 언급된 요소들은 위험을 이해하는 데 도움을 준 내용들이다.

- 우리가 주시하는 사건은 어떤 것인가?
- 이러한 사건의 발생 가능성은 어떻게 되는가?
- 기업에게는 얼마나 좋지 않은 영향을 미치는가?
- 고객에게는 얼마나 좋지 않은 영향을 미지는가?
- 실패를 처리하는 비용을 얼마가 될 것인가?
- 회복하기는 얼마나 어려운가?
- 자주 발생하는 사건인가 아니면 한 번만 발생하고 끝날 일인가?

리스크를 결정하는 많은 변수가 있으며, 이를 수치화하는 작업은 리스크를 완화하는 것보다 훨씬 힘들다. 구글에서는 리스크를 오류 빈도와 영향이라는 두 가지의 요소로 나누고 있다. 테스터는 사용 가능한 값을 이 두 가지 요소에 간단하게 할당한다. 우리는 리스크란 절대적인 수치보다는 질적인 수치에 의해서 실제화된다는 것을 발견했다. 정확한 값을 할당하는 것이 아닌, 하나의 캐퍼빌리티가 다른 캐퍼빌리티에 의해 상대적으로 적거나 많은 경우에 리스크가 결정되기도 한다. 이런 경우에는 캐퍼빌리티의 테스트 순서를 결정하는 것만으로도 충분히 리스크 완화가 된다. GTA는 그림 3.8과 같은 옵션을 갖고 있다.

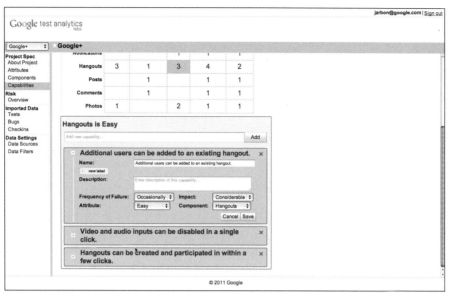

그림 3.8 구글플러스에서 빈도와 영향에 따른 리스크 예측

GTA는 발생 빈도에 관해 4개의 지정된 값을 갖고 있다.

- **거의 발생 안함** 오류가 발생하거나 회복이 쉽지 않은 경우는 거의 상상하기 힘들다.
  - ○ 예: 크롬 다운로드 페이지[9]로, 모니터링 코드에 의해 쉽게 발견될 오류가 해당 페이지의 핵심 HTML이나 스크립트에 있더라도 클라이언트 OS에서 단지 자동 검출을 위해 파라미터화하기에는 그 콘텐츠가 매우 정적이다.
- **드물게 발생** 오류가 발생할 경우가 있지만, 오류가 발생하는 조건의 복잡도가 높거나 사용성이 낮은 경우
  - ○ 예: 크롬의 '앞으로' 버튼으로, 이 버튼이 사용되기는 하지만 '뒤로' 버튼보다는 상대적으로 빈도가 매우 낮다. 기존에 이 버튼은 오류를 많이 내지 않았으며, 회귀 테스트를 하긴 하지만 문제 자체가 명백한 만큼 이러한 문제는 제품을 빨리 사용해보는 얼리 어댑터들이 먼저 잡아낼 것이다.

---

9. 크롬을 다운로드할 수 있는 페이지는 http://www.google.com/chrome이다.

- **가끔 발생** 쉽게 생각할 수 있는 오류 환경이고, 다소 발생 조건이 복잡하지만, 많이 사용되는 캐퍼빌리티다.
  - 예: 크롬 싱크Chrome Sync의 캐퍼빌리티들로, 크롬은 즐겨찾기, 테마, 폼 채우기 form-fill, 히스토리 등의 사용자 정보 데이터를 클라이언트 간에 동기화한다. 다른 데이터 타입, 여러 OS 플랫폼상에서 변경 사항을 통합하는 것은 다소 복잡하고 그 자체가 전산학 입장에서 본질적으로 어려운 문제다. 사용자는 당연히 데이터가 동기화되지 않으면 통보 받길 원한다. 동기화는 북마크 추가와 같이 동기화돼야 할 데이터가 변경됐을 때만 동작한다.
- **자주 발생** 아주 많이 이용되거나 일반적인 사용에서 오류를 발생시키며 높은 복잡도의 기능을 갖는 캐퍼빌리티들이다.
  - 예: 웹 페이지 렌더링으로, 이것은 브라우저의 기본적인 유스케이스에 속한다. HTML, CSS, 자바스크립트 등을 렌더링하는 것은 브라우저 플랫폼 본연의 기능이다. 이 코드들 중 하나가 실패한다면 사용자의 불평을 사는 브라우저가 된다. 트래픽이 많은 사이트일수록 이러한 오류에 대한 리스크는 커진다. 렌더링 이슈는 사용자들에게 언제나 발견되는 것은 아니다. 제대로 기능하지만 어떤 요소의 정렬이 미세하게 틀어져 있다거나, 어떤 요소가 빠져 있지만 사용자가 인식하지 못할 수도 있다.

테스터는 각 캐퍼빌리티의 값 중 하나를 고른다. 단순히 중간 값을 선택하는 것을 피하기 위해 짝수 값을 사용하기도 한다. 여기선 좀 더 세심하게 생각하는 것이 중요하다.

영향력 예측은 비슷하면서도 간단한 접근법을 취하며, 이 역시 동일한 단위로 가능성을 선택한다(더 많은 예는 크롬 브라우저에 있다).

- **최소 영향** 사용자가 오류가 있다는 것조차 알아차리지 못한다.
  - 예: 크롬 랩스Chrome Labs로, 이것은 옵션 기능이다. chrome://labs 페이지의 로딩을 실패할 때 영향을 받는 사용자는 매우 소수다. 이 페이지는 크롬의 실험적인 기능들을 선택할 수 있게 한다. 대부분의 사용자는 그 페이지의 존재조차 알지 못한다. 이 기능들은 스스로 "사용 시 발생할 수 있는 문제점에 대한

책임은 없다."라고 명시하고 있으며, 핵심 브라우저에 위험을 주지 않는다.

- **다소 영향** 사용자를 귀찮게 할 만한 오류로, 오류가 발생하면 바로 시도할 수 있는 재시도나 복구 메커니즘이 있다.
  - 예: 새로 고침 버튼으로, 현재 페이지의 새로 고침이 실패하면 사용자는 같은 탭에서 URL을 다시 입력하거나, 그냥 새로운 탭을 열거나, 극단적인 경우 브라우저를 다시 실행시키면 된다. 오류에 대한 비용 대부분은 얼마되지 않는다.

- **심각한 영향** 사용 시나리오를 막을 수 있는 정도의 오류
  - 예: 크롬 익스텐션으로, 사용자가 자신의 브라우저에 기능을 추가하기 위한 크롬 익스텐션을 사용했고, 이 익스텐션들을 크롬의 새로운 버전에 추가하는 데 실패했다면 새 버전에서 해당 익스텐션을 사용하지 못한다.

- **최대 영향** 제품의 신뢰도를 영원히 손상시키며, 사용자로 하여금 제품의 사용을 중단하게 만드는 오류다.
  - 예: 크롬 자동 업데이트 메커니즘으로, 이 기능이 깨지면 중요 보안 업데이트가 거부되거나 브라우저가 동작하지 않을 수도 있다.

때때로 오류의 영향이 기업에게 미치는 영향과 사용자에게 미치는 영향은 반대가 될 수도 있다. 구글의 배너 광고 로딩이 실패하더라도 사용자는 알아차리지 못할 수도 있다. 기업에 영향을 미치는 리스크인지, 사용자에 대한 리스크인지 점수를 주는 것도 좋은 방법이다.

그림 3.9처럼 테스터에 의해 입력된 값과, 앞 절의 애트리뷰트/컴포넌트 그리드에 기반을 두고 구글 사이트의 리스크 온도 맵heat map을 생성할 수도 있다.

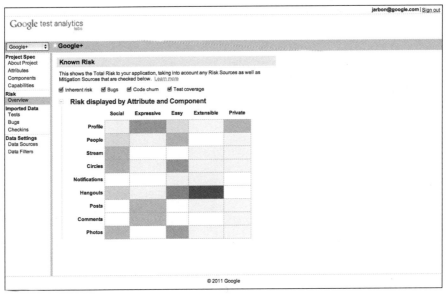

그림 3.9 초기 구글플러스의 애트리뷰트/컴포넌트 그리드에 대한 리스크 온도 맵

그리드의 각 부분은 교차되는 부분에 할당된 컴포넌트의 위험도에 따라 빨강, 노랑, 녹색을 띠고 있다. 입력한 값에 대해 위험을 계산하는 것은 간단하다. 단지 각 캐퍼빌리티의 위험을 평균하면 된다. GTA는 이 맵을 생성해준다. 하지만 스프레드시트를 사용해도 무방하다.

이 다이어그램은 제품의 테스트 가능한 캐퍼빌리티와 당신이 할당한 리스크 값을 보여준다. 이러한 숫자들이 잘못된 해석이라고 생각하기는 어려우며 테스터의 특정 관점을 보여주는 것뿐이다. 우리는 다른 이해관계자에게 조심스럽게 피드백을 요청했다. 다음은 이해관계자 각각이 어떻게 이러한 리스크 값을 할당하는지에 대한 가이드다.

- **개발자** 대부분의 개발자들은 자신이 개발하는 기능에 대해 가장 큰 리스크 값을 준다. 자신이 작성한 코드가 있다면 그것이 테스트되길 원한다. 경험에 의하면 개발자들은 자신이 개발하는 기능을 과대평가하는 경향이 있다.

- **프로그램 매니저(PM)** PM 역시 사람이기에 자신만의 선입견이 있다. 그들은 자신이 가장 중요하다고 생각하는 캐퍼빌리티를 선호한다. 일반적으로 경쟁 제품보

다 뛰어나고 경탄스러운 소프트웨어로 만들어주는 기능을 선호한다.

- **영업사원** 영업은 사용자의 이목을 끌어 이익을 낸다. 그들은 데모에서 좋아 보이고, 제품을 파는 데 도움이 되는 기능에 집중한다.
- **디렉터와 VP** 임원들은 주요 경쟁 제품과 자사 제품을 차별화할 수 있는 기능을 주로 강조한다.

당연히 모든 이해관계자는 자신만의 판단 기준이 있으므로 그들의 의견을 수용해 각 캐퍼빌리티들을 앞의 두 가지 기준으로 측정하기로 했다. 그들의 참여를 유도하는 것이 항상 쉬운 것은 아니지만, 우리가 취한 전략은 성공적이었다.

프로세스를 설명하고 참여를 설득하기 전에 우리가 스스로 작성한 온도 맵을 보여줬다. 우리의 판단 기준을 보면 그들은 즉시 의견을 제시한다. 개발자들은 테스팅을 우선순위화하는 데 맵을 쓰고자 한다고 하면 적극적으로 참여하며, PM과 영업사원도 마찬가지다. 그들은 모두 품질에 관심이 있었다.

이러한 접근법에는 힘이 있다. 리스크를 결정하면서 그들과 논쟁할 만한 결론에 우리는 의심 없이 도달한다. 실제로 닥쳐올 모든 테스트에 기반을 둔 우리의 리스크 분석을 발표해 그들에게 논의거리를 던져줬다. 그것이 바로 포인트다. 그들이 희미하게 갖고 있던 개념에 대한 의견을 묻는 대신에 논의를 불러일으킬만한 특정 결론을 보여주었던 것이다. 사람들은 답을 제시하는 것보다는 제시된 답에 대한 의견을 더 쉽게 말할 수 있다. 우리 역시 모든 사람이 관심 없는 내용에 대한 모든 데이터를 꼼꼼히 살피는 방법은 피했다. 이러한 작은 요령을 통해 리스크 계산을 위해 필요한 요소에 관한 집중된 의견을 많이 얻어낼 수 있었다.

모든 사람이 리스크 분석 결과에 대해 대체적으로 동의한다면 이제 이것을 완화시킬 차례다.

리스크 완화

리스크를 완전히 제거하기는 힘들다. 운전이 위험하더라도 안 할 수는 없는 것처럼 말이다. 여행도 위험하지만 다들 여행을 다닌다. 리스크가 항상 실제 사고로 이어지는 것은 아니다. 그렇다면 어떻게 리스크를 완화시켜야 하는가? 우리는 행동을 통해 리스크를 완화시킨다. 하루 중에 특정 시간은 운전하지 않고, 특정 장소는 여행하지 않는다고 선택하는 것이다. 이것이 리스크 완화다.

소프트웨어에서 궁극적인 리스크 완화는 가장 위험 요소를 많이 포함한 컴포넌트를 그냥 제거해버리는 것이다. 소프트웨어를 조금 출시하면 더 적은 리스크가 있다고 생각할 수 있다. 하지만 완전히 리스크를 제거하는 것을 배제하더라도 리스크를 완화시키는 많은 방법이 있다.

- 리스크가 있는 사용자 스토리는 위험이 적은 경로를 정의하고, 이를 개발에 적용해 애플리케이션에 좀 더 제약 사항을 두게 작성한다.
- 회귀 테스트 케이스를 작성해 오류가 다시 발생하지 않게 한다.
- 복구 기능이나 대체 기능이 필요하다는 것을 보여줄 테스트를 작성하고 실행한다.
- 오류를 조기에 발견할 인스트루멘테이션Instrumentation[10]과 와치독Watchdog[11] 코드를 추가한다.
- 버그가 제거된 소프트웨어 버전에 대한 동작 변경을 알려줄 인스트루멘테이션을 추가한다.

사용자의 기대에 부합하는 안전과 보안성, 그리고 애플리케이션에 대한 리스크 완화가 필요하다. 리스크 완화에 있어서는 테스터가 관련이 있을 수도 또는 없을 수도 있지만, 리스크 노출을 하는 관점에서는 반드시 관련돼야 한다. 리스크 우선순위에 따라 테스트를 하기 위해 캐퍼빌리티를 빨간색으로 표시해 노란색이나 녹색보다 우선순위를 높게 한다. 중요한 점은 모든 것을 테스트 할 수는 없으니 중요한 항목을 먼저 테스트해야 하며, 중요한 항목들이란 바로 가장 위험한 항목을 의미한다는 점이다.

프로젝트의 종류에 따라 테스터가 출시 준비에 대해 조언할 수 있게 할 수 있다. 테스터는 리스크 온도 맵을 살펴볼 수 있어야만 하고, 다른 엔지니어에게 제품이 릴리스될 준비가 됐다는 제안을 해야만 한다. 구글 랩 실험Google Lab Experiment의 경우, 개인 정보나 보안과 관련되지 않았다면 붉은 영역이 좀 있더라도 출시할 수 있을

---

10. 테스트, 디버깅, 성능 측정 등을 위해 원본 코드나 바이너리에 추가적인 코드나 바이너리를 인위적으로 삽입하는 것을 말한다. - 옮긴이
11. 태스크가 제때 응답하는지 살피는 타이머를 이용한 감시 방법 - 옮긴이

것이다. 지메일의 새로운 중요 릴리스라면 노란색이 하나라도 존재하면 릴리스를 못하게 막을 것이다. 색을 이용하면 테스트 디렉터들이 충분히 이해할 수 있다.

시간이 지남에 따라 리스크가 사라지고 성공한 테스트 결과가 많아지면 리스크가 수용 가능한 수준으로 떨어졌다는 좋은 신호다. 테스트 케이스를 개개의 캐퍼빌리티와 리스크 표에 있는 애트리뷰트와 컴포넌트로 묶어 주는 일은 중요하다. 사실 ACC는 이러한 요구 사항에 완벽히 부합한다. 이것이 우리가 설계한 의도이며 우리가 수행했던 방식이다.

●● 제임스 휘태커의 10분 테스트 계획

소프트웨어 개발에서 어떤 일을 하는 데 10분 이하를 사용한다면 그건 매우 시시한 작업이거나 애초에 가치가 없는 작업일 것이다. 액면 그대로 생각해보면 테스트 계획은 어떤가에 대한 답은 당연히 "10분 이상이 걸린다."일 것이다. 구글의 테스트 디렉터로서 나는 팀에 많은 테스트 계획을 작성하라고 지시했으며, 매번 언제까지 되냐고 물어보면 '내일까지', '이번 주말까지'라거나 이른 아침에 '오늘까지'라는 대답도 들었다. 따라서 테스트 계획 업무를 몇 시간에서 며칠이 걸리는 정도의 작업으로 잡았다.

이러한 작업의 가치에 대해서는 완전히 별도로 다룰 주제다. 매번 팀이 작성한 한 묶음의 테스트 계획을 살펴보면 프로젝트가 진행됨에 따라 여러 번 작성, 검토, 참조되면서 관리되지 않는 죽은 테스트 계획들이 생겨나게 된다. 이는 다음과 같은 질문을 낳는다. 계속 업데이트되지 않는 계획이 있다면 애초에 생성할 필요가 있었을까?

다른 측면에서 너무 상세하거나 너무 애매한 계획은 취소된다. 이러한 계획은 테스트에 대한 노력이 시작할 때에만 가치를 제공하고, 진행 중일 때는 그렇지 않게 되기 때문이다. 다시 말하지만 이러한 경우에 테스트 계획이 가진 제한을 감안해 그 가치를 줄이며 생성할 만큼 가치가 있을까?

일부 테스트 계획은 문서화할 필요 없는 간단한 사실들까지 문서화하거나 소프트웨어 테스트의 일상 업무와 상관없는 상세한 정보를 제공한다. 이러한 모든 것은 노력을 낭비하는 부분이다. 이제 사실에 직면하자. 테스트 계획에 대한 절차와 내용에 문제가 있다는 것을……

이를 해결하기 위해 팀들에 간단한 업무를 부여했다. 테스트 계획을 10분만에 작성하게 하는 것이다. 아이디어는 간단하다. 테스트 계획이 가치가 있다면 그 가치를 최대한 빠르게 얻어내는 것이다.

10분만 주어진 상황에서는 시시한 것을 생각할 틈이 아예 없다. 이렇게 압축된 시간

안에서는 매초를 유용한 무언가에 대해 사용하거나, 빨리 빨리 작업을 완료해 버려야 한다. 이것이 이 실험 뒤에 감춰진 나의 실제 의도다. 테스트 계획의 불필요한 부분을 없애고 정제해서 핵심만 남게 하는 것이다. 절대적으로 필요한 것만 하고, 상세한 사항은 테스트 기획자가 아닌 테스트 수행자에게 맡기는 것이다. 갱신되지 않는 테스트 계획 작성 연습을 끝내는 % 작업은 가치 있는 작업이 될 것이다.

하지만 실험에 참여 중인 사람에게 이러한 사실들은 이야기하지 않았다. 내가 이야기한 것은 단지 여기에 앱이 있고, 이에 대한 테스트 계획을 10분 안에 작성하라는 것이었다. 이 사람들은 나를 위해 일하고, 그 때문에 봉급을 받는다는 점을 기억하자. 기술적으로도 나는 직원을 해고할 수 있는 독특한 위치에 있다. 그 때문에 그들이 어느 정도 나를 존경했을 것이며, 내가 할 수 있다고 했을 때 그들도 어느 정도 수긍할 수 있었을 것이다.

준비하는 동안 궁금증을 가지고 앱을 사용해 익숙해질 수 있는 시간을 마련할 수도 있다. 하지만 우리가 사용한 많은 앱(구글 문서도구, 앱 엔진, 토크 비디오 등)은 그들이 매주 사용하는 것이기 때문에 이번만은 준비 시간을 짧게 주었다.

어떤 경우든지 팀은 ACC와 비슷한 방법론을 고안해냈다. 그들은 항목들을 적어 내려가는 것을 선택했고, 서술형이 아닌 표 스타일로 만들었다. 짧은 문장은 좋지만, 문장이 길어지면 좋지 않다. 그렇게 되면 문서 형식과 설명에 신경 써야 하고, 문서를 다루기 위한 캐퍼빌리티를 고려해야 한다. 사실 이 책에서 설명하는 캐퍼빌리티는 모든 계획서에 있는 공통 부분이다. 캐퍼빌리티는 모든 팀이 주어진 시간 내에서 많은 시간을 들이지 않고 가장 유용한 방식으로 접근할 수 있는 방법이다.

어떤 팀도 주어진 10분 안에 실험을 끝낼 수 없었다. 하지만 10분 동안 애트리뷰트와 컴포넌트(혹은 비슷한 목적을 갖는 항목들)를 모두 살펴 볼 수 있었고, 캐퍼빌리티의 문서화를 시작할 수 있었다. 20분의 추가 시간이 끝날 즈음에 대부분 사용자 스토리와 테스트 케이스를 만드는 데 발판으로 삼을 만한 많은 캐퍼빌리티들을 충분히 도출해냈다.

최소한 나는 실험을 성공적이었다고 생각한다. 나는 그들에게 10분을 주었지만, 원래 한 시간은 걸리리라 생각했었다. 그들은 30분 안에 80% 정도의 작업을 완료했다. 정말 80%가 충분하지 않은 걸까? 우리는 모든 것을 테스트할 수 없다는 점을 너무 잘 알고 있음에도 왜 모든 것을 문서화해야 할까? 우리는 테스팅을 시작해야 한다는 점을 잘 알고 있고, 일정, 요구 사항, 아키텍처 등은 변할 것이라는 점도 알고 있다. 그러므로 완료에 관한 아무 기준도 없이 잘 계획하려는 것은 현실과 맞지 않다.

30분 안에서 80%를 완료하는 것, 그것이 10분 테스트 계획이다.

리스크에 관한 마지막 말

구글 테스트 분석기^{Google Test Analytics}는 앞서 소개했던 빈도 값(매우 드묾, 드묾, 때때로, 자주)에 따라 리스크 분석을 지원한다. 우리는 리스크 분석이 매우 복잡한 일이 되거나 완료되지 않는 일로 변하는 것을 원치 않는다. 게다가 숫자 하나하나가 그리 중요하지 않으므로, 숫자나 수학에도 신경 쓰지 않는다. 단순히 어떤 것이 다른 것보다 더 위험하다는 점을 아는 것으로 대부분 충분하다. 애플리케이션에서 위험한 부분을 테스트하는 것이기 때문에 여기서 위험은 선택적인 문제이고, 하나를 선택한 후 다른 것과 비교해 테스트하는 것이다. 정확한 값을 산정할 필요 없이 A가 B보다 더 위험하다는 점을 아는 것으로 충분하다. 어떤 기능이 다른 기능보다 위험하다는 것을 알면 각 테스트 매니저는 테스터들을 좀 더 효율적으로 배치할 수 있으며, 조직 차원에서는 패트릭 코플랜드^{Patrick Copeland} 같은 사람들이 각 상품화 팀에 몇 명의 테스터를 할당시킬지 결정하는 데 도움을 준다. 위험을 이해함으로써 조직의 여러 부문에 이익을 가져다준다.

여러 산업 분야에서 리스크 분석은 하나의 중요한 영역으로 받아들여지고 있다. 우리는 매우 간단한 방법을 사용하고 있지만, 테스트하는 방법을 향상시킬 수 있는 추가적인 연구에 대해 관심이 있다. 리스크 분석에 대해 더 읽고 싶다면 위키피디아에서 **Risk Management Methodology**^{위험 관리 방법론}를 찾아보면 이 중요한 사항에 대한 좀 더 깊은 이해의 시발점이 될 것이다.

GTA는 리스크 도출을 도와주고, 테스팅은 이를 완화시키는 데 도움을 준다. 구글 TE는 완화 작업의 촉진제 역할을 한다. TE는 위험한 부분을 내부적으로 테스트하고, SWE나 SET에게 이에 대한 회귀 테스트를 만들라고 요청할 수도 있다. TE가 갖고 있는 다른 툴들은 수동 테스팅과 탐색 테스팅, 그리고 개밥 먹기 사용자들^{dog fooders}, 베타 사용자들, 크라우드 소싱의 사용에 쓰인다.

TE는 모든 리스크 영역을 이해하고, 그들이 갖고 있는 모든 툴을 이용해 완화책을 마련한다.

다음은 우리가 도움이 된다고 생각해 정리한 가이드라인이다.

1. GTA 표에서 빨간색으로 나타나는 모든 고위험 캐퍼빌리티에 대해서는 애트리뷰트/컴포넌트 짝을 다루는 사용자 스토리, 유스케이스 혹은 테스트 가이드를

작성하라. 구글 TE는 고위험 영역에 대해 각자 책임을 지고 있으며, 다른 TE와 협업하든 툴을 시용하든 최종 책임은 그들에게 있다.

2. GTA가 도출한 리스크 영역에 영향을 미치는 부분을 찾아내 이와 관련된 지난 모든 SET, SWE 기반의 테스팅을 면밀히 살펴본다. 해당 리스크를 관리하기 위해 테스트가 잘 배치됐는지 살펴보고, 추가적으로 필요한 테스트가 없는지 알아본다. TE는 이러한 테스트들을 작성해야 하거나 참석한 SET나 SWE가 작성하게 협의해야 한다. 누가 코딩을 하든지 테스트 작성이 완료되는 것이 중요하다.

3. 모든 고위험 애트리뷰트/캐퍼빌리티 짝에 대해 보고된 버그들을 분석하고, 회귀 테스트가 작성됐는지 확인하라. 버그는 코드가 수정되면 다시 발생하는 경향이 있다. 고위험 컴포넌트의 모든 버그는 회귀 테스트를 거쳐야 한다.

4. 고위험 영역에 대해서 심도 있게 생각하고, 복구, 회복 메커니즘에 대해 질문하라. 최악의 시나리오를 생각해 사용자가 받을 영향을 도출해내고, 이것을 다른 엔지니어와 논의하자. 사실적인 시나리오를 생각해보고 결정하자. 실수하는 TE에게는 아무도 귀 기울이지 않는다. 완화되지 않는 매우 사실적인 고위험 시나리오를 현재 있는 테스트로 커버할 수 없다면 그에 대한 경고의 목소리를 자주 내지 않는 것이 낫다.

5. 될 수 있는 한 많은 이해관계자들을 참여시키자. 개밥 먹기 사용자들은 주로 회사 내부의 사람들이어서 본인의 의지가 아니라면 굳이 시스템 사용상에서 발생하는 여러 가지 피드백을 주려고 하지 않는다. 개밥 먹기 사용자들을 적극적으로 참여시켜야 한다. 특히 어떤 실험이나 시나리오들을 그들에게 해보게 요청하자. "당신의 시스템에서 이 기능은 어떻게 동작하나요?"나 "이러한 기능을 어떻게 사용하시겠어요?"와 같은 질문을 하자. 개밥 먹기 사용자들은 구글에 매우 많으므로 TE는 일반적인 사용법 이상의 것들을 그들에게 적극적으로 요청해야 한다.

6. 앞 항목들이 잘 적용되지 않고, 고위험 컴포넌트들에 대한 테스트가 여전히 실패한다면 해당 컴포넌트를 삭제하게 열심히 로비하라. 이는 프로젝트 오너에게 리스크 분석의 개념을 설명하고 TE가 제공하는 가치를 강조할 좋은 기회다.

●● 사용자 스토리

제이슨 아본(Jason Arbon)

사용자 스토리는 실세계나 테스트 대상 애플리케이션의 특정 목적에 대한 경로를 설명한다. 사용자의 동기와 관점을 설명하고, 제품의 구현이나 상세 설계 사항은 무시한다. 사용자 스토리는 캐퍼빌리티를 참조할 수도 있지만, 사용자 행동을 설명하는 만큼 조금만 참조한다. 사용자가 원하는 바가 있고, 일반적으로 사용자 스토리는 사용자가 원하는 바를 어떻게 만족시켜주는가에 대해 설명한다. 사용자 스토리는 일반성을 추구한다. 어떤 특정한 절차나 정해진 입력이 없으며, 실제 동작에 대해 테스트 대상 애플리케이션으로 그 동작을 일반적으로 수행하는 방법만 있으면 된다.

사용자 스토리를 작성할 때 사용자 인터페이스를 고려해 제품 관점에 집중한다. 사용자 스토리에는 기술적인 그 어떤 것도 설명하지 않는다. 이러한 보편성은 실제 사용자가 할 다양한 작업들을 예상하고, 이제 대한 정확한 값을 추출해 테스터가 자신만의 다양한 변형을 주어 모든 테스트 경로에 대해 확인할 수 있게 한다. 그게 전부다.

사용자 스토리는 정확한 값을 넣어서 결과를 내는 상세한 테스트 케이스와는 반대로 사용자에게 줄 가치에 중점을 둔다. 이를 위해 가능하다면 구글의 새로운 사용자 계정을 사용해야 하므로 사용자 스토리에서 언급하는 사용자를 대신할 테스트 사용자 계정을 주로 만든다. 또한 완벽한 상태의 '오래된' 계정을 이용한다. 구글 문서도구(Google Docs) 같은 프로젝트는 이전 버전에서 잘 만들어진 문서를 새로운 버전에서 읽어들일 때 흥미로운 버그가 많이 발견된다.

가능하다면 이러한 시나리오에 대해 많은 변화와 가능한 한 다양한 관점을 추가해 테스터들의 시나리오 수행을 다양화한다.

좀 덜 위험한 캐퍼빌리티에 대해서는 조금 모호하게 테스트할 수도 있을 것이다. 덜 위험한 영역에 대해 상세한 테스트 케이스를 작성하는 것이 아주 작은 이득을 위해 너무 많은 투자를 한다고 생각할 수도 있다. 대신 이러한 영역을 다루기 위해서는 탐색적 테스팅을 수행하거나 크라우드 소싱을 이용해야 한다. 고차원적인 가이드인 '투어'[12]라는 개념은 탐색적 테스팅을 주로 크라우드 소싱 테스터에게

---

12. 투어는 제임스 휘태커의 『탐색적 소프트웨어 테스팅. 테스트 디자인으로의 팁, 트릭, 투어와 기술 가이드(Exploratory Software Testing: Tips, Tricks, Tours, and Techniques to Guide Test Design)』(Addison Wesley, 2009)에서 자세히 설명했다.

수행시키기 위해 사용된다. "이 캐퍼빌리티들에 대해 페덱스^{Fed Ex} 투어를 실행하라"라는 가이드는 단순히 그들에게 앱을 주고 알아서 최선을 다하라고 하는 것보다 훨씬 좋은 결과를 가져온다. 테스팅하고자 하는 기능을 발견하자마자 곧바로 그들에게 어떻게 테스트하는지 알려줄 수 있다.

●● 크라우드 소싱(Crowd Sourcing)

제임스 휘태커(James Whittaker)

크라우드 소싱은 테스팅 분야의 새로운 현상이다. 이것은 적은 수의 한정된 자원인 테스터와, 우리가 테스트하고자 하는 다양한 하드웨어와 환경 조합을 가진 수많은 사용자에 대한 솔루션이다. 당연히 이러한 사용자들 가운데는 우리를 도와주고자 하는 이들이 있지 않을까?

크라우드로 들어가기: 이해력 높은 테스트를 수행할 수 있고 적절한 비용에 따라 움직이는 파워 유저들이 있다. 그들이 원하는 것은 테스트 중인 애플리케이션을 실행할 수 있는 어떤 스테이징 영역에 접근하는 것과, 피드백과 버그 리포트를 줄 수 있는 메커니즘이다. 크롬 오픈소스 같은 프로젝트에는 크라우드가 이상적이다. 좀 더 민감하고 보안이 필요한 프로젝트에는 오직 협력 네트워크만 존재하는데, 이것은 조금 문제가 쉽게 발생하기도 하며, 성공적으로 테스트를 수행할 믿을 만한 테스터가 필요하다.

많은 하드웨어 설정과 엄청나게 다양한 시각을 가진다는 데 크라우드의 핵심 가치가 있다. 한 명의 테스터가 천 명의 사용자가 시도할 만한 방법들을 골몰하는 대신 천 명의 사용자를 테스터처럼 쓸 수 있다. 애플리케이션에서 오류를 내는 사용자 시나리오를 찾기 위해 사용자들을 가입시키고 시나리오를 적용한 후 피드백을 얻을 수 있는 가장 좋은 방법은 무엇일까? 그것은 다양함과 규모를 이용하는 것이다. 크라우드는 두 가지 모두를 갖고 있다.

최근 크라우드는 소프트웨어 테스팅에 적용되고 있으며, 크고 24시간 가능하다. 탑 1000 웹사이트를 크롬의 최종 버전에서 테스트하고자 한다면 한 명의 테스터로는 1000번의 반복이 필요하고, 20명의 테스터로는 50번의 반복만 필요하다. 얼마나 효과적인지 쉽게 계산되지 않는가?

크라우드의 단점은 그들이 애플리케이션을 배워 습득 정도가 어느 정도 궤도에 오를 때까지 시간이 걸린다는 점이다. 이러한 대부분의 시간은 크라우드의 엄청난 규모에 비하면 충분히 감내할 만하지만, 관리할 수는 있다. 크롬에서는 투어를 작성해 크라우드가 탐색적 테스팅과 그들의 사용자 시나리오를 할 때 투어를 따르게 하고 있다(크라우드 테스터가 수행한 크롬 투어의 샘플은 부록 B, '크롬에 대한 테스트 투어'를 참조하자). 투어는 애플리케이션의 특정 파트를 가이드하고 지시한다. 여기서 한 가지 요령은 여러 종류의 투어 가이드를 만들어 크라우드의 다른 멤버들에게 분산시키는 것이다.

크라우드 테스팅은 진행 중인 구글 카나리아/개발/테스트/개밥 먹기 채널의 또 하나의 확장이다. 이 방법은 얼리 어댑터와 버그를 찾고 보고하기를 좋아하는 사람들을 참여시킨다. 과거에는 우리의 제품을 빨리 써보길 좋아하는 내부 테스터나 요청에 따라 여러 상품화 팀을 거치는 협력업체 직원들과 같은 내부 크라우드, 그리고 uTest.com 같은 아웃소싱 회사를 이용했다. 그리고 베스트 버그 검출자를 선정해 보상하기도 했다.[13]

ACC의 진짜 힘은 리스크에 의해 우선순위를 줄 수 있는 캐퍼빌리티들을 만들 수 있다는 점이고, 이것을 다양한 품질 협력자에게 쪼개 나눠 줄 수 있다는 점이다. 실제 프로젝트의 TE는 각각 다른 캐퍼빌리티를 검증하게 된다. 개밥 먹기 사용자들 dog fooders, 20% 공헌자, 계약 테스터, 크라우드 테스터, SWE, SET 등은 캐퍼빌리티 전반에 걸쳐 시험을 하는 반면, TE는 애플리케이션의 모든 사용성에 대해 단순하게 확인하는 것이 아닌 최대한 중복되는 부분을 줄이면서 중요한 부분에 대한 검증을 수행한다는 점에서 만족감을 가질 수 있다.

TE의 업무는 SET와는 다르게 소프트웨어가 릴리스돼도 멈추지 않는다.

테스트 케이스에 대한 이야기

테스트 케이스가 사용자 스토리에서 온 것이든 캐퍼빌리티에서 온 것이든 구글 TE는 일반적인 내용에서 자세한 내용까지 애플리케이션을 테스트하는 입력 값과 데이터로 이루어진 많은 양의 테스트 케이스를 만들어낸다. 코드나 자동화 테스트 생성물의 경우 공통 인프라스트럭처에 의해 관리되는 반면, 테스트 케이스는 여전히 그룹별로 관리된다. 하지만 새로운 툴이 이것을 모두 바꿀 것이다.

테스트 케이스를 저장하는 툴로 스프레드시트와 문서를 자주 사용해왔다. 빠른 기능 개발과 빠른 출시 주기가 필요한 팀은 테스트 케이스를 오랜 기간 유지하는

---

13. 크롬의 버그 보상 프로그램은 http://blog.chromium.org/2010/01/encouraging-more-chromium-security.html에서 논의한다.

일에 대해 크게 생각하지 않는다. 새로운 기능이 나오면 스크립트를 무효화하고 모든 테스트를 새작성한다. 이런 상황에서는 공유되고 버려지는 문서가 어떤 포맷을 가져도 좋다. 문서는 테스트 세션 내용 기록에는 적당한 방법이지만, 특정 테스트 케이스 동작을 설명하는 데는 적합하지 않다. 이러한 테스트는 자세한 사항을 포함한다기보다는 어떤 기능 영역을 테스트할 것인가에 대한 좀 더 일반적인 제안을 한다.

물론 일부 팀은 스프레드시트를 정성들여 만들어 테스트 프로시저와 데이터를 저장하기도 하고, 일부 팀은 더 유연하다는 이유로 구글 테스트 분석기^{GTA}가 아닌 스프레드시트 안에 ACC 표를 갖고 있을 수도 있다. 하지만 한 TE의 프로시저를 다른 TE도 쓸 수 있기 때문에 TE 팀은 규율이 필요하다. 큰 팀의 효율성을 위해서는 팀 구성원 개개인에게까지 잘 적용되는 구조화된 접근법이 필요하다.

문서보다는 스프레드시트가 선호되는데, 이것은 프로시저, 데이터, 통과/실패 태그에 대해 칼럼을 설정하는 것이 편리하고, 수정하기도 용이하기 때문이다. 구글 사이트^{Google Sites} 또는 다른 종류의 온라인 위키 페이지를 통해서는 다른 이해관계자들에게 테스트 정보를 보여준다. 이 위키 페이지는 쉽게 공유할 수 있고, 팀 구성원 누구나 수정할 수 있다.

구글이 성장함에 따라 많은 팀들이 작성한 규범적인 테스트 케이스와 회귀 테스트 케이스의 수는 증가하고 있었고, 이것들은 더 잘 관리될 필요가 있었다. 실제로 테스트 케이스 관련 문서들은 너무나도 커져가고 있었고, 검색하고 공유하는 데 부담이 되고 있었다. 따라서 다른 솔루션이 필요했고, 진취적인 테스터들은 테스트 스크라이브^{Test Scribe}라 불리는 시스템을 만들었다. 이 시스템은 다른 상용 툴과 느슨하게 호환돼 우리처럼 내부적으로 증가한 테스트 케이스 관리에도 적용할 수가 있었다.

테스트 스크라이브는 견고한 스키마에 테스트 케이스를 저장하며, 특정 테스트에서 테스트 케이스를 포함시키거나 배제시킬 수 있는 기능을 지니고 있었다. 이 툴은 기본적인 구현을 갖고 있었기 때문에 이를 사용하고 테스트 케이스를 관리하고자 하는 욕망은 점점 줄어들어갔다. 하지만 많은 팀들이 몇 분기 동안 사용한 후에 이 툴에 의존하던 것을 벗어나 2010년에 SET인 조다나 코드^{Jordanna Chord}에 의해 작성된 새로운 툴이 도입됐다. 구글 테스트 케이스 매니저^{GTCM, Google Test Case}^{Manager}가 태어난 것이다.

GTCM의 아이디어는 테스트 작성을 쉽게 하고, 어떤 프로젝트에도 사용 가능한 유연한 태깅을 제공하며, 테스트를 쉽게 찾고 재사용하게 한다. 가장 중요한 부분은 GTCM을 다른 구글의 인프라스트럭처에 통합시켜 테스트 결과가 중요한 위치를 차지하게끔 하는 것이다. 그림 3.10에서 3.14는 GTCM의 여러 스크린 샷을 보여준다. 그림 3.11은 테스트 케이스를 생성하는 페이지를 보여준다. 테스트 케이스는 임의의 섹션이나 레이블을 가질 수 있다. 이것이 GTCM이 전통적인 테스트와 검증 단계에서 탐색적 테스팅, Cukes[14]와 사용자 스토리 설명을 지원할 수 있게 하며, 테스트 팀은 코드나 데이터를 GTCM에 테스트 케이스와 함께 저장할 수 있다. GTCM은 다양한 테스트 팀과 다양한 테스트 케이스 표현법을 지원해왔다.

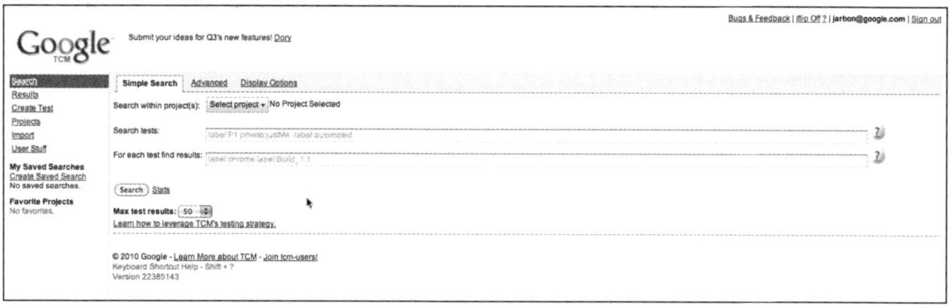

그림 3.10 GTCM 홈 페이지는 쌓인 지식을 검색하는 데 초점이 맞춰져 있다.

---

14. Cuke는 behavioral 테스트 케이스 정의다. http://cukes.info를 참조하자.

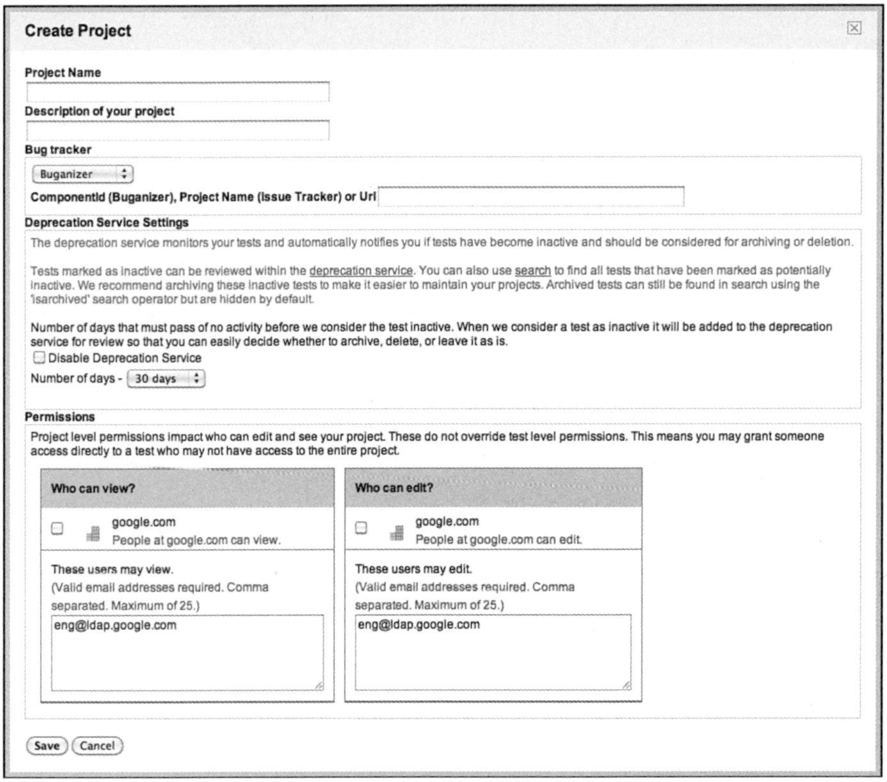

그림 3.11 GTCM에서 프로젝트 생성

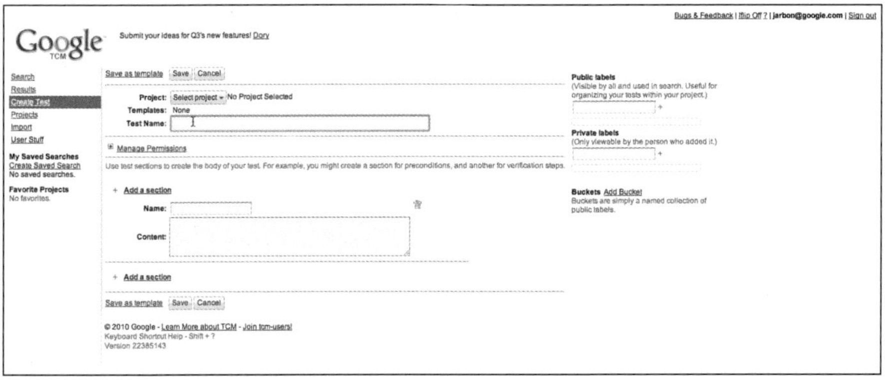

그림 3.12 GTCM에서 테스트 생성

그림 3.13 GTCM에서 크롬 테스트 케이스를 검색할 때의 화면

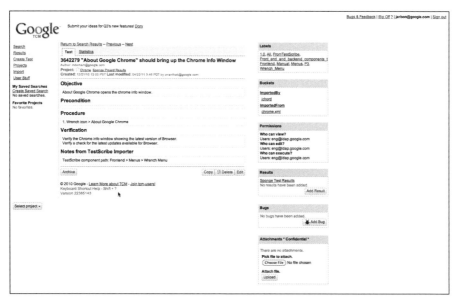

그림 3.14 크롬 정보 창(About dialog)에 대한 간단한 테스트 케이스

GTCM을 둘러싼 측정 기준은 테스터가 테스트 케이스를 가지고 하는 작업에 대해 종합적인 아이디어를 얻을 수 있어 흥미롭다. 그림 3.15와 3.16에서 보여주는

테스트의 전체 숫자와 테스트 결과의 경향도 흥미롭다. 전체 테스트 개수 그래프는 점근선을 그리고 있다. 그 이유에 대한 기본적인 분석을 해보면 구글 역시 오래된 수동 회귀 기반의 프로젝트를 더 이상 사용하지 않기 때문이다. GTCM은 많은 수동 테스트 또한 포함하며, 많은 팀들이 그 수동 테스트를 자동화된 테스트나 외부 크라우드 소싱, 탐색적 테스팅으로 돌려 내부 TCM에서의 커버리지를 증가시키면서도 테스트 케이스 개수 증가에 따른 압박을 해소한다. 기록되는 테스트의 개수는 안드로이드처럼 반드시 필요한 다양한 수동 테스트 팀이 등록하는 테스트 개수에 따라 증가한다.

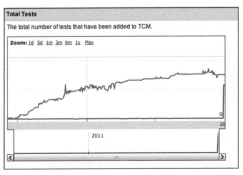

그림 3.15 GTCM에서 시간에 따른 테스트 케이스 개수

일반적으로 예측할 수 있듯이 전체 수동 테스트 결과 기록 개수는 증가한다(그림 3.16).

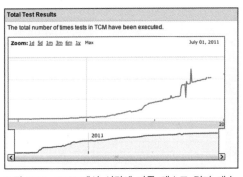

그림 3.16 GTCM에서 시간에 따른 테스트 결과 개수

그림 3.17에서 보여주는 GTCM에 연관된 버그의 개수는 흥미롭지만, 상세한 사항을 알려주지는 않는다. 구글은 상향식^{bottom-up}이므로, 일부 팀들은 어떤 버그가 어떤 테스트 케이스에서 오는지 조사하고, 다른 팀들은 좀 더 느슨하게 대처해 프로젝트에 매우 가치 있는 정보가 있을 경우에만 관여한다. 또한 일부 기록된 버그는 자동 테스트에 의해 자동으로 저장된 내용으로, 모든 기록이 수동 테스트 수행에 의해서 남은 것은 아니다.

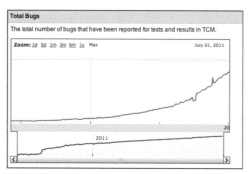

그림 3.17 GTCM 테스트를 수행하는 동안 시간에 따라 기록된 버그의 개수

최초로 GTCM이 수행됐을 때의 주요 요구 사항은 깨끗하고 간단한 API를 가져야 한다는 것이었다. 테스트 스크라이브^{TestScribe}도 API는 있었지만 SOAP 같은 것이었고, 일부 사람들만 이용하는 데도 인증 구조가 매우 고통스러울 지경이었다. 내부적으로 매우 강력한 보안 때문에 원래의 인증 모드는 정말 사용하기 힘들었다. 이러한 문제들을 해결하기 위해 GTCM은 편안한 JSON API를 사용한다.

조만간 GTCM을 일반적인 사용을 위해 외부로 공개하고자 한다. 또한 테스트 케이스 데이터베이스를 오픈소스화 함으로써 집중적으로 관리했으면 하는 희망을 갖고 있다. GTCM은 외부 재사용성을 고려해 설계됐다. 확장성을 위해 구글 앱 엔진^{Google App Engine} 위에 만들어졌으며, 구글 외의 다른 테스터들도 그들의 목적에 맞게 사용할 수 있다. GTCM의 내부에 있는 로직과 UI 부분도 구글 앱 엔진으로부터 추상화돼 있으므로 사람들이 원하는 다른 스택으로 포팅이 가능하다. 구글 테스팅 블로그를 계속 살펴보면 이에 관한 새 소식들을 만나볼 수 있을 것이다.

버그에 대한 이야기

버그와 버그 리포트는 모든 테스터가 이해해야 하는 산출물이다. 버그 찾기, 버그 선별, 버그 수정, 회귀 버그들은 소프트웨어 품질을 위해 심장 박동처럼 필요한 중요한 업무 흐름이다. 테스팅 부분에 있어 구글에서 가장 전통적인 부분이라고 할 수 있다. 하지만 구글에서도 전통에서 약간 벗어난 흥미로운 차이점을 갖고 있다. 이번 절에서는 작업 항목을 추적하기 위해 작성한 버그는 무시하고, 실제 깨진 코드를 식별해낸 버그만 사용한다. 그렇게 하면 버그는 개발 팀의 시간 단위, 일 단위의 업무 흐름을 대표적으로 보여준다.

구글의 누구나 버그가 나타나면 이를 찾고 보고할 수 있다. 제품 매니저는 초기 빌드에서 요구 사항이나 그들의 생각과 달리 동작하는 문제에 대해 버그를 리포트한다. 개발자들은 우연히 체크인한 버그가 있다는 것을 깨달았을 때나 코드베이스 어딘가에서 발견한 문제, 혹은 구글 제품에 대해서 개밥 먹기를 하는 도중에 발견한 문제점들에 대해 보고한다. 버그는 또한 현장에서 보고되기도 하는데, 크라우드 소싱 테스터들에 의해서나 외부 업체 테스팅에 의해 커뮤니티 매니저가 제품 관련 구글 그룹스에서 얻은 정보를 통해서 버그가 보고되기도 한다. 구글 지도[Maps] 같은 많은 앱의 내부 버전들이 빠른 원클릭 방법을 통해 버그를 보고한다. 그리고 때때로 API를 사용하는 소프트웨어 프로그램이 버그를 생성하기도 한다.

버그 추적이나 버그를 둘러싼 업무들은 개발자들이 해야 할 매우 비중 있는 업무들이기 때문에 이러한 프로세스를 자동화하는 데 많은 노력을 기울여왔다. 구글의 첫 번째 버그 데이터베이스는 버그디비[BugDB]라고 불리었다. 이는 단순히 버그 정보를 저장할 몇 개의 데이터베이스 테이블만을 갖고, 버그 정보를 얻기 위한 쿼리를 수행하고 통계를 내는 정도였다. 버그디비는 2005년에 테드 마오[Ted Mao][15]와 라비 갬팔라[Ravi Gampala]라는 몇몇 진취적인 기술자들이 만든 버그나이저[Buganizer]가 나타날 때까지 사용됐다.

버그나이저가 만들어진 주요 이유는 다음과 같았다.

• 버그디비와 다른 상용 버그 데이터베이스들이 사용했던 **프로젝트**[Project] ➤ **컴포넌트**

---

15. 2장에서 테드 마오를 인터뷰했다.

Component ➤ 버전^{Version} 구조가 아닌 좀 더 유연하고 간단한 레벨 컴포넌트 구조를
가짐

- 버그 추적에 대한 향상된 책임 부여 시스템과 버그 선별, 유지 보수에 대한 새로운 업무 흐름 필요
- 핫 리스트 생성 및 관리 기능을 통한 버그 그룹의 쉬운 추적 제공
- 보안과 로그인 인증 향상
- 요약 차트와 보고서를 생성할 수 있는 기능
- 풀 텍스트 검색과 변경 히스토리 검색
- 버그에 대한 기본 설정 가능
- 사용성 향상과 좀 더 직관적인 UI

버그나이저의 일반적인 사항과 측정 기준

가장 오래된 버그가 아직도 존재한다. 2001년 5월 18일 오후 3:33분. 제목은 Test Bug. 문서의 내용은 'First Bug!'. 흥미롭게도 이 버그는 개발자가 그들의 CL 수정을 제공할 때 우연히 자주 이용된다.

가장 오래된 실질적인 버그는 1999년 3월에 작성된 버그다. 이 버그는 지역 정보에 따라 광고를 제공할 때의 지연시간을 줄이기 위한 성능 조사를 제안하고 있다. 2009년에 마지막 활동이 기록됐다. 마지막 기록에 의하면 성능 조사가 이뤄질 수는 있지만, 아키텍처의 변경이 필요하고, 측정된 지연도는 괜찮다고 이야기하고 있다.

구글의 전체 버그 활동에 대한 몇몇 차트가 있다. 그 중 몇 가지는 자동으로 생성됐고, 일부는 수동으로 만들었다. 일부 자동화가 이러한 버그 트렌드의 많은 부분을 차지하며, 여기서 우리는 어떤 단일 팀을 부각시키지는 않겠지만 어떤 팀이 연관돼 있는가 알아보는 것이 흥미롭긴 하다.

그림 3.18에서 보듯이 많은 P2 버그[16]가 존재하며, P1은 매우 적으며, P0는

---

16. 다른 많은 버그 리포트 시스템처럼 우리는 PX라 표시해 X에는 중요도를 나타내는 정수 값을 넣는다. P0가 가장 나쁜 버그이고, P1은 좀 나은 식이다.

더 적다. 상관관계가 인과 관계는 아니지만 이 책에서 설명한 기술적 방법론을 적용할 시표가 될 수는 있다. P1 문제를 제기하는 것을 방해하는 이는 없겠지만, 우리가 보고자 하는 에피소드는 아니다. P3와 P4 버그는 찾아보기 힘든 만큼 보고된 횟수도 적다.

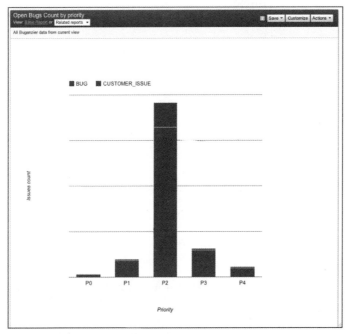

그림 3.18 버그나이저의 중요도에 따른 버그 수

버그의 평균 존재 기간도 우리가 예상한 대로 일반적이다(그림 3.19 참조). P0 버그가 조금 이상한데, 실무에서 P0 버그는 그 자체가 의미하듯이 디버그하기 어려운 심각한 설계, 배포 문제이므로 수정하기 매우 어려운 버그다. 나머지 버그들은 숫자가 증가함에 따라 중요도가 낮아지므로 수정되는 기간도 증가한다.

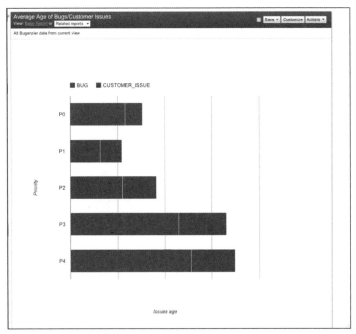

그림 3.19　버그나이저에서의 평균 버그 존재 기간

　　그림 3.20의 시간에 따른 버그 개수 차트는 매달 발견되는 버그 수가 약간씩 증가함을 보여준다. 왜 이것이 증가하는지는 체계적으로 이해하지는 못했다. 당연히 더 많은 코드와 개발자들이 있으므로 그럴 것 같긴 한데, 버그 증가율은 테스터와 개발자 수의 증가율보다 작다. 아마 우리의 코드가 품질 제어에서 점점 좋은 결과를 가져오고 있거나, 버그들을 찾지 못하고 있을 수도 있다.

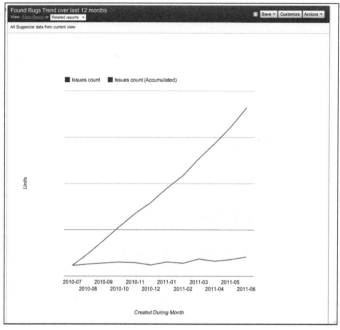

그림 3.20 발견된 버그의 경향

그림 3.21의 버그 수정율은 일반적으로 팀들이 처리하고 있는 버그율을 보여준다. 버그율이 팀이 감당할 수준을 넘어서면 많은 팀들은 새로운 기능 추가를 잠시 중지한다. 이러한 방법을 새로운 기능에 집중하거나 코드 완성 목표를 달성하는 방법보다 훨씬 더 추천한다. 테스트 완료된 작은 코드에 집중하기, 점진적 테스트, 개밥 먹기 등의 활동은 버그율을 적정한 수준 이하로 유지할 수 있게 도와준다.

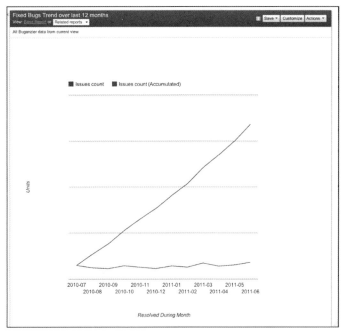

그림 3.21 시간에 따른 수정된 버그 수. 발견된 버그 경향과 이 차트가 비슷해야 좋다.

크롬과 크롬OS 같은 구글의 제품이 점점 더 공개됨에 따라 하나의 데이터베이스에서 관리하는 것이 불가능해졌다. 이러한 프로젝트들은 외부에서도 접근할 수 있는 데이트베이스여야 하기 때문에 웹킷^{WebKit} 프로젝트에 사용하는 모질라의 버그질라^{bugzilla} 버그 데이터베이스나 chromium.org에서 사용하는 이슈 트래커를 사용하기도 한다. 구글 직원들은 경쟁 제품을 포함한 그들이 발견한 어떠한 제품의 버그든지 보고하게 장려받고 있다. 거국적으로 웹 전체를 좋게 만들어보자는 취지다.

이슈 트래커^{issue tracker}는 모든 크롬과 크롬OS 버그에 대한 중요 저장소^{repository}다. 이 버그 데이터베이스는 공개돼 있어 언론 매체를 포함한 누구든 버그 액티비티를 확인할 수 있다. 보안 버그는 해커에게 정보를 주는 것을 막기 위해 때때로 발견된 당시에는 숨겨졌다가 수정이 된 후에 공개되기도 하지만, 그 외 대부분의 경우에는 버그 데이터베이스에 공개돼 있다. 외부 사용자가 버그를 보고하는 것은 자유이며, 그들은 버그 정보를 주는 매우 중요한 제공자다. 그림 3.22와 3.23이 보여주듯이 크롬 정보 창에 있는 로고와 관련된 버그를 검색하고 발견할 수 있다.

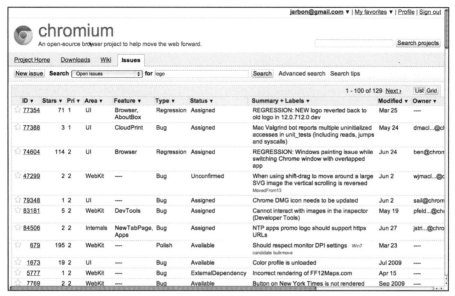

그림 3.22 이슈 트래커 검색

그림 3.23 크로미움(Chromium) 이슈 트래커에서 이슈 열기

하지만 구글에서 가장 오래 사용되고 가장 많이 쓰이는 테스팅 인프라스트럭
처는 버그나이저이며, 이 툴은 언급할 만한 충분한 가치가 있다. 대부분의 경우 이

것은 전형적인 버그 데이터베이스로 쓰이지만, 소프트웨어의 문제에 대한 발견에서 해결까지 중요 품질 주기를 지원하며, 이에 대한 회귀 테스트 작성을 지원한다. 구글의 최신 핵심 저장 기술 위에서 개발된 버그나이저는 확장성과 성능을 보장한다.

버그는 다음과 같은 필드들의 일부를 포함해 보고되며, 이 중 몇 개만 필수 항목이다. 각 필드의 정의에 대해서는 의도적으로 완벽하게 정의하지 않았으므로, 개개의 팀이 그들의 업무 흐름에 맞게 정보들의 관리 방법을 결정할 수 있다.

- **할당 받는 이. 담당자**

  [선택 사항] 이 문제의 다음 단계를 맡아 다뤄야 할 사람의 LDAP상의 이름이다. 이슈가 생성되거나 필드 값의 변화가 일어나면 할당 받은 사람은 자동으로 이메일을 받게 된다. 버그나이저 관리자는 각 컴포넌트에 대해 디폴트 할당자를 설정할 수 있다.

- **참조인(CC)**

  [선택 사항] 해당 이슈가 생성되거나 수정됐을 때 이메일을 받을 0명 이상의 LDAP상의 이름이다. LDAP에 있는 이름이나 메일링 리스트만 사용할 수 있으며, @google 이메일 주소는 사용할 수 없으므로 구글 메일링 리스트나 정식 구글 직원만 가능하다. 리스트는 콤마로 구분된다. '할당 받는 이'에서 사용한 이름은 이미 기본적으로 메일링 리스트에 포함되기 때문에 여기에 쓸 수 없다.

- **첨부(Attachments)**

  [선택 사항] 버그에 대한 첨부 파일이다. 어떤 파일 형식이든 첨부 가능하다. 파일 개수에는 제한이 없지만, 각 파일은 100MB 이하여야 한다.

- **블로킹 버그(Blocking)**

  [선택 사항] 버그 해결을 막는 버그 ID들이다. 리스트는 콤마로 구분하며, 이 필드를 업데이트하면 의존 버그 필드에 리스트된 버그들도 업데이트 된다.

- **의존 버그(Depends On)**

  [선택 사항] 이 버그가 수정되기 전에 먼저 수정돼야 할 버그 ID다. 이 필드를 업데이트하면 블로킹 버그 필드에 리스트된 버그들도 업데이트된다. 리스트는 콤마로 구분한다.

- **변경됨**

  [읽기 전용] 이 이슈의 필드 중 하나가 마지막으로 수정된 시간과 날짜다.

- **변경 목록**

  [선택 사항] 이 이슈와 관련된 변경 목록^{CL, Change List} 번호들이다. 서브밋된 CL만 사용할 수 있으며, 보류 중인 CL은 쓸 수 없다.[17]

- **컴포넌트**

  [필수 사항] 알고 있는 버그나 기능 요구에 해당하는 컴포넌트다. 이 이슈를 보고할 때 이 필드에는 컴포넌트의 완전한 경로를 적어야 한다. 무한하게 긴 경로 역시 입력 가능하다. 이 이슈를 보고할 때 마지막 컴포넌트(더 이상 파생되지 않는 컴포넌트)만 언급할 필요는 없다. 프로젝트나 개발 관리자들에 의해서만 추가되는 추가적인 컴포넌트도 같이 적을 수 있다.

- **생성일**

  [읽기 전용] 버그가 생성된 날짜

- **발견 버전**

  [선택 사항] 이 문제를 발견한 소프트웨어 버전으로, 예를 들면 1.1 등이다.

- **최종 수정일**

  [읽기 전용] 이 이슈의 항목 중 하나가 마지막으로 수정된 날짜다.

- **비고(Notes)**

  [선택 사항] 문제에 대한 상세 설명 및 버그에 대한 처리 사항과 그 문제에 대한 코멘트를 그때 그때 추가 할 수 있는 필드다. 이슈가 보고될 때 해당 버그를 재현하기 위해 필요한 단계를 설명하거나 해당 기능 화면에 도달하는 방법과 단계를 설명한다. 정보를 많이 넣어놓을수록 차후에 이슈를 처리하는 사람으로부터 해당 이슈에 대해 질문을 받을 일이 적어진다. 비고 항목에 이미 입력된 사항들은 직접 입력한 것이더라도 수정할 수 없다. 이 필드에는 항상 정보를 추가할 수만 있다.

---

17. 버전 컨트롤 시스템에 따라 변경 목록이 아닌 다른 용어(패치 셋, 체인지 셋, 업데이트 등)를 쓸 수도 있다. - 옮긴이

- **중요도(Priority)**

  [필수 사항] 버그의 중요도다. P0가 가장 중요하다. 중요도는 얼마나 이 이슈가 빨리 수정돼야 하며, 이를 위해 얼마나 많은 자원이 투입돼야 하는지를 알려준다. 예를 들어 검색 페이지 로고에서 'Google' 철자의 오류는 심각도^{severity}는 낮지만(검색 기능 자체는 문제가 없음), 중요도는 높다(매우 안 좋은 문제라는 의미). 두 개의 필드를 설정하면 버그 수정 팀은 그들의 시간을 좀 더 현명하게 사용할 수 있다. 심각도 필드에 대한 설명도 참조하자.

- **보고자(reporter)**

  [읽기 전용] 버그를 처음 보고한 사람의 구글 로그인 아이디다. 기본 값으로 버그 리포트를 작성한 사람이 들어가게 되지만, 버그 보고자에게 크레딧을 주기 위해서 실제 버그 보고자로 수정할 수 있다.

- **해결 여부(Resolution)**

  [선택 사항, 버그나이저에 의해 입력] 검증자^{verifier}가 선택한 최종 액션이다. 적당하지 않음$^{Not\ Feasible}$, 의도한 대로 작동함$^{Works\ as\ intended}$, 재현할 수 없음$^{Not\ repeatable}$, 사라졌음^{Obsolete}, 중복됨^{Duplicate}, 수정됨^{Fixed} 중 하나의 값을 가진다.

- **심각도(Severity)**

  [필수 사항] 제품의 사용에 있어서 얼마나 큰 영향을 미치는가에 대한 필드다. S0가 가장 심각도가 높다. 중요도와 심각도를 모두 설정하면 버그의 중요성에 따라 버그를 수정할 사람이 우선순위화해 처리하기가 용이해진다. 예를 들어 검색 페이지 로고에서 'Google' 철자의 오류는 심각도^{severity}는 낮지만(검색 기능 자체는 문제가 없음), 중요성은 높다(매우 안 좋은 문제라는 의미). 두 개의 필드를 설정하면 버그 수정 팀은 그들의 시간을 좀 더 현명하게 사용할 수 있다. 심각도는 다음과 같은 값을 가진다.

  - s0 = 시스템 사용 불가능$^{System\ unusable}$
  - s1 = High^{높음}
  - s2 = Medium^{중간}
  - s3 = Low^{낮음}
  - s4 = No effect on system$^{시스템에\ 영향\ 없음}$

- **상태**

  [필수 사항] 버그의 현재 상태다. 이슈의 질차(그림 3.24 참조)를 보면 어떻게 이 값들이 설정되는지 자세히 알 수 있다. 가능한 상태 값들은 다음과 같다.

  - **생성됨** 이 이슈는 방금 생성됐으며, 아직 할당되지 않음
  - **할당됨** 담당자가 정해져서 할당됐음
  - **수용됨** 담당자가 이슈를 할당 받았음
  - **차후 수정** 담당자가 이 이슈를 차후에 수정할 것이라고 결정함
  - **수정 안 함** 담당자가 해당 이슈를 특정 이유 때문에 수정하지 않을 것이라고 결정함
  - **수정됨** 이슈가 수정됐지만 아직 검증되지는 않았음
  - **검증자 할당됨** 이 이슈에 대한 수정 사항을 검증할 사람이 할당됨
  - **검증됨** 수정 사항이 검증자에 의해 검증됨

- **요약**

  [필수 사항] 이 이슈에 대한 요약 설명이다. 최대한 서술 형식으로 써야 한다. 그래야만 사용자가 이 내용을 보고 이 이슈를 좀 더 테스트해야 할지 아닐지 결정할 수 있다.

- **목적 버전**

  [선택 사항] 해당 이슈가 수정돼서 반영될 소프트웨어 버전이다. 예를 들면 1.2 등이다.

- **종류**

  [필수 사항] 이슈의 종류로, 다음과 같은 것들이 있다.

  - **버그** 프로그램이 예상대로 작동하지 않음
  - **기능 요구** 프로그램에 추가됐으면 하는 사항
  - **고객 문제** 교육 문제나 일반적인 토론
  - **내부 청소** 유지 보수가 필요한 어떤 것
  - **프로세스** API를 통해 자동으로 추적 돼야 할 것

● **검증된 버전**

[선택 사항] 수정 사항이 반영돼 검증까지 된 소프트웨어 버전이다. 예를 들면 1.2 등이다.

● **검증자(Verifier)**

[이슈가 해결되기 전에 필수 사항] 각 이슈는 이슈 해결 여부를 결정할 수 있는 어떤 사람에게 할당된다. 이 사람은 이슈가 해결될 준비가 될 때까지 할당되지 않다가 검증자가 '검증됨'(이슈가 완료됨)이라고 상태를 변경할 때 비로소 값이 할당된다. 검증자는 담당자와 같은 사람이 될 수도 있다. 그림 3.24는 이슈의 절차를 요약해서 보여준다.

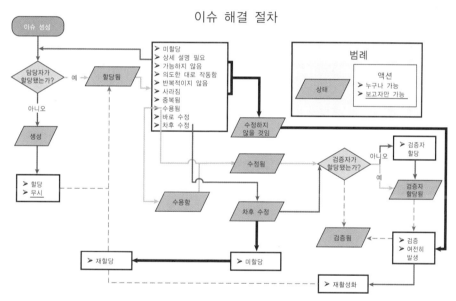

그림 3.24   버그나이저 안에서의 버그의 기본 업무 흐름

구글과 다른 곳에서의 버그 리포트 사이에 중요한 차이점은 다음과 같다

● 대부분의 경우 버그 데이터베이스는 완전히 공개돼 있다. 구글 직원 누구나 모든 프로젝트에 있는 버그를 열람할 수 있다.

● 엔지니어링 디렉터와 고위 임원^{Senior Vice Presidents}을 포함한 누구나 버그를 보고할 수 있다. 구글 직원은 해당 제품의 팀 구성원이 아니더라도 그들이 사용하는 제품

에 대해 버그를 보고할 수 있다. 테스터 그룹은 단지 도움이 되라고 제품에 대해 자주 버그 보고[18]를 한다.

- 버그 선별^{bug triage}에는 형식적인 탑다운 방식의 프로세스가 없다. 버그의 선별 방식[19]은 팀에 따라 매우 다르다. 때때로 한 개인의 업무이기도 하고 TE나 SWE 가 함께 비공식적으로 작업하기도 한다. 선별 업무는 매주 혹은 매일의 스탠드업 미팅의 일부로 이뤄지기도 한다. 팀은 누가 해당 버그를 처리하고 무엇을 처리해 야 할지 판단한다. 버그 선별에는 정식적인 방법이나 대시보드, 혹은 팀의 특별한 결정권자가 없다. 구글은 이에 관한 사항을 개개의 팀이 결정하게 됐다.

구글 프로젝트는 주로 둘 중 하나의 상태다. 새로 시작된 프로젝트로 빠른 개 발을 해 지속적으로 발생하는 수많은 이슈들로 눈 코 뜰 새 없이 바쁜 상태이거나, 인프라스트럭처를 수립해 점진적으로 릴리스하면서 선행된 단위 테스팅과 결함 예 외처리^{fault tolerance}으로 인해 공통된 버그가 없고, 작고 관리할 수 있을 만한 개수만 존재하는 경우다.

다른 회사들이 그렇듯이 구글 직원들은 간혹 통합된 대시보드를 꿈꾸기도 한 다. 매년 구글에서 중앙 집중화된 버그나 모든 프로젝트에 대한 대시보드를 만들고 자 하는 새로운 시도들이 나타난다. 오직 버그나이저 데이터로 한정시키면 일리가 있는 생각이긴 하다. 하지만 각 그룹이 출시 기준과 프로젝트의 하루하루 품질 상태 에 대해 다른 생각을 갖고 있다면 이러한 프로젝트들은 맞지 않을 것이다. 이러한 아이디어는 구글이 아닌 좀 더 정형화된 회사에 어울린다. 착한 의도를 가진 사람들 도 구글에서의 다양한 프로젝트와 엔지니어링 방식 때문에 좌절을 느끼기도 한다.

버그 보고 규모 확장에 대한 구글 규모의^{Google-scale} 방법은 구글 피드백^{Google Feedback} 팀(http://www.google.com/tools/feedback/intl/en/index.html)[20]에 의해 시작됐다. 구글 피드백은 최종 사용자가 선택한 구글 서비스에 대해 버그를 보고할 수 있는 기능을

---

18. 원문에는 dog pile한다고 돼 있다. - 옮긴이

19. 버그 선별은 새로 보고된 버그를 리뷰해 어떤 순서로 누가 수정해야 하는지 결정하는 프로세스다. 병원 응급실에서 환자를 선별하는 작업과 비슷하다.

20. 4장에 구글 피드백(Google Feedback)의 엔지니어링 매니저인 브래드 그린(Brad Green)의 인터 뷰가 있다.

제공한다. 기본적인 아이디어는, 외부 사용자는 어떤 버그가 이미 보고됐는지, 이미 수정 됐는지 전부 알 필요가 없이 쉽고 빠르게 피드백을 줄 수 있게 하는 것이다. 따라서 구글 테스터와 소프트웨어 엔지니어는 사용자가 버그를 보고하기 위한 '포인트 앤 클릭point-and-click'이라는 간단한 방법을 만들었다. 이 팀의 엔지니어들은 사용자가 구글에 버그를 보고할 때 개인 정보를 포함한 부분은 직관적으로 제거할 수 있게(그림 3.25 참조) 엄청난 노력을 기울여왔다.

그림 3.25 개인 정보 필터링 기능을 가진 구글 피드백

구글 피드백 팀은 외부에서 우리의 데이터베이스로 들어오는 눈먼 버그들 때문에 발생할 수 있는 중복 버그 보고 문제에 대한 아주 훌륭한 기능을 만들어냈다. 알다시피 워낙 중복 버그가 많이 보고되기 때문에 이는 버그 선별 프로세스에 병목현상을 줄 수도 있다. 클러스터링 알고리즘을 이용해 자동으로 중복된 버그 리포트를 제거하고 오직 중요한 문제만 선별해낸다.

구글 피드백은 이렇게 분석을 위해 상품화 팀으로 사용자가 보고한 문제 중 처리된 데이터를 보여주는 유용한 대시보드를 갖고 있다. 메이저 릴리스가 배포된 주에 수만 개의 피드백이 쏟아지는 것이 전혀 이상하지도 않다. 이를 10개 이하

정도로 줄이거나, 중요하거나 공통적인 이슈를 찾아낸다. 이렇게 하면 일일이 모든 피드백에 대응하는 것보다 훨씬 시간을 줄일 수 있게 되며, 실제로 사용자의 목소리에 귀를 기울일 수 있게 된다. 피드백 팀은 몇 가지 구글 서비스에 대해 베타 테스팅을 했지만, 모든 구글 서비스로 확장하는 목표를 갖고 있다.

●● 이것이 벅스 라이프

제임스 휘태커(James Whittaker)

버그는 과잉보호된 아이들과 같다. 이들은 매우 많은 관심과 주의가 필요하다. 이들은 아마 개발자의 IDE에서 상대적으로 조용히 태어났을 것이지만, 세상에 노출된 순간부터 엄청난 팡파레의 한가운데에서 그 삶을 이어 왔을 것이다.

테스터가 찾아낸 버그에 대한 라이프 사이클은 다음과 같을 것이다. 테스터가 버그를 찾아내고 그 순간을 음미한다. 정말 이 순간이 중요하다. 단지 노동의 대가에 따른 과실을 음미하는 시간뿐 아니라 버그와 보여지는 자체를 둘러싼 공기의 미묘한 뉘앙스를 이해하는 것이 중요하다. 이것이 사용자가 접할 만한 경로인가? 이러한 경로는 어떤 것인가? 이렇게 되기까지 도달할 수 있는 다른 경로가 많은가? 데이터나 다른 애플리케이션에 영향을 미쳐 (심각성을 높이는) 부작용이 있는가? 개인 정보 보호, 보안, 성능, 혹은 접근성에 영향을 주진 않는가? 아이의 작은 기침 소리를 듣고 가능한 한 가장 안 좋은 병을 상상하는 부모는 소프트웨어 버그에 대해 상상하는 것보다는 오히려 편안할 것이다!

친구나 친척들과 아이의 기침에 대해 걱정하는 부모처럼 테스터는 버그를 발견했을 때 동료들을 찾아야 한다. 동료 직원들을 불러 당신이 발견한 것을 보여주자. 버그와 그 심각성, 중요성, 부작용 등에 대한 그들의 의견을 당신 생각에 투영해보자. 이러한 논의를 통해 명료함이 생기게 된다. 부모들은 응급실로 가는 비용을 아끼듯이 테스터들은 P0로 생각했던 것이 실제로 매우 사소한 것이었고 벼룩 잡으려고 초가삼간을 태울 필요가 없다는 것을 깨달을 때가 있다.

자, 이제 버그 리포트를 작성할 시간이다. 부모가 체온계를 찾듯이 테스터 역시 자신의 툴을 찾는다. 부모들은 자식의 병을 쉽게 진단하길 원한다. 엄마는 아이의 병이 얼마나 심각해질 수 있는지 의사를 설득하려고 한다. 테스터 역시 심각도를 알리려 하고, 그것보다 더 중요하게 테스터는 버그를 쉽게 고칠 수 있게 만든다. 스크린 캡처, 키 입력 로그, 스택 트레이스와 DOM 덤프들은 버그를 문서화하는 방법들이다. 개발자가 많은 정보를 접할수록 버그를 수정하기 쉬워지고 버그 수정을 완료할 수 있는 기회가 많아진다.

버그 리포트는 고려할 만한 모든 이해관계자에게 이메일로 보내지고, 버그 수정을 위한 CL이 준비된다. CL은 리뷰를 기다리게 되고, 리뷰가 완료되면 빌드 타겟을 위해 대기한다. 이것이 버그를 치유할 수 있는 약이며, 부모가 자식들에게 약을 주고 그 반응을 보듯이 테스터도 새로운 테스트 빌드가 준비됐다는 이메일을 받는다. 테스터는 빌드를 설치하고, 해당 버그를 재현하는 테스트 케이스를 다시 수행한다.

이제 이 테스트는 그 애플리케이션을 위한 회귀 테스트 스위트에 포함된다. 재발생되는 버그를 반드시 검출하기 위한 자동화 노력이 시도되거나, 수동 테스트 케이스가 테스트 케이스 관리 시스템에 관리하에 등록된다. 이러한 방법을 통해 아이가 한 번 앓았던 박테리아에 대해서는 면역성을 갖게 되듯이 시스템 빌드 역시 미래의 같은 버그에 대한 면역성을 갖게 된다.

TE 채용

구글에서는 엔지니어를 채용할 때 신중을 기한다. 일반적으로 엔지니어는 전산학 혹은 관련 전공의 학위를 갖는다. 하지만 소프트웨어 테스팅에 대해 체계적으로 가르치는 학교는 많지 않다. 따라서 코딩과 테스팅 스킬을 모두 갖춘다는 것은 한계가 있기 때문에 어떠한 회사든 훌륭한 테스터를 채용하는 것은 과제일 수밖에 없다.

특히 TE는 알고리즘, 이론 증명, 기능 구현에 있어 최고가 아니기 때문에 직무에 적합한 사람을 채용하기란 어려울 수밖에 없다. 구글 TE의 인재 채용과 면접 과정은 관례상 따라왔던 SWE/SET와는 매우 다르다. 솔직히 처음부터 우리가 제대로 하고 있었던 것은 아니다. 실제로 우리는 TE 면접 과정에서 완벽하게 하려고 했었으며, 이러한 초기 시도에 대해 모든 지원자에게 사과한다. TE는 많지 않은 종류의 사람들이라고 할 수 있다. 그들은 기술적이고, 사용자 입장을 고려하며, 제품을 체계적으로 최종 사용자의 관점에서 이해하는 사람들이다. 그들은 수그러들 줄 모르는 훌륭한 교섭자이며, 그리고 무엇보다 중요한 것은 그들은 창의적이며, 애매모호한 것을 처리할 수 있다는 점이다. 이 점이 바로 구글, 혹은 어떤 회사라도 그들을 고용하기 위해 애쓰는 이유다.

테스팅이 대부분 검증 작업이라는 것은 종종 잊혀진다. 테스팅은 애플리케이션이 해야 할 일을 하고 있는가를 검증하는 것이며, 테스팅의 많은 작업이 테스팅 수행을 계획하고 검증을 수행하는 것이다. 크래시가 발생하기도 하지만 크래시를 찾는 것이 최종 목표는 아니다.

오농작할 때까지 소프트웨어를 다루는 것은 흥미롭지만, 더 재미있는 것은 몇 번이고 반복해서 실제 사용을 시뮬레이션해보면서 그런 조건에서 오동작이 발생하지 않게 만드는 것이다. 우리는 면접을 통해 테스팅의 긍정적인 관점을 찾기로 했다.

수년간 우리는 TE에 대한 다음과 같은 면접 스타일을 수도 없이 시도해왔다.

- **SET와 같은 방법으로 면접하기** 후보자가 스마트하고 창의적이나 코딩 능력이 기준에는 맞지 않을 때 우리는 그를 TE에 적합하다고 생각했다. 이런 방식은 테스트 팀 내에서 가상 계층을 만들고, 더 심하게는 사용성, 엔드 투 엔드 테스트 같이 우리가 배제해서는 안 되는 사용자 중심의 테스트에 능통한 많은 후보자들까지 걸러내는 많은 문제점을 야기했다.

- **코딩 요건의 중요성 경시** 우리가 오직 사용자 중심과 기능적 테스팅에만 초점을 맞춘다면 후보자 집단의 크기를 엄청나게 늘릴 수 있을 것이다. 수도쿠^{Sudoku} 퍼즐을 해결하는 코드를 적지 못하거나 퀵 정렬 알고리즘^{quick sort algorithm}을 최적화하지 못한다고 해서 테스터가 될 수 있는 능력이 없는 후보자라고 할 수는 없다. 이것은 좀 더 많은 TE를 회사로 끌어들이는 방법일 수 있지만, 그들이 이 곳에서 성공할 수 있게 해주는 것은 아니다. 구글의 코딩 문화와 전산학에 기반을 둔 기술은 기술자들 사이에서 경력 개발에 있어 중요하며, 수준 높은 테스터가 되기 위해서도 마찬가지다.

- **중간적인 하이브리드 스타일** 현재 우리는 일반적인 전산학과 전문적 기술과 테스팅에 대한 적성을 매우 중요한 요건으로 결부시켜 면접한다. 코딩에 대한 지식도 중요하다. 앞서 언급한 대로 실제 코딩 스킬은 TE 업무에 있어 매우 중요한 요건이다(코딩 스킬이란 코드를 창조하고 최종 사용자 시나리오를 스크립트하는 능력을 넘어 그것을 좀 더 나은 것으로 수정할 수 있는 능력을 말한다). 이것은 커뮤니케이션이나 시스템 레벨에 대한 이해, 사용자 공감과 같이 훌륭한 TE가 갖춰야 할 요소들과 결합되면 대개는 내부 승진이나 진급의 가능성이 높아지게 된다.

TE는 다방면에서 훌륭해야 하므로 면접을 통과하기가 쉽지 않아 채용 역시 어렵다. 그들은 만물박사이며, 최종적으로 제품 및 신규 버전의 출시 여부를 결정해야 하는 강인함을 갖춰야 한다. 이들을 신중하게 평가하지 않는다면 심각한 문제 상황에 부닥칠 수도 있다.

이러한 TE 채용의 관문을 통과함으로써 TE는 어떤 제품이나 필요한 어떤 역할에도 적용할 수 있다. TE는 툴을 만들고, 고객과 관계를 맺고, 다른 팀 및 종속 부서 등과 협조하는 방법과, 무엇이 필요하고 완성돼야 하는지에 대한 폭넓은 관점과, 디자인 이슈 및 위험에 대한 이해를 함으로써 때로는 SET를 대상으로 리더십을 가진다.

구글은 google.com보다 제품이 더 복잡해지고 더 많은 UI를 갖게 됨에 따라 TE 랭킹을 세워왔다. 우리 제품이 좀 더 많은 사용자로부터 영향을 받고 사용자 환경에서 중요성이 커짐에 따라 TE의 역할은 구글 문화에서 중대한 사항으로 떠오르기 시작했다.

●● SET와 TE의 차이점

제이슨 아본(Jason Arbon)

SET와 TE의 역할은 서로 연관되긴 하지만 근본적으로는 다르다. 나는 두 가지 역할을 모두 경험하고 관리해봤다. 아래 나열된 목록을 통해 어떤 특성에 자신이 맞는지 파악하고 나면 당신의 직무를 바꿔야 할 수도 있을 것이다. 다음 조건에 부합한다면 당신은 SET에 적합한 사람이다.

- 명세서와 화이트보드를 다룰 수 있으며, 명확하고 효율적인 솔루션을 코드로 작성할 수 있다.
- 코딩 시 모든 단위 테스트를 작성해야 한다는 죄책감에 사로잡힌다. 결국에는 각 단위 테스트를 손수 만드는 대신 테스트 코드를 만들고 검증하는 모든 방법을 강구한다.
- 최종 사용자는 API를 호출하는 누군가라고 생각한다.
- 형편없이 쓰인 API는 문서를 보면 짜증이 날 뿐만 아니라, 때로는 그 API의 목적도 알 수 없게 된다.
- 사람들과 코드의 최적화 또는 경합 조건(race condition) 탐지에 대해 이야기하는 모습을 스스로 발견할 수 있다.
- 다른 사람들과 IRC 또는 체크인 코멘트로 의사소통하는 것을 선호한다.
- GUI보다는 커맨드라인(Command line)을 선호하며, 마우스는 거의 사용하지 않는다.

- 수많은 기계들이 당신의 코드를 수행하고, 알고리즘을 만들고 테스트함으로써 수많은 CPU 사이클과 네트워크 패킷이 최적화된 것을 보여줘서 그것들이 옳다는 것을 증명하는 꿈을 꾼다.
- 데스크톱 배경 화면을 신경 쓰지 않으며, 본인 취향대로 만들지 않는다.
- 컴파일러 경고 문구를 보면 불안해진다.
- 제품 테스트를 요청받는다면 소스코드를 열고 무엇을 목(mock)으로 만들어야 (mocking) 할 것인지 생각하기 시작한다.
- 당신이 생각하는 리더십이란, 모든 사람에게 도움을 주거나 하루에 수백만 번 테스트 서버가 동작시키는 훌륭한 로우레벨 단위 테스트 프레임워크를 만들어 배포하는 것이다.
- 제품 출시 준비됐냐고 묻는다면 당신은 아마도 "모든 테스트에 통과했습니다"라고 대답할 것이다.

    아래 조건에 부합한다면 당신은 TE에 적합한 사람이다.

- 당신은 존재하는 코드에 대해 에러를 발견하며, 고장 유형에 대한 즉각직인 이해를 한다. 하지만 코딩을 처음부터 시작하거나 변경 사항을 만드는 데 신경 쓰지는 않는다.
- 다른 사람들의 코드를 하루 종일 읽기 위해 Slashdot 혹은 News.com을 방문하는 것을 좋아한다.
- 어설픈 제품 스펙을 보면 제품과 스펙 사이의 결함을 보완해 문서에 반영하려고 한다.
- 인간의 삶에 큰 영향을 주는 제품을 만들고 사람들이 그것을 알아주길 바란다.
- 어떤 웹사이트의 UI에 대해서는 어안이 벙벙해지며, 그러한 사이트에 사용자가 있다는 것에 대해 의아해 한다.
- 데이터의 시각화에 대해 흥미가 있다.
- 실제 세상에서 사람들과 이야기하기를 원한다.
- 어떤 문서 편집 시스템에서 문장을 입력하기 위해 왜 'i'를 입력해야 하는지 이해하지 못한다.
- 리더십이란 다른 기술자의 아이디어를 배양시키고 좀 더 넓은 안목을 갖고 그들의 아이디어에 도전하는 것이라고 생각한다.
- 제품 출시가 준비됐냐고 묻는다면 당신은 아마도 "준비 됐습니다."라고 대답할 것이다.

    테스터가 자신에 대해 안다는 것은 중요하다. 때때로 TE는 SET보다 코딩을 덜 하거나 못하는 것으로 인식된다. 사실 그들은 다른 이들이 코드를 하루 종일 들여다봐도 보지 못하는 것을 보는 능력을 갖고 있다. SET는 또한 그들이 TE가 아님을 인지하고 UI 이슈 발견, 전반적인 시스템 혹은 경쟁 제품을 고려해야 한다는 죄책감이나 압박에서 벗어나

TE 면접

적절한 기술을 보유하고 있는 지원자를 발견했을 때 면접에 초청하게 된다. 우리는 종종 TE 면접 방식에 대해 질문을 받고 있으며, 이것은 실제로 자사 블로그 및 공식 발표장에서 가장 흔하게 받는 질문 중 하나다. 모든 종류의 질문을 밝히지는 않겠지만, 우리가 가진 생각을 제공할 만한 샘플 질문(대중에게 공개됐기에 더 이상 중요도가 높지는 않음)들은 다음과 같다

맨 먼저 적성검사를 실시한다. 우리의 의도는 단순히 총명하고 창의적인 지원자를 찾는 것을 넘어 테스팅 작업에 있어 재주가 있는지를 판단하는 것이다. 우리는 어떻게 제품이 만들어지고 어떤 변수의 조합 및 환경설정이 가능한지에 대해 선천적으로 호기심이 많으며, 테스트에 흥미를 가진 지원자를 찾는다. 일이 어떻게 진행돼야 하는지를 알고 명확하게 진행하는 능력도 필요하다. 강인한 성격 또한 중요한 조건이다.

여기에서의 아이디어는 다양한 입력과 환경 조건을 요구하는 테스팅 문제를 제시하고, 지원자에게 가장 흥미로운 것들을 열거하게 만드는 것이다. 쉬운 단계에서는 지원자에게 하나의 텍스트 입력 창과 count라고 써있는 버튼을 가진 웹 페이지(그림 3.26 참조)를 보여주고, 텍스트 문자열을 입력한 후 버튼을 누르면 알파벳 A가 몇 개 있는지 계산하는 웹 페이지를 테스트하게 요구한다. 질문: 당신이 테스트하고자 하는 문자열 입력을 찾아내라.

그림 3.26 샘플 UI 질문 문항

어떤 지원자는 당장에 테스트 예시 목록을 만들기 시작한다. 이러한 지원자들은 문제점에 대해 충분히 생각하지 않기 때문에 이는 때때로 위험 신호가 된다. 질보다 양에 중점을 두려는 경향은 일을 하는 데 있어 효율적이지 않기 때문에 대부분 경험을 통해 부정적인 것으로 인식돼 왔다. 지원자가 해결 방안에 도달하기 전 어떻게 문제 사항에 접근하는지 그지 바라보는 것만으로도 그들에 대해 알 수 있다.

다음과 같은 명확한 질문을 하는 지원자는 더 낫다. 대문자 혹은 소문자? 영문만? 수치화 이후 텍스트가 지워질 수 있는가? 반복적으로 버튼이 입력됐을 경우는?

문제 사항이 명확해지면 지원자는 테스트 사례들을 목록화하기 시작한다. 그들이 쏟아내는 목록에는 체계가 있어야 한다. 단지 소프트웨어를 분석하는지, 아니면 작동되는 것을 입증할 방법을 강구하는지, 어떤 것이 선행되고 후행돼야 하는지를 알고 있는지, 명백하고 간단한 방법으로 일을 시작하고 이에 따라 가능하면 빨리 주요 버그들을 찾아내는지, 어떻게 해야 테스트 계획 및 데이터를 정확하게 보여주는 것에 대해 고려하는지 등이다. 화이트보드상의 무작위 문자열 순서는 생각이 명료하지 못하다는 것을 보여주며, 오히려 계획에 문제가 발생할 때 지연을 일으키는 부분이 돼버린다. 전형적인 사례 목록은 다음과 같은 형태다.

- "banana": 3(실제 단어)
- "A" and "a": 1(양성 결과를 내는 간단한 정상적인 경우)
- "": 0(0의 결과를 내는 간단한 정상적인 경우)
- null: 0(간단한 에러의 경우)
- "AA" and "aa": 2(A만 1개 이상을 가지고 있는 경우)

- "b": 0(음성 결과를 내는 비어있지 않는 간단한 정상적인 경우)
- "aba": 2(해당 글자가 첫 번째와 마지막에 위치해 오프 바이 원^{off-by-one} 루프 버그를 찾기 위한 경우)
- "bab": 1(해당 글자가 가운데에 위치한 경우)
- space/tabs/etc.: N(N개의 A와 화이트스페이스 문자들을 섞은 경우)
- A가 없는 긴 문자열: N, N > 0일 때
- A가 있는 긴 문자열: N, N이 A의 개수와 같을 때
- 문자열에 \n 개행 문자 포함: N, N이 A의 개수와 같을 때(포맷 문자열)
- {java/C/HTML/JavaScript}: N, N이 A의 개수와 같을 때(실행 가능한 문자들, 에러들, 혹은 우연히 수행될 만한 코드)

이러한 테스트들을 나열하지 못한다는 것은 부정적인 징후다.

더 나은 후보자들은 좀 더 상급 테스팅 이슈에 대해 토론하며, 위와 같은 입력을 선택한 데 대해 상세한 이유를 언급한다. 그들은 다음과 같은 특성을 가진다.

- 모양과 분위기, 칼라 팔레트, 명암 대조에 대해 질문한다. 그것이 관련 애플리케이션들과 일관성을 보이는가? 시각 장애를 가진 사람이 이용할 수 있는가?
- 입력 가능한 장문의 문자열을 수용하기 위해 텍스트 박스가 너무 작은 것에 대해서 걱정하고, 충분한 크기를 제안한다.
- 동일 서버 내의 한 애플리케이션과 관련해 발생할 수 있는 멀티 인스턴스 상황에 대해 호기심을 갖는다. 사용자 간 혼선이 생길 가능성이 있을까?
- "데이터가 기록됐습니까?"라고 질문한다. 그 데이터는 아마도 주소 혹은 개인 식별 정보일 것이다.
- 단어 사전이나 책에서의 텍스트 선정과 같은 실제 세상의 데이터를 자동화할 것을 제안한다.
- "충분히 빠른가? 로딩 시 충분한 속도를 가지는가?"라고 질문한다.
- "발견할 수 있는 것인가? 이용자들은 어떻게 이 페이지를 찾아내는가?"라고 질문한다.

- HTML과 자바스크립트^{Java Script}를 입력한다. 혹시 이것이 페이지 렌더링을 정지시키지는 않는가?
- 알파벳을 대문자 혹은 소문자만, 아니면 두 가지 모두 카운팅하는지에 대해 질문한다.
- 문자열을 복사하고 붙여넣기를 시도한다.

어떤 컨셉은 좀 더 발달했으며, 문제점이 발생했던 당시를 돌아보고자 좀 더 경험과 가치 있는 테스팅 마인드로 표출된다.

그들은 아마도 다음과 같은 행동을 할 것이다.

- URL 인코닝된 HTTP GET 방식으로 서버에 카운트를 전달한다면 Net상에서 튀는 것처럼 문자열이 잘릴 수 있다. 따라서 지원되는 URL의 길이가 얼마인지를 보증할 수 없을 수도 있다.
- 애플리케이션을 파라미터화 할 것을 제안한다. 왜 A만 카운트해야 하는가?
- 다른 언어의 또 다른 문자들을 고려한다(웅스트롬이나 움라우트와 같은).
- 이 애플리케이션이 국제적으로 사용될 수 있을 지에 대해 생각한다.
- 작동하는 문자열의 한계를 알아내기 위해 2의 제곱승과 같은 문자열 길이를 만들어내는 스크립트나 직접 샘플링한 문자열에 대해 생각한다.
- 뒤에 있는 구현과 코드를 고려한다. 문자열을 훑어가는 카운터와 A의 개수를 누적하는 카운터가 있을 것이다. 문자열의 길이와 A의 개수에 대한 경계 값들을 이용하는 것은 흥미로울 것이다.
- "HTTP POST 메소드와 파라미터들은 해킹이 가능한가요? 보안 구멍이 있지는 않을까요?"라는 질문을 한다.
- 길이 또는 A의 개수 등과 같은 문자열 속성에 대한 흥미로운 순열과 조합을 생성하는 스크립트를 만들어 테스트 입력을 생성하고 검증한다.

후보자가 테스트 케이스에서 어떤 길이의 문자열을 사용하는지에 대해 깊이 파고들면 때때로 그들이 직무를 얼마나 잘하는지 알 수 있다. 후보자가 '긴 문자열' 정도로만 설명하고 기술적으로 구체적이지 않다면 나쁜 징조다. 좀 더 전문적인 후보자는 문자열의 스펙이 무엇인지에 대해 궁금해 하며 이러한 한계에 대한 영역 테스트를 제시할 것이다. 예를 들어 1,000개 문자에 대한 제한이 있을 경우 999, 1,000, 1,001까지 모두 시도해 볼 것이다. 베스트 후보자는 2^{32} 및 2^n에서 10^n 사이의 많은 흥미 있는 수치에 대해 시도할 것이다. 후보자가 단지 무작위로 추출된 숫자보다 어떤 수치가 중요한 것인지에 대해 판단하는 것은 중요하다. 그들은 오류가 가장 빈번하게 발생할 수 있는 알고리즘, 언어, 실행 시간, 하드웨어에 대해 근본적으로 이해하고 있어야 한다. 그들은 또한 구현 가능한 세부 사항에 기초한 문자열 길이들을 테스트할 것이며, 카운터와 포인터와 오프 바이 원 가능성에 대해 생각할 것이다. 진짜 훌륭한 후보자는 시스템이 상태를 가질 수 있다는 점에 착안해 이전에 입력했던 값들을 다시 입력해 볼 것이다. 그러므로 같은 문자열을 여러 번 시도하거나 길이 1,000의 문자열을 입력한 이후에 길이가 0인 문자열을 입력하는 방식의 중요한 테스트 케이스를 만들어볼 것이다.

면접에서 살펴보는 주요 특성 중 하나는 애매한 것들을 다룰 수 있고 바보 같은 아이디어들을 미루는 TE의 능력을 보는 것이다. 우리는 후보자들이 상세 질문을 할 때 자주 명세 사항을 바꾸거나 상식적이지 않은 동작을 설명하기도 한다. 이러한 애매한 사항들을 얼마나 잘 다루는지에 따라 그들이 직무에서 얼마나 잘할 수 있는지를 드러내게 된다. 구글에서 명세는 맞추기 어려운 움직이는 타겟이어서 릴리스 주기에 따라 달리 해석되고 수정된다. 최대 문자 길이를 5자라고 제안하는 것은 이상한 행동이며, 사용자들을 당황시킬 가능성이 있는 행동이다. 이는 그들이 사용자 관점을 고려하는지를 알아볼 수 있는 척도다. 이러한 엉뚱한 상황을 받아들이는 후보자는 실무에서도 똑같이 바보 같은 동작을 검증한다. 이러한 사항을 뒤로 미루거나 명세에 대해 질문을 하는 후보자는 실무에서도 호기심과 수완 있게 해결하려 한다.

TE 면접의 마지막 부분은 '구글스러움'이라 부르는 것을 면밀히 살피는 것이다. 우리는 직무에 국한되지 않고 다른 사항들을 살피고 직무 방향 밖의 일도 하는 호기심 많고 열정적인 엔지니어를 원한다. 담당 업무는 반드시 완료돼야 하겠지만, 일과 인생은 당신을 둘러싼 세계에서 최대의 영향을 미치는 것이어야 한다. 우리는 자신을 둘러싼 세계와 연결돼 있으며, 좀 더 큰 전산학 커뮤니티와 교류하는 사람을 원한다. 오픈소스 프로젝트에 버그를 보고했거나 그들이 작업했던 것을 다른 곳에서 재활용했던 사람들이 그 예가 될 수 있나. 함께 일하기 즐겁고, 나른 이들과 잘 어울려 지내고, 우리의 문화를 향상시킬 수 있는 사람을 원한다. 우리는 지속적으로 발전하고 자기 계발을 하는 엔지니어를 원한다. 또한 배울 점이 있어서 우리에게 신선함을 가져다 줄 사람을 원한다. "악한 짓을 하지 말라."라는 모토에 어울리는 협조적인 사람을 원한다.

대기업에서 면접하는 것은 두려운 일이다. 우리도 잘 알고 있다. 우리도 두려웠으니까. 많은 이들이 처음부터 통과하지는 못하며, 잘하기 위해서는 많은 수련이 필요하다. 우리가 잔인하게 굴려고 그러는 것이 아니다. 우리는 구글의 TE가 됐을 때 회사에 공헌하고 그들의 직무에서 자라나갈 사람을 찾고자 하는 것이다. 이것은 회사와 후보자 양쪽 모두에게 좋은 일이다. 구글처럼 큰 회사임에도 불구하고 중소기업의 문화를 유지하고 싶어 하는 회사들은 지나치게 조심스럽다. 우리는 구글이 다가올 많은 세월 동안 계속 일하기 좋은 직장이었으면 한다. 올바른 사람을 뽑는 것이 이러한 것을 이루기 위한 가장 중요한 일이다.

구글의 테스트 리더십

가끔 농담 삼아 구글에서는 오직 고도의 기술력과 강한 의욕, 엔지니어들을 자율적으로 관리하는 것만 잘 돼 있다고 애기하곤 한다. 하지만 구글에서 TE를 관리하는 것은 실로 어려운 일이다. 우리가 TE를 관리할 때 겪게 되는 어려움은 격려와 명령 사이에서 어디에 초점을 맞춰야 하느냐는 것과 실험 정신을 독려하고 스스로 결정을 할 수 있게 사람들을 신뢰하면서도 팀 업무를 열심히 하게 일관성을 주는 데 있다. 이것은 실로 어려운 일이다.

구글에서 테스터들을 이끌거나 관리하는 것은 다른 회사와 다르게 더 어려운 것일 수 있다. 구글에서 일하면서 어려움을 야기하는 몇 가지 점이 있는데, 그것은 너무 적은 테스터 수, 능숙한 테스터 채용, 다양성과 자율성에 대한 건강한 존경심 때문이다. 구글에서의 테스트 관리는 관리에 많은 노력을 쏟기보다는 격려해주는 것에 가깝다. 그런 방식이 매일 혹은 매주 수행하는 단기적 실행보다 더 전략적이라고 할 수 있다. 하지만 엔지니어링 관리가 우리가 이전에 일했던 전형적인 곳에서의 관리보다 제약이 없고, 때로는 더 복잡하기까지 하다. 테스트 관리와 구글에서의 리더십에서 중요한 것은 리더십과 통찰력, 협상 능력, 외부 커뮤니케이션, 기술적인 능숙함, 전략적인 구상력, 채용과 면접, 그리고 팀의 인사고과를 진행하는 것이다.

일반적으로 구글에서는 너무 많은 관리와 구조가 존재하면 긴장감이 감돈다. 구글 테스트 디렉터, 매니저, 리더들 모두 엔지니어들의 아슬아슬한 믿음을 바탕으로 노력하지만, 그들은 믿음이 헛되거나 시간을 낭비하지 않을 것을 확신하며 행동한다. 구글은 문제에 대해 대규모의 전략적인 솔루션과 접근법에 기반을 두고 투자한다. 매니저들은 작은 테스트에 대한 투자를 넘어서 테스트 프레임워크가 중복 개발되지 않게 도와주고, 때로는 대규모의 테스트 수행과 인프라스트럭처를 구축할 수 있게 엔지니어들을 격려한다. 이러한 관리 없이 엔지니어 개개인의 능력에 의지하거나 20% 시간에서 나올 성과만 기대하면 테스트 엔지니어링 프로젝트들은 대부분 실패하게 된다.

●● **해적 리더십**

제이슨 아본(Jason Arbon)

구글에서 테스트 엔지니어 팀 관리는 해적선에 비유할 수 있다. 특히, 테스트 조직에 속해 있는 엔지니어들은 선천적으로 의문을 품고 행동하며, 정답이 정해져 있는 결정적인 데이터를 원하며, 그들의 리더와 매니저의 지시를 끊임없이 평가한다. 우리가 면접을 할 때 중요시했던 점은 스스로 자발적인 사람이 되는 것이다 ? 어떻게 이러한 사람들을 관리할 것인가?

그에 대한 해답은 마치 내가 해적선의 선장이 돼 질서를 유지하는 것을 상상하는 것과 같다. 사실 선장은 수적으로 열세이기 때문에 폭력이나 두려움을 이용해서 배를 '관리'하지 못하므로 기술적인 재능과 일에 필요한 다른 사항들을 단단히 준비한다. 이러한 해적선들에는 종종 목숨을 유지하는 것 이상의 무엇인가가 있기 때문에 단순히 금괴만으로는 그들을 관리할 수 없다. 해적선을 진심으로 이끄는 것은 그 해적선만이 가진 삶의 방식과 선원들이 무엇인가를 발견하고 포획할 수 있다는 기대에 찬 흥분감이다. 구글의 조직 역시 다이내믹하기 때문에 선원들의 반란 가능성은 항상 존재한다. 게다가 엔지니어들은 종종 팀 간 이동을 장려 받기까지 한다. 배가 많은 보물을 찾지 못한다거나, 일하기에 재미있는 장소가 되지 못할 때 엔지니어링 '해적선'은 다음 항구에 정착한 후 다시 항해를 재개할 시간이 돼도 돌아가지 못한다.

엔지니어링 리더가 된다는 것은 해적 엔지니어가 가득한 해적선의 선장이 되는 것을 의미하며, 지평선 너머에 무엇이 있는지, 근처에는 어떤 배들이 항해하고 있는지, 그리고 우리가 어떤 보물들을 갖게 될지에 대해 더 잘 아는 것이다. 기술적 비전으로의 인도, 흥미로운 기술적 모험의 약속, 그리고 재미있는 항구들의 보물 말이다. 당신은 구글의 엔지니어 매니저로서 항상 새로운 것을 갈구하고 당신의 해적선에 승선한 엔지니어들을 잘 감시해야 한다.

구글에는 몇 가지 타입의 리더와 매니저가 있는데, 테크 리드^{tech lead}와 테크 리드 매니저, 엔지니어링 매니저, 디렉터가 그것이다.

- **테크 리드(Tech Lead)** 테스트에서의 테크 리드는 대규모 프로젝트에서 공통적인 기술적 어려움, 인프라스트럭처에 대한 문제점을 공유하는 SET 또는 TE 집단에 존재한다. 일반적으로 그들은 사람들을 관리하지 않으며, 제품과는 별도로 인프라스트럭처를 개발하는 팀에 존재한다. 테크 리드는 팀의 기술적 문제나 테스팅 문제에 대한 조언자^{go-to person}다. 이러한 역할은 보통 형식에 얽매이지 않고 팀에 따라 유기적으로 결정된다. 또한 이러한 사람들은 한 번에 하나의 프로젝트에만 주력한다.

- **테크 리드 매니저(TLM, Tech Lead Manager)** 이 흥미로운 존재는 조언자이지만 공식적으로 여러 엔지니어의 매니저이면서 기술적 이슈에 대한 조언자다. 테크 리드 매니저들은 보통 존경을 많이 받는 능력 있는 사람들이다. 그들은 일반적으로 한 번에 하나의 주요 프로젝트에만 집중한다.

- **테스트 엔지니어링 매니저(Test Engineering Manager)** 엔지니어링 매니저들은 여러 팀의 엔지니어링 업무를 감독하고, 거의 항상 '바닥에서 시작해 최고의 위치에 오른' 인물들이다. 이러한 포지션은 업계에서 일반적으로 이야기하는 테스트 매니저와 거의 동등한 역할을 하지만, 대부분의 회사들에서는 프로젝트 내에 상대적으로 적은 테스트 인력이 있기 때문에 일반적인 디렉터의 역할까지 폭넓게 담당한다. 업무의 복잡도에 따라 12명부터 35명 정도까지 사람들을 관리한다.

그들은 툴과 프로세스에 대해 팀들 간의 공유, 리스크 평가에 기반을 둔 팀 간 부하 조정, 채용과 면접 등을 담당한다.

- **테스트 디렉터(Test Director)** 테스트 디렉터는 그리 많지 않으며, 여러 제품의 여러 매니저를 이끄는 역할이다. 그들은 테스트 업무의 전반적인 범위 선정과 전략 추진에 힘쓰며, 때로는 기술적 인프라스트럭처와 테스팅 방법을 개선하기 위해 노력한다. 그들의 초점은 어떻게 품질과 테스팅이 비즈니스에 영향(대략적인 비용 분석, 손익분석 등)을 미치는지, 때로는 외부 업계와의 공유에 대해 집중한다. 이런 종류의 사람들은 종종 40개에서 70개 사이의 보고서를 다룬다. 그들은 고위급이나 클라이언트, 애플리케이션, 광고 등과 같은 '핵심 분야'와 밀접하게 업무를 진행한다.

- **시니어 테스트 디렉터(Senior Test Director)** 구글에는 직무 기술, 고용, 외부와의 커뮤니케이션, 그리고 전반적인 구글의 테스팅 전략을 위해 일관된 접근을 해야 하는 고위 리더십의 의무를 가진 사람이 딱 한 명 있다(패트릭 코플랜드). 그의 업무는 종종 모범적인 경영 사례 중 하나로 공유되고, 글로벌 빌드 또는 테스트 인프라스트럭처, 정적 분석, 구글의 제품, 사용자 이슈, 코드 기반을 폭넓게 포괄하는 테스팅 활동들에 대해 새로운 계획을 창조하고 추진하는 일을 한다.

외부 채용과 면접은 특히 디렉터와 상위 디렉터뿐만 아니라 대부분의 구글 테스터들과 관련 있는 일이다. 구글에서의 채용에는 어느 정도 기이한 점이 있는데, 대부분의 엔지니어들이 이미 회사와 기본적인 기술에 대해, 그리고 이곳이 일하기 좋은 장소라는 사실을 알고 있다는 점이다. 때때로 후보자는 면접 과정에서 다소 조심스럽게 행동하기도 하고 채용 가능성에 대해 너무 좋아하는 티를 내서 면접을 망칠까 걱정하기도 한다. 훌륭한 후보자는 대개 그들의 현재 위치에서 잘 적응하고 일을 처리하고 있지만, 구글에서 증가하는 경쟁에 대해 고민한다. 보통 이러한 걱정을 떨쳐 버리는 최선의 방법은 그들이 이야기하고 있는 누군가에게 주목하는 것이다. 구글 엔지니어들은 능숙하고 의욕이 넘치긴 하지만, 그들의 업무를 흥미롭고 대단하게 만드는 큰 부분은 생각이 비슷한 엔지니어 커뮤니티와 놀라운 일을 할 수 있는 구글의 인프라스트럭처에 영향을 주는 방식이다.

구글에서는 내부 채용 또한 많이 진행된다. 엔지니어들은 프로젝트를 변경할 수 있으며, 언제든지 팀 간의 이동이 발생한다. 내부 채용은 프로젝트들이 조화롭게 진행될 수 있게 하기 위함이다. 대부분의 내부 채용은 엔지니어 대 엔지니어의 면접으로 이뤄지는데, 테스터, 개발자, PM^{프로젝트 매니저}들이 관심 프로젝트, 기술적 이슈와 전체적인 만족도에 대해 이야기하면서 엔지니어 대 엔지니어의 면접으로 이뤄진다. 팀들은 틈틈이 어느 정도 격식을 갖춘 모임을 주최해 엔지니어를 찾는 자리를 마련해 자신들이 하는 일들을 보여주기도 하지만, 대부분의 내부 채용은 유기적으로 이뤄지길 의도한 것이다. 엔지니어들이 관심을 갖거나 최선의 가치를 부여할 수 있다고 생각하는 곳으로 흘러가게 놔두는 것이다.

- **전문성(technical)** 테스트 매니저, 특히 테스트 리더는 전문성을 갖춰야 한다. 그들은 프로토타입을 작성하고 코드 리뷰를 수행하며, 항상 팀의 어느 누구보다도 제품과 고객에 대해 알기 위해 노력한다.

- **협상(negotiation)** 항상 모든 것을 테스트할 수 없다. 엔지니어 디렉터들로부터 자원과 관심에 대한 요청은 끊임없이 이어진다. 좋은 구실을 대며 아니라고 정중히 말할 수 있는 방법을 알아야만 한다.

- **외부 커뮤니케이션(external communication)** 테스트 관리와 리더십은 종종 현지 벤더 업무나 실용성 검증을 위한 협의를 한다. 테스트 관리는 동료에게도 관심을 보여야 하며, GTAC 같이 더 큰 공동체에서 테스트 엔지니어링 이슈에 대해 공유하고 토의할 수 있는 포럼을 만드는 이벤트를 준비한다.

- **전략 구상(strategic initiatives)** 테스트 리더와 매니저는 다른 곳에서는 할 수 없고 구글에서만 가능한 일에 대해 종종 질문을 받는다. 단지 구글이나 구글의 제품뿐만 아니라 웹이라는 거시적인 관점에서 이를 발전시켜 나가기 위해 어떻게 우리의 테스트 인프라스트럭처를 공유하고 널리 이용할 수 있게 할지, 우리의 자원을 모아 장기적인 관점에서 투자를 하면 어떤 일이 벌어질지, 이런 생각들을 비전과 투자, 그리고 모든 이가 테스터가 될 수도 있는 맹목적인 공격으로부터의 보호 등을 함께 생각하며 지원하는 일은 진정으로 아주 힘든 작업이다.

- **리뷰/퍼포먼스(reviews/performance)** 구글에서 리뷰는 동료 간에 피드백을 주고, 리드와 매니저들이 팀을 넘어서서 평가하는 방법이다. 구글러들은 분기별로

리뷰를 받는다. 최근의 업적은 무엇인가와, 제품의 질과 효율성 그리고 사용자에게 어떠한 영향을 주었는가에 그 주안점을 둔다. 리뷰 시스템은 그들이 이전에 했던 업무를 바탕으로 쉽게 판단되게 하지 않는다. 이 방법은 충분히 노출되지 않았으며, 때로는 시험과 변화를 시도하기 때문에 세부 사항을 문서화하는 것은 그렇게 유용한 일은 아니다. 기본적으로 구글러들은 그들이 무엇을 했으며, 그들이 했던 일이 본인의 생각에 얼마나 훌륭한지에 대해 간략하게 설명한 자료를 제출한다. 그러고 나서 그들의 동료들과 매니저는 그에 대한 의견을 주게 되고, 중립 위원회들은 팀들 전체를 걸쳐 중재하고 결과를 대등하게 만든다. 가능하다고 생각하는 것보다 높은 목표를 세우는 것이 중요하다. 구글러가 그들의 목표를 모두 달성한다면 그들은 충분히 높은 목표를 세운 것이 아니다.

구글에서 리뷰와 퍼포먼스 관리는 목표보다 더 좋은 결과를 낳는 사람들 중 지식 분야를 넘나드는 사람들을 찾아내고 격려하는 것을 포함한다. 모든 방향으로 이동은 항상 일어난다. 엔지니어들이 보통 기술적 흥미나 전공을 추구할 때 TE에서 SET로, 그리고 SET에서 SWE로의 이동이 가장 일반적으로 발생하며, SET에서 TE로, 그리고 TE에서 PM으로의 이동은 그 다음으로 빈번하게 발생하는 상황이다. 관리 분야로 이동하는 사람들은 폭넓은 지식을 갖게 되지만, 하루 종일 코딩하는 것에 대해서는 흥미를 잃게 된다.

매니저들은 또한 사람들이 분기 OKR[21]과 연간 OKR을 세울 수 있게 돕는다. 그들은 OKR이 매우 긍정적이거나 야망적인 목표이지만 가까운 시일 안에 반드시 혹은 거의 달성될 필요는 없는 '스트레치 OKR[stretch OKR]'이 되게 한다. 또한 매니저는 목표가 개별 TE와 SET의 능력과, 프로젝트와 사업에 필요한 관심이 조합되게 한다.

테스트 리더십은 때로 타협을 하고 개별 SET와 TE들의 현명한 의견을 따를 필요가 있다. 구글 리더십과 관리의 특징은 SET와 TE들의 작업 보고를 멘토링하고

---

21. OKR은 목적과 주요 결과(Objectives and Key Results)를 의미한다. OKR은 목표 목록을 말하는 좀 더 세련된 방법이며, 목표의 성공을 어떻게 측정할 것인지에 대한 방법이다. 구글에서는 성공을 정량화할 수 있는 측정 기준에 주안점을 둔다. OKR을 70% 달성했다는 것은 당신의 뜻하는 바가 다소 높으며 열심히 일했다는 것을 의미한다. 100%는 열정적이지 않았다는 것을 의미한다.

지도하는 것이지 명령하는 것이 아니라는 점이다.

유지 관리 모드 테스팅

구글은 빠르고 빈번한 출시와 빠른 실패를 통해 품질을 유지하는 것으로 알려져 있다. 높은 위험을 가진 프로젝트로 자원이 몰릴 수도 있다. TE에게 이 의미는 기능들 혹은 전체 프로젝트가 우선순위에서 밀리거나 또는 완전히 폐기될 수도 있음을 의미한다. 이러한 상황은 모든 것이 잘 관리되고 있을 때 발생하기도 하고 소프트웨어의 특정 부분에서 테스팅하기에 심각한 문제를 발견했을 때도 발생한다. 구글의 TE는 이러한 상황을 기술적으로나 감정적으로 어떻게 처리해야 하는지 미리 준비하고 알아야 한다. 재미있는 상황은 아니지만, 이러한 상황들은 신중히 처리되지 않을 때 위험 요소가 가장 집중되고 비용이 드는 일일 수 있다.

●● 유지 관리 모드의 예: 구글 데스크톱

제이슨 아본(Jason Arbon)

나는 수천만 명의 사용자, 고객, 서버 등으로 이뤄진 구글 데스크톱(Google Desktop) 테스팅과 프로젝트들을 구글 검색에 통합하는 작업에 대한 테스팅이라는 엄청난 업무를 담당한 적이 있다. 나는 일반적인 자질을 가진 채로 프로젝트에 신세를 지면서 테스트 리드 중 가장 최근에 이 프로젝트에 임하게 됐다. 프로젝트 규모는 컸지만, 다른 대규모의 프로젝트들과 마찬가지로 수년간의 테스팅과 사용으로 인해 기능 추가와 리스크는 줄어들었다.

두 명의 테스트 동료들과 내가 그 프로젝트에 떨궈졌을 때 구글 데스크톱(Google Desktop)은 오래된 TCM(TestScribe Test Case Manager) 데이터베이스에 2,500개의 테스트 케이스를 갖고 있었으며, 하이데라바드 오피스의 일부 영리하고 부지런한 제조업체들은 릴리스 때마다 이러한 테스트 케이스들을 실행했다. 이렇게 해서 보통 일주일 간의, 혹은 더 오랜 테스트 주기로 테스트에 대한 결과를 알 수 있었다. 초기 일부 시도는 UI와 접속 가능한 훅(hook)을 통한 제품의 자동화를 만들었지만, 복잡성과 비용 때문에 실패했다. C++를 통해 웹 페이지와 데스크톱 윈도우 UI를 모두 운영하는 것은 쉬운 일이 아니며, 타임아웃이라는 이슈도 어디에든 존재했다.

두 명의 테스트 동료들은 테야스 샤(Tejas Shah)와 마이크 메다(Mike Meade)였다. 구글에는 클라이언트 테스팅 분야에 대해서는 자원이 많지 않다. 대부분의 구글 제품들이 웹에 위치하거나 웹으로 빠르게 이동함에 따라 우리는 웹 DOM을 통해 제품을 운용하는 파이썬(Python) 테스트 프레임워크(기존 구글 토크 랩(Google Talk Labs) 에디션으로 개발됐음)를 이용하기로 결정했다. 이 프레임워크는 빠르고 파이유닛(PyUnit)에서 파생돼 테스트 케이스 클래스 같이 테스트 프레임워크에 필요한 기본적인 내용들을 갖고 있었다. 많은 TE와 개발자들은 파이썬에 대해 알고 있었으며, 따라서 필요시 우리는 빠른 철수 전략을 짤 수 있었고, 많은 다른 엔지니어들은 무엇이 잘못됐을 때 도와줄 수 있었다. 또한 파이썬은 컴파일 과정 없이 코드를 좀 더 작은 바이트 크기로 반복적으로 개발하는 데 있어서는 놀랄 만큼 빠르며, 기본적으로 구글의 모든 워크스테이션에 설치돼 있어 전체 테스트 스위트를 하나의 명령으로 배포할 수 있었다.

우리는 함께 제품 운용을 위해 전반적인 파이썬 API를 만들기로 결정했다. 이를 위해 검색에 필요한 클라이언트 쪽의 COM API 조작을 위해 ctype을 사용하고, 로컬 결과의 테스팅 주입을 google.com 결과(일반적이지 않은 조건!)로 서버 응답을 목킹(mocking) 하고, 사용자에 대한 효과를 내기 위해 많은 라이브러리 기능을 사용하며, 그리고 크롤 (crawl)의 조작을 이용하기로 했다. 우리는 또한 구글 데스크톱 인덱스에 필요한 테스트를 위해 가상 머신 자동화를 구축했다. 그렇지 않았다면 우리는 매번 새로운 설치 완료를 위한 인덱싱을 몇 시간 동안이나 기다렸어야 했다. 우리는 제품의 최우선순위 기능을 테스트하는 작고 자동화된 스모크 스위트(smoke suite)를 만들었다.

그 다음에 우리는 기존 2,500개의 테스트 케이스를 살펴보기로 했다. 많은 부분이 이해하기 어려웠으며, 프로토타입의 코드를 참조하거나 혹은 프로젝트의 초반에 있었던 사라진 기능을 테스트하거나, 혹은 머신의 문맥과 상태에 대해 많은 부분을 추정했다. 불행하게도 이 문서의 대부분은 하이데라바드의 협력업체 관점에서만 바라본 내용이었다. 이것은 우리가 별다른 알림 없이 보안 패치 빌드를 빠르게 검증하고자 할 때 적합한 테스트 내용은 아니었으며, 분명히 비용이 들 만한 사항이었다. 따라서 우리는 2,500개의 모든 테스트를 검토해 우리가 바라보는 독립적 시각에서 제품에 대해 가장 중요하고 관련 있다고 판단하는 항목을 식별해내고, 약 150개의 테스트를 삭제하는 과감한 시도를 감행했다. 그 결과 좀 더 적은 테스트 케이스가 우리에게 남았다. 협력업체와 테스트 과정을 명확하게 하기 위해 남아있는 수동 테스트 케이스들의 설명서를 정리하고 구글 데스크톱을 잠깐이라도 사용했었던 누구든지 작동할 수 있게 상세히 열거했다. 우리는 미래에 회귀 테스트를 수행할 수 있는 유일한 사람이 되기를 원하지 않았다.

이 시점에서 회귀 테스트를 시작할 수 있게 모든 빌드에 대한 자동화된 커버리지와 릴리스 후보 빌드에 대해 누구나 반나절 만에 수행할 수 있는 매우 적은 수의 매뉴얼 테스트를 확보했다. 이렇게 함으로써 협력 업체들은 더 높은 목표 가치에 집중해 일할 수 있게 했고, 비용을 줄였으며, 기능 커버리지와 거의 똑같은 양에 가깝게 커버리지를 확보해 출시 지연을 감소시켰다.

이맘때쯤 크롬 프로젝트가 시작됐고 고객 컴퓨터상에서 구글 서비스에 대한 미래를 바라보기 시작했다. 우리는 충분한 테스트 API를 통한 빠른 자동화로 모든 이득을 막 취할 때였고, 장기간 수행되는 테스트를 구축하려고 했지만 크롬 브라우저로 빨리 인력들을 이동할 것을 요구 받았다.

우리의 자동화 회귀 테스트 스위트와 매우 가벼운 수동 테스트 패스를 통해 모든 내부 빌드와 공개 빌드를 확인할 수 있게 함으로써 구글 데스크톱을 유지 관리 모드에 있게 만들 수 있었고 우리의 에너지를 좀 더 변동성 있고 위험한 크롬 프로젝트에 집중할 수 있었다.

그러나 우리에게는 포럼을 통해 지속적으로 들어오는 하나의 거슬리는 오류가 있었다. 구글 데스크톱의 일부 버전에서 구글 데스크톱이 하드 드라이브 공간을 단숨에 잡아먹었다. 이러한 이슈는 일관된 재현 방법이 없기 때문에 계속해서 따라다녀야만 했다. 우리는 커뮤니티 관리자(Community Manager)를 통해 고객으로부터 더 많은 컴퓨터 정보를 얻기 위해 연락을 취하려 했지만, 그 누구도 원인을 명백히 밝혀내는 사람은 없었다. 우리는 이것이 시간이 흐르면서 더 많은 사용자에게 영향을 미칠까 걱정했고, 부족한 선원으로 항해를 해야 하는 것처럼 나중으로 미뤄야 할 문제로 끝나버린다면 절대 해결되지 않거나 괴로울 것 같았다. 따라서 그냥 넘기기 전에 좀 더 깊은 조사를 실시했다. 테스트 팀은 PM과 개발자가 계속해서 조사하게 했고, 심지어는 인덱싱 코드(indexing code)의 원조 개발자를 찾아 그는 무엇을 찾아야 하는지 알 것이라는 생각에 먼 곳에서부터 이 프로젝트에 끌어들였다. 결국 그는 해냈다. 사용자가 아웃룩(Outlook)을 설치했을 때 데스크톱이 계속 인덱싱을 한다는 사실을 알아냈다. 인덱스 코드는 매번 조사할 때마다 이전 아이템을 새로운 아이템으로 계속해서 인식했으며, 아웃룩의 할 일 기능(task feature)을 사용하는 사용자들의 하드 드라이브를 천천히 그러나 끊임없이 엉망으로 만들었다. 인덱스는 2GB로 한정돼 있기에 에러가 날 때까지 오랜 시간이 걸렸고, 최근 문서는 인덱스되지 않았기에 알아내기가 힘들었다. 그러나 기술적 근면함으로써 결국 그것을 발견하고 개선할 수가 있었다. 데스크톱의 최신 버전은 이러한 부분을 개선했고 6~12개월 안에 잠복된 이슈가 튀어나오는 일이 없었다.

우리는 또한 사용자들에게 없어질 거라는 경고를 주며 기능에 시간제한을 두었다. 이 역시 간단하고 신뢰할 수 있게 만들었다. 테스트 팀은 좀 더 신뢰성 있고 견고한 클라이언트 단일 모드를 사용하기 위해 기능이 비활성화될 때 전역 플래그(global flag)를 통해 통신 상태를 검사하는 서버의 코드 경로를 이동할 것을 제안했다. 이러한 방법은 기능이 비활성화된 상태에서는 다음 릴리스를 할 필요성을 없앴고, 디자인의 단순화를 통해 기능들을 좀 더 견고하게 만들었다.

우리는 자동화를 실행하고 매뉴얼 테스트를 시작하는 간단한 매뉴얼을 마련하고 (작은 릴리스는 오직 몇 시간 정도와 하나의 협력업체만 있으면 된다), 이 작업을 위해 협력업체를 대기시켰으며, 테스팅 초점을 크롬(Chrome)과 클라우드(Cloud)로 이동했다. 릴리스 증가는 별 탈 없이 진행됐다. 이런 방식의 자동화는 오늘날에도 계속해서 진행된다. 구글 데스크톱 고객은 여전히 활발하게 제품을 사용하고 있다.

프로젝트를 유지 관리 모드에 넣을 때 품질 제어에 필요한 사람 간의 상호작용을 줄일 필요가 있다. 재미있는 점은 코드를 가만히 내버려 두면 저절로 망가지고 보잘 것 없어진다는 점이다. 이것은 제품 코드와 테스트 코드에 적용되는 말이다. 유지 관리 기술의 핵심은 품질을 모니터링하는 것이지 새로운 이슈를 찾아내는 것이 아니다. 이러한 모든 것들을 따라 프로젝트가 잘 지원된다면 항상 탄탄한 테스트들을 새로 개발하지 않아도 되고 테스터가 테스트를 제거할 필요도 없어진다.

매뉴얼 테스트를 제거할 때 우리는 다음과 같은 가이드라인을 사용한다.

- 항상 통과하는 낮은 우선순위의 테스팅 때문에 높은 우선순위 테스팅을 하는 데 영향을 받는다면 그것들을 제거하라.
- 우리는 우리가 제거해야 할 것이 무엇인지 잘 이해하고 있다. 제거할 영역에 있는 어느 정도 대표성 있는 샘플 테스트를 선택하는 데 시간을 들인다. 가능하다면 원작자와 이야기해 원작자의 의도를 파악하자.
- 자동화 혹은 높은 우선순위의 테스트나 탐색적 테스팅을 살펴보기 위해 새로운 시간을 마련한다.
- 또한 과거에 거짓 양성false positive 결과를 주었거나 신뢰할 수 없는 자동화 테스트에서 불필요한 부분을 제거한다. 그것들은 단순히 거짓 경보를 만들거나 엔지니어링 업무가 늦어지게 함으로써 시간을 낭비한다.

유지 관리 모드에 들어가기 전에 다음 사항들을 고려하라.

- 어려운 문제점을 중단하지 말고 떠나기 전에 바로잡아라.

- E2E에 주력한 자동화 테스트 스위트는 작지만 많은 시간과 노력이 드는 일을 넘어서 거의 노력을 들이지 않고 많은 확신을 제공할 수 있다. 이러한 테스트 스위트가 없다면 하나 만들어놓자.

- 회사 내의 누구라도 당신의 테스트 프로그램들을 실행할 수 있게 실용적인 문서들을 남겨라. 그래야 그 일에서 완전히 벗어날 수 있으며, 당연히 해야 할 일이다.

- 무엇인가 잘못됐을 때 반드시 단계적으로 확대되는 계획escalation path을 세워라. 꼭 그 단계적 확대 계획을 따르라.

- 항상 당신이 일해 왔던 프로젝트에 투입되거나 도와줄 준비를 해라. 제품과 팀, 사용자 모두를 위해 좋은 일이다.

특히 구글에서 유지 관리 모드 테스트에 진입하는 것은 많은 프로젝트에서 발생하는 일이다. TE로서 우리는 사용자들이 가능한 한 고통 없고 효율적으로 소프트웨어를 이용할 수 있게 엔지니어링 측면에서 세심한 단계를 취할 수 있게 해야 한다. 우리는 또한 반드시 하나의 코드 또는 아이디어에 얽매이지 않고 다른 것으로 이동할 수 있어야 한다.

퀄리티 봇 실험

테스팅을 위한 최신의 방법과 툴 대신에 가상적으로 무한대의 CPU와 무한대의 저장 공간과 이것을 사용하는 알고리즘을 실행할 비싼 두뇌를 사용하는 검색 엔진 인프라스트럭처의 방식을 테스팅에 적용하면 어떻게 될까. 봇, 퀄리티 봇Quality Bots 이 바로 그것이다.

구글의 많은 프로젝트에서 일하면서 많은 엔지니어와 팀들과 대화해보면 수동 또는 자동 회귀 테스트를 실행하는 데 많은 지적 자원과 시간을 쏟고 있음을 깨닫게 된다. 자동화 테스트 시나리오와 수동 회귀 테스트 수행을 관리하는 일은 매우 값비싼 업무다. 비쌀 뿐만 아니라 대부분 느리다. 더 안 좋은 점은 예상할 수 있는 동작만 살펴보고 예상치 못한 것은 살펴보지 못한다는 점이다.

구글의 품질 집중 엔지니어링 사례에 의하면 회귀 테스트 수행은 그 실패 비율이 대부분 5% 이하다. 이것은 TE가 경험적으로 계산한 것과 비슷한 수치다. 이러한 TE들은 호기심이 강하고, 똑똑하며, 창의적이어서 고용된 것이므로 이들은 좀 더 머리를 쓰는 탐색적 테스팅에 집중하면 더 좋을 것이다.

구글 검색은 지속적으로 웹 크롤링web crawling22을 하며, 본 것들을 저장하고, 엄청나게 큰 인덱스에서 데이터의 순서를 어떻게 할 것인지 판단하고, 정적/동적 관계 점수에 따라 데이터의 순위를 매기고, 요청에 따른 데이터를 검색 결과 페이지에 보여준다. 길이가 적당하다고 생각한다면 이러한 기본적인 검색 엔진 설계를 자동화된 품질 평가 머신automated quality scoring machine으로 생각해볼 수 있다. 마치 이상적인 테스트 엔진으로서 말이다. 이러한 기본 시스템을 갖고 테스트에 초점을 맞춘 버전을 만들어봤다.

1. **크롤(crawl)** 현재 봇은 웹을 크롤링하고 있다.23 웹드라이버WebDriver 자동화 스크립트를 로딩한 수천의 가상 머신은 웹의 주요 브라우저를 가지고 많은 주요 URL들을 방문한다. 봇들은 URL 사이를 마치 원숭이가 넝쿨을 타듯이 크롤링하고 있으며, 그들이 방문하는 웹 페이지의 구조를 분석한다. 이것들은 HTML 요소가 어디에 어떻게 보여지는지에 대한 HTML 지도를 만든다.

2. **인덱스** 크롤러는 처리되지 않은 데이터raw data를 그대로 인덱스 서버에 올린다. 인덱스는 사용된 브라우저와 크롤링된 시간에 따라서 순서를 매긴다. 이것은 얼마나 많은 페이지가 크롤링됐는지와 같은, 매번 실행할 때에 발생하는 차이에 대해 기본적인 통계를 미리 계산한다.

3. **랭킹** 엔지니어가 특정 페이지를 여러 번 실행시키거나 하나의 브라우저로 모든 페이지를 보는 것에 대한 결과를 원할 때 랭커ranker는 품질 점수를 얻기 위해 엄청난 계산을 한다. 품질 점수는 %로 나타낸 두 페이지 간의 간단한 유사도

---

22. 검색 엔진을 최신 상태로 유지하기 위해서 웹을 탐색하는 것 – 옮긴이

23. 가장 높은 순위의 크롤러는 Skytap.com의 가상 머신에서 수행된다. Skytap은 강력한 가상 머신 환경을 제공하며, 가상 머신에 오류가 있거나 인스턴스를 디버깅하고자 할 때 브라우저를 떠나지 않고도 개발자가 직접 가상머신에 접속할 수 있게 한다. 개발자의 집중력과 시간은 CPU 사이클보다 훨씬 가치가 있다. 더 나아가 Skytap은 완전히 다른 사용자의 가상 머신과 계정에서 실행되는 봇을 가능케 하며, Skytap의 비공개 스테이징 서버에 접근하는 것을 허락한다.

점수이며, 여러 번의 실행을 통해 평균을 계산한다. 100%라는 것은 두 페이지가 동일하다는 의미이며, 그보다 작다는 것은 무엇인가 다르다는 의미이고, 얼마나 다른지를 측정할 수 있다.

4. **결과** 결과는 봇 대시보드^{bots dashboard}(그림 3.27)에 요약돼 나타난다. 상세한 결과는 각 페이지의 점수 표에 유사도 %로 나타난다(그림 3.28과 3.29). 각 결과에 대해 엔지니어는 시각적 차이를 분석하며, 실행 중에 다른 HTML 요소의 XPaths[24]와 그 위치 등에 어떤 차이가 있는지 자세한 점수를 계산한다. 엔지니어는 또한 해당 URL의 과거 점수 평균 최솟값과 최댓값 등을 볼 수 있다.

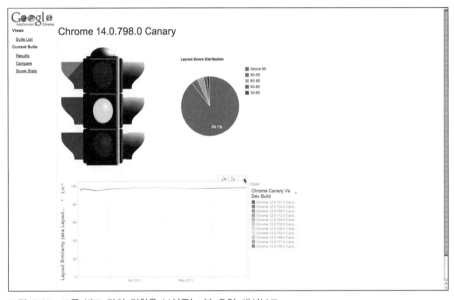

그림 3.27 크롬 빌드 간의 경향을 보여주는 봇 요약 대시보드

---

24. XPath는 파일 경로와 비슷하지만, 파일 시스템이 아닌 웹 페이지에 대해서만 사용된다. 이것은 부모
    -자식 관계와 웹 페이지의 DOM의 요소들을 유일하게 구분해내는 다른 정보들을 갖고 있다.
    http://en.wikipedia.org/wiki/XPath를 참조하자.

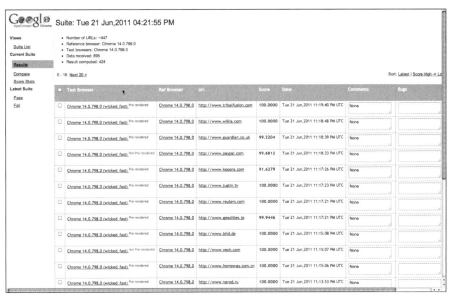

그림 3.28 봇의 전형적인 표 상세 뷰

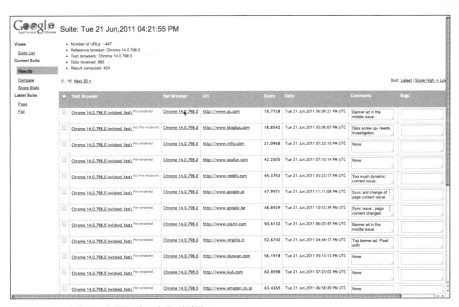

그림 3.29 가장 큰 차이를 강조하게 정렬된 표

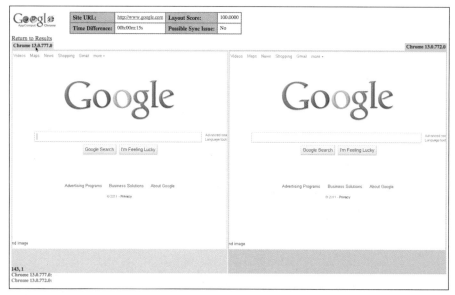

그림 3.30   차이점이 없는 페이지에 대한 시각적 diff 검사

봇의 공식적인 첫 실행에서 봇은 크롬의 두 카나리아 빌드 사이의 문제점을 잡아냈다. 봇은 자동으로 실행됐으며, TE는 URL에 따른 유사도를 %로 보여주는 결과표를 확인할 수 있었다. 그림 3.31과 같이 페이지의 차이점을 정확히 강조해서 보여주는 상세 화면에 기반을 두고 엔지니어는 문제점을 보고할 수 있었다. 봇은 크롬의 모든 빌드[25]를 테스트할 수 있었고, 엔지니어들은 새 회귀 테스트가 진행될 때마다 각 빌드 결과를 확인하고, 문제점이 발생하는 경우 해당 빌드가 포함한 CL로 빨리 확인할 수 있었으므로, 성가신 체크인[26]에서 빠르게 분리시킬 수 있다.

웹킷 코드베이스의 체크인[27](버그 56859: reduce float iteration in logicalLeft/RightOffsetForLine) 은 가운데 div가 접힌 페이지의 아래에 렌더링되게 강제해 회귀 테스트[28]를 발생시켰 다. 이슈 77261: ezinearticles.com의 레이아웃이 크롬 12.0.712.0에서 깨져보였다.

---

25. 크롬은 하루에 여러 번 빌드된다.

26. 문제가 있는 CL 위에 계속 체크인이 덮어지면 문제를 발견하기 성가셔지기 때문이다. - 옮긴이

27. 회귀를 발생시킨 체크인의 URL은 http://trac.webkit.org/changeset/81691이다.

28. 웹킷 버그질라(BugZilla) 이슈의 URL은 https://bugs.webkit.org/show_bug.cgi?id= 56859다. 크 로미엄에서는 http://code.google.com/p/chromium/issues/detail?id=77261에서 찾을 수 있다.

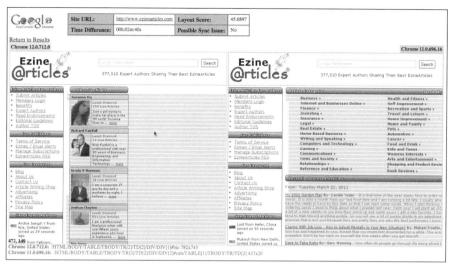

그림 3.31 봇의 최초 실행으로 찾은 첫 버그

우리가 예상(하고 희망)했듯이 봇에서 얻은 데이터는 동일하게 수동 테스트로 수행했을 때 나온 데이터와 같거나 여러 면에서 훨씬 나았다. 대부분의 웹 페이지는 동일했고, 다른 부분은 결과 뷰어를 이용해 엔지니어가 빨리 조사하고 문제될 게 없음을 빨리 알아낼 수 있었다(그림 3.29 참조).

컴퓨터들은 이제 회귀 테스트가 발생할 필요가 없음을 계산할 수 있게 됐다. 관심을 가져야 할 중요한 것들을 놓치지 않았다. 즉, 90%가 넘는 관심 갖지 말아야 할 페이지들을 더 이상 열심히 살펴볼 필요가 없게 됐다. 며칠이 걸리던 테스트 통과는 몇 분 만에 수행될 수 있으며, 매주 수행하던 것을 매일 수행할 수 있게 됐다. 관련 테스터들은 좀 더 중요한 버그에 집중할 수 있게 자유로워졌다.

같은 브라우저에서 같은 웹사이트의 데이터를 여러 번 살펴본다면 브라우저를 테스트하는 것이 아닌 웹사이트를 테스트하는 것이라고 할 수 있다. 단 하나의 URL에 대해 모든 브라우저와 모든 테스트 수행을 살펴보는 것도 비슷한 관점이다. 이는 웹 개발자가 사이트의 모든 변화에 따라 생기는 일들을 살펴볼 기회를 가져다 준다. 즉, 웹 개발자가 새로운 빌드를 밀어 넣었을 때 봇이 이를 크롤하고, 무엇이 변했는지 결과표를 생성할 것이다. 웹 개발자는 사람의 개입 없이 얻은 이 결과를 간단히 살펴보는 것만으로도 곧바로 봇이 찾은 변화가 문제 없거나 무시해도 될 것이라는 것을 결정할 수 있으며, 회귀를 발생시키는 브라우저와 애플리케이션 버전, 그리고 HTML 요소 같은 정보를 가지고 해당 데이터와 함께 버그로 보고할 수 있다.

데이터를 다루는 웹사이트는 어떨까? 유튜브^{YouTube}나 CNN은 매우 데이터 중심적인 사이트들이다. 이 사이트들의 내용은 항상 변한다. 이것이 봇을 혼란스럽게 만들지는 않을까? 봇이 히스토리컬 데이터에 기반을 두고 사이트에서 어떤 데이터의 차이가 있는지 지능적으로 알아낸다면 혼란스럽지 않다. 실행을 반복하다 보면 단지 텍스트와 이미지만 변하고, 봇은 그 사이트의 일반적인 변화의 범위 안에서 측정한다. 사이트가 범위를 벗어난다면 예를 들어 IFRAME이 깨지거나 완전히 새로운 레이아웃을 갖거나 한다면 봇은 경고를 생성하고, 웹 개발자가 이것이 새롭게 알아낸 정상 상태인지 아니면 레아아웃 문제로 보고할 버그인지를 결정한다. 이러한 적은 양의 노이즈는 그림 3.32에서 예제로 볼 수 있는데, 이는 CNET 사이트의 작은 광고가 왼쪽이 아닌 오른쪽에 보이게 된 경우다. 이러한 노이즈는 작지만 휴리스틱이나 사람의 눈으로 살펴볼 때는 쉽게 무시될 수 있다.

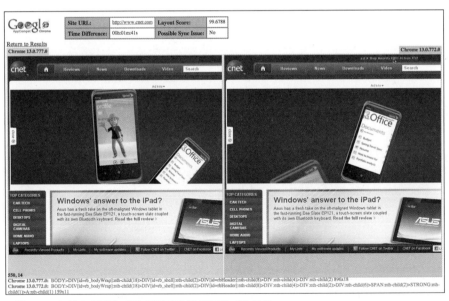

그림 3.32 노이즈 차이에 따른 페이지의 봇 비주얼 diff 조사

이제 이러한 모든 경고들을 어떻게 처리해야 할까? 테스터 혹은 개발자가 이

모든 것을 살펴봐야 할까? 그렇지 않다. 이러한 차이들을 빠르게 확인하기 위해 크라우드 소스[29] 테스터들에게 바로 할당해 핵심 테스트들과 개발 팀을 노이즈로부터 방어하는 실험이 진행 중이다. 크라우드 소스 테스터들은 두 가지 버전의 웹 페이지와 발견된 차이점을 받게 되며, 이를 버그로 간주할지 아니면 새로운 기능이라고 생각하고 무시해야 할지 결정해야 한다. 이렇게 추가적으로 다계층 필터링을 두면 주요 엔지니어 팀을 노이즈로부터 보호할 수 있다.

어떻게 크라우드 소스에서 투표한 결과를 얻을 수 있을까? 우리는 차이점이 있는 실제 봇 데이터를 취하고, 크라우드 테스터에게 간단한 투표 페이지를 전달하는 인프라스트럭처를 구축했다. 그리고 나서 크라우드 테스터의 결과와 표준 수동 검토 방법의 결과를 비교하는 여러 번의 실험을 수행했다. 표준 수동 검토 방법은 협력업체 테스터들이 본사에 참석해 150개의 URL에 대한 회귀 테스트를 진행했고, 2일에서 최대 3일 정도 지연이 있었다. 봇은 150개의 URL 중에서 단지 6개만 조사할 필요가 있다는 결과를 내놓았다. 조사할 필요가 있는 6개의 URL은 크라우드 테스터에게 보내졌다. 봇 데이터와 차이점을 시각화하는 툴을 사용해 크라우드 테스터들은 버그인지 아닌지 판단하는 데 평균적으로 18초가 걸렸다. 크라우드 테스트들은 6개 모두 무시할 만한 사항이라는 것을 밝혀냈고, 이 결과는 수동 테스트로 나온 비싼 검증 결과와 일치했다.

훌륭한 결과이긴 하지만 이 결과는 단지 정적인 웹 페이지에 대한 것이었다. 대화식의 페이지라면 어떨까? 메뉴와 텍스트 박스, 버튼이 날라 다니는 페이지라면 말이다. 동영상과 같은 이러한 문제들을 처리하는 방법은 지금 개발 진행 중이다. 봇은 페이지의 주요 요소들과 자동으로 대화하고, 각 단계에서 DOM의 다른 부분, 즉 그림과 같은 부분을 가져온다. 그리고 나서 단계별로 실행한 '동영상'은 프레임 단위로 차이를 밝혀내는 기술을 이용해 비교한다.

구글의 많은 팀들은 자신들이 수행하던 수동 회귀 테스팅을 봇으로 대체했으며, 수동 테스트에 쏟던 노력을 이전에는 쉽게 가능하지 않았던 탐색적 테스팅 같은

---

29. http://www.utest.com에 있는 우리의 친구들은 이러한 실험을 설정하는 데 도움을 줬다. 그들이 갖고 있는 크라우드 테스터들은 놀랄 만큼 날카롭고 책임감이 있었다. 언제나 그들의 크라우드에서 온 테스트 결과는 내부의 반복적인 회귀 테스트 수행보다 높은 퀄리티의 문제들을 더 많이 찾아냈다.

중요한 업무에 쏟기 시작했다. 구글의 다른 모든 것들처럼 우리는 데이터가 확실한지 천천히 검토했다. 팀은 다른 사용자가 인터넷에 그들의 스테이징계 URL을 공개하길 원한다면 다른 VPN을 테스트할 수 있는 셀프 호스팅 옵션 기능을 포함해 이 서비스와 소스코드를 공개하는 데 집중했다.

기본 봇 코드는 스카이탭Skytap과 아마존 EC2Amazon EC2 인프라스트럭처에서 모두 수행된다. 코드는 오픈소스화 됐으며(구글 테스팅 블로그나 부록 C 참조), 에리얼 토마스Eriel Thomas, 조 미하일Joe Mikhail, 리차드 부스타만테Richard Bustamante에 의해 참여한 테야스 샤Tejas Shah는 일찌감치 봇의 테크 리드가 됐다. 독자들도 이 실험이 더 나아갈 수 있게 그들과 함께 참여했으면 한다.

●● 전체 인터넷의 품질을 측정하기

정보 검색(Information Retrieval)에서는 검색 쿼리의 대표 샘플을 취하기 위해 랜덤으로 하나를 선택하는 것이 보통이다. 여러 쿼리에 대해 검색 엔진이 잘 동작하는지 확인하기 위해서는 대통령 선거의 사전 예측처럼 모든 검색 쿼리의 품질에 대한 통계적인 확신이 있어야 한다. 봇에 대해 우리가 인터넷에 있는 URL의 대표 샘플에 대해서 봇을 실행하면 실제로 전체 인터넷의 양과 품질 추적을 할 수 있다는 가정을 할 수 있다.

●● 특이점(singularity)[30]: 봇의 기원

제이슨 아본(Jason Arbon)

아주 오랜 옛날, 머나먼 구글 오피스에서 크롬이 버전 1이었을 때, 초기 데이터가 확보되기 시작했을 때, 크롬이 파이어폭스와는 다르게 페이지를 렌더링하는 데에서 상당수의 이슈를 확인할 수 있었다. 이러한 차이를 측정하는 초창기 방법은 사용자가 보고하는 버그의 비율을 추적하거나, 프로그램을 언인스톨할 때 얼마나 많은 사용자들이 애플리케이션 호환성 문제에 대해 불만을 갖는지 살펴보는 것이다.

---

30. 특이점이란 컴퓨터가 인간의 지능을 넘어서는 순간을 설명할 때 자주 사용되는 용어다. 지금 다시 한 번 살펴보면 흥미로울 것이다(http://en.wikipedia.org/wiki/Technological_singularity).

그림 3.33 전체 페이지 레이아웃을 단일 해시로 사용한 초기 웹킷(WebKit) 레이아웃 테스팅. 현재는 전체 페이지를 테스트하고, 페이지 레벨에서 실패한 엘리먼트를 찾아낼 수 있다.

나는 이러한 영역에 대해 우리가 잘하고 있는지 측정할 좀 더 반복적이고, 자동화되며, 정량적인 방법이 없을까 궁금했다. 내가 시도하기 전에 이미 많은 사람이 브라우저 사이에서 웹 페이지들의 스크린 샷 차이를 자동으로 찾아내거나, 더 나아가 멋진 이미지, 경계 검출 방법을 이용해 렌더링 결과물들의 사이에 정확한 차이점을 찾아내고 있었지만, 페이지에 바뀌는 광고가 있거나, 내용이 바뀌거나 하면 제대로 사용할 수 없었다. 그림 3.33과 같이 기본 웹킷(WebKit) 레이아웃 테스트는 전체 페이지 레이아웃에 대해 단일 해시를 이용했다. 실제 문제가 발견됐더라도 애플리케이션에서 실제로 무엇이 잘못된 것인지 기술적으로 찾아내려면 그림 한 장 만으로는 단서가 부족했다. 많은 거짓 양성(false positive)[31] 오류가 발생했고, 그로 인해 줄여준 시간보다 더 많은 시간이 소모됐다.

나는 초기의 간단한 크롬봇을 생각했다. 크롬봇은 여러 종류의 크래시를 찾기 위해 크롬 브라우저의 인스턴스를 통해 수천 개의 가상 머신에서 데이터 센터의 컴퓨팅 사이클을 공유하면서 수백만 개의 URL을 크롤했다. 이 툴은 초기에는 크래시를 찾아내는 데 매우 가치가 있었고, 기능 테스팅을 위한 브라우저와의 인터렉션 기능도 추후에 추가됐다. 하지만 이 툴은 점차 그 빛을 잃어갔고, 단지 거의 발생하지 않는 크래시를 찾는 툴로 전락하게 됐다. 이 툴의 좀 더 야망적인 버전을 만들어 '크롬'을 통해서가 아닌 스스로 페이지와 상호작용하는 봇이라고 불렀다면 어땠을까?

---

31. 거짓 양성은 제품의 실제 오류가 아님에도 테스팅 소프트웨어에 의해 오류라고 판단되는 테스트 오류를 말한다. 거짓 양성은 엔지니어들이 해결하기 힘들며, 비싼 비용을 치뤄야 하고, 실익 없는 테스팅을 수행하게 해서 생산성을 떨어뜨린다.

따라서 나는 다른 접근법을 생각했다. DOM[32]의 내부로 들어가는 것이 바로 그것이다. 일주일 동안 많은 페이지들을 하나씩 차례로 로딩하면서 자바 스크립트를 주입해 웹 페이지의 내부 구조를 분석해 내는 실험을 했다.

똑똑한 많은 사람들이 이러한 접근법에 대해 매우 회의적인 의견을 제시했다. 사람들이 회의적인 의견을 가진 이유는 대략 다음과 같다.

- 광고는 계속 변한다.
- CNN.com 같은 사이트의 내용은 계속 변한다.
- 브라우저에 국한된 코드는 브라우저에 따라 렌더링 결과를 다르게 할 것이다.
- 브라우저 자체의 버그가 웹 페이지의 차이를 만들어낼 것이다.
- 이러한 방식은 엄청난 양의 데이터를 처리해야 한다.

이런 모든 것들이 도전할 만한 가치가 있는 흥미로운 것들이었으며, 내가 실패했다면 나는 조용히 있었을 것이다. 나는 다른 검색 엔진에 대해 작업해 본 적이 이미 있었기 때문에 막연함보다는 자신감이 조금 더 있었다. 당시 이러한 프로젝트에 대해 작은 내부 경연이 있었다는 것을 깨달았다. 따라서 나는 조용히 시작했다. 구글에서는 데이터로 말하니까, 따라서 나는 데이터를 만들어내고 싶었다.

실험을 하기 위해 비교의 기준으로 사용할 통제 집단으로 쓸 데이터가 필요했다. 가장 훌륭한 자원은 이 작업을 이끌 실제 테스터들이었다. 파이어폭스[33]와의 차이점을 비교하기 위해 500개 정도의 웹사이트를 수동으로 크롬에 반복적으로 올려보는 협력업체 테스터들을 이끄는 두 명의 테스트 엔지니어링 리드와 대화했다. 그들은 초기에는 거의 절반에 가까운 웹사이트들이 문제가 있었으나, 점진적으로 좋아져서 현재는 5% 이하의 사이트에 대해서만 문제가 있다고 했다.

그리고 나서 나는 웹드라이버(WebDriver, 셀레니엄(Selenium)의 차기 버전)을 이용한 실험을 구축했다. 웹드라이버는 크롬에 대해 좀 더 나은 지원을 했고, 명확한 API를 갖고 있었다. 초기 크롬 버전에서 현재 버전까지를 사용해 비슷한 경향을 나타내는지 확인하기 위한 데이터를 수집할 첫 실험을 수행했다. 이것은 단순히 똑같은 웹사이트들을 로드해 그 시점[34]에서 보이는 HTML 요소(RGB 값이 아님)의 모든 픽셀을 체크하고, 이 데이터

---

32. DOM은 Document Object Model의 약자로, 웹 페이지 HTML의 내부 표현 방식이다. 이것은 버튼, 텍스트 필드, 이미지 등과 같은 모든 객체를 포함한다.

33. HTML 표준에 좀 더 가까운 파이어폭스가 벤치마크로 사용됐다. 많은 사이트가 IE에 특화된 코드를 갖고 있지만, 이는 크롬에서 잘 렌더링될 필요가 없었다.

34. 웹 페이지의 800 x 1000 영역에 대해 getElementFromPoint(x,y)의 값을 취한 엘리먼트들의 해시. 더 나은 방법이 있을 수 있지만, 이 방법은 간단하고 설명을 위해 충분하다.

를 서버에 밀어 넣는다. 이번 실행은 내 로컬 컴퓨터에서 수행됐고, 약 12시간이 걸리므로 밤새 수행되게 놔뒀다. 다음날 데이터가 좋아 보였으므로 파이어폭스를 크롬으로 대체해 같은 테스트를 실행했다. 사이트 내용이 변환하는 것 때문에 걱정이 됐지만, 이것은 데이터를 처음으로 보기 위한 첫 번째 테스트 수행이고, 나중에 둘 다 병렬로 수행해볼 수도 있을 것이라 생각했다. 아침에 사무실에 와서 내 윈도우 데스크톱을 확인했을 때 모든 케이블의 코드가 뽑혀있었다! 내 동료들은 나에게 이상한 눈길을 보내며, 자신들이 아는 것은 내가 보안 요원과 대화를 해봐야 할 것이라는 것뿐이라고 했다. 나는 그들이 어떤 생각을 하고 있는지 상상밖에 할 수 없었다. 크롬은 내 컴퓨터에 알 수 없는 서명의 바이러스를 감염시켰고, 밤새 매우 좋지 않은 동작을 했다. 보안 요원들은 그들이 하드 드라이브를 완전히 파괴하기 전에 통제된 환경에서 컴퓨터의 데이터를 삭제하고자 하는지 물었다. 다행히 클라우드에 있는 내 데이터 덕분에 컴퓨터 전체를 보안 요원이 처치해도 된다고 말할 수 있었고, 나는 그 이후에는 모든 테스트 수행을 외부 VM으로 옮겼다.

데이터는 TE들이 경험한 데이터와 비슷했다(그림 3.34 참고). 컴퓨터가 독립적으로 48시간 동안 생성한 데이터는 수동 테스팅 노력으로 수집한 1년 동안의 데이터와 놀라울 정도로 비슷했다. 무섭게도 말이다.

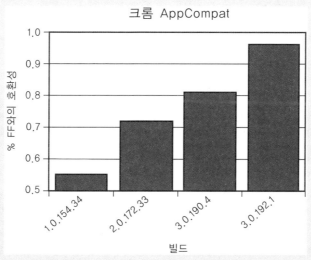

그림 3.34 봇과 사람이 측정한 품질 사이의 유사도를 보여주는 초기 데이터

데이터는 매우 좋아 보였다. 수일간의 코딩과 단일 컴퓨터에서 이틀 밤의 수행은 많은 테스터가 1년 이상 한 작업의 양과 비슷해 보였다. 나는 이 초기 데이터를 디렉터에게 보여줬다. 그는 이 결과가 훌륭하다고 생각했지만, 좀 더 잘 진행되고 있는 나의 다른 실험

에 집중해주길 원했다. 나는 구글스럽게 일을 하기로 결정했고, 그에게 이 일을 잠시 멈추 겠다고 했지만 사실은 아니었다. 우리에겐 매우 훌륭한 두 명의 여름 인턴이 있었고, 그들에게 실험을 계속하게 하고, 페이지 간의 차이점을 잘 보여줄 시각화된 화면을 만들게 했다. 그들은 또한 런타임 이벤트의 차이점을 측정하는 실험도 수행했다. 에릭 우(Eric Wu)와 엘레나 양(Elena Yang)은 인턴이 끝날 때쯤 그들의 작업을 데모했고, 많은 이들이 이 실험이 정말 가능한 것이라고 믿게끔 만들었다.

테야스 샤(Tejas Shah)는 데이터에서 영감을 얻어 인턴들이 낸 결과처럼 이 실험을 실무에 이용할 수 있는 엔지니어링 팀을 만들었다.

●● 봇: 개인적인 투자와 웹으로의 확장

테야스 샤(Tejas Shah)

나는 현재 봇 프로젝트의 테크니컬 리드로서 봇을 웹으로 확장하고, 이를 세상과 공유하는 일을 하고 있다. 봇 프로젝트는 초기 실험 프로젝트로 시작해서 구글의 여러 팀이 사용하는 정규 프로젝트가 됐다.

2010년 말쯤, 나는 SiteCompat이라고 불리는 여러 웹사이트를 크롬에서 로드했을 때 발생할 수 있는 기능적 버그를 잡기 위해 자바 스크립트 테스트를 하는 자동화 테스팅 프레임워크를 개발하느라고 바빴다. 이 프레임워크는 자동으로 google.com의 검색 기능이나 CNN 기사에 대해 거의 모든 크롬 빌드를 검증했다. 잘 동작했고, 일부 회귀 테스트는 버그를 잡아냈고, 웹사이트의 런타임 동작을 위한 자동화된 기능 확인을 추가했다.

비슷한 시기에 제이슨(jason)의 인턴이 완벽하게 훌륭한 봇 프로젝트의 초기 데모를 작업하고 있었다. 나는 인턴의 진행 상황을 주시하고 있었고, 그들이 결과물을 최종적으로 데모했을 때 웹사이트를 검증하는 방법에 대한 나의 관점과 접근법을 완전히 바꾸게 됐다. 최초의 봇 데이터인 엘레나(Elena)의 데모를 처음 봤을 때 나는 완전히 반해버렸다. 나는 이것이 웹 테스팅의 기반을 흔들 만한 것이라는 것을 깨달았다. 내가 직접 스크립트 테스트를 하는 것도 중요하지만, 이는 선형적으로 확장할 수밖에 없었으므로, 일일이 관리해야 했다. 봇은 좀 더 일반적인 유용성을 내포하고 있었다. 나는 이러한 새로운 아이디어에 매료됐고, 사로잡혔다. 인턴들은 떠났고, 많은 이들이 그 코드가 데모 코드라는 것을 알고 있었다. 이것을 주요 인프라스트럭처의 일부로 흡수시키고, 웹 확장 솔루션으로 만들기 위해서는 많은 작업이 필요했다.

처음에는 내가 봇 프로젝트를 작업하는 유일한 엔지니어였다. 그 당시에 봇은 여전히 실험 프로젝트였고, 많은 이들이 여전이 '미션 임파서블'이라고 생각했다. 하지만 나는 누군가가 이것을 실체화해야 한다고 믿고 있었다.

의문과 회의적인 눈을 피하며 혼자 일하는 기간은 잠깐이었다. 약 한 분기 정도였다. 많은 확장 문제와 성능, 평가 방법, 다른 페이지들의 사용성에 관해 할 일들이 많이 있었다. 시스템이 통합돼 하나로 동작하기 전까지 각 부분들은 활용성이 없었다. 이러한 종류의 일을 직접 하는 것은 매우 힘들다. 특히 이렇게 위험한 프로젝트는 경력에 안 좋은 영향을 줄 수도 있다. 이 프로젝트가 제대로 동작하지 않는다면 작업한 결과를 보여줄 수가 없다. 구글은 많은 실험 프로젝트를 장려하지만 결과는 보여줘야 한다. 나를 둘러싼 많은 관리자들이 이 장기 프로젝트를 리뷰하는 동안 회의적인 질문들을 해댔다.

그러고 나서 우리의 첫 데모를 크롬 팀의 엔지니어링 디렉터에게 보여줬다. 그는 이 아이디어를 좋아했고, 당장 실행할 수 있을 것이라 여기는 듯했다. 그는 크롬의 일일 테스팅 작업에 봇의 결과를 이용하기로 결정했다. 그 검증 작업은 매우 중요했고, 나에게 강한 동기 부여를 해줬다. 또한 나는 크롬 팀이 이를 모든 웹을 대상으로 어려운 품질 문제에 사용한다면 어떤 웹사이트에도 사용할 수 있으리라는 것을 깨달았다.

곧바로 우리는 구글의 많은 내부 팀들에 여러 번의 데모를 가졌다. 데모를 본 모든 이들이 우리가 원래 모든 웹 앱에 유용하길 바랐던 것을 증명하듯 자신의 팀에 봇을 사용하길 원했다. 한 분기를 더 작업한 후에 크롬 카나리아 빌드를 위한 추세선과 평가 방법을 만들 수 있었다. 이제 봇은 초기 경고 시스템으로 기능할 뿐이지만, 오류에 대한 좀 더 정확한 데이터를 가지고 개발 주기의 초기 단계에서 실제 버그를 잡아낼 수 있었고, 개발자들은 사실에 기반을 둔 판단을 내릴 수 있게 됐다. 내가 좋아하는 버그는 처음 제작된 봇이 두 개의 일일 빌드를 비교하다 발견한 것이었다. 봇은 애플의 개발자가 웹킷의 속성을 불과 몇 시간에 바꾼 것을 찾아낸 것이었다. 이 기능에 대한 단위 테스트가 있긴 했지만, 실제 웹 페이지를 테스트하는 봇이 이 버그를 잡아냈다.

데모 후에 팀은 종종 "이제 수동 테스팅은 안 해도 되나요?"와 같은 질문을 받았다. 우리들은 당연히 아니라고 대답했다. 그들은 지능적인 탐색적 테스팅, 위험 분석, 사용자에 대한 고려 등 그들이 해야 할 다른 일들을 하면 된다.

크롬의 성공적인 스토리는 우리에게 투자와 자원을 가져다줬다. 이제 봇을 다음 단계로 발전시키기 위해 일하는 사람은 여러 명이 됐다. 동시에 검색 팀이 새로 출시할 끝내주는 순간 검색(Instance page)이라는 기능에 도움을 요청 받았다. 순간 검색 기능은 크롬을 다른 모드에서 실행하는 것이 필요했기 때문에 이를 위해 몇 주를 작업해 특별한 봇을 만들었다. 이 봇을 이용해 그들이 자신감을 갖고 제품을 출시할 수 있게 도울 수 있었는데, 이것은 그들이 같은 자동화를 이용해 앞으로 생길 변화에도 대응할 수 있다는 것을 알고 있었기 때문이다.

TE를 위한 나의 메시지는 이렇다. "무엇가를 믿고 있다면 만들라!" 관리자를 위한 조언은 다음과 같다. ""이러한 엔지니어들에게 숨쉴 수 있고 실험할 수 있는 방을 주세요. 그들은 비즈니스와 고객을 위한 엄청난 일을 해낼 것입니다."

BITE 실험

BITE는 Browser Integrated Test Environment^{브라우저 통합 테스트 환경}의 약자다. BITE는 테스팅 활동, 테스팅 툴, 테스트 데이터를 브라우저와 클라우드에 가능한 한 많이 가져오고, 이러한 정보를 컨텍스트로 보여주고자 하는 실험이다. 복적은 테스팅 업무의 산만함을 없애고 효율성을 주는 데 있다. 이 모든 것을 수동으로 직접 한다면 테스터의 시간과 정신력을 많이 소모해야 하기 때문이다.

전투기 조종사처럼 테스터의 많은 시간이 다량의 데이터를 다루면서 발생하는 컨텍스트 스위칭에 소모된다. 테스터는 여러 탭을 열어놓고 산다. 하나는 데이터베이스, 하나는 제품 메일링 리스트나 논의 그룹에 관한 이메일, 하나는 테스트 케이스 관리 시스템, 또 하나는 테스트 계획이나 스프레드시트를 열어놓고 있을 것이다. 우리는 효율성과 속도에 대해 너무 사로잡혀 있는 것 같다. 실제로 더 큰 문제가 이런 것에서 발생하는 데 말이다. 이렇게 하면 테스터는 중요한 컨텍스트를 놓친 채 테스트를 끝내게 된다.

- 테스터는 중복된 버그를 찾는 데 시간을 쏟는다. 그들은 버그를 검색하기 위한 알맞은 키워드를 모르기 때문이다.
- 테스터는 매우 명백해 보이는 문제에 대해서는 버그를 보고하지 않는다. 이미 보고된 버그에 대한 알맞은 키워드가 무엇인지 찾기 위해 버그 데이터베이스를 일일이 조사하고 싶지 않기 때문이다.
- 모든 테스터가 차후에 버그 선별을 하거나 개발자가 디버깅하는 데 도움이 될 만한 모든 숨겨진 관련 디버그 정보를 알아내는 것은 아니다.
- 버그 재현 방법, 디버그 정보, 애플리케이션에서의 버그 발견 위치 등을 수동으로

입력하는 것은 시간이 매우 오래 걸린다. 많은 시간과 정신력이 소모되며, 이런 평범한 업무가 버그 찾기에 집중해야 할 TE에게서 창의력과 집중력을 앗아간다.

BITE는 이러한 문제들을 조명하고, 엔지니어가 프로세스에 시간을 많이 쏟거나 단순 작업만 하는 것이 아닌 실제 탐색 테스팅과 회귀 테스팅에 집중하게 한다.

현대 전투기 조종사들은 HUD라 불리는 헤드업 디스플레이를 이용해서 넘치는 정보를 처리한다. HUD는 파일럿의 시야에 정보를 효율적이고 의미 있게 보여준다.

프로펠러 비행기에서 제트 비행기로 옮겨간 것과 같이 구글에서 새로운 버전의 소프트웨어 출시 빈도는 우리가 판단해야 할 데이터의 양과 속도를 증가시켰다. 회귀 테스트와 수동 테스트에 대해 BITE도 이와 비슷한 접근 방식을 가진다.

BITE는 테스터가 무엇을 하는지(그림 3.35 참조) 살펴볼 수 있게 하며, 웹 애플리케이션(DOM)의 내부를 측정하기 위해 브라우저의 확장 형태로 구현됐다. BITE는 또한 HUD처럼 웹 애플리케이션이 데이터를 보여주는 동안 그 데이터에 쉽게 접근할 수 있는 통일된 사용자 인터페이스를 툴바에 보여준다.

그림 3.35   BITE 익스텐션 팝업 윈도우

자, 이제 이러한 실험적인 기능들을 실제 구글 웹 애플리케이션을 사용하면서 살펴보자.

BITE로 버그 리포트하기

웹 애플리케이션을 테스트하는 동안이나 개밥 먹기^{dog fooding} 중에 버그를 발견했다면 크롬 익스텐션 아이콘을 한 번 클릭함으로써 어떤 페이지에 문제가 있는지 선택할 수 있다. 구글 피드백^{Google Feedback}처럼 테스터는 버그가 있는 페이지의 해당 부분을 마크할 수 있으며, 한 번의 추가적인 클릭으로 그 버그를 보고할 수 있다. 테스터는 문제를 설명하기 위한 내용을 좀 더 추가할 수도 있지만, URL, 페이지의 엘리먼트, 텍스트, 스크린 샷 같은 필요하지만 넣기 귀찮은 정보들은 대부분 자동으로 추가된다. 일부 애플리케이션은 더 많은 정보가 필요한데, 이 툴은 자동으로 특정 애플리케이션에 해당하는 디버그 URL과 페이지 내의 다른 유용한 정보들을 추출해낸다.

테스터가 maps.google.com에서 구글 오피스를 검색하려고 하는데, 백악관이라는 엉뚱한 결과가 나왔다고 하자. 테스터는 단순히 BITE 메뉴의 Report Bugs를 클릭하고, 페이지의 버그가 있을 것 같은 부분인 네 번째 검색 결과를 선택하면(그림 3.36) 된다. 테스터는 또한 페이지 위의 컨트롤, 이미지, 맵 타일, 각 단어, 링크, 혹은 아이콘 등 어떤 것이든 선택할 수 있다.

그림 3.36 BITE를 통해서 엉뚱한 결과인 백악관을 노란색으로 마킹

페이지의 마킹된 부분을 클릭하면 해당 버그를 보고할 수 있는 버그 보고 폼 (그림 3.37)이 페이지 위에 즉시 나타난다. 탭 스위칭이 필요 없다. 간단한 버그 제목을 입력할 수 있으며, 즉시 버그를 보고하거나 혹은 추가적인 정보를 더 넣을 수도 있다. BITE는 다음과 같은 멋진 항목들을 자동으로 추가한다. 다음 항목들은 버그 선별이나 디버깅을 매우 쉽게 만들지만, 입력하려면 대부분의 테스터들의 시간을 빼앗거나 테스터들이 실질적인 테스팅을 하지 못하게 만드는 매우 귀찮은 것들이다.

1. 스크린 샷이 자동으로 버그 리포트에 추가된다.

2. 마킹된 부분의 HTML 엘리먼트가 자동으로 추가된다.

3. 현재 버그 상태에 이르기까지 취한 행동들이 백그라운드에서 자바스크립트로 저장돼 나중에 테스터가 그 페이지에 다다르기까지 어떤 동작을 했는지 재현할 수 있다. 이에 대한 링크가 자동으로 버그 리포트에 추가되므로 개발자는 자신의 브라우저에서 기록된 동작을 재생할 수 있다. 그림 3.38을 참조하자.

4. 맵의 특정 디버그 URL은 자동으로 버그 리포트에 추가된다(URL만으로는 완전한 재현을 위한 충분한 정보를 얻기 힘들 때가 많다).

5. 모든 브라우저와 OS 정보를 버그 리포트에 추가한다.

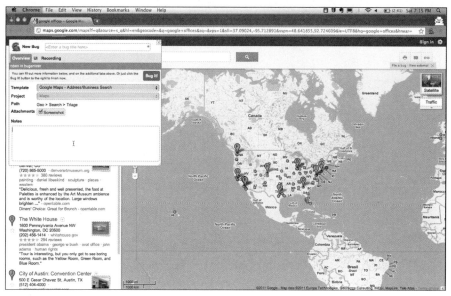

그림 3.37 BITE: 페이지 내의 버그 보고 폼

그림 3.38 BITE: 테스트 중에 저장된 자바스크립트

버그는 선별^{triage}에 필요한 모든 정보와 함께 버그 데이터베이스에 추가되며, 이 모든 것이 빠른 버그 보고를 할 수 있게 한다.

●● **구글 지도에 끼친 BITE의 영향**

BITE는 현재 구글 직원들이 maps.google.com의 버그 리포팅을 위해 사용한다. 구글 지도는 현재 상태를 URL만으로는 알 수 없고, 백엔드 데이터가 지속적으로 변경되기 때문에 버그를 보고하기가 매우 어렵다. 지도와 줌인, 줌아웃 등의 그 어떤 상태도 사용자로서는 캡처할 수 없다. BITE를 통해 들어온 버그는 프로젝트 매니저가 좀 더 큰 GEO 팀에 버그를 전달하기 위한 버그 선별 과정을 수월하게 하며, 어떤 구글러에게서 온 버그 리포트이건 간에 경험 있는 구글 지도 테스터가 보고하는 수준의 디버그 정보를 가질 수 있게 했다. 이는 버그 선별 과정의 속도를 높여줬으며, 기존에 재현할 수 없었던 많은 버그가 개발자에 의해 재현되고, 디버깅될 수 있게 했다.

BITE로 버그 보기

테스터가 애플리케이션을 탐색하거나 회귀 테스트를 실행할 때 자동으로 해당 페이지의 관련 버그를 살펴볼 수 있으며, 테스트 중인 애플리케이션 위에 띄울 수 있다. 이는 테스터가 발견한 버그가 이미 발견된 버그인지, 어떤 버그가 발견됐었는지의 여부와 현재 해당 부분의 버그 종류들을 표시해준다.

BITE는 내부 버그 데이터베이스와 chromium.org 이슈 트래커 같은 외부 개발자, 테스터, 사용자가 일반적인 버그에 대해서 보고할 수 있는 외부 사이트의 버그들도 함께 표시한다.

브라우저의 BITE 아이콘 옆에 있는 숫자는 현재 페이지의 연관 버그 수를 표시한다. 버그를 설명하기 위해 실제 페이지의 일부분을 포함해 많은 데이터가 필요한데, 이는 BITE를 통해 자동으로 채워지는 간단한 내용이다. 예전 방법으로 이슈 트래커나 내부 버그나이저에 직접 작성된 버그 리포트의 경우에는 크롤러^{crawler}를 사용해서 모든 버그의 URL를 살피고, 버그를 웹 페이지에 매칭시켜 현재 페이지와 해당 URL이 얼마나 일치하는지 순위를 매긴다(예를 들어 현재 URL과 정확히 들어맞는 것들이 먼저 표시되고, 경로만 맞는 것들, 그리고 도메인만 맞는 것들은 뒤에 표시된다). 이는 간단하지만, 매우 잘 동작한다.

그림 3.39는 BITE 버그가 맵 페이지에 어떻게 표시되는지를 보여준다. 엔지니어가 버그 ID를 클릭하면 버그나이저나 이슈 트래커의 전체 버그 리포트 페이지

를 볼 수 있다. 그림 3.40은 유튜브 위의 버그 표시를 보여준다.

그림 3.39 BITE: maps.google.com과 연관된 버그 표시 창

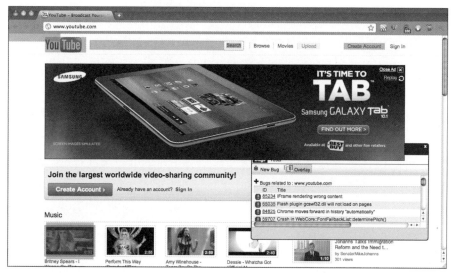

그림 3.40 BITE: 유튜브 홈 페이지의 버그 표시 창

BITE로 기록/재생하기

엄청나게 많은 SET와 TE가 대규모 엔드 투 엔드 회귀 테스트 케이스 자동화를 만드는 데 시간을 쏟는다. 이러한 테스트는 사용자에게 제품의 모든 부분이 함께 잘 동작하는지 확인해주기 때문에 중요하다. 브라우저를 움직이고, 테스트 케이스 로직을 담기 위해 대부분의 테스트들이 셀레니엄Selenium을 이용한 자바 코드로 작성 돼 있다. 이 접근 방식에는 다음과 몇 가지 단점이 있다.

애플리케이션을 실행하기 위한 테스트 로직이 다른 언어(자바와 자바스크립트)로 작성된다. 이는 구글의 개발자와 테스터들의 일반적인 불만 사항이다. 이러한 방식 은 디버깅 속도를 늦추며, 엔지니어가 다른 언어를 배우게 강요한다.

테스트 코드는 브라우저 밖에서 존재하므로 테스트 바이너리에 대한 빌드와 배포 절차가 필요하다. 매트릭스Matrix라는 테스트 자동화 인프라스트럭처는 이러한 문제 해결에 집중했지만 완전히 해결하진 못한다.

테스트하고자 하는 프로젝트를 설정하고, 브라우저와 로컬에 설치된 애플리케 이션을 분리하는 모든 것을 가진 IDE가 필요하다.

TE는 애플리케이션의 DOM과 이클립스 IDE를 왔다 갔다하는 데 많은 시간을 보낸다. 관심 있는 엘리먼트의 XPaths를 살펴보다가 그들의 자바 코드에 직접 코딩 하기도 하며, 작동을 잘하는지 빌드하고 실행해 확인한다. 이는 많은 시간을 소모하 며 매우 피곤한 작업이다.

구글 웹 앱은 DOM을 매우 자주 바꾼다. 이는 엘리먼트가 페이지 안에서 움직 이거나 그 애트리뷰트가 변경될 때마다 항상 많은 테스트 케이스가 깨진다는 것을 의미한다. 얼마의 시간이 지나면 팀은 기존 테스트를 단지 관리하는 데에 많은 시간 을 쓰게 된다. 이러한 거짓 양성false positive 에러는 개발자나 테스터가 테스트 결과 를 신뢰하지 못하게 만들며, 테스터를 바보로 만들어서 나쁜 코드가 체크인되는 것을 막지 못한다.

따라서 기록/재생 프레임워크RPF, Record and Playback framework라고 불리는 순수 웹 솔루션을 개발했다. 이는 순수 자바스크립트로 작성됐으며, 클라우드에 테스트 케 이스 스크립트를 저장하는 작업을 했다. 이는 또한 셀레니엄이나 웹드라이버 WebDriver 테스트 케이스의 실행을 지원하지 않는 크롬OS에서도 동작한다.

테스트를 기록하려면 BITE 브라우저 메뉴에서 Record^{기록}와 Playback^{재생} 메뉴 아이템을 클릭하기만 하면 된다. 그러면 새로운 기록 대화상자가이 나타난다. 기록 버튼을 클릭하면 이 대화상자는 메인 브라우저 윈도우의 모든 클릭 동작을 기록한다. 특정 엘리먼트를 오른쪽 버튼 클릭하면 검증 모드^{validation mode}로 들어갈 수 있으며, 이를 통해 테스터는 특정 문자열이나, 이미지, 혹은 엘리먼트의 값을 검증할 수 있다. 검증 모드는 페이지상의 엘리먼트의 존재 여부나 상대 위치도 검증할 수 있다. 상대 위치는 유튜브 팀에서 어떤 비디오가 홈 페이지에 위치해야 하는지는 모르지만 일반적인 페이지 레이아웃만을 알 때에 유용하게 쓰였다

RPF 방식의 중요한 관점 중 하나는 애플리케이션의 DOM을 살펴보는 고통을 피할 수 있고,그 엘리먼트의 XPaths를 재계산할 수 있다는 데 있다. 테스드를 중단시킬 수 있는 코드에 공학적인 시도를 조금 했다. 예를 들어 재생 중에 엘리먼트를 찾지 못한다면 재생이 일시 중단돼 TE가 새 엘리먼트를 선택하고 자동으로 스크립트를 업데이트해 테스트를 계속할 수 있게 하는 것이다. RPF 개발 팀은 또한 안심 실행^{relaxed execution}이라 부르는 기능을 만들었는데, 기본적으로 예상되는 XPath에 엘리먼트가 완전히 일치하는지 살펴보는 대신 HTML 엘리먼트의 모든 애트리뷰트를 살피고, DOM에서 그 부모와 자식 엘리먼트도 매우 세세하게 살펴본다. 재생하는 동안 RPF는 완전히 일치하는 부분을 먼저 살펴보고, 그런 부분이 없으면 가장 근접하게 일치하는 엘리먼트를 살펴본다. ID 애트리뷰트만 변경되고 다른 부분들이 같을 수도 있을 텐데, 재생 기능은 이런 경우에 일치 정확도를 임의로 설정할 수 있으며, 일치 사항이 허용되는 범위이면 테스트는 다음 단계로 계속 진행되며 단순히 경고 메시지를 로그로 남긴다. 이러한 접근 방식을 개발하는 데 시간을 쏟은 것이 많은 개발 시간을 줄여주는 데 도움이 되기를 바란다.

우리는 RPF를 크롬 웹 스토어 테스트 팀에 먼저 적용해봤다. RPF는 그들의 테스트 시나리오의 90% 정도를 소화했다. 하지만 브라우저 밖의 네이티브 OS 파일 업로드 대화상자인 파일 업로드 대화상자나, 구글 체크아웃^{Google Checkout}의 보안을 요구하는 웹 API를 통한 결제 시나리오 같은 일부 시나리오는 테스트할 수 없었다. 우리가 발견한 가장 흥미로운 것은 TE가 멋들어진 안심 실행 기능이나 일시 중지 기능에 신경을 쓰지 않는다는 것이었다. 테스트를 처음부터 다시 기록하는

것이 더 빨랐다. 초기 시도에서 웹드라이버^{WebDriver}와 RPF로 동시에 같은 테스트 케이스를 개발했다. RPF는 셀레니엄이나 웹드라이버보다 테스트를 생성하고 유지하는 데 7배나 효율적이었다. 이러한 이득은 상황에 따라 다르긴 하겠지만, 초기 결과 치고는 좋았다.

버그 보고 시나리오를 위한 BITE에도 RPF는 사용됐다. 일부 특정한 사이트에서 BITE는 자동으로 엔지니어의 활동을 기록했다. 개발자가 버그를 발견하거나 보고하기 위해 BITE를 사용하면 BITE는 생성된 재현 스크립트의 링크를 추가했다. 예를 들어 구글 지도에서 모든 검색과 줌 인/아웃 활동을 기록한다. 개발자가 버그를 볼 때 BITE가 설치돼 있다면 단순 클릭으로 기록된 것을 재생할 수 있다. 개발자는 사용자가 버그를 맞닥뜨렸을 때 어떤 일을 했는지 볼 수 있다. 웹사이트 세션동안 버그가 발생하지 않는 탐색적 테스팅이나 일반적인 사용 시에 기록된 스크립트는 그냥 무시된다.

●● RPF를 사용하는 BITE의 기원

제이슨 아본(Jason Arbon)

초기에 크롬OS의 테스팅을 할 때 플랫폼의 매우 핵심적인 속성이라 할 수 있는 보안성(security)을 테스트하기가 힘들다는 점을 깨달았다. 테스트 가능성(testability)과 보안성은 서로 물과 기름일 때가 많은데, 크롬OS는 보안성을 매우 중요시한다.

자바 가상 머신을 일부 지원하는 초기 빌드가 있었지만, 네트워크와 다른 핵심 라이브러리 지원이 제대로 되지 않았다. 주요 사용자의 경험은 웹 브라우징에 기반을 두고 나오기 때문에 크롬OS의 기본 브라우저 기능을 검증하는 주요 셀레니엄 테스트를 만들기 시작했다. 이때 우리는 알고 있는 모든 셀레니엄 테스트를 포팅해 회귀 테스트로 사용하기를 바랐다.

곧 기본 테스트를 만들고 실행할 수 있게 됐지만, 크롬이 셀레니엄과 웹드라이버를 심도 있게 지원하기에는 부족했다. 휴일이 지나고 크롬OS에서 보안 기능을 비활성화하면서 아랫단에 깔려있는 리눅스에서 사실은 자바가 없어졌다는 사실을 발견했다. 따라서 자바 기반의 테스트를 동작하기에는 좋지 않았다. 자바가 설치된 크롬OS로 커스텀 빌드해 우회 해결책을 만들어냈지만, 이는 단지 우회 방법일 뿐이었다.

구글에는 "배고픔이 명석함을 가져온다(scarcity brings clarity)"라는 말이 있는데, 테스팅 세계에서는 이 말이 더욱 명백하게 드러난다. 특히 지금 언급하는 사례에서는 더욱 더 그렇다. 할 수 있는 일은 했지만, 훌륭한 해결책은 아니었다. 자바를 포함하고 테스트에 필요한 것들(jar 파일)과 비활성화된 보안 기능들을 포함한 크롬OS의 커스텀 이미지를 만들고, 테스트를 수행했다. 하지만 이것은 고객에게 전달될 실제 제품과 같은 설정을 가진 테스팅이 아니었다(그림 3.41의 초기 크롬OS 테스트 자동화 연구실 참조).

그림 3.41 초기 크롬OS 테스트 연구실

우리는 곧 자바스크립트를 이용한 크롬 익스텐션을 통해 개괄적인 자동화 웹 페이지를 구축하는 포 후(Po Hu)의 작업이 좋은 해답이 될 수 있을 것이라 생각했다. 거기엔 퍼펫(puppet)라고 해서 자바스크립트만 사용하고 웹드라이버처럼 생긴 내부 API가 있었다. 하지만 이것은 사이트 간 제한(cross-site restriction) 때문에 테스트해야 할 웹 애플리케이션과 함께 배포해야 했다. 우리는 이 퍼펫 스크립트를 어떤 웹사이트에서건 동작하게 크롬 익스텍션에 추가할 아이디어가 있었다. 이 익스텐션을 설치하고 우리의 테스트들을 로컬 시스템이 아닌 클라우드에 저장하면 브라우저 테스트를 크롬OS에서 수행할 수 있으며, 매장에서 사온 크롬북에서까지 실행할 수 있게 된다. 이 작업은 크롬OS 버전 1을 출시하는 시간보다는 길 수 있으므로, 버전 1 이후의 테스팅을 준비하기 위해 엔지니어링 툴 작업에 매진하기 시작했다.

흥미롭게도 이를 BITE 웹 테스트 프레임워크(Web Test Framework)의 오리지널 버

BITE를 이용한 수동 테스트와 탐색적 테스트

구글은 주어진 테스트 통과 확인을 위해 여러 명의 테스터들에게 테스트를 분산시
키기 위한 많은 방법을 시도했다. 테스트 스크라이브^{TestScribe}의 고통스런 UI나 팀
이 공유하는 스프레드시트를 이용한다(수동으로 사람들의 이름을 수행해야 할 테스트에 매핑
한다).

　BITE는 테스터가 구글 테스트 케이스 매니저^{GTCM, Google Test Case Manager}를 통해
테스트 셋을 열람할 수 있게 한다. 테스트 리드가 테스트를 시작하려고 할 때 BITE
서버의 버튼을 클릭하면 BITE UX를 통해 테스트들이 테스터들에게 할당된다. 각
테스트는 이와 관련된 URL을 갖고 있다. 사용자가 테스트 수행을 받아들이면
BITE는 해당 브라우저를 그 URL로 이끌고, 테스트 절차를 보여주고, 테스트 페이
지에서 수행될 검증을 보여준다. PASS를 클릭해 마크하면 자동으로 테스트해야
할 다음 URL로 테스터를 이끈다. 테스트가 실패하면 FAIL로 마크하면서 BITE
버그 리포팅 UX를 띄운다.

　이러한 방법은 크라우드 소싱[35]된 테스터들에게 성공적으로 시도됐다. 그들은
BITE를 설치해 테스트를 실행했고, 테스트는 BITE 테스트 디스트리뷰션을 통해
분산됐다. 이는 전체 테스터들을 관리하는 것과 테스트를 수행하는 사람을 직접
명시하는 고통을 없애줬다. 테스터들은 자동으로 푸시된 테스트들을 빨리 실행해
더 많은 테스트를 수행할 수 있다. 테스터들이 쉬려고 하거나, 모두 멈추면 해당
테스트들은 타임아웃돼 다른 테스터에게 할당되는 간단한 절차를 거친다. 이는 또
한 고차원의 테스팅 방법 설명 자체가 하나의 테스트 케이스가 되는 탐색적 테스팅

---

35. 여기서는 개발에 관련된 것들을 개방해 외부의 테스터를 참여를 유도해 혁신을 꾀하는 방법으로 크라
　　우드 소싱을 사용한다. – 옮긴이

에도 적용돼 BITE를 통해 테스터에게 분산 할당되며, 버그를 발견한 테스터는 제품의 탐색적 테스팅을 수행하다가 버그를 리포팅할 수 있다.

BITE의 레이어

모든 소프트웨어 프로젝트는 확장성을 가질 의무가 있다. BITE는 임의의 스크립트를 실행할 수 있고, 그것을 테스트 중인 페이지에 주입할 수 있다. 여기에 어떤 레이어가 있는데, 예를 들어 레이어 중 하나는 개발자가 버그의 원인을 고립시키기 위해 시스템적으로 페이지의 엘리먼트를 삭제할 수 있게 한다. 스크립트를 추가하는 작업은 시큐리티 팀에서 진행 중이다. 이러한 레이어들은 작은 콘솔을 통해 끄거나 켤 수 있다. 우리는 이제 겨우 엔지니어들이 흥미 있어 할 레이어들이 무엇인지 찾고 있는 중이다.

BITE는 모든 것들이 모든 테스터에게 주어지게 노력한다. 원래는 이러한 기능들이 각각의 익스텐션으로 존재했지만, 팀은 전체가 부분을 합친 것보다는 더 크다는 점을 깨닫게 됐고, BITE 산하로 모든 것을 가져오는 데 꽤나 노력을 들였다.

다른 실험들처럼 우리 팀은 이러한 결과물들을 조만간 좀 더 큰 테스팅 커뮤니티에 공개하기를 희망한다.

BITE 프로젝트는 오픈소스였었다(부록 C 참조). 알렉시스 토레스[Alexis O. Torres]가 원래의 테크니컬 리드였으며, 제이슨 스트레드윅[Jason Stredwick]이 현재 테크니컬 리드로, 조 무하스키[Joe Muharsky], 포 후[Po Hu], 다니엘 드류[Danielle Drew], 줄리 랄프[Julie Ralph], 리차드 부스타만테[Richard Bustamante]와 함께 일한다. 이 책을 집필 중일 때 많은 외부 업체들이 BITE를 자신들의 인프라스트럭처로 포팅했으며, 파이어폭스와 인터넷 익스플로러로의 포팅 작업도 활성화돼 있다.

구글 테스트 분석

앞서 다뤘듯이 위험 분석은 엄청나게 중요하다. 하지만 잠깐씩 임의로 만든 스프레드시트 심지어는 그냥 머리 속에서만 구현된다. 스프레드시트 접근법에는 다음과 같은 단점이 있다.

- 임의로 작성한 스프레드시트는 공통된 스키마를 공유하지 않는다. 데이터를 일괄적으로 보여줄 방법이 없으며, 여러 프로젝트를 보다 보면 매우 헷갈린다.
- 4점 만점 점수 매기기 시스템처럼 간단하면서 중요한 것들도 있고, ACC에서 배운 네이밍 방법은 스프레드시트에서는 간결성 때문에 적당하지 않을 수 있다.
- 중앙 저장소가 없고 필요할 때만 공유되기 때문에 여러 팀 간에 사용하면 가시성에 제한이 있다.
- 위험 분석을 제품 지표에 연결하기 위한 방법과 그 스크립트를 만드는 것은 어려우며, 스프레드시트에 이러한 기능을 추가하는 것 역시 매우 드물게 일어난다.

구글 테스트 분석GTA은 이러한 문제들을 다룬다. GTA는 간단한 웹 애플리케이션으로, 데이터 엔트리와 위험도를 좀 더 쉽게 시각화해준다. GTA의 UI는 설계상 ACC의 좋은 활용 사례로 사용된다. 데이터를 공통된 스키마로 유지하는 것 또한 매니저와 감독이 모든 제품에 대해 일관된 시각을 가질 수 있게 하고, 고위험 영역에 자원을 할당하게 돕는다.

GTA는 위험 분석을 할 때 ACC 모델을 지원한다. 속성과 컴포넌트를 입력할 수 있는 간단한 양식의 표가 만들어지고 채워진다(그림 3.42와 3.43 참조). UI는 테스트 기획자가 표의 칸에 캐퍼빌리티를 넣을 수 있는 기능을 제공한다(그림 3.44 참조). 위험도를 추가하는 것은 단순히 빈도와 영향도 값을 각 캐퍼빌리티의 드롭다운 리스트에서 선택하는 것으로 간단히 추가할 수 있다. 이는 모두 위험도 뷰에 합쳐져 보인다. 각 영역의 위험도 요약(그림 3.45 참조)은 단순히 표 안의 위험도 평균을 보여준다.[36]

---

36. 그렇다. 하나의 고위험 캐퍼빌리티는 관련된 다른 것들에 의해서 모호해질 수 있지만, 매우 낮은 위험의 캐퍼빌리티들은 그렇지 않다. 이러한 경우가 자주 발생하는 것은 아니지만, 이 툴은 간결성을 갖게 설계됐기 때문에 일반적인 상식이나 상세한 조사를 위해서 사용돼서는 안 된다.

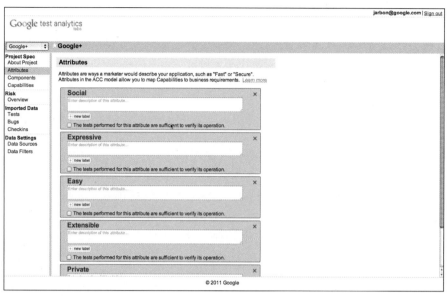

그림 3.42 테스트 분석: 구글플러스의 속성 입력

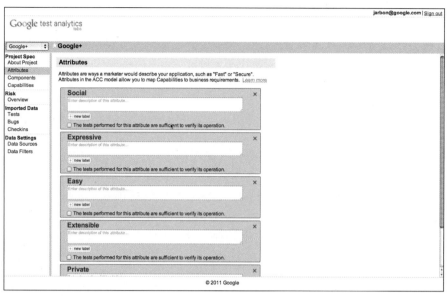

그림 3.43 테스트 분석: 구글플러스의 컴포넌트 입력

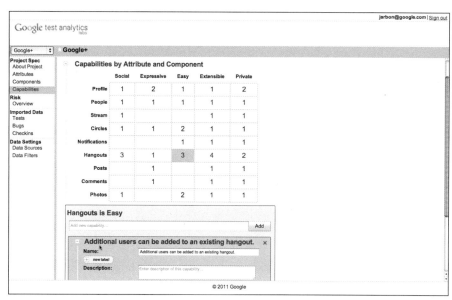

그림 3.44 테스트 분석: 표의 칸에 캐퍼빌리티 입력

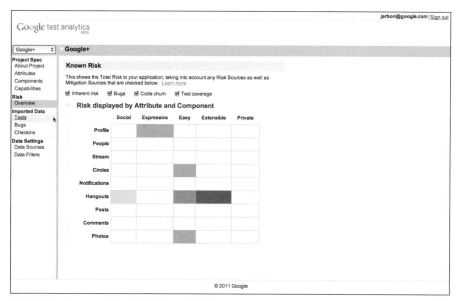

그림 3.45 테스트 분석: 구글플러스의 위험 온도

GTA의 선택적이고 실험적인 관점은 실제 프로젝트 데이터에 위험도 계산을 연결시킬 수 있는 기능이 있다. 테스트를 추가하고, 코드를 추가하고, 버그를 찾을

때마다 위험에 대한 평가가 변화한다. TE로서 이러한 위험도 변화를 머릿속에서 감지할 수 있었지만, 이 방법을 통해 좀 더 체계화되고, 데이터에 기반을 두고 판단할 수 있게 됐다. ACC/리스크를 기반으로 해서 테스트 계획을 세우는 일은 초기 테스트 계획안을 주도하게 되는데, 좋긴 하지만 그 자체가 곧 죽은 문서가 된다. 위험, 캐퍼빌리티 등의 더 많은 데이터가 생길 때마다 GTA상의 무엇이든 직접 수정할 수 있지만, 테스트 계획 또한 가능한 한 자동화시키려고 노력해야만 한다.

현재 GTA는 오직 내부 데이터베이스에만 바인딩돼 있으며, 일반화 작업은 진행 중이다. GTA에서 테스터는 위치를 입력하거나 버그 데이터베이스, 소스 트리, 테스트케이스 매니저의 다른 캐퍼빌리트들에 대해서 질의할 수가 있다. 구글에서는 모든 이들이 같은 데이터베이스를 사용하므로, 이러한 것들이 쉽게 가능하다. 이러한 지표들이 변화하게 된다면 간단한 선형 대수를 이용해 위험 레벨을 갱신한다. 이 방법은 구글의 소수의 팀에서만 아직 파일럿 트라이얼 프로젝트로 작업 중이다.

우리가 실제 사용하고 지속적으로 진화시키는 공식을 여기에 문서화할 수는 없지만, 기본적으로 위험 평가가 끝나는 시점과 관련된 버그 수의 변화, 수정된 코드 라인 수, 통과하거나 그렇지 못한 테스트 케이스의 측정으로 이뤄진다. 이러한 위험의 각 컴포넌트는 어떤 팀이 개개의 버그를 제출하거나 코드의 높은 복잡도 등 프로젝트의 다양성에 대해 확장성을 가져야 한다. 그림 3.46, 3.47, 3.48은 구글 사이트에 대한 이러한 사항들을 보여준다.

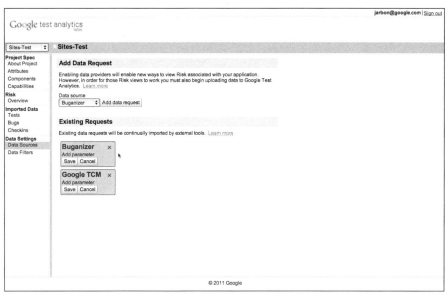

그림 3.46 테스트 분석: 위험 데이터 소스 링크

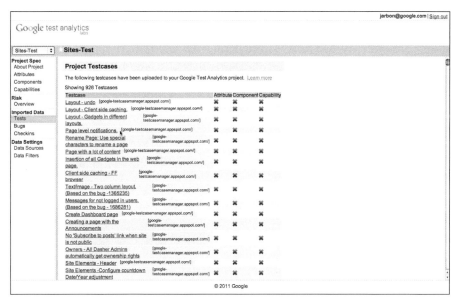

그림 3.47 테스트 분석: 연결된 테스트

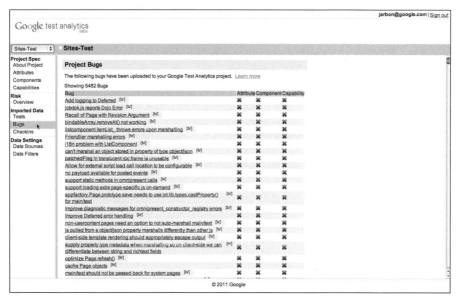

그림 3.48   테스트 분석: 연결된 버그

GTA는 지나치기 쉽지만, 매우 중요한 기능이다. 테스터는 캐퍼빌리티 목록을 테스트 패스로 쉽게 변경할 수 있다. 이것이 여러 팀이 가장 많이 요구한 기능이다. 캐퍼빌리티는 소프트웨어를 릴리스하기 전에 테스트해야 할 고수준 테스트들이 단순 목록으로 구성돼 있다. 구글 문서도구$^{Google\ Docs}$처럼 작거나 탐색적 테스트를 해야 한다면 테스트케이스 데이터베이스로 목록을 사용하는 것으로 충분할 것이다.

GTA의 이러한 테스트 패스 뒤에 있는 ACC 매트릭스는 TE가 테스터를 테스트 패스에 할당할 때 흥미로운 구심점을 제공한다. 기존에는 테스트 패스에 테스터를 단순히 할당하거나 컴포넌트 영역에서 테스트 개발이 이뤄졌다. 속성 기반의 테스팅을 통해 ACC는 유용한 흥미로운 구심점을 만들어냈다. 테스터들이 컴포넌트 테스팅에 집중하는 것이 아니라 제품 간의 속성 테스트에 집중하게 했을 때 더 효과적으로 테스팅이 수행됨을 알 수 있었다. 어떤 사람이 테스트 패스의 속도 속성에 할당됐다면 그는 제품의 모든 관심 컴포넌트의 속도를 단일 패스에서 확인할 수 있다. 이전에 독립적으로 수행할 때는 충분히 빠른 줄 알았던 것에 이러한 새로운 방법을 제시함으로써 상대적으로 느린 컴포넌트를 찾아낼 수 있다.

프로젝트 간 위험을 드러내는 경고는 해결돼야 한다. 하지만 GTA는 이러한 캐퍼빌리티를 빌트인으로 아직 갖고 있지 않으므로, 모든 프로젝트는 반드시 자신의 ACC 분석을 갖고 있어야 하며, 위험은 회사 내의 다른 제품과는 연관 짓지 않고 해당 프로젝트에 대해서만 평가돼야 한다. 제품 간의 넓은 시야를 가진 사람은 위험을 수집할 때 모든 프로젝트에 대해 확장적 개념을 적용해야 한다. 일부 엔지니어만 사용하는 작은 내부 툴을 작성하는 것이라 해도 ACC 평가에서 큰 위험을 가질 수 있다. 관련 위험에 대한 업무를 여러 프로젝트를 넘나드는 시야를 가진 다른 이들에게 넘겨라. 제품의 위험을 평가할 때 언제나 최대의 영향력이나 높은 빈도를 가질 수 있는 잠재력이 있는 회사의 유일한 제품이라고 생각해 위험을 평가하자.

우리는 GTA가 공개되면 조만간 오픈소스화 되기를 바라고 있다. GTA는 구글 외의 다른 큰 회사에서 필드 테스팅 중이다. 오픈소스가 돼서 다른 테스트 팀들이 그들의 구현물들을 구글 앱 엔진이나 다른 기술 부문에 포팅하거나 직접 호스팅하기를 바란다.

GTA는 위험 분석을 간단하게 해주며, 테스터들이 실제로 사용하기 유용하게 돼 있다. GTA를 작성한 팀의 짐 리어돈[Jim Reardon]은 오픈 소스코드(부록 C 참조)를 관리한다. 이 책을 쓸 때쯤이면 다른 큰 클라우드 테스팅 회사에서 이 접근법을 그들의 주요 업무 흐름과 툴에 통합하려고 할 것이다.[37] 거의 200명의 외부 인력들이 GTA의 호스트 버전을 발전시키기 위해서 등록했다.

무료 테스팅 업무 흐름

구글은 응답 시간을 밀리초 단위로 줄이고, 시스템의 확장성을 효율적으로 만들기 위해 매우 노력한다. 또한 구글은 제품을 무상으로 제공해주는 것을 좋아한다. 이와 비슷하게 TE들은 툴과 프로세스에 대해 고민한다. 구글은 우리에게 크게 생각하라고 요구하며, 테스팅 비용을 거의 들지 않게 노력하지 않는지 질문한다.

테스팅 비용이 들지 않는다면 작은 회사들은 더 많은 테스트를 할 수 있고, 높은 수준의 테스팅부터 시작하는 것이 가능해질 것이다. 그렇다면 더 좋은 웹이

---

37. 이 방법론을 적용하고자 하는 다른 회사의 이름은 Salesforce다. Salesforce.com의 필 와리고라 (Phil Waligora)는 내부 도구화를 위해 이 방법론을 적용하고자 한다.

생겨날 것이고, 좋은 웹은 사용자와 구글에게 이로울 것이다.

다음은 무비용 테스팅이란 과연 어떤 것일까 하는 생각들을 나열해본 것이다.

- 진행 비용이 들지 않는다.
- 즉각적인 테스트 결과가 나온다.
- 사람의 간섭이 적거나 없다.
- 다양한 크기에 알맞게 융통성 있다.

우리는 구글의 대부분 프로젝트에서 발생하는 문제를 다룰 수 있고, 관련 있고, 코멘트할 수 있게 무료 테스팅free testing의 범위를 웹으로 한정했다. 먼저 웹 테스팅 문제를 다루고 그 다음에 클라우드로 확장한다면 드라이버나 COM 같은 골치 아픈 문제들을 무시할 수 있을 것이라 생각했다. 이러한 방법을 사용하더라도 무상으로 제공하는 데 집중하면 뭔가 흥미로운 것을 만들어낼 수 있을 것이라는 것을 알고 있었다.

현재의 무상 제공 모델은 테스팅에 드는 마찰과 비용을 현저히 줄여준다. 먼저 우리의 연구실과 기술적인 노력들이 무엇인지 살펴보는 것부터 시작했다(그림 3.49 참조). 이러한 테스팅 업무 흐름의 기본적인 윤곽은 다음과 같다.

1. **GTA를 통한 테스트 계획** 위험 기반의 신속하고 자동화된 업데이트
2. **테스트 커버리지** 새로운 버전이 배포될 때 크롤링 봇이 사이트들을 탐색하고, 내용을 색인하고, 관계있는 차이점을 지속적으로 스캔한다. 크롤링 봇은 이것이 회귀 테스트인지 새 기능 테스트인지 알지는 못하지만, 변경 사항을 감지하고 이를 사람에게 알려줄 수 있다.
3. **버그 평가** 제품의 차이점이 발견되면 이러한 차이점들이 회귀인가 새 기능인가에 대한 빠른 확인을 위해 사람에게 자동으로 전달된다. 이러한 차이점에 대해서 평가할 때 BITE는 현재 존재하는 버그와 테스트들에 대해서 많은 내용을 제공해준다.
4. **탐색적 테스팅** 크라우드 소싱 테스터와 얼리 어댑터들은 지속적으로 탐색적 테스팅을 수행한다. 이것은 설정이나 컨텍스트에 관계돼 사람의 지능이 필요하

고 찾아내기 매우 어려운 버그들을 잡아낸다.

5. **버그 보고** 단지 몇 번의 마우스 클릭으로 페이지에서 잘못된 부분과 스크린 샷, 디버그 정보 등의 많은 데이터와 함께 버그를 보고할 수 있다.

6. **선별과 디버깅** 개발자나 테스트 매니저는 버그 경향에 대한 실시간 상황판, 조사 해봐야 할 오류 데이터를 포함한 버그, 테스터가 어떻게 테스트했었는지를 직접 눈으로 보기 위한 원 클릭 재현 방법 등을 전달 받는다.

7. 새로운 버전을 배포하고 1단계로 돌아가서 계속 반복한다.

웹 테스팅은 좀 더 자동화되고, 검색과 비슷하게 수행해서 결과를 쌓아놓고 처리하는 업무 흐름을 가져가고 있다. 앞서 말한 테스트 접근법들로 인해 얻을 수 있는 중요한 이점은, 단지 일부 기능이 변경됐거나 회귀됐는지 알아내기 위해 테스 터들이 수백, 수천의 회귀 테스트들을 수행할 필요가 없다는 점이다. 이런 것들을 위한 봇들이 언제나 돌고 있으며, 테스트 주기가 몇 분 몇 시간 며칠이 되던 간에 상관없이 테스트를 좀 더 자주 실행될 수 있다는 점이다. 그러므로 회귀 테스트로 잡을 수 있는 버그를 초기에 검출해낼 수 있다.

봇을 이용한 업무 흐름의 가장 훌륭한 부분은 제품이 배포되는 것과 버그가 보고되는 것 사이의 시간 주기가 짧다는 점이다. 봇은 24시간 작동하며, 크라우드 소싱 인력도 24시간 가능하므로, 개발자들은 배포한 직후에 매우 빨리 코드 변경에 대한 심도 깊은 피드백을 받을 수 있다. 지속적으로 빌드와 배포를 하면서 어떠한 변경 사항이 버그를 발생시켰는지 찾아내는 것은 매우 귀찮은 일이다. 하지만 회귀 테스트에서 발견된 사항이라면 체크인한 개발자가 여전히 그 변경 사항에 대해서 상세히 기억하고 있을 것이다.

기본적인 업무 흐름은 웹 페이지에는 잘 적용되지만, 순수 데이터 애플리케이 션, 클라이언트 UX 프로젝트나 인프라스트럭처에도 잘 적용돼야 한다. 제품이나 시스템의 병행 버전을 배포한다거나, 애플리케이션에 어떤 크롤링, 색인이 적합할 지 생각해보자. 이러한 테스팅 문제에는 거의 같은 패턴이 쓰이게 될 가능성이 높 다. 하지만 이것에 대해 다루는 것은 이 책의 범위를 벗어난다.

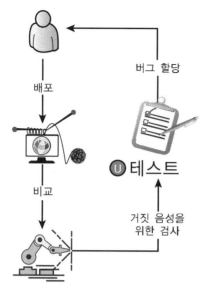

배포

버그 할당

비교

Ⓤ 테스트

거짓 음성을
위한 검사

그림 3.49 무료 테스팅의 엔드 투 엔드 업무 흐름

●● **테스트 이노베이션과 실험**

제이슨 아본(Jason Arbon)

실험적인 프로젝트를 지원하는 구글 문화는 많은 혁신을 이끌었지만, 실패한 쓰레기 실험
도 많았다. 이미 좋은 솔루션이 있더라도 엔지니어들은 테스팅, 계획, 분석에 관한 전체
방법론들을 재시도하고 다시 생각하는 것을 두려워하지 않았다. 사실 이게 그들의 업무다.

제임스 휘태커가 구글에 왔을 때 그가 처음 한 일 중 하나는 누구나 들을 수 있는
내부 기술 발표회를 갖고, 소프트웨어 테스팅의 미래에 대한 그의 최근 생각을 발표한
일이다. 그는 소프트웨어 테스팅이 자신이 테스팅하고 있는 애플리케이션을 둘러싼 모든
내용을 자각하는 1인칭 슈팅 게임의 플레이어와 같아야 한다고 말했다. 그가 GTAC에서
발표[38]한 것은 우리의 업무에 수년간의 영감을 주었다. 그 말은 마치 이론적으로 좋은
아이디어 같았지만 그의 슬라이드는 전형적인 클라이언트 애플리케이션에서 일어나는 일
들만 보여줬고, 모든 클라이언트 애플리케이션으로 일반화하기에는 매우 힘들고 어려워보
였다.

---

38. 제임스 휘태커의 소프트웨어 테스팅의 미래에 대한 GTAC 발표는 http://www.youtube.com/
watch?v=Pug_5TI2UxQ에서 볼 수 있다.

제임스의 발표 동안 그의 자신만만한 아이디어에 대해 나는 기술적으로 매우 회의적이었다. 그러다 어느 날 갑자기 제임스의 아이디어가 새로운 크롬 익스텐션 API를 당장에 브라우저와 웹 앱 위에서 동작할 수 있을 것이라는 것을 깨달았다. 그 다음 주에 프로토타입 개발에 집중할 수 있을 것이라는 것에 매우 흥분됐다. 즉시 내가 하던 업무를 중단하고 주말을 스타벅스에서 보내며 작업에 열중했다. 스타벅스 직원들은 내가 인터넷으로 일자리를 찾아보고 있냐며 묻기까지 했다(실제로 그렇게 될까 두려웠다).

나는 곧 파이썬 앱 엔진이 뒤에서 동작하는 버그 데이터베이스를 호출하는 것을 흉내내는 크롬 익스텐션 데모를 만들어냈다.[39] 이를 통해 몇 가지 흥미로운 것들은 보여줄 수 있었다.

- 버그 정보와 그 페이지의 특정 엘리먼트에 대한 정보를 페이지 위에 중첩해 보여줌
- 로그를 남기기 위한 단순 통과/실패 버튼으로 테스트할 테스트 케이스를 페이지 위에 중첩해 보여줌(그림 3.50)

그림 3.50   테스트 패스 UX

---

39. 앱 엔진이란 웹사이트와 서비스를 호스팅하는 구글 클라우드 서비스다. 테스터들은 앱 엔진을 이용해 오늘날의 툴과 인프라스트럭처에서 애플리케이션들의 가용성을 높이고 빨리 수행시키며, 구글의 기능들을 무료로 이용할 수 있다. 주소는 http://appengine.google.com이며, 현재 자바, 파이썬, Go 언어를 지원한다.

● 다른 테스터들이 살펴봤는지, 어떤 값을 이용했었는지 알려주는 온도 맵

그림 3.51 테스트 커버리지 온도 맵(heat map)

　　google.com에서 이 작업을 완료한 후에 다른 웹사이트에 시도해보면서 잘 작동하는
지 확인했다. 내가 만든 것이 무엇이며, 그가 어떻게 생각하는지 보고자 빠른 비공식 회의
일정을 제임스와 잡았다. 제임스와 나는 이 책에 자세히 나와 있는 실험의 로드맵이 될
사항들을 화이트보드에 활기차게 써나갔다. 나는 곧바로 패트릭 코플랜드(Pat Copeland)
와 제임스에게 이메일을 보내 내가 이러한 일을 하고자 하고, 제임스에게 결과를 보고하려
고 한다는 것을 알렸다. 이견은 없었으며, 이러한 사항은 이메일을 통해 결정됐다.

　　각각의 부수적인 실험들도 비슷하게 진행됐다. 각 엔지니어가 목적을 가지고 설계해
다른 동료들과 협업했다. 중요한 사항은 이 작업이 재사용 가능하고, 공유 가능하고, 제약
들을 피할 수 있다는 확신이 있어야 했다. 단일 기능을 코딩하더라도 더 크게 생각하라고
지속적으로 주문했다.

　　상향식(bottom-up) 실험을 지원하는 구글의 아이디어 공유 문화와 조직의 유연함은
테스트 혁신의 나무가 자라는 데 필요한 비옥한 토양을 제공해준다. 아이디어가 가치가
있는지 없는지는 실제로 만들어보고 현실에 적용해봐야 알 수 있다. 직원들이 진취성을
갖고 싶어 한다면 그들이 성공했다는 것을 스스로 측정할 수 있을 때까지 구글은 기회를
제공한다.

외부 업체

구글이 갖고 있는 모든 뛰어난 테스팅 능력에 대해 우리의 한계를 깨달아야 한다. 새롭고 야심찬 프로젝트는 구글 어디서나 생겨날 수 있고, 테스팅 전문가를 빈번히 필요로 한다. 프로젝트는 보통 우리가 가치를 부여하기 전에 출시되기 때문에 테스팅 포지션을 항상 늘릴 수는 없으며, 누군가를 더 고용할 시간이 없다. 구글의 프로젝트는 디바이스, 펌웨어, 운영체제에서 지불 시스템까지 모든 것을 아우르고 있다. 운영체제의 커널 수정에서부터 원격 제어에 의한 풍부한 UI 수정과 현존하는 모든 TV에서 디바이스가 작동할지에 대한 걱정 등 모든 것을 포함한다.

우리는 우리의 한계를 인식하고 때때로 외부 전문가의 도움을 얻는다. 크롬OS가 그 좋은 예가 될 수 있는데, 초기에 와이파이Wi-Fi와 3G 연결 부분이 매우 취약하다는 점을 깨달았다. 운영체제와 실 디바이스의 해당 부분은 제조사에 따라 매우 다른데다가 인터넷이 되지 않는 클라우드 서비스는 다른 제품에게 도전장조차 내밀지 못하기 때문이다. 그리고 보안 업데이트와 소프트웨어 수정들은 네트워크를 통해 전달된다. 네트워크 연결은 우리의 중요한 기능들을 막아버릴 수 있었다. 게다가 다른 회사가 3G의 '전도 연결 문제conductive connectivity issues'를 갖고 있었다. 이는 의도된 대로 놔둘 수도 없었지만, 그에 맞는 특화된 테스팅 노력도 없었다.

구글은 디바이스 제조업에 뛰어든 지 얼마 안 됐기 때문에 실제 장비를 테스트할 줄 아는 사람은커녕 사용할 줄 아는 사람도 없었다. 이 시점에서 우리는 현재 시장에 나와 있는 20개의 와이파이 라우터를 장착한 랙rack 옆의 책상에 앉아 수동으로 라우터들을 스위칭하려고 했었다. 몇 주가 지나 아파트처럼 많은 라우터들이 같은 장소에 있을 때 데이터 처리량이 감소하고 라우터 스위칭에 문제가 생긴다는 사항을 외부 협력 업체가 보고했다.[40] 프로토타입 하드웨어와 보드를 사용하는 데 있어 발생하는 다른 문제들도 있었다. 그림 3.52와 3.53 같이 받는 거의 즉시에 데이터 처리량이 심각하게 떨어지는 그래프들을 바로 받을 수 있었다. 이렇게 급격히 떨어지는 것이 그래프에 나타나서는 안 되지만, 나타나버렸다. 내부의 개밥 먹기 dog fooding 기간 동안 이 문제를 해결하기 위해 이 데이터를 사용했다.

---

40. 앨리온 테스트 랩(Allion Test Labs)과 라이언 호프스(Ryan Hoppes)와 토마스 플린(Thomas Flynn)이 하드웨어와 네트워크 테스팅과 인증을 도왔다.

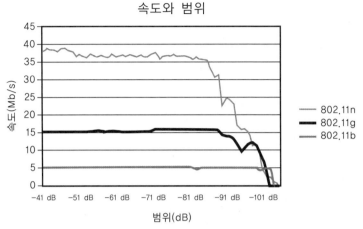

그림 3.52 속도와 범위에 대한 예상 커브

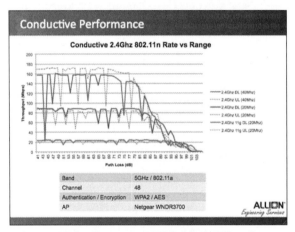

그림 3.53 초기 크롬OS 프로토타입의 속도와 범위 그래프

　　흥미롭게도 구글의 로우레벨 엔지니어들조차 이러한 외부 업체와의 릴레이션 십을 구축할 수 있다. 빨리 출시하는 능력 중 가장 중요한 것이 빨리 움직이는 능력 이다. 우리는 이제야 이러한 것들을 측정하고 외부 전문가와 지속적으로 함께 일할 사내 업무 시설을 구축했다. 외부 업체와 함께 일하고, 이러한 결과를 빠르게 전파 하는 것이 크롬OS가 전 세계에 배포하는 시점에 성공적인 네트워크 연결성을 확보 하는 데 매우 중요하다.

　　이러한 영역에서 외부 업체와 협력했을 때 얻을 수 있는 생각지 못했던 이점이 하나 더 있다. 우리의 하드웨어 품질 테스트 목록의 검토를 부탁했는데, 이 목록은 하드웨어 업체가 구글과 제품을 서로 왔다 갔다 보내며 작업하는 것을 막기 위해 구글에 제품을 보내기 전에 미리 테스트해야 항목을 담고 있었다. 이러한 테스트 목록을 리뷰하는 동안 그들은 일부분이 누락됐다는 것을 알아냈고, 이전에 보지 못했던 새로운 하드웨어 품질 사항에 대해서도 충분히 적용할 수 있는 형태라는 것을 깨닫게 됐다.

이러한 것들로 인해 대형 컴퓨터 제조사에 대한 우리의 첫 번째 테스트들이 읽기 쉽고 완결성을 가질 수 있었다. 가능하면 겸손한 자세로 테스팅에 관해 외부 전문가에게 도움을 받는 것도 좋다.

구글 문서도구의 TE 린제이 웹스터와의 인터뷰

린제이 웹스터Lindsay Webster는 구글 문서도구Google Docs 뉴욕 시 지부의 TE다. 린제이 는 회사 내에서 개발 팀을 테스팅 활동에 맞추게 채찍질하고 조언을 구하는 테스터 로 알려진 명망있는 전문적인 엔지니어다. 그녀가 일하는 방식과 그로 인해 팀과 품질에 미치는 영향은 그녀를 구글 TE의 마스코트로 만들었다.

저자들은 린제이와 함께 앉아 그녀와 테스팅의 세계에 대한 이야기를 나눴다.

저자들 새로운 프로젝트에 대해 어떻게 접근하시나요? 가장 먼저 질문하는 것이 무엇이고, 가장 먼저 수행하는 업무는 무엇인가요?

린제이 새로운 프로젝트가 발생하면 저는 먼저 사용자 관점에서 제품을 알아봅니 다. 가능하다면 제 자신이 사용자가 돼서 개인적으로 계정과 데이터를 생성해봅니 다. 실제로 완전히 제 자신을 사용자 경험 환경에 빠뜨리는 것이지요. 제 개인의 실 데이터를 보게 되는 순간 제품을 바라보는 관점이 완전히 달라집니다. 이러한 사용자 사고를 갖게 된 다음엔 다음 사항들을 수행합니다.

- 제품을 끝에서 끝까지 이해합니다. 설계 문서가 있다면 그것을 검토할 것이고, 주요 기능 설계 문서가 있으면 그것을 검토하겠죠. 제게 문서를 주면 전 그것을 읽습니다!

- 문서를 다 터득하면 프로젝트의 상태를 살핍니다. 특히 '품질 상태'를…… 버그 개수를 검토하고, 이슈들이 그룹화돼 있는지 봅니다. 현재 열려있는 버그의 종류를 살피고, 어떤 것이 오래된 버그이고, 어떤 것들이 최근에 발견됐는지 살펴보고, 발견–수정 비율도 살펴봅니다.

저자들 개발자 단위로요, 아니면 전체 팀 단위로요?

린제이 모두요! 당신의 팀이 완전히 효율적이 되려면 뛰어난 통찰력을 가져야 하거든요.

저는 실제 앱의 코드 저장소^{code repository}도 확인합니다. 각각 상당한 크기를 갖는 클래스와 일치하는 단위 테스트도 찾아봅니다. 그것들을 실행하면 테스트 통과가 될지, 의미 있고 완전한 단위 테스트인지 알아봅니다. 통합 테스트 케이스인지, 엔드 투 엔드 테스트인지, 잘 통과하는지, 기록에 의하면 통과율이 어떻게 됐는지, 매우 간단한 시나리오인지, 특수한 경우를 잘 커버하는지, 오랫동안 그대로인 부분은 어떤 부분인지 등을 알아봅니다. 개발자가 테스팅 사례를 문서화해 적어놓은 정보는 매우 큰 도움이 됩니다.

자동화 테스트 역시 검토합니다. 자동화 테스트가 있는지, 있다면 잘 동작하고 통과되는지를 봅니다. 애플리케이션에 어떻게 접근하는지 이해하기 위해 테스트를 위한 코드가 완전한지, 가정이 잘 돼 있는지, 통과하는지, 실패하는 위치는 적절한지 확인합니다. 자동화는 간단한 테스트만을 다루기도 하지만, 때때로 복잡한 사용자 시나리오가 자동 테스트 스위트에 포함되기도 합니다(아주 좋은 징조이지요).

제가 모든 문서를 확인하면 그 다음은 개발 팀입니다. 팀원 들이 서로 어떻게 의사소통을 하고, 테스터에게 기대하는 것이 무엇인지 묻습니다. 팀원들이 이메일 주소록을 이용하건, IRC 채널이나 다른 실시간 분산 의사소통 수단을 사용하건 간에 그 주소록에 저를 포함시켜 달라고 요청합니다.

개발 팀이 테스트하지 않는 많은 것들에 대해 무엇을 어떻게 테스트 하고 싶어 하는지 테스트에 대한 기대를 물어봅니다.

저자들 이 모든 일에 대해 생각을 하자니 바로 피곤해지는군요. 당신 같은 테스터가 있다는 것은 정말 감사할 일입니다! 문서와 사람들을 다루고 나면 앱밖에 안

남겠군요, 맞죠?

린제이 맞아요! 수색이 끝나면 실제 업무를 처리할 차례지요. 저는 보통 애플리케이션을 기능에 따라 의미 있는 컴포넌트로 분리하는 것으로 시작합니다. 살짝 겹치는 부분이 생기더라도 괜찮아요. 하지만 서브컴포넌트와 기능을 기술할 수 있을 만큼 너무 깊지도 않고 낮지도 않은 단계에서 컴포넌트를 분리하려고 하죠.

초기 기능 목록을 확보하면 어떤 기능이 먼저 테스트돼야 하는지 우선순위화 합니다. 발견한 것 중에서 애플리케이션의 기능과 가용성에 있어 가장 위험한 부분이 무엇인지 살펴봅니다.

정리가 되면 버그 저장소를 다시 한 번 살펴봅니다. 이번에는 같은 종류의 컴포넌트를 모으는 데 목적을 둡니다. 이렇게 하면 중복된 버그 리포트가 줄게 되고, 재발생하는 이슈들에 대한 시야가 확보돼 이미 존재하는 버그를 정말 쉽게 찾을 수 있습니다.

그 다음으로 애플리케이션에서 좀 더 자세한 방법으로 컴포넌트의 사용자 스토리를 만들어가면서 우선순위 대로 모든 컴포넌트를 살펴봅니다. 순서대로 정확한 사용법이 필요한 상세한 기능에 대해서는 테스트 케이스를 작성하고, 컴포넌트에 대해서는 더 큰 사용자 스토리와 링크를 겁니다. 저는 항상 스크린 샷이나 동영상, 찾기 힘들고 종잡을 수 없는 버그나 현재 버그에 대해 빠른 참조를 포함시키려고 노력합니다.

테스트 셋^{test set}을 갖게 되면 버그를 다시 확인하고 애플리케이션을 검토해 커버리지 차이를 찾아봅니다. 테스트가 하는 일은 거의 반복적인 일이 많지요! 보안성, 호환성, 통합성, 탐색적 테스팅, 회귀 테스팅, 성능 테스팅, 부하 테스팅 등이 제가 다루는 테스트의 종류들 입니다.

이런 토대 위에서 최신 상태를 유지하게 관리합니다. 예를 들면 테스트의 변경 사항을 업데이트하고, 새로운 기능에 대한 새로운 문서를 추가하고, 시간이 지남에 따라 변화한 컴포넌트의 스크린 샷과 동영상을 업데이트합니다. 어떤 버그가 제품에 포함되는지 살펴보는 것도 좋은데, 이는 테스트 커버러지에서 발생하는 차이를 알려주기 때문입니다.

저자들 TE로서 하는 일을 사용자 입장에 어떻게 맞출 수 있나요?

린제이 저는 제 자신을 매우 기초적인 수준의 사용자로 만듭니다. 저는 테스터들이 사용자 관점으로 생각해야만 애플리케이션을 진정으로 테스트할 수 있다고 생각합니다. 그렇기 때문에 테스팅이 단지 빌드가 되는지 확인하는 것보다 훨씬 더 많은 일들이 필요 합니다. 예를 들면 애플리케이션의 직관성, 업계 표준, 일반적으로 올바른 사항에 기반을 둔 피드백을 줄 수도 있습니다.

저자들 개발자들이 일반적으로 당신의 업무를 어떻게 생각하나요? 테스팅이 중요하지 않다고 생각하는 사람을 보면 어떻게 하나요?

린제이 개발자들은 저와 두 달 정도 일하기 전까지는 제 일을 과소평가하곤 합니다. 앞서 설명했던 저의 업무를 모두 마무리하면 팀과 회의 일정을 잡고, 제가 설정한 테스팅 프로세스를 발표합니다. 이렇게 직접 만나서 하는 회의는 매우 중요한데, 이는 그들의 애플리케이션을 제가 얼마나 깊게 고려하고 있는지 설명할 기회를 주기 때문입니다. 그 결과로 많은 질문들과 상호작용이 발생합니다. 저는 좋은 피드백을 받게 되고, 그들은 저의 좋은 능력을 얻게 되죠.

전체 프로세스와 제가 변경한 것과 향상시킨 부분들을 설명하고 나면 제가 가져온 가치에 대한 그들의 의구심은 저 멀리 날아가 버리게 되죠.

조금 직관적으로 보이진 않지만, 개발자들이 중요하다고 생각하는 저의 또 다른 업무는, 테스팅의 주체가 제가 아닌 그들이 돼야 하는 이유에 대한 정당성을 컴포넌트나 영역으로 개방적이고 투명하게 언급하는 것입니다. 많은 테스터들이 이익이 적은 부분을 노출시키는 것이 두려워 그들이 테스트하지 않을 것들에 대해 이야기해 주의를 기울여달라고 하지 않습니다. 제 경험에 의하면 이는 그 반대로 영향을 미칩니다. 개발자들은 그러한 부분에 대해 당신을 존경할 것입니다.

저자들 구글 사이트Google Sites41의 테스팅에 대해 좀 더 이야기 해주세요. 그 프로젝트에 대해서 어떻게 접근하셨나요? 어떤 문서를 작성했고, 어떤 포맷을 사용하셨나요? 당신이 찾은 것과 결과들을 개발자들과 어떻게 공유했나요?

린제이 매우 많은 사람들이 사용하기 때문에 구글 사이트를 테스팅하는 것은 매우

---

41. 웹사이트를 생성할 수 있는 구글의 서비스 - 옮긴이

어려웠습니다. 구글 사이트는 다른 회사를 인수해 생긴 프로젝트이고, 구글의 다른 프로젝트보다 오래된 프로젝트였습니다.

저는 해당 제품을 사용해보는 것으로 시작했습니다. 제 사이트를 생성해보고, 일반적인 관점에서 제품을 알아가기 시작했지요. 제가 닿을 수 있는 사람들 중 이 서비스를 많이 사용하는 사람들에게 연락했습니다. 예를 들어 제 콘도 회사가 몇 달 전에 그들의 커뮤니티 웹사이트를 구글 사이트로 옮겼다고 하길래 담당자를 찾아서 그 작업을 하는 동안 생긴 일들에 대해 알아냈습니다. 설계 문서 혹은 상세 사항 문서는 팀의 일정에 맞게 유지되지 않았으므로, 제품을 소화할 수 있는 크기로 쪼개서 각각의 컴포넌트와 서브컴포넌트에서부터 문서 작성을 시작했습니다.

사실 산출물은 어떻게 코딩하느냐에 따라 달라집니다. 저를 느리게 잡아끄는 것은 구글의 일하는 방식이 아니라 외적인 것이었습니다. 코드는 제가 생각했던 곳에 존재하지 않았습니다. 제가 익숙한 구조와는 다른 구조를 갖고 있었습니다. 단위 테스트, 엔드 투 엔드 테스트, 혹은 자동화 테스트 등 많은 테스트를 작성하기 위한 시작 부분도 알 수가 없었습니다. 따라서 'JotSpot[42]을 구글 사이트로 변경하기' 프로젝트에서 사용된 다른 스타일과 접근법들에 대해 연구하는 추가적인 업무가 배정됐습니다. 이러한 것들이 테스터로서 넘어야 할 산이지요.

아주 오래된 프로젝트는 수년간의 버그가 저장돼 있어 버그 저장소를 검색하기가 매우 힘듭니다. 버그 저장소가 좋은 구조를 갖고 있다면 별로 나쁠 것 없지만, 분류화 문제를 도와줄 서브컴포넌트의 상세 사항이 없다면 상세 컴포넌트 구조에 버그를 옮기는 데 시간이 오래 걸립니다.

구글 사이트를 테스팅하는 데 필요한 사용자 스토리, 테스트 환경 정보, 테스트 팀 정보, 릴리스에 따른 테스트 관리 등의 모든 문서를 한군데에 모으기 위해 하나의 사이트(당연히 구글 사이트를 이용해서)를 만들었습니다. 각 릴리스마다 테스팅을 빠르게 구성하기 위해 모든 컴포넌트와 서브 컴포넌트를 우선순위에 따라 나열하는 스프레드시트(예쁘진 않지만)를 이용했습니다.

지금까지 제가 하는 테스팅 정비 업무를 정리한 것과 같이 테스팅 프로세스를 완벽

---

42. 구글 사이트는 원래 JotSpot 회사에서 같은 이름으로 낸 서비스였다. - 옮긴이

히 이해시키기 위한 발표를 개발 팀에게 해줍니다. 해당 발표는 많은 개발 팀이 테스팅의 범위와 어려운 점을 이해하게 합니다. 이를 통해 나중에 나의 노력에 대해 좀 더 감사 받는 느낌이 들어요.

저자들 발견했던 버그 중에 중요한 버그를 말해줄 수 있나요? 어떻게 발견했는지도 알려주세요.

린제이 애플리케이션의 날짜 필드의 '날짜' 테스팅은 언제나 절 즐겁게 하지요. 주로 미래의 날짜나 아주 옛날의 날짜를 테스트해보면 가끔 매우 이상한 동작 오류나, 매우 재미있는 계산 오류가 나타나곤 합니다. 생각나는 버그 중 하나는 미래의 날짜를 생일로 넣었더니 나이가 완전히 이상하게 나온 적이 있었죠. 저에게 뭐라고 하셔도, 저는 버그가 재미있답니다!

저자들 당신이 미치는 영향이 얼마나 된다고 생각하세요?

린제이 고객에게 전달된 버그가 제가 팀에게 준 영향을 측정하는 데 중요한 역할을 합니다. 저는 그러한 버그 수가 제로에 가까운 게 좋습니다! 또한 저는 제 프로젝트를 방해하는 요소를 찾는 데 정말 전념합니다. 사용자 포럼(사용자 포럼을 꼭 살펴보세요!)에서 제 프로젝트가 버그와 이상한 UI로 악명높다면 이를 제가 프로젝트에 미쳐야 할 영향의 수준을 높여야 할 신호로 삼고 있습니다. 프로젝트는 쌓인 버그로 인해 고통을 받을 수 있고, 오래된 버그는 여전히 수정되지 않을 것이므로 얼마나 많은 오래된 버그들이 존재해 사용자에게 해를 끼치는지 살펴보는 것으로 제가 프로젝트에 미치는 영향을 측정합니다. 이러한 것들을 향상시키는 데 노력을 기하고, 버그 존재 시간을 해당 버그의 우선순위를 높이기 위한 하나의 판단 지표로 사용합니다.

저자들 테스팅을 완료해야 할 때를 어떻게 아시나요?

린제이 어려운 질문이네요. 릴리스를 위한 테스트에서는 테스트 완료 시점보다 릴리스 일정을 좀 더 중요시합니다. 또한 당신의 웹 애플리케이션을 접근하기 위한 새로운 브라우저 버전과 새 디바이스가 소개 된다면 개발이 활발하지 않은 웹 애플리케이션이라 하더라도 여전히 테스트를 해야 할 이유가 있습니다. 테스팅을 그만해도 된다고 판단해도 되는 시점은 컴포넌트(혹은 기능, 브라우저, 디바이스)에 남아 있는 버그가 상대적으로 사용 빈도가 낮거나, 있어도 사용자에게 적은 영향력을 미치는 경우여서 테스트를 그만해도 되겠다는 자신감이 들 때일 것입니다. 따라서 기능을 우선순위화 하고 애플리케이션이 실제로 동작하기 위한 환경을 만드는 것입니다.

저자들 수정된 버그를 어떻게 하시나요?

린제이 버그 해결의 서포터즈가 되는 것이 중요한 제 업무 중의 하나입니다. 저는 항상 기능 개발과 버그 수정 사이에서 개발자들과 싸웁니다. 제가 버그 수정에 대한 중요성을 피력할 때 사용자의 피드백이 가장 중요한 동맹군이 돼주죠. 버그가 수정되지 않을 때 생기는 더 많은 사용자 불만 사항을 찾아 보여줌으로써 개발자가 버그 수정을 하는 것이 새로운 기능을 개발하는 것보다 중요하다는 것을 증명할 수 있습니다. 구글은 구글 사이트 같이 엔터프라이즈 제품에 대한 고객 서비스 대표 그룹이 있어서 이러한 그룹들과 긴밀하게 협조하며, 고객들이 제기한 재발생한 문제들이 무엇인지 항상 듣고 있습니다.

저자들 당신의 업무에서 마술 지팡이를 흔들 수만 있다면 그곳은 과연 어디일까요?

린제이 그 '어디'라는 것이 '전체 업무'가 될 순 없겠죠? 좋아요. 한군데만 사용할 수 있다면 문서화될 필요가 없는 기초 테스트나 더미 테스트 혹은 사용자 시나리오에 쓰겠어요. 모든 테스터가 어떻게든 그것들을 자동으로 알게 되죠. CRUD 오퍼레이션[43]은 어디에나 적용할 수 있는데, 모든 기능에 대해 이를 상세화하는 것은 매우 성가시죠. 이미 정해진 테스트 케이스 모델을 사용하는 대신 높은 수준의 사용자 스토리로 이동하는 것이 이런 것들로부터 영향을 적게 받기 위해 도움이 됐지만, 그래도 이러한 문제들이 모두 없어져 준다면 더욱 고마울 것 같아요.

저자들 제품 릴리스를 결정하는 데 당신의 업무가 어떤 영향을 미치나요?

린제이 기능 혹은 릴리스가 사용자에 미치는 영향의 중요성을 생각해보면 출시 안 될 수도 있다고 생각합니다. 감사하게도, 저희 팀은 이러한 제 생각에 거의 동의해요. 하지만 매우 심각한 문제가 있지 않으면 저는 릴리스를 막지 않습니다. 따라서 제가 릴리스를 막고자 할 때 팀의 믿음을 유지하는 것이 중요합니다. 그러면 그들도 릴리스하지 않고자 하죠.

저자들 당신의 직무에 대해 가장 좋은 점과 싫은 점이 있다면 무엇인가요?

---

43. CRUD는 Create(생성), Read(읽기), Update(갱신), Delete(삭제)를 의미한다. — 옮긴이

린제이 저는 여러 가지 능력에 대한 융통성을 발휘하는 이런 것들이 좋습니다. 저는 기술직이지만 사용자를 접합니다. 어떤 프로젝트가 저 같은 사람을 원하지 않겠어요? 저는 프로젝트에 여러 가지 종류의 이익을 가져다줍니다. 제품이나 새로운 기능을 새롭게 시작하는 일이 팀에게는 두려운 일 중 하나일 것입니다. 따라서 제가 그런 부분에 있어서 차분함과 자신감을 불어 넣어주고, 제 피드백은 저를 긍정적이고 도움이 되게 하는 힘이 됩니다.

저자들 구글과 다른 회사에서의 테스팅은 어떻게 다른가요?

린제이 독립성이요. 주 업무로 일할 프로젝트와 20%만 쏟을 프로젝트에 대해 자유로운 선택권을 갖고 있어요. '20% 시간'이란 것은 일주일 중 하루나 20%의 시간을 원하는 프로젝트에 쏟을 수 있게 하는 구글의 컨셉이에요. 이는 다른 여러 종류의 프로젝트에서 일함으로써 저의 능력을 넓히고, 스스로를 고취시키며, 업무에 대해 계속 열정적일 수 있게 하죠. 이런 게 없었다면 하루하루가 지겨울 거에요.

저자들 SET는 당신의 업무에 대해서 어떻게 느끼나요?

린제이 SET는 누군가 버그 저장소를 추적하는 거나 릴리스 때 테스팅으로부터 도움을 받거나 그 때문에 발생하는 제품의 차이를 확인할 때까지는 중요하다고 생각하지 않을 것이에요. 자동화가 모든 테스팅 시나리오를 커버한다고 SET가 알고 있다 하더라도(맞습니다!), 기능을 깰 수 있는 새로운 테스트 케이스를 개발하기 위해 탐색적 테스팅을 하는 사람은 없어요. 게다가 자동화 테스팅에 의해 커버되지 않는 모든 버그를 추적하고 있는 사람도 없고, 더 오래되고 더 작은 버그들을 관리하는 사람, 해결된 문제를 확인하는 사용자 피드백을 얻는 사람이 없어요.

저자들 SET와는 어떻게 협업하나요?

린제이 저는 SET를 포함한 팀 전체의 테스트 전략을 구성해요. SET가 테스트나 툴의 코딩을 어디서부터 시작해야 할지 모르는 문제에 닥치면 저는 무엇이 먼저 테스트돼야 하는지 우선순위화된 문서를 버그 데이터와 함께 보여 줄 수 있습니다. 저는 또한 버그를 방지하는 데 그들의 솔루션이 얼마나 효율적인지 피드백을 실제 데이터와 함께 줄 수가 있습니다. 따라서 제가 SET와 협업하는 부분은 주로 구성이나 피드백 같은 것들입니다.

유튜브 TE 애플 초우와의 인터뷰

애플 초우[Apple Chow]는 구글 오퍼스[Google Offers][44]의 TE이며, 이전에는 구글 샌프란시스코 오피스에서 유튜브의 테스트 리드[test lead]로 일했다. 애플은 새로운 도전을 좋아하며, 테스팅을 위한 최신 툴과 기술에 지속적인 관심을 두고 있다. 저자들은 최근에 유튜브의 테스팅에 관한 그녀의 생각을 들어보았다.

저자들 애플 씨, 당신을 구글에 입사하게 만든 건 무엇이었나요? 당신 이름처럼 분명히 입사하고 싶었던 다른 곳이 있었을 텐데요.

애플 ㅎㅎ! apple@apple.com이라는 걸 갖고 싶긴 하네요! 하지만 제가 구글에 온 것은 다양한 제품과 정말 스마트하고 지식이 많은 사람들과 일할 수 있기 때문이에요. 저는 다양한 프로젝트를 하는 것을 좋아하고, 다양한 도전을 사랑해요. 따라서 구글이 저와 같은 사람에게 알맞은 곳이라 생각했죠. 아주 다양한 제품에 대한 다양한 수백만의 사용자를 접할 수 있는 기회를 얻었죠. 매일 새로운 도전이 있고, 결코 지루하지 않아요. 물론, 공짜 마사지는 보너스고요.

저자들 TE와 SET 직군의 면접 절차를 어떻게 생각하세요?

애플 구글은 배우고, 성장하며 여러 문제를 다룰 멀티플레이어를 찾고 있어요. 이는 TE, SET, SWE에 모두 적용되는 이야기라 생각해요. 다른 많은 곳에서 특정 팀의 특정 업무에 대해 면접을 실시하고, 당신이 만나는 사람들은 모두 당신이 앞으로 가까이 일할 사람들이죠. 구글 면접은 일반적이지 않아요. 다양한 팀에서 당신을 면접하고, 다양한 관점으로 평가 받게 될 거에요. 결론적으로 제 생각에 이 절차는 구글의 거의 모든 팀에서 일할 수 있는 훌륭한 사람을 뽑기 위해 설계된 것 같아요. 물론 이런 절차가 중요하죠. 이러한 것들이 구글 안에서 언제나 새로운 제품이나 프로젝트 혹은 새로운 팀을 찾아 옮길 수 있게 하니까요. 이러한 조직에서 멀티플레이어가 되는 것은 중요합니다.

저자들 다른 IT 회사들과도 많이 일해 봤을 텐데요. 구글의 소프트웨어 테스팅에서 가장 놀랄만한 부분은 무엇인가요?

---

44. 그루폰이나 쿠팡 같은 구글의 소셜 커머스 서비스 – 옮긴이

애플 아주 많은 것이 달라요. 제가 구글을 너무 좋아하기 때문에 편파적일지도 모르겠지만, 구글의 TE와 SET들은 다른 회사보다 좀 더 기술적이라고 말씀드릴 수 있어요. 제가 일한 다른 큰 회사에서는 특화된 자동화 팀과 많은 수동 테스터들이 있어요. 구글의 SET는 코드를 작성하죠. 그게 그들의 업무에요. 그리고 TE들도 코딩을 못하는 사람을 찾기 힘들어요. 이러한 코딩 능력은 단위 테스트가 일반화되기 훨씬 이전에 영향을 줄 수 있게 하고, 엔드 투 엔트 테스트를 할 필요를 없게 하죠. 구글에서는 우리의 기술적 역량이 제 역할을 할 수 있게 하죠.

테스트에 있어서 구글이 다른 점은 자동화가 차지하는 비율이 엄청나다는 점이에요. 대부분의 이러한 자동화 테스트는 수동 테스터가 제품을 테스트하기 전에 실행돼요. 수동 테스터가 코드를 받을 때 이미 코드의 초기 품질은 매우 높죠.

도구화에 있어서도 차이점이 있어요. 기본적으로 우리는 상용 툴을 쓰지 않아요. 도구화를 매우 인정하는 문화를 갖고 있고, 20% 시간 활용으로 누구나 내부 구글 툴셋을 만들 수 있게 하죠. 툴은 어렵고 반복적인 부분의 테스트를 도와주고, 실제로 사람이 필요한 중요한 부분에만 집중을 할 수 있게 해줘요.

그러고 나서 물론, 개발자 자체 품질과 테스트 중심 SWE 문화가 SWE와 TE의 협업을 쉽게 하죠. 우리는 품질이라는 게임을 모두 함께 하고, 어떤 엔지니어가 어떤 기계에서 어떤 코드든 테스트할 수 있게 하고 이런 상황이 우리를 매우 빠르고 융통성 있게 만들죠.

저자들 테스팅에 있어서 다른 회사와 구글의 공통점은 무엇이 있을까요?

애플 소프트웨어 기능은 다른 회사와 마찬가지로 테스트하기 힘들거나 바로 잡기 힘든 만큼 자동화하기도 힘듭니다. 기능을 엄청 많이 만들어야 하는 때가 오면 우리가 원하는 만큼 테스트되지 않았어도 테스트를 끝내는 경우가 있습니다. 완벽한 회사는 없고, 완벽한 제품을 만드는 회사도 없어요.

저자들 유튜브에서 TE를 할 때 어떤 영역의 기능들을 책임지고 있었나요?

애플 저는 많은 팀과 일했고, 유튜브의 많은 기능들을 넣는 데 일조했지요. 몇몇 유명한 것 중 제가 말하기 좋아하는 것은 인터넷에서 가장 많이 조회한 동영상을 보여주는 유튜브의 페이지를 재디자인한 보기^{Watch} 페이지에요. 또 기억나는 프로젝트 하나는 Vevo와의 파트너십이에요. Vevo는 유튜브가 제공하는 동영상 호스팅과 스트리밍과 함께 제공되는 프리미엄 뮤직 컨텐트 사이트에요. 소니 뮤직 엔터테인먼트와 유니버설 뮤직 그룹이 공동 투자해 만든 회사지요. YouTube.com의 Vevo 프리미엄 동영상은 2009년 12월 8일에 서비스를 시작하고 3개월 동안 14,000개 이상이 라이브로 상영됐고, 평균 천사백만 회의 조회를 기록했어요. 그리고 액션스크립트2에서 액션스크립트3로 유튜브의 플래시 기반의 동영상 플레이어를 재작성할 때 테스트를 했었지요. 새로운 채널과 브랜드 파트너 페이지가 만들어질 때 테스트를 하기도 했구요.

저자들 구글 테스팅에서 리드가 된다는 것은 어떤 의미인가요?

애플 리드의 역할은 제품과 팀을 넘나들면서 영향을 줄 수 있는 협업 업무를 해야 해요. 예를 들어 Vevo 프로젝트에서 우리는 유튜브 플레이어에 대한 걱정을 많이 했어요. 브랜드를 가진 보기 컴포넌트, 채널 구조, 대역폭 할당, 동영상 저장^{ingestion}, 보고 등에 관한 걱정이었지요. 이는 완전히 '나무 보다는 숲을 보는' 컨셉이지요.

저자들 유튜브에서 탐색적 테스팅의 컨셉을 적용해 본 적이 있나요?

애플 제품에서 탐색적 테스팅은 인간 중심적이고 유튜브 같은 비주얼을 갖죠. 탐색적 테스팅은 중요해요. 우리는 할 수 있는 만큼 최대한 탐색적 테스팅을 합니다.

저자들 유튜브 테스터는 탐색적 테스팅의 아이디어를 어떻게 이용하나요?

애플 오, 그건 정말 사기를 북돋는 일이었어요. 테스터는 테스트하기 좋아하고, 버그 찾기를 좋아하죠. 탐색적 테스팅은 테스터의 참여도와 흥미를 높였어요. 그들은 투어를 즐기는 사람의 심정으로 소프트웨어를 테스트하고, 그런 특정한 시각으로 인해 소프트웨어의 결함을 발견해내는 매우 창의적인 형태의 테스트가 생겨났지요. 이는 매우 재밌었으며, 흥미롭고 비밀스런 버그를 발견해내고 추가 테스트를 발견하는 보상을 주었어요. 다른 방식을 취했다면 버그를 놓쳤거나 좀 더 일상적이고 반복적인 프로세스에 의해 발견이 됐겠죠.

저자들 투어라는 것을 언급했는데요. 제임스가 그의 책을 이용하게 했나요?

애플 제임스가 구글에 처음 왔을 때 그 책이 처음 나왔고, 그는 몇몇 세미나를 했고, 우리는 몇 번 만났어요. 하지만 그는 저 위에 시애틀에 있었고, 우리는 캘리포니아에 있었으므로, 오래 마주한 건 아니지요. 책에 있는 투어를 보았고, 실행해보앉어요. 어떤 건 잘 동작했고, 어떤 건 그렇지 않았어요. 그러고 나서 우리 제품에 제일 잘 맞는 걸 알게 됐죠.

저자들 어떤 게 잘 맞던가요? 이름을 말해줄 수 있나요?

애플 '머니 투어'(돈과 관련된 기능들에 집중하는 것. 유튜브에서는 광고와 파트너 관련 기능들)가 많은 주목을 받았고요, 릴리스마다 아주 중요했습니다. '랜드마크 투어'(시스템의 중요한 기능과 성능에 집중)와 '나쁜 이웃 투어'(이전에 버그가 났던 영역이나, 최근에 버그가 보고된 영역에 집중)는 가장 심각한 버그를 찾는 데 효율적이었습니다. 팀원 각각 버그를 살펴보고 그것을 찾는 전략을 논의하는 것은 매우 공부가 되는 경험이었어요. 투어의 컨셉은 탐색적 테스팅 전략을 설명하고 공유하는 데 매우 도움이 됐어요. '반사회적 투어'(입력되지 않을 것 같은 입력 값을 사용), '강박 관념 투어'(같은 작업을 계속 반복), 그리고 '게으른 뚱보 투어'(가능한 최소의 입력과 디폴트 값들을 사용하는 것)들에 대해 아주 많은 농담들을 했었죠. 우리의 테스팅을 가이드하는 데 도움을 줬을 뿐만 아니라, 팀의 조화를 가져다 줬어요.

저자들 유튜브의 많은 셀레니엄 테스팅을 주도해 온 것을 알고 있어요. 셀레니엄에서 자동화를 작성할 때 가장 좋아하는 것과 그렇지 않은 것이 무엇인가요?

애플 좋았던 것은 쉬운 API라는 것이에요. 자신이 좋아하는 파이썬, 자바, 루비 같은 언어를 통해 테스트 코드를 작성할 수 있고, 자바스크립트를 통해 애플리케이션을 바로 실행시킬 수도 있어요. 이는 훌륭한 기능이고 매우 유용했어요.

좋지 않았던 점은 우리가 하는 것이 여전히 브라우저 테스팅이라는 점이에요. 느리고, API를 후킹해야 하고, 테스트는 테스트되는 대상과 멀리 떨어져 있죠. 사람이 검증하기에는 아주 힘든 시나리오를 자동화하면 품질 향상에 도움이 되요(광고 시스템 백엔드를 호출의 예로 들 수 있음). 다른 동영상을 시작하고, 광고 호출을 바나나 프록시^Banana Proxy(HTTP 요청과 응답에 대한 로그를 남기는 내부 웹 애플리케이션 보안 감사 툴)를 통해 가로채는 것을 테스트해봤어요. 개념적으로 브라우저로부터 바나나 프록시(로깅), 여기서부터 셀레니엄, 그리고, 웹으로 브라우저의 리퀘스트를 라우팅시켰죠. 그랬더니 나가는 요청이 올바른 URL 파라미터를 포함했는지 확인할 수 있었고, 들어오는 응답이 예상했던 응답인지 확인할 수 있었어요. 전반적으로 UI 테스트는 느리고, 훨씬 깨지기 쉬우며, 꽤 높은 유지 보수 오버헤드를 갖죠. 이를 통해 깨달은 것은 단지 몇 개의 엔드 투 엔드 통합 시나리오를 검증하는 고수준 스모크 테스트를 유지하고, 다른 테스트들은 가능한 한 작게 만드는 것이에요.

저자들 유튜브 콘텐츠의 대부분 UI가 플래시^{Flash}로 돼 있어요. 이것들은 어떻게 테스트하나요? 셀레니엄을 통하는 뭔가 마법스런 방법이 있나요?

애플 불행하게도 마법 같은 방법은 없어요. 대신 힘든 일들만 있죠. 우리의 자바스크립트 API는 노출돼 있기 때문에 이 부분을 테스트하는 데는 셀레니엄이 도움이 돼요. 이미지를 비교하는 툴인 pdiff를 사용하면 썸네일, 마지막 화면 등이 제대로 렌더링됐는지 확인하는 데 도움이 돼요. 또한 트래픽을 듣기 위한 HTTP 스트림을 다뤄서 페이지의 변경 사항이 뭔지 알아내는 많은 대리 업무를 하죠. 또한 As3Unit과 FlexUnit을 사용해 플레이어를 로드하고, 여러 동영상을 플레이하고, 플레이어 이벤트를 발생시키죠. 확인을 위해 이 프레임워크를 이용해 다양한 소프트웨어 상태를 검증하고, 이미지 비교를 합니다. 이를 마법이라 부르고 싶지만, 여기까지 오기 위해 우리가 작성한 코드가 엄청나게 많아요.

저자들 당신이나 팀이 사용자가 보기 전에 찾아낸 가장 큰 버그가 무엇인가요?

애플 가장 큰 버그는 대체적으로 흥미롭진 않아요. 하지만 IE 브라우저를 뻗게 만드는 CSS 버그가 생각나네요. 그 전에는 CSS가 브라우저를 뻗게 만드는 일이 없었어요.

새로운 보기^{Watch} 페이지가 2010에 시작됐을 때 기억나는 좀 미묘한 버그가 있었어요. 사용자가 마우스를 플레이 영역 밖에서 움직일 때 IE7에서 플레이어가 가끔 멈추는 현상이 있었어요. 이 버그는 흥미로웠죠. 사용자가 긴 동영상을 보면서 마우스를 움직일 때만 발견됐으니까요. 플레이어가 완전히 멈추기 전까지 모든 게 느려졌어요. 결국 릴리스되지 않은 이벤트 핸들러와 관련된 자원에 대해 같은 걸 계속 계산하고 계산해서 발생하는 일이었어요. 짧은 동영상을 보거나 마우스 움직임 없이 보기만 하면 이 버그를 발견할 수 없었겠죠.

저자들 유튜브 테스팅 관점 중에 가장 성공적이었던 것은 무엇이고, 덜 성공적이었던 것은 무엇인가요?

애플 가장 성공적이었던 것은 문제 있는 URL들을 얻어 와서 확인하는 툴이었어요. 매우 간단한 테스트였긴 하지만, 중요한 버그들을 빨리 발견해내는 데 매우 효율적이었죠. 스택 트레이스를 제공해 디버깅을 쉽게 할 수 있는 기능을 추가했고, 그로 인해 엔지니어들은 문제를 조사해 수정할 수 있었죠. 이는 곧 개발 과정 중의 최전방 테스트 방어선이 됐고, 테스팅 시간을 매우 절약해주었어요. 로그 분석과 약간의 수작업 같은 좀 더 추가적인 작업을 통해 유명한 URL들을 확인할 수 있었어요. 매우 성공적이었죠.

성공적이지 못했던 부분은 매주 릴리스마다 있는 수동 테스팅에 대한 지속적인 신뢰였어요. 매우 작은 타임 윈도우(코드가 나오자마자 바로 동결되는)와 자동화하지 못한 많은 UI 변경 사항을 갖고 있으면 매주 릴리스하는 프로세스에서는 수동 테스팅이 매우 중요해요. 이것은 매우 어려운 문제이고, 더 좋은 해답을 찾길 원하고 있어요.

저자들 유튜브는 매우 데이터 주도적인 사이트이고, 콘텐츠가 알고리즘에 의해 결정되는데요. 적절한 동영상이 적절한 시간에 적절한 곳에서 보이는지 어떻게 검증하나요? 동영상 품질도 검증하나요? 그렇다면 어떻게 하나요?

애플 어떤 동영상들이 얼마나 재생되는지 측정하고, 여러 가지 변수에 기반을 두고 동영상들의 상관관계를 조사합니다. 동작하는 버퍼와 캐시 미스를 분석하고, 그에 기반을 두고 전 세계에 제공되는 인프라스트럭처를 최적화하죠.

알맞은 품질이 사용되고 있는지 동영상 품질 단계를 측정하는 단위 테스트를 갖고 있어요. 제가 그룹을 옮긴 뒤에 저의 새로운 팀은 더 많은 품질 단계를 테스트하는 툴을 작성했어요. 이 툴은 오픈소스화 됐고,[45] 다양한 테스트 동영상을 플레이하고 플레이어의 상태와 프로퍼티에 대한 여러 어썰션assertion을 발생시키는 임베디드 유튜브 플레이어를 FlexUnit 테스트와 함께 작동시켜요. 이러한 테스트 동영상들은 큰 바코드를 갖고 있어서 프레임과 타임라인을 표시해 압축이 잘됐어도 품질이 떨어지는 것이 쉽게 확인 가능하죠. 알맞은 화면비aspect ration와 자르기cropping, 왜곡, 색 변환, 검은 프레임, 화이트 스크린, 동기화 등이 저희가 확인하는 것이고, 이와 관련된 문제들이 버그 리포트에서 발견되는 것들이죠.

저자들 웹, 플래시, 데이터 주도 웹서비스를 테스트하는 다른 테스터들에게 해주고 픈 조언이 있나요?

---

45. AS3 플레이어 도우미 소스코드를 http://code.google.com/p/youtube-as3player-helper/source/checkout에서 찾을 수 있다.

애플 테스트 프레임워크건 테스트 케이스이건 간에 간단함을 유지하고, 프로젝트가 커지더라도 설계된 대로 동작하게 해야 합니다. 사전에 모든 것을 해결하려 하지 마세요. 버릴 것들에 대해 미련을 두지 말고요. 테스트나 자동화가 너무 관리하기 어렵다면 이는 넘기고 좀 더 탄력 있는 부분들에 대해서 나은 것들을 만들어보세요. 테스트에 대한 관리와 문제 해결 비용을 줄이는 데 주의를 기울이세요. 70-20-10 법칙을 관찰하세요. 70%는 단일 클래스나 함수를 테스트하는 소형 단위 테스트이고, 20%는 하나나 그 이상의 애플리케이션 모듈을 검증하는 중형 테스트이고, 10%는 상위 레벨에서 동작하거나 하나의 애플리케이션 전체를 동작시키는 것을 검증하는 대형 테스트(일반적으로 '시스템 테스트'나 '엔드 투 엔드'테스트라고 함)에요.

그 외의 것들은 우선순위를 매기고, 간단한 자동화 노력으로 큰 이익을 얻을 수 있는 것들을 찾게 하세요. 자동화가 모든 문제를 해결해주지 않는다는 점을 항상 기억하세요. 특히 프론트엔드 프로젝트나 디바이스 테스팅에서는 더욱 그렇습니다. 언제나 영리해야 하며, 탐색적인 테스팅과 테스트 데이터의 추적을 게을리 하지 않아야 합니다.

저자들 진실을 말해주셨군요. 유튜브 테스팅은 즐거웠을 듯합니다. 고양이 동영상을 하루 종일 봤을테니까요.

애플 뭐…… 만우절에 모든 동영상의 자막의 위아래를 뒤집어 놓았었지요. 하지만 거짓말은 안 합니다. 유튜브 테스팅은 재밌었어요. 여러 가지 흥미로운 콘텐츠를 발견했고, 그게 바로 제가하는 일이거든요! 이런 것들을 하더라도 저는 여전히 고양이 동영상을 보고 웃을 수 있어요!

4장

테스트 엔지니어 매니저

테스트 엔지니어[TE]와 테스트 소프트웨어 엔지니어[SET]가 사용자와 개발자 각각을 지원하기 위해 노력하는 동안 그들을 하나로 묶는 역할이 있다. 바로 테스트 엔지니어 매니저[TEM, Test Engineering Manager]다. TEM은 개별적인 공헌자로 중요한 업무를 맡는 엔지니어 동료이자 모든 지원 팀(개발, 제품 관리, 릴리스 엔지니어, 문서 작성자 등)이 접촉하는 단일 컨텍 포인트다. TEM은 구글의 모든 위치 중 가장 도전적인 위치이고, TE와 SET 모두에게 필요한 기술을 알아야 한다. 또한 경력 개발 시에 필요한 보고서를 직접 만들 수 있는 관리 스킬도 필요하다.

TEM에 대한 이야기

구글 테스팅 프로젝트를 하는 모든 TE와 SET가 이 책에서 우리가 설명한 것처럼 일하는 것은 아니다. TE와 SET는 TEM에게 보고를 하고, TEM은 그들의 역할을 이끌고 조정한다. 일반적으로 TEM은 그런 종류의 보고서를 무수히 받는 테스트 디렉터에게 보고한다.[1] 테스트 디렉터는 모든 보고를 패트릭 코플랜드[Parick Copeland]에게 한다.

---

1. 이 글을 쓰는 시점에 구글에는 6명의 테스트 디렉터가 있고, TEM들이 그들에게 직접 보고한다. 각 공헌자들은 일반적으로 TEM에게 보고를 하지만, 시니어 엔지니어나 기술 리더들은 종종 디렉터에게 보고한다. 그렇게 해서 평등하게 함께 일하는 구조를 만들고, 관리 측면에서 동등하고 가볍게 관리하게 한다. 전부 다는 아니지만, 대부분 구글의 디렉터들 역시 개개의 공헌자처럼 업무를 하기 위해 시간을 쪼개기도 한다.

기술, 리더십, 조정자의 역할을 하는 TEM은 일반적으로 구글에서 일하던 사람들이 성장해 그 역할을 하게 되는데, 구글에 있는 대부분의 TEM들은 밖이 아닌 내부에 있던 사람들이다. 전부 다는 아니지만 외부 사람들은 일반적으로 개개인의 공헌자Contributor 역할로 채용된다. 심지어는 디렉터로 고용된 제임스 휘태커James Whittaker도 거의 석 달 동안 어떠한 보고서도 직접 받지 못했다.

주어진 역할의 범위를 생각하면 현재 TEM들 중에서 TE를 거쳐 올라온 사람들이 절반인 것은 놀라운 일이 아니다. TE들은 프로젝트를 관리하고 프로젝트 전반에 걸쳐 프로젝트를 바라보면서 작은 범위에서 사람들을 관리하는 일부터 시작한다. TE는 애플리케이션의 기능들을 둘러싼 그 주변의 넓은 범위에 대해 이해하고 보통의 SET보다 엔지니어들과 좀 더 접촉을 많이 한다. 그러나 TE 또는 SET 역할에서의 성공과 TEM으로서의 성공은 아무런 관련이 없다. 구글에서 성공은 복합적인 이슈이고, 우리는 올바른 관리자를 고르기 위해 혼신을 다하고, 그들이 성공할 수 있게 열심히 일한다.

나의 마지막 조언 중 첫 번째는 "당신의 제품을 이해하라"는 것이다. TEM은 제품 사용에 관한 어떠한 질문이 주어져도 그에 대한 답을 할 수 있는 전문가가 돼야 한다. 당신이 크롬Chrome의 TEM이라면 확장 기능을 어떻게 설치하는지, 브라우저의 스킨은 어떻게 바꾸는지, 동기화의 설정 방법은 어떻게 되는지, 프록시 설정은 어떻게 수정하고, DOM을 보는 방법과 쿠키가 저장된 곳을 찾거나, 새로운 버전으로 업데이트되는 때가 언제이고 어떻게 하는지 등에 대한 질문을 나에게 받을 것이다. 이러한 답들은 검색하지 않고 곧바로 TEM의 입에서 튀어나와야 한다. UI부터 백엔드 데이터 센터의 구현까지 TEM은 그가 맡은 제품을 자세히 알고 있어야 한다.

한 번은 내가 지메일Gmail TEM에게 내 메일의 로딩 속도가 왜 늦는지 물어본 적이 있었다. 그는 지메일의 서버 부분이 어떻게 동작하는지 설명해주고 이번 주말에 원격지에 있는 데이터 센터에 어떤 문제가 있었는지를 이야기 해줬다. 내가 원하는 것보다 더 자세히 말이다. 어떻게 지메일이 동작하는지 그는 분명히 알고 있었고, 성능에 영향을 미치는 필드의 최신 정보까지도 알고 있었다. 이런 것이 우리가 구글의 모든 TEM에게 기대하는 것이다. TEM은 프로젝트와 관련 있는 어느 누구보다도 제품의 전문가가 돼야 한다.

두 번째 조언은 "네 사람들을 알라"는 것이다. 관리자로서 구글 TEM은 제품 전문가이고, 무엇을 해야 하는지는 알지만 실제 작업을 하는 데 있어서는 매우 작은 역할을 한다. 대부분의 작업은 TEM에게 보고서를 작성하는 SET와 TE의 몫이다. 이들을 알고 그들의 기술을 개별적으로 알면 업무를 좀 더 효과적이고 빠르게 처리할 수 있다.

구글의 직원들은 스마트하지만 그 수가 아주 많지는 않다. 구글 외부에서 고용된 모든 TEM들이 그들의 프로젝트에 사람이 부족하다고 이야기한다. 우리는 대답 대신 미소지을 뿐이다. 우린 그 부분을 잘 알고 있고, 바꾸지 않을 것이다. 사람들을 잘 알고 그들의 기술을 잘 안다면 TEM은 그가 가진 팀보다 더 큰 업무 성과를 낼 수 있기 때문이다.

자원의 부족은 결국 명확한 수행이 이뤄질 수밖에 없게 하고, 프로젝트에 대해 더 강한 주인 의식을 갖게 한다. 한 아이를 여러 명이 키운다고 생각해보라. 한 명은 먹을 것을 주고, 한 명은 기저귀를 갈고, 한 명은 놀아준다면 맞벌이를 하면서 단 둘이 아이를 키우는 부모만큼 아이의 삶에 대한 책임감을 갖진 않을 것이다. 보살피는 데 힘이 부치게 되면 아이를 기르는 데 분명하고 효과적인 방법을 생각하게 된다. 자원이 부족할 때 최적화를 하게 된다. 비효율적인 프로세스들을 바로 보게 되고 반복을 하지 않으려 한다. 먹을 것을 주는 시간을 정하고 그것을 지킨다. 기저귀를 가까이 두어 기저귀 가는 절차를 간단하게 만든다.

구글의 소프트웨어 테스팅 프로젝트에도 동일한 개념이 적용된다. 단순히 사람들을 문제에 빠뜨릴 수는 없기 때문에 간결한 툴 체인을 만든다. 정말 필요한 목적을 충족시키지 못하는 자동화는 사라지게 되고, 회귀성이 없는 테스트는 작성하지 않는다. 테스터에게 무엇인가를 요구하는 개발자는 함께 작업을 해야 한다. 별로 필요하지 않은 작업은 없다. 하지만 중요하지 않은 곳에 가치를 부여하기 위해서 바쁘게 일하지는 않을 것이다.

이런 상황을 최적화하는 것이 TEM의 업무다. TEM이 제품을 아주 잘 알고 있으면 그는 우선순위가 가장 높은 업무를 식별하고 그 부분을 적절하게 다룰 수 있도록 한다. TEM이 자기 사람들을 충분히 잘 알고 있으면 테스트 문제 중 가장 필요한 곳에 가장 적절한 사람을 배치할 수 있다. 물론 완료하지 못하는 부분이 있을 수 있다. TEM이 일을 제대로 하는 경우라면 그 부분은 가장 우선순위가 낮은 부분이거나, 계약에 의해 처리할 수 있거나, 외부에서 처리할 수 있는 부분이다.

물론 TEM이 이러한 내용에 대해 틀릴 수도 있고 그의 역할은 매우 중요하기 때문에 그런 실수가 비용으로 바로 이어질 수도 있다. 운이 좋게도 TEM의 공동체는 서로를 매우 잘 아는 사람들로 이뤄졌고(자원 부족의 또 다른 이점은 사람들의 수가 작기 때문에 충분히 서로의 이름을 부르는 친밀한 사이가 될 수 있고 정기적인 만남이 가능하다는 점이다) 전체적으로 함께 발전할 수 있는 경험을 공유할 수 있다.

프로젝트와 사람 모으기

프로젝트 이동은 구글 엔지니어의 특징이다. 첫 번째 규칙은, 구글 직원은 한 분기 정도의 차이는 있을지 모르지만 18개월마다 프로젝트를 변경할 수 있다는 점이다. 물론 그렇게 해야 할 강제성은 없다. 모바일 운영체제를 좋아하는 엔지니어를 유튜브에 배치하는 것은 현명치 못한 일이기 때문이다. 이러한 이동은 엔지니어들이 다양한 프로젝트를 경험해보게 한다. 하지만 수년 동안 또는 그들의 경력 전체를 한 프로젝트에 머무르게 하겠다는 선택은 구글의 모든 것을 알지는 못하게 된다는 의미도 된다.

이러한 문화를 이용해 TEM이 취할 수 있는 몇 가지 장점이 있다. 다시 말하면 경험이 많은 구글러들을 언제든지 고용할 수 있다는 점이다. 구글 지도$^{Google Map}$의 TEM은 크롬과 구글 문서도구$^{Google Docs}$에서 근무하는 재능 있는 사람들을 얻을 수도 있다. 언제든지 팀에 합류시킬 수 있는 관련 경험이 많고 참신한 관점을 가진 엔지니어들이 풍부하다.

물론 단점은 경험이 많은 구글러를 다른 팀에 뺏긴다는 점이다. 따라서 사람들 사이에서 의존성이 생기지 않게 하는 것이 TEM에게 요구하는 덕목 중 하나다. TEM은 록스타처럼 인기 있는 테스터를 쉽게 쓸 수 있는 여유가 없다. 테스터를 록스타로 만드는 것이 무엇이든 간에 그것은 툴에 포함돼 있거나 비슷한 슈퍼스타가 되기 위해 다른 테스터들이 사용할 수 있게 어느 정도는 패키징돼 있어야 한다.

TEM은 '배정allocation'이라고 하는 구글 프로세스를 관리한다. 웹 애플리케이션을 통해 배정을 하게 되는데, 어떤 TEM이든 사내 공모를 하고, 어떤 TE 또는 SET든 새로운 기회를 볼 수 있다. 사내 공모를 하기 전에 현재 또는 향후 관리자들에게 어떠한 공식적인 승인도 받을 필요가 없다. 어떤 엔지니어든지 단지 18개월 이상 근무한 엔지니어라면 자유롭게 프로젝트를 떠날 수 있다. 분명한 것은 사내 공모에서 발생하는 변화로 인해 판매 날짜나 프로젝트의 치명적인 마일스톤에 부정적인 영향을 주지 않는 데 대해 동의가 있어야 한다는 점이다. 그리고 우리 경험상 이러한 재배치에 대한 부정적인 논란을 본 적은 절대 없었다.[2]

누글러들Nooglers 역시 동일한 웹 애플리케이션을 이용하고 동일한 프로세스를 통해 배정된다. TEM은 누글러의 이력서와 면접 점수를 볼 수 있고 배정에 '응찰'을 한다. 고용이 많이 필요한 시기에는 일반적으로 여러 명의 후보들을 여러 개의 프로젝트에 배정한다. 응찰은 경쟁적으로 일어나고 의사결정을 위해 필요한 테스트 디렉터들의 정족수를 채운 상태에서 배정 미팅 동안 TEM들은 패트릭 코플랜드 Patrick Copeland 또는 그의 대리인과 함께 투표를 하고, 각자 필요한 사정들에 대해 논쟁을 벌인다. 배정의 우선순위는 일반적으로 다음과 같다.

- 누글러와 프로젝트 간의 능력과 필요한 기술이 서로 훌륭하게 맞아떨어져야 한다. 우리는 직원들이 성공할 수 있게 배치하기를 원한다.
- 누글러의 희망하는 대로 해준다. 그들이 원하는 업무를 시켜준다면 생산력이 좋은 그 누구보다도 훨씬 기뻐하며 일할 수 있기 때문이다.
- 프로젝트의 요청을 따른다. 전략상으로 경제적으로 중요한 프로젝트는 때때로 우선순위를 갖는다.
- 과거 배정 이력을 따른다. 프로젝트가 최근에 어떠한 배정도 받지 못했다면 이제는 그들이 받을 차례다.

배정에 대해 너무 초조해 할 필요는 없다. TEM이 이번 주에 누글러를 받지

---

2. 이전에 설명한 20%의 개념이 여기에서 도움이 된다. 일반적으로 엔지니어가 프로젝트 A에서 프로젝트 B로 이동할 때 엔지니어는 한 분기 동안 20%의 시간을 새로운 프로젝트 B에 쏟고, 다음 분기에서 20% 시간을 기존 A 프로젝트에 대해 사용하고, 프로젝트 B에 80%의 비율로 사용한다.

못하면 다음 주를 기다리면 된다. 또 다른 한편으로는 잘못된 배정으로 인해 누글러에게 피해가 가는 불리한 경우도 걱정할 필요가 없다. 이동하기가 쉽기 때문이다.

새로운 프로젝트의 시작 역시 TEM이 반드시 고려해야 할 사항이다. TEM의 경험과 명성이 높아져 가면 엔지니어 개개인의 보고를 통해 사람들을 관리할 뿐만 아니라 주니어 TEM들도 관리할 수 있게 돼 좀 더 다양하고 더 큰 활동들을 할 수 있게 된다.

이런 형태의 채용은 개발 팀에게 명성이 높은 TEM들과 만날 기회를 주고, 그렇게 만들어진 희망으로 가득 찬 프로젝트의 TEM은 그들을 위한 테스트 팀을 만드는 것에 사인을 하게 된다. 물론 최고의 디렉터 패트릭 코플랜드는 경영진들이 전략적으로 중요하게 어기는 프로젝트들에 간단하게 배정할 수 있는 특권을 갖고 있다. 프로젝트를 선택하는 데 있어 TEM이 갖는 일반적인 규칙은, 나쁜 프로젝트는 피하라는 점이다. 품질에 있어 동등한 파트너십을 꺼려하는 팀에게는 테스팅을 그들 스스로의 일로 남겨두게 한다. 소형 테스트와 훌륭한 단위 레벨의 커버리지를 만들기 싫어하는 팀은 조용히 스스로의 무덤을 파게 된다.

토이 프로젝트와 같은 프로젝트, 즉 성공할 확률이 낮거나 개발자가 테스터 역할을 같이 해도 충분할 만큼 간단한 프로젝트는 그냥 그대로 둬야 한다. 구글의 관점에서나 사용자의 관점에서 TEM의 경력상 논쟁거리가 될 수 있는 프로젝트는 말할 필요도 없다.

영향력

구글이 다른 소프트웨어 개발 회사와 다른 점이라면 영향력Impact을 강조하는 점일 것이다. 구글에서는 영향력이라는 단어를 항상 듣게 된다. 엔지니어가 팀에게 영향을 미치기를 기대하고, 그가 한 작업이 제품에 영향을 미치기를 기대한다. 테스트 팀 전체적으로도 영향력이 있어야 하며, 팀의 집단 작업이 눈에 띄어야 하고 그로 인해 팀과 제품이 더 나아져야 한다.

엔지니어 개개인의 목표는 영향력을 만드는 것이어야 한다. 테스트 팀의 목표도 영향력을 생성하는 일이다. 그리고 TEM은 테스트 팀이 영향력을 가질 수 있게 책임을 져야 한다.

승진 결정은 프로젝트에 몸담은 직원들이 느끼는 영향력을 중심으로 이뤄진다. 매년 리뷰 기간 동안에 매니저들은 전체적으로 영향력을 많이 발휘하고 공헌을 한 사람들에 대한 보고서를 직접 작성하게 독려 받는다. 경력상 좀 더 높은 레벨에 있는 엔지니어들일수록 그들에게 기대하는 영향력은 점점 더 커진다. TEM은 이런 엔지니어들을 관리하기 때문에 그들은 엔지니어들의 성장에 대한 책임이 있고, 그들의 영향력을 평가할 수 있다.

TE와 SET의 팀에 대한 영향력을 관리하는 것은 TEM의 업무이다. 테스트 팀에 영향력이 있는 일을 맡기는 것이 중요하다. 특히 TEM에게 그의 팀이 맡은 제품의 품질이 높은지 묻지 않으며, 그의 팀이 제품을 제때 판매할 수 있는지 묻지 않는다. 제품이 성공하지 못했거나 고객들에게 사랑을 받지 못해도 테스팅을 비난하지 않는다. 구글에서 이러한 부분에 대해서는 어느 팀도 책임지지 않는다. 그러나 각 팀은 프로젝트의 목표와 일정을 이해해야만 하며 멤버들은 이에 대해 긍정적인 영향력을 발휘할 수 있게 각각 맡은 역할을 수행해야 할 책임이 있다. 구글에서 영향력이 있는 엔지니어라는 이야기를 듣는 것과, 영향력 있는 팀을 만든 TEM이라는 칭송보다 더 좋은 칭찬은 없다.

영향력은 매해 이뤄지는 평가와 승진 결정 시에 다루는 주요 주제다. 주니어 엔지니어들에게는 제품 중 그들이 맡은 부분에 대해, 시니어 엔지니어들에게는 팀 전반에 걸친 영향력과 제품 전반에 걸친 영향력을 기대한다. 구글에서는 좀 더 높은 직급으로 승진하기 위해 영향력을 갖는 것이 중요하다(나중에 좀 더 자세하게 설명한다).

영향력 있는 팀을 만드는 일이 TEM의 업무이고, 팀원 개개인이 자신의 수준과 기술에 맞게 적절한 영향력을 발휘하게 하는 것도 TEM의 업무다. 구글 매니저가 테스팅 프로세스의 모든 부분에 대해 세세하게 관리하지는 않는다. 즉, ACC가 만들어지는 모든 순간을 함께 할 수 없으며, 테스트 인프라스트럭처 안의 모든 코드 라인을 리뷰할 수도 없다. 그들은 각각의 산출물이 어떻게 만들어지는지, 제대로 사용되는지, 그들의 목적에 맞게 제대로 된 결과가 무엇인지를 잘 아는 역량 있는 개발자가 산출물을 만드는지를 확인할 것이다. TEM은 팀을 만들고 적합해보이는 사람에게 업무를 할당하고, 한발 뒤로 물러서서 엔지니어들이 자신의 업무를 하게끔 한다. 일이 시작됐을 때 TEM의 업무는, 그가 한 배정과 할당이 영향력을 갖게 하는 일이다.

테스트 팀의 모든 엔지니어들이 영향력 있는 작업을 하고 있다고 상상해보라. 모든 유닛의 업무에 목적과 영향력이 있어서 테스트 프로세스가 목표를 잘 찾아 갈 수 있다고 상상해보라. 테스트 작업을 이해하는 개발 팀이 함께 참여했다고 상상해보라. TEM의 역할은 단지 이러한 상상의 세계를 현실로 만드는 일이다.

TEM이 팀 전체가 협업을 할 수 있게 하기 위해 해야 할 마지막 일이 있다. 훌륭한 TEM, 특히 경험이 풍부한 TEM이라면 자기 제품 이외의 것을 보지 못하는 그런 편협한 사람이어서는 안 된다. 구글은 수십 개의 제품을 동시에 개발하고, 테스트하고, 사용하는 회사다. 이러한 제품들은 제품의 크기와 복잡도에 따라 한 명 또는 그 이상의 TEM들이 존재하고, TEM 각각은 그들의 팀들이 영향력을 발휘하게 노력한다. 전체적인 관점에서 보면 조직 내에서 발생하는 우수 사례들을 식별할 수 있을 만큼 TEM은 근면 성실해야 하고, 그들의 동료들과 우수 사례들에 대해 이야기할 수 있을 정도로 적극적이어야 한다. 하지만 무엇보다도 가장 효과적인 증명 방법은 우수 사례나 툴을 여러 프로젝트에 성공적으로 적용하는 것이다.

구글은 혁신을 추구하는 회사로 유명하고, 구글의 테스트 팀 역시 혁신을 추구한다. 새로 만들어졌거나 구글 내부에서 사용된 테스트 사례와 툴의 수(그들 중 많은 수가 세상 밖으로 나갔음)를 보면 테스팅 팀 역시 동일한 혁신 정신을 소유하고 있음을 알 수 있다. 단순히 어떤 회사의 지시 또는 명령 때문에 TEM들이 서로 협력한 것은 아니다.

단지 월간 미팅을 함께 한다고 TEM들이 협력하는 것은 아니다. 그들이 협업하는 진짜 이유는 다른 팀과의 협업을 하면 아주 놀라울 만한 혁신을 일으킬 수 있기 때문이다. 그 누가 영향력 있는 새로운 툴을 사용하지 않는 유일한 테스터가 되고 싶겠는가? 또한 누가 스마트하게 일하고 싶지 않겠는가?

물론 다른 곳에 혁신을 전달하는 사람에 대해서도 마찬가지다. 여러분 팀의 작업이 제품에 혁신적인 영향을 준다고 느끼면 다른 팀도 그 좋은 현상을 보고 적용하게 되고, 결국에는 그 혁신은 회사 전체 테스트 구조의 일부분이 될 때까지 퍼져나가게 된다. 팀 간의 협력은 혁신이 전제가 돼야 하고, 그렇지 못하면 세월 속으로 묻혀 버릴 것이다.

지메일 TEM 앵킷 메타와의 인터뷰

앵킷 메타^{Ankit Mehta}는 주로 SET 지향적인 업무를 하면서 TE를 거쳐 TEM의 위치에 오른 인물이다. 초기에는 코드를 작성하고 테스트 자동화에 심취해 있었으며, 매니저로서 그의 첫 번째 임무는 다름 아닌 지메일이었다. 지메일이 쉬운 임무는 아니었다. 동적인 부분이 매우 많은 커다란 제품이었다. 지메일은 버즈^{Buzz}, 문서도구^{Docs}, 캘린더^{Calendar} 등 구글의 다른 제품들과도 통합된다. 또한 잘 정립된 기존 경쟁사들의 메일 포맷과도 호환이 돼야 했다. 지메일에는 거대한 백엔드 데이터 센터 컴포넌트가 있다. 지메일은 완벽하게 클라우드 시스템 안에 존재하고, UI는 어떠한 주요 웹 브라우저에서도 지원됨을 기억하라. 지메일에 복잡한 기능이 추가될 경우도 있고, 단지 브라우저를 켰을 때 동작하길 바라는 수억의 사용자도 역시 고려해 설치돼야 하는 경우도 있다. 그들은 스팸 메일 없고, 빠르고, 믿을 수 있고, 안전한 서비스를 기대한다. 레거시 코드에 새로운 기능이 추가되면 복잡한 테스트가 필요해진다. 지메일의 기능이 실패하면 사용자들은 매우 빨리 알아챌 것이다. 그것은 구글러의 얼굴에 먹칠을 하는 꼴이고, 테스터 매니저를 포함해 모두가 비난받아야 할 일이다. 저자들은 앵킷^{Ankit}과 함께 앉아서 지메일을 어떻게 테스트했는지에 대해 이야기했다.

저자들 새로운 테스트 프로젝트에 어떻게 접근했는지 말씀해주시겠어요? 가장 먼저 한 일이 무엇이고 당신이 받은 첫 번째 질문은 뭐죠?

앵킷 제가 처음 프로젝트에 들어왔을 때 처음 몇 주 동안은 이야기를 하지 않고 듣기만 했어요. 현재의 상태와 흐름을 알고 제품의 아키텍처에 대해 배우고 팀의 역동성에 대해 배우는 것이 매우 중요했으니까요. 저는 진료실을 방문한지 5분된 사람에게 간단히 항생제를 처방해주는 의사처럼 일하려 하지 않았고, 제가 해결책을 단지 제시한다고만 해서 테스트 팀이 저와 함께 일해 줄 거라고 기대하지도 않았어요. 처방을 할 수 있는 위치가 되기 전에 반드시 배워야 할 것들이 있거든요.

저자들 당신과 함께 일해 본적이 있지만, 조용한 타입은 아니신 것 같아요. 따라서 말문이 터지면 할 말도 많을 것 같다고 생각이 되는데요.

앵킷 맞아요! 하지만 거기에도 패턴이 있어요. 시간이 지나면서 제가 던지는 질문 중 가장 강력한 질문은 '왜?'라는 걸 알게 됐고, 이것은 듣는 단계에서 특히 더 유용하죠. "왜 당신은 이 테스트를 수행하나요? 왜 그 특정 테스트를 작성했나요? 왜 다른 많은 작업들 중에서 이 작업을 자동화하기로 결정했나요? 왜 이 툴에 투자를 하나요?"처럼 말이죠.

제가 생각하기에 사람들은 단지 그 방법을 아는 것보다는 다른 사람들이 하는 것을 보고 따라 하거나 별다른 이유 없이 특정 기능에 대해 다른 사람들이 사용하는 테스트 방법을 쫓아 한다고 생각했어요. 그들에게 왜냐고 묻지 않으면 마치 습관처럼 아무 의문 없이 계속 그렇게 할 거라고 생각해요.

저자들 그래서 그 중 당신에게 긍정적인 생각을 주는 대답은 무엇이었나요?

앵킷 두 가지 종류의 대답이 있었는데요. 첫 번째는 제품의 품질을 향상시키는 데 도움이 되거나, 두 번째는 제품을 만드는 엔지니어들의 생산성을 높이는 데 도움이 되는 것이죠. 그 둘보다 우선순위가 높은 대답은 없었죠.

저자들 지메일 팀은 집중력과 생산성이 뛰어난 것으로 유명한데, 그게 어디서 오는지 추측할 수 있겠네요. 하지만 품질과 생산성에 대한 집중력 말고, 견고한 작업 문화를 만들기 위해서 테스트 매니저에게 조언을 한다면요?

앵킷 글쎄요, 활력이 넘치는 팀은 매우 중요합니다. 저는 제품의 품질은 테스트 팀의 품질과 밀접한 관련이 있다고 생각하는 사람입니다. 정확한 기술과 올바른 태도를 가진 사람이 있어야 하고, 이러한 사람들이 제대로 된 일을 하게 해야 해요. 이는 팀의 고참들에게 매우 중요한 요소로, 팀의 문화와 모멘텀은 이 사람들로부터 나오게 되죠. 지메일의 경우 제가 원하는 팀을 만드는 데까지 3~6개월 정도가 걸렸고, 그 정도가 지난 후에 팀이 화합하고 서로의 역할을 이해할 수 있었습니다. 좋은 팀을 한 번 만들면 팀에 잘 적응하지 못하는 한두 명은 견딜 수 있는 내성이 생깁니다.

팀에 활력을 주는 가장 중요한 부분은 바로 개발자와 테스트 팀 간의 관계예요. 제가 처음 함께 했을 때에는 그 관계가 별로 좋지 않았어요. 두 팀이 완벽하게 분리돼 운영됐고, 테스트 팀이 가치를 느낄 수 있는 많은 일을 개발 팀이 가져갔어요. 별로 좋지 않았죠.

저자들 해결하신 문제에 대해 좀 더 명확하게 이야기하고 넘어가도록 하죠. 이러한 문화적인 문제를 어떻게 수정했는지 상세하게 설명해주실래요?

앵킷 처음 지메일 팀에 들어갔을 때 테스트 팀은 빌드 시마다 수행하는 웹드라이버 WebDriver에 집착하고 있었습니다. 그들은 테스트를 지켜보고 녹색(성공)에서 붉은색 (실패)으로 변경되면 테스트를 수정하고, 개발자가 결함을 수정하게 하는 데 엄청난 노력을 들이고, 결국에는 모두 녹색이 되게 했어요. 테스트 팀이 보통 몇 가지 중요한 문제점들을 잡아내기 때문에 개발 팀 역시 이러한 행동이 자주 발생하는 것에 대해 의문을 갖지 않았고요. 하지만 많은 양의 코드가 변경되면서 테스트가 그에 맞게 충분히 빠르게 수정되지 못하는 몇 주가 있었어요. 전체 프로세스는 조각이 나고 지메일의 변화를 충분히 따라가지 못했죠. 결론적으로 그건 미치는 영향에 비해 너무 과도한 업무를 하는 과잉 투자였었죠.

저는 그 프로젝트에는 처음이었기 때문에 아마도 다른 사람들이 보지 못하는 것이 제게 보였을 수 있는데, 제가 볼 때는 대기 시간이 지메일의 가장 큰 이슈로 보였습니다. 고객의 관점에서 바라볼 때 가장 우선순위가 높은 지메일의 속성은 속도였어요. 우리가 SWE 팀에게 이 문제를 해결하는 것을 보여준다면 그들 역시 우리를 동등한 위치로 여기고 존중할 수 있게끔 할 수 있을 것이라고 생각했어요. 하지만 그건 정말 어려운 문제였어요. 우리는 지메일의 구 버전과 신규 버전에 대해 속도를 측정했고, 새로운 버전이 더 느려졌을 때 개발 팀에 알려줬습니다. 그러고 나서 속도를 늦게 만드는 부분을 알아내기 위해 새로운 버전의 모든 코드 변경을 샅샅이 살피고 수정하게 유도했어요. 그 작업은 많은 시행착오가 있었고 시간이 정말 많이 드는 고통스런 작업이었어요.

저는 팀에 있는 한 명의 SET와 함께 작업을 해 지메일의 속도가 느려지게 하는 방법을 알아내고 프론트엔드와 데이터 센터 간의 통신에 대해 좀 더 잘 관찰하고 제어할 수 있게 함으로써 성능에 영향을 미치는 부분을 찾아냈습니다. 마침내 모든 수단을 동원해서 우리가 구할 수 있는 오래된 장비들을 모았고, 512MB의 램과 40GB의 디스크, 그리고 느린 속도의 CPU들로 방안을 가득 채워 고성능의 컴포넌트들을 없애나갔어요. 들어오는 시그널과 노이즈를 구분할 수 있을 때까지 지메일을 느리게 하고 시스템에 더 많은 스트레스를 준 상태로 장기간 수행해보는 테스트를 시작했구요. 첫 몇 달은 힘들었습니다. 결과가 거의 없었고 그나마도 거짓 양성인false positive 내용이었어요. 인프라스트럭처를 설정하는 데 바빴고 어떠한 영향도 만들어내지 못했지만 그 뒤로 회귀 테스트가 진행되기 시작했어요. 백만분의 일초 단위로 회귀 테스트를 측정할 수 있었고 데이터를 저장했어요. 결국 SWE는 잠재돼 있는 문제를 몇 주가 아닌 몇 시간 만에 찾을 수 있게 됐어요. 그 전에는 몇 주 후에나 디버그를 할 수 있었지만, 이제는 그와 대조적으로 항상 신선한 상태에서 디버그 할 수 있었습니다. 이런 상황들이 테스트 팀을 어마어마하게 존경하게 만들 었고 우리가 엔드 투 엔드 테스트를 수정한 뒤 효과적인 부하 테스트^{Load Test}에 대한 인프라스트럭처를 구성하고 동작하는 등의 다음 우선순위의 작업을 시작할 때 SWE들이 발 벗고 나서서 도와줬습니다. 전체 팀이 효과적인 테스트로 인한 가치를 보았고 지메일은 제품 고객들에게 기존에 분기 단위로 릴리스하던 것을 주 단위로, 그리고 결국에는 매일 릴리스할 수 있게 됐습니다.

저자들 자, 그렇다면 여기서 얻는 교훈은 힘든 무엇인가를 골라서 그걸 해결하고 존경심을 얻으라는 것이군요. 맘에 드네요. 하지만 그렇게 한 뒤에는 어떻게 하셨 나요?

앵킷 글쎄요, 언제나 해결하기 어려운 문제점들은 있습니다. 하지만 보통은 중요한 것이 무엇인가에 초점을 맞추려고 하죠. 우리는 지메일 문제 중 가장 중요한 문제를 식별하고 함께 다가가서 그 문제를 해결했습니다. 문제를 나열한 리스트에서 우리 가 함께 팀으로 일을 한 이후에 우리가 해결하지 못할 것은 없었습니다. 저는 하나 의 문제에 집중해서 해결하는 방식을 좋아합니다. 팀이 너무 많은 것을 하려고 시도 하는 걸 볼 때마다 난 그들을 한발 뒤로 물러서게 하고 일을 우선순위화합니다. 지금 하고 있는 두세 가지 일들에 대해 진행 정도를 숫자로 부여하고 100%가 되게 합니다. 이렇게 하면 팀이 끝내지 못한 일들이 머릿속에 맴도는 일 없이 성취감을 느낄 수 있게 해줍니다. 이 모든 일이 제품의 품질에 영향을 주게 되면 저 역시 매우 큰 기쁨을 느끼게 됩니다.

저자들 구글 매니저는 엄청나게 많은 보고서를 직접 받으면서 기술적으로도 공헌 을 해야 합니다. 이런 일들을 어떻게 균형 있게 하시나요? 당신이 수행하는 엔지니 어 본연의 작업에 대해 말해줄 수 있나요?

앵킷 모든 내용을 지휘하고 다른 사람들이 집중할 수 있게 조율하는 데 모든 시간 을 쏟습니다. 기술적인 측면을 유지하고 엔지니어 레벨에서 기여를 할 수 있게 하는 두 가지 방법이 있습니다.

첫 번째는 제가 SWE와 SET 팀을 함께 운영하는 동안 제 스스로 충분히 많은 일들을 하는 것입니다. 설계 단계에 적극적으로 관여해서 제 비전에 대해 이야기했고 스스로 테스트를 작성하기에 충분할 만큼 프로젝트를 장기간 함께 해왔습니다.

이 부분은 정말 중요한 부분인데, 두 번째는 기술적인 작업을 하는 동안에는 관리 활동에서 멀어져야 한다는 점입니다. 처음에는 일주일 중 이틀 정도 제 자신의 일을 했습니다. 제 프로젝트 중 하나는 구글 피드백^{Google Feedback}을 지메일에 통합하는 일이었는데, 이 일은 제게 테스트를 수행하면서 SWE 관점으로 프로젝트를 바라볼 수 있게 해주었습니다. 제가 신뢰할 수 없는 테스트를 하거나 제 업무를 느리게 하는 테스트 인프라스트럭처를 이용해서 어떤 부분을 수행할 때마다, 전 풀타임으로 근무하는 SWE가 우리의 업무를 어떻게 바라보는지 이해할 수 있었습니다. 하지만 제가 마운틴 뷰에 있을 때마다 사람들이 저를 찾기 때문에 전 취리히에 있는 지메일 팀을 방문합니다. 9시간 거리에 있는 평화롭고 조용한 장소에서 관리할 사람도 없어 주변을 신경 쓰지 않고 엔지니어링 팀과 섞일 수 있었습니다. 취리히에서 정말 많은 일들을 할 수 있었어요!

저자들 테스트 프로젝트의 스태프들에게 해줄 조언이 있나요? 개발자와 테스트의 비율은 얼마가 좋을까요? 또 SET와 TE의 경우는 어떻습니까?

앵킷 글쎄요, 고용에 대한 조언은 정말 간단합니다. 절대 타협하지 마세요. 잘못된 사람을 고용하는 것보다는 차라리 다음 사람을 기다리는 편이 더 낫습니다. 최고만을 고용하세요. 구글은 사람을 고용할 때 비율에 따라 고용하진 않지만, 초기에는 평균보다 좀 더 많은 테스터를 고용했습니다. 하지만 초기 문제의 많은 부분을 해결하고 나서는 SWE의 참여도를 높였고, 구글의 표준 수치로 돌아갔습니다. 기술적인 관점에서 말씀드리면 지메일에서 일하는 테스터의 약 20%는 탐색적 테스팅을 합니다. 사용자 경험이 중요한 제품의 경우에는 탐색적 테스팅을 수행합니다. 30%는 제품의 전반적인 기능에 중점을 두는 TE이고, 영향을 최대화하기 위해 SET와 함께 일을 합니다. 나머지 50%는 SET의 작업과 관련된 자동화 테스트를 추가하고 코드가 항상 건강하게 유지될 수 있게 하면서 개발자의 생산성을 높이는 툴을 지원합니다. 공식적인 비율과 형식이라고 할 수는 없지만, 지메일에서는 위와 같은 비율이 잘 동작했고 다음에 제가 할 구글의 프로젝트에서도 사용할 예정입니다.

저자들 당신이 구글플러스의 테스트를 지휘한다고 알고 있습니다. 지메일에서 배운 교훈들 중 새로운 제품에 적용하기에 가장 가치가 있는 일은 무엇일까요?

앵킷 글쎄요, 먼저 당신의 모든 에너지를 초반에 다 쓰지 말라는 것입니다. 지메일의 대규모 백엔드 시스템은 분산돼 있었고, 거기에는 제가 알 수 없었던 흥미진진한 테스트 문제들이 존재했었습니다. 그 외에는 다음과 같은 많은 교훈이 있었습니다.

- 테스트는 애플리케이션을 작성한 언어와 동일한 언어로 작성하라.
- 기능을 작성한 사람이 기능 수행을 확인할 수 있는 테스트를 작성하는 책임을 갖는다. 무시한 테스트는 나중에 골칫거리가 된다.
- 테스트를 매끄럽게 쓸 수 있는 인프라스트럭처에 집중하라. 테스트를 작성하는 것이 쉬워야 한다.
- (어느 정도 차이가 있을지 모르지만) 20%의 유스케이스가 80%의 사용성을 대표한다. 20%를 자동화하고 나머지는 신경 쓰지 말라. 나머지는 수동으로 테스트하고 통과하게 놔둬라.
- 여기는 구글이다. 스피드가 생명이다. 사용자가 우리에게 기대하는 게 딱 한 가지라면 그건 바로 스피드다. 제품이 빨리 동작하게 하라. 제품을 프로파일링해서 모든 사람들에게 빠른 속도를 증명할 수 있어야 한다.
- 개발자와의 협업이 매우 중요하다. 협업을 이끌어내지 못하면 해결책은 단순한 수습책 이상은 되지 못한다.
- 혁신은 구글 DNA의 일부다. 테스트 팀 역시 혁신가로 보여야 하고 중요한 문제를 보고 혁신적인 해결책을 고안해내야 한다.

저자들 엔지니어링 팀이 빠지기 쉬운 함정에 대해 알려줘 본 적이 있나요

앵킷 그럼요, 작은 실험을 먼저 수행해서 사용자가 원하는 것을 알고 엔지니어링 팀을 압박하지 않으면서 새로운 기능이나 거대한 변화를 예측합니다. 사용자의 관심이 적은 기능들은 제외하고 나머지 기능들에 대해 훌륭한 테스트 인프라스트럭처를 많이 가지고 있으면 무엇이 좋을까요? 일부 사용자에게 버전을 보내고 테스트

자동화에 많은 투자를 하기 전에 피드백을 얻게 합니다.

또한 완벽한 솔루션을 만들기 위해 노력하고 오랫동안 사용한 후 당신을 거쳐 시장에 나가게 합니다. 빠르게 반복하고 점진적인 진척을 보입니다.

마지막으로 테스트가 가장 효율적으로 그 효과를 발휘할 수 있는 시점을 찾아야 합니다. 너무 일찍 테스트를 작성하면 아키텍처의 변화에 따라 모든 작업이 무용지물이 됩니다. 너무 오래 기다리면 시기적절한 테스트를 하지 못하고 지연되게 됩니다. 그런 측면으로 보면 TDD를 지향해야 합니다.

저자들 그럼 개개인은 어떤가요? 새로운 프로젝트에서 젊은 TE나 SET들이 빠지기 쉬운 함정들에 대해 이야기해 주실래요?

앵킷 그럼요, 그들은 복잡한 문제를 마주하면 본래의 목적에 대해 생각하지 않거나 전체 테스트 프로세스에 적합한가를 생각하지 않고 우선 많은 테스트를 작성합니다. 테스트를 작성하면서 그 뒤에 필요한 테스트의 유지 보수도 생각하지 않고 작성합니다. SET는 테스트가 개발자의 업무라는 걸 항상 기억해야 할 필요가 있고, 테스트가 개발자의 작업 흐름에 들어가게 항상 신경을 써야 합니다. 우리는 이런 작업을 지원하는 툴을 작성해 개발자가 코드를 유지 보수하는 동안 테스트도 유지 보수하게 해야 합니다. SET는 테스트가 더 빨리 수행되게 하고, 좀 더 나은 분석을 할 수 있게 하는 데 초점을 맞추도록 합니다.

TE는 가끔 SET처럼 행동하는 함정에 빠집니다. 우리는 TE가 좀 더 전체적인 접근을 해주기를 바랍니다. 전체 프로젝트를 자기 통제하에 둬야 합니다. 사용자 관점의 테스트에 중점을 두고 SET와 SWE를 도와 모든 테스트와 테스트 인프라스트럭처가 실질적이고 효과적으로 사용되게 해야 합니다. 툴과 TE가 작성한 분석 결과는 전체 제품에 영향을 미쳐야 합니다.

저자들 앞서 말한 자동화의 기다림 외에 지메일에서 큰 효과를 본 일반적인 테스팅 업적은 무엇이 있나요?

앵킷 자바스크립트를 이용한 자동화가 있습니다. 지메일 자체 내에서 자동 서블릿을 만들어서 개발자가 프론트엔드에서 사용한 언어와 동일한 언어를 이용해 엔드 투 엔드 테스트를 작성할 수 있게 했습니다. 동일한 메소드와 라이브러리들을 사용하기 때문에 개발자들은 테스트를 작성하는 방법에 매우 친숙함을 느꼈습니다. 러

닝 커브가 없었죠. 그들은 쉽게 테스트를 작성하고 그들이 추가한 새로운 기능이 지메일의 기존 기능을 깨지게 하는 것을 보거나, 다른 개발자에 의해 본인이 만든 기능이 깨지는 것을 막을 수 있었습니다. 지메일의 모든 기능은 이 서블릿을 이용해서 작성된 테스트를 적어도 하나 이상 갖고 있습니다. 이 내용은 새로운 작업인 소셜Social을 하면서도 멋지게 적용했습니다. 우리는 어느덧 2만 개의 자동화 테스트를 갖게 됐죠!

또 다른 하나는 부하 테스팅Load Testing인데요. 구글에서는 부하 테스팅을 안 할 수 없습니다. 많은 사용자들이 우리의 애플리케이션을 사용하고, 따라서 당연히 데이터 센터는 항상 바쁘기 때문이죠. 기본적으로 일반적인 사용자 트래픽 부하에서 제품 설정을 완료해봅니다. 또한 대표 사용자 모델을 만들기 위해서 제품 사용 내역을 몇 달 동안 분석합니다. 그런 다음, 지메일이 동작하는 데이터 센터와 정확히 같은 곳에서 부하 테스트를 수행하면서 데이터의 가변성을 제거합니다. 그리고 나서 테스트와 제어를 통해 두 개의 테스트를 병행합니다. 그리고 차이점을 알아내기 위해 그 둘을 모니터링합니다. 많은 회귀 테스트를 하고 개발자를 위해 이슈들을 좁혀나갑니다. 마지막으로 버그 예방Bug prevention과 버그 감지Bug detection에 집중합니다. 미리 서브밋presubmit해보는 프로세스를 통해 자동화된 테스트를 일찍 수행하게 하고, 자동화 테스트를 통과하지 못하는 빈약한 코드는 빌드하지 못하게 합니다. 이렇게 해서 테스트 팀이 먼저 한 발 앞서게 하고 개발 팀은 고품질인 코드에 대해 빌드를 수행하게 함으로써 탐색적인 테스트를 수행하는 테스터들이 훌륭하게 업무를 수행할 수 있게 합니다.

저자들 그러면 여기에 대한 이야기는 마치고, 사회성Social에 대해 이야기해보죠. 테스트 팀으로 새롭게 고용할 사람들에게서는 무엇을 보십니까?

앵킷 전 복잡하게 생각하지 않고 어려운 문제에 직면하면 그 문제를 해결할 수 있게 구체적인 단계로 변환할 수 있는 사람을 찾습니다. 물론 그 문제를 해결해야겠지요! 시간에 쫓기기보다는 적극적이고 열정적으로 일을 하는 사람이 필요합니다. 혁신과 품질 사이에서 균형을 이룰 수 있어야 하고, 단순하게 찾을 수 있는 버그 이상을 찾아낼 수 있는 생각 있는 사람이 필요합니다. 그리고 그 무엇보다도 열정이 보이길 바랍니다. 정말로 테스터가 되길 원하는 사람을 바랍니다.

저자들 자, 이제 마지막 질문입니다. 테스트에 대해 열정을 갖게 된 계기가 무엇인가요?

앵킷 빠른 반복^{interation}을 통해 고품질 소프트웨어를 만드는 일에 도전하는 게 좋습니다. 겉으로 보기에는 두 가지가 서로 충돌하는 것처럼 보입니다. 이는 예전부터 있어 왔던 싸움이고, 제 자신과 제 팀을 깨지 않은 채로 그 둘을 최적화해야 합니다! 제품을 만드는 일은 쉽습니다. 하지만 그 제품을 만들어내는 데에 있어 빠른 속도와 고품질을 갖게 하는 일이 정말 커다란 도전이고, 그 도전이 프로로서 제 생활을 활기차고 재미있게 해주기 때문입니다.

안드로이드 TEM 훙 당과의 인터뷰

구글은 엔지니어링 매니저로 안드로이드 테스트 팀을 이끌기 위해 훙 당^{Hung Dang}을 고용했다. 구글에 입사하기 전에 훙 당은 애플과 티보^{Tivo}에서 엔지니어로 근무했다. 안드로이드의 전략적 중요성에 대해서는 더 이상 언급할 필요가 없다. 많은 분야에서 안드로이드는 검색^{Search}과 광고^{Ads} 사업과 마찬가지로 큰 분야이고, 홈런을 친 구글 제품 중 하나다. 예를 들어 경영상 괄목할 만한 주의를 끌었고 탑 클래스에 들어갈 자질을 보였다. 또한 코드의 크기는 빠르게 증가했고, 하루에 수백 개의 새로운 코드 변화를 반영하기 위해 빌드 수행을 할 수밖에 없었다. 운영체제이자 플랫폼이었고, 그 기반에서 수천 수만 개의 앱이 동작하고 개발자 에코시스템이 번성하게 돼 있었다. 안드로이드가 동작하는 수십 개의 장치들이 빠른 속도로 증가하고, 수많은 제조사들이 이를 사용하는 핸드폰과 태블릿을 만들고 있었다. 테스팅 장치와의 호환성, 전원 관리, 앱 검사 등이 모두 훙^{Hung}과 그의 팀에게 닥친 일이었다.

　저자들은 훙^{Hung}과 함께 앉아 어떻게 안드로이드를 테스트했는지 그의 이야기를 듣기로 했다.

저자들 안드로이드 테스팅의 본질에 대해 이야기해주세요. 핸드폰과 앱이 급증하기 전인 초창기에는 매우 쉬웠을 텐데요!

훙 불행히도 실제로는 그렇진 않았습니다. 제가 안드로이드 팀의 리더십을 넘겨받았을 때 팀은 신규로 만들어진 상태였고, 팀원들 중 많은 사람이 운영체제를 테스트해본 경험이 없었습니다. 모바일 장비들은 말할 것도 없었죠. 첫 번째 업무는 팀을 만들고 테스트 인프라스트럭처를 만드는 일이었습니다. 테스팅 프로젝트의 초기는 상황이 매우 어려웠습니다. 아무리 복잡하고 다양한 종류의 제품이 맡겨지더라도 제대로 된 팀과 제대로 된 프로세스와 인프라스트럭처만 있다면 테스트하는 일은 쉽습니다. 하지만 그 일은 가장 어려운 일이 닥치기 전에 이뤄져야 할 일이죠!

저자들 자, 그럼 프로젝트 초기에 테스트 매니저들이 겪은 어려움과 많은 노력들에 대해 이야기해보죠. 안드로이드 초창기에는 어떤 일들을 하셨는지 이야기해주시겠어요?

홍 그 당시에는 정말 커다란 도전이었습니다. 먼저 제품에 대해 알아야 했습니다. 세가 우리의 테스터들에게 요구했던 한 가지는 제품의 전문가가 되는 것이었습니다. 제 팀의 모든 사람이 제품의 모든 면에 대해 알아야 했습니다. 어느 정도의 지식을 알게 되면 정말 테스트하기 어려운 문제점들이 어떤 것인지 알게 되고, 그 내용을 중심으로 팀을 만들기 시작할 수 있습니다. 가장 어려운 문제를 찾을 수 있는 사람들을 고용하십시오. 구글에서 이 의미는 다른 팀에서 훌륭한 인재를 데려오는 것을 의미합니다. 안드로이드는 OS를 통한 하드웨어부터 프레임워크, 앱 모델, 그리고 마켓까지 아주 많은 분야를 다루고 있습니다. 전문적인 테스팅으로 특화돼야 할 부분들이 아주 많이 있습니다. 따라서 제가 처음 한 일은 그것들을 알아내고 어려운 문제들을 처리할 수 있는 팀을 만드는 일이었습니다. 팀이 구성된 이후에는 그들에게 가볍게 행군 명령을 내렸습니다. 가치를 추가하라! 반복적인 방법으로 가치를 추가했습니다. 개발에서 제품 관리까지, 테스트는 그들의 원동력처럼 보여야 합니다. 사소한 일이 발생해도 당신이 거기에 있어야 합니다. 초기에 가치를 주는 일은 제품이 성공적으로 런칭되게 돕습니다. 저는 그때 테스터가 해야 할 일의 범위를 벗어나는 일이긴 했지만, 가치를 부여했고 좋은 품질을 가진 초기 제품을 출시했습니다. 우리는 일일 빌드가 가능하게 했고, 팀의 모든 사람들이 동일한 빌드를 통해 서로의 작업을 동기화할 수 있었습니다. 어느 누구도 동문서답하지 않고 잘 조직화된 작업 흐름을 가질 수 있었습니다. 모든 사람들이 동일한 방법으로 버그를 바라보고 분리하고, 관리하게 훈련을 받았습니다. 그건 정말로 올바른 사람들이 제대로 된 일을 팀 단위로 하는 것이었습니다.

저자들 좋습니다, 매우 흥미롭네요. 그럼 팀을 어떻게 다루셨죠?

훙 글쎄요, 전 경험이 많은 오랜 팀을 많이 잃어버렸습니다. 아마도 80% 이상 되는 것 같아요. 하지만 그래도 멋진 일은 남아있는 사람은 우리가 매력을 느끼는 새로운 인재들을 대상으로 리더십을 제공할 수 있는 기술적 리더가 될 수 있다는 점입니다. 모든 프로젝트에 맞는 사람이 있을 수는 없지만, 구글은 매우 큰 회사이기 때문에 안드로이드가 맞는 프로젝트가 아니어도 분명 다른 프로젝트가 있을 것입니다. 구글은 이렇게 프로젝트의 풍요로움을 매우 건강한 테스팅 에코시스템으로 변화시켰습니다.

저자들 그래서 장점은요?

훙 분명한 장점은 가치에 집중한다는 점입니다. 우리가 한 모든 일은 목적이 있어야 합니다. 우리는 모든 것에 의문을 갖습니다. 모든 테스트 케이스, 자동화의 모든 부분, 그리고 우리가 한 많은 부분이 이 점을 간과할 수 없죠. 자동화가 분명한 가치를 제공하지 못하면 포기했습니다. 모든 일이 가치 주도로 이뤄지게 하라. 제가 새로운 테스트 관리자에게 조언을 한다면 바로 이 말이 제가 그들에게 할 말입니다. 여러분이 하는 모든 일에 가치를 부여하고 가치를 반복적으로 부여할 수 있게 프로세스를 만드십시오.

저자들 그렇게 말씀은 하시더라도, 쉽진 않네요! 말씀하시는 조직에 대해 좀 더 상세하게 설명해주시겠어요? 버그를 보고하는 프로세스와 작업 흐름이 있는데, 분명 무엇인가가 더 있을 것 같네요. 어떻게 자체적으로 동작하게 조직하셨죠?

훙 글쎄요, 전 안드로이드를 '기둥pillar'의 관점에서 생각하길 좋아했습니다. 크롬 OS를 테스트할 때에는 다른 이름으로 부르는 것으로 압니다만, 테스팅 기둥이라는 아이디어가 좋고, 제 테스터들은 하나의 기둥으로 테스팅을 식별합니다. 안드로이드는 4개의 기둥으로 구성되는데요, 시스템 기둥(커널, 미디어 등등), 프레임워크 기둥, 앱 기둥, 마켓 기둥으로 구성됩니다. 제 테스터들에게 무엇을 테스트하는지 물어보면 그들은 이 기둥의 이름 중 하나로 대답을 할 것입니다.

저자들 이제 좀 이해가 되는군요. 테스터의 기술 역량을 기둥으로 표현한 것이 맘에 드네요. 저수준에 적합한 사람과 고수준의 내용에 적합한 사람들에 대해 알고 계시고, 그런 부분이 기둥에 반영이 됐겠네요. 멋지네요. 자, 그럼 자동화는 어떻게 하셨나요? 당신의 미션에서 어느 부분과 꼭 들어맞았나요?

홍 전 자동화에 대해 회의적인 생각을 갖고 있습니다. 테스터가 자동화에 대해 열정과 커다란 비전을 갖고 수개월의 노력을 쏟아 부어 자동화를 해놓으면 그 결과는 제품 또는 플랫폼의 변경으로 인해 그들이 한 모든 일이 물거품이 돼 버립니다. 자동화를 작성하느라고 자원을 낭비하는 것만큼 더 나쁜 일은 없습니다. 제 생각에는, 자동화는 빠르게 만들어져야 할 필요가 있고, 빨리 수행돼야 하며 매우 구체적인 문제를 해결해야 합니다. 자동화 테스트의 목적을 즉시 이해하지 못한다면 그건 매우 복잡한 일입니다. 단순하게 만들고 무엇보다도 범위를 알고 가치를 부여할 수 있어야 합니다. 예를 들면 카나리아^{Canary} 채널에서 드로이드^{Droid} 채널로의 이동이 충분한지를 보기 위해 빌드를 검증할 수 있는 자동화 테스트처럼 말이죠.

저자들 오, 오, 오! 드로이드^{Droid} 채널은 뭐죠?

홍 아, 죄송합니다. 처음에 말했듯이 안드로이드에서 우리가 한 일은 조금 다릅니다! 아직 크롬에서 사용해보지 못한 기능들을 테스트하는 채널이 있습니다. 우리에겐 카나리아, 드로이드 푸드(안드로이드 팀을 제외하고는 개밥이라고 생각한다), 실험 중인 것, 구글 푸드, 거리 음식들이 있습니다. 그건 다른 팀들도 동일한 아이디어를 적용해서 사용하고 있습니다. 우리가 이름을 조금 다르게 부를 뿐이지요.

저자들 알겠습니다. 어쨌든 다른 개발 채널에서 카나리아 빌드로 들어오는 버그를 식별하기 위한 자동화된 테스트가 있다는 말씀이시죠? 조금 알 것 같네요. 그럼 이 자동화를 담당하는 SET가 있나요?

홍 제 눈에 흙이 들어가기 전에는 없습니다. 제 테스터들은 어느 누구도 특화되지 않습니다. 분명한 건 모든 사람이 수동 테스트를 합니다. 탐색적 테스팅이 제품을 파헤쳐가면서 제품을 익히는 최선의 방법입니다. 제 마지막 소원은 SET가 프레임워크 제작자가 되는 일입니다. 전 그들이 제품에 좀 더 관여하길 원하고 제품을 어떻게 사용해야 되는지 알기를 원합니다. 모든 테스터들이 사용자와 공감대를 형성해야 합니다. 그들은 전문 사용자가 돼야 하고, 제품 전체의 구석구석을 모두 알아야 합니다. 제 팀에서는 안정화 테스트, 전원 관리, 성능, 스트레스, 서드파티 앱에 대한 빠른 검사 등을 자동화의 몫으로 두었습니다. 예를 들어 카메라의 메모리 누수를 찾아내거나 한 개의 기능이 여러 플랫폼에서 동작하는지를 검증할 수 있는 사람은 없습니다. 이런 분야에 자동화가 필요합니다. 수동으로 테스트하기에는 반복적인 일이 너무 많거나 사람보다 정확한 기계의 힘이 필요한 경우가 자동화를 해야 하는 분야들입니다.

저자들 자, 그럼 SET보다는 TE가 더 많나요?

홍 아니요, 정반대입니다. TE보다는 SET가 대략 두 배 더 많습니다. 필요할 때는 모든 SET가 TE처럼 행동할 때도 있고, 그 반대의 경우도 있습니다. 전 직책에 그리 크게 신경 쓰지 않습니다. 가치를 부가하는 것에 더 많은 관심을 갖죠.

저자들 알겠습니다. 자 그럼 매우 진지하게 얘기하신 수동 테스트에 대해서 이야기해보도록 하죠(그리고 그 점에 대해 당신을 존경합니다!).

홍 전 목적을 가진 수동 테스트에 대해 큰 믿음이 있습니다. 그냥 앉아서 무작위로 하는 건 비생산적인 일이지요. 일일 빌드를 통해 나오는 S/W를 테스트하기 위해 그 안에 무엇이 있는지 밀착해서 분석합니다. 무엇이 변경됐는가? 얼마나 많은 CL들이 추가되고 수정됐는가? 새롭게 추가되거나 변경된 기능은 무엇인가? 어느 개발자가 CL을 서브밋했는가? 어제 빌드된 내용과는 어떤 부분이 변경됐는가? 이런 내용이 전체 제품을 애드혹^ad hoc하게 테스트하는 것보다 변경된 부분에 좀 더 집중해 테스트할 수 있게 해주고, 매일매일 변화에 초점을 맞출 수 있게 해줌으로써 더 생산적으로 일할 수 있게 해줍니다.

이 말을 바꿔 이야기하면 팀 내에서 조율이 중요하다는 의미입니다. 전 모든 사람이 탐색적 테스터가 되라고 주장하기 때문에 서로 겹치는 부분을 최소화하는 것이 중요합니다. 우리는 테스트를 해야 할 중요한 부분을 식별하기 위해서 조율 회의 coordination meeting를 매일 수행하고, 해당 부분의 담당자가 누구인지를 확인합니다. 제게 있어 수동 테스트의 핵심은 집중과 조율입니다. 그 두 가지가 있다면 전 탐색적 테스팅에 쏟는 노력이 매우 가치 있고 소중한 일이라고 생각합니다.

저자들 수동 테스팅을 할 때 다른 문서를 만드시나요? 아니면 단순히 탐색적으로만 하시나요?

홍 탐색적으로 수행하고 문서를 만듭니다. 우리가 수동 테스트 케이스를 만드는 경우는 두 가지가 있습니다. 첫 번째는 모든 빌드에 적용하고 일반적인 유스케이스로 테스트를 통과해야 하는 주요 부분의 경우입니다. 우리는 이 내용을 작성해서

GTCM에 저장하고 모든 테스터와 테스트 벤더들이 이 테스트를 언제든지 꺼내서 사용할 수 있게 합니다. 두 번째는 하나의 기능을 기준으로 테스팅 가이드라인을 작성합니다. 모든 기능은 각각 고유의 속성이 있고 수동 테스터들은 추후 이 기능을 테스트하게 될 다른 테스터들을 위해 이를 문서화해 가이드라인을 작성합니다. 따라서 일반적인 시스템 레벨의 유스케이스에 대한 테스트 문서와 기능 특화된 가이드라인을 작성하는 데 시간을 쏟습니다.

저자들 개발자에게 요구하는 사항들은 뭐가 있나요? 명세를 요구하나요? 아니면 그들이 TDD를 하게 하나요? 단위 테스트의 경우는 어떤가요?

홍 전 어딘가 모든 코드 라인에 대해 테스트가 있고, 그 테스트는 명세에 따라 만들어지는 동화 같은 곳이 있다고 상상합니다. 아마도 분명 존재할 겁니다. 잘 모르겠습니다만, 제가 살고 있는 혁신적이고 빠르게 변하는 이 세상에서는 그렇지 못합니다. 명세요? 좋죠. 있으면 매우 감사하죠. 잘 활용하도록 할게요. 하지만 현실에서는 현재 상황에서 가능한 방법을 찾아야 하겠죠.

명세를 요구해봐야 얻을 수 없을 겁니다. 단위 테스트를 주장하지만 가치 있는 단위 테스트를 만들지 못할 겁니다. 명세 작성가 또는 단위 테스트 없이도 (분명한 회귀 버그를 제외하고) 실제 사용자가 맞닥뜨릴 수 있는 문제를 찾게 도울 수 있습니다. 이게 제 테스터의 세상입니다. 당신이 현재 이용할 수 있는 건 그것뿐이고, 바로 그걸 이용해서 제품과 팀에게 가치를 제공하는 데 이용해야 합니다.

제 경험상 모든 엔지니어는 선의를 갖고 있습니다. 그들 누구도 버그가 있는 제품을 만들고 싶어 하지 않아요. 하지만 혁신이 자로 잰 듯 그리 정확하게 계획되지 않습니다. 일정과 경쟁사들의 압박 때문에 품질에 대한 제 투덜거림을 참을 순 없죠. 제게 주어진 선택은 그냥 투덜거릴 수도 있고 가치를 제공할 수도 있습니다. 저라면 후자를 선택하겠습니다.

전 매일 수백 개의 CL들이 발생하는 세상에 살고 있습니다. 예, 매일이라고 말했습니다. 똑똑하고 혁신적인 개발자들은 동일하게 똑똑하고 혁신적인 테스터들을 만나야 합니다. 요구하거나 투덜거릴 시간이 없습니다. 단지 가치를 위해 일할 뿐입니다.

저자들 훙, 당신이 우리 편이어서 너무 기쁘네요! 자, 몇 가지 짧은 질문들을 해볼게요. 안드로이드 릴리스를 테스트할 수 있는 기간이 며칠 더 주어진다면 무엇을 할 건가요?

훙 추가적으로 며칠이 더 주어지면 전 그 기간만큼 빌드를 더 하겠습니다. 추가적인 특별한 날이란 없으니까요!

저자들 감동적이군요! 좋아요, 후회한 적은 없나요? 릴리스 시 발견하지 못해서 사용자에게 불편을 준 버그가 있었으면 설명해주시겠어요?

훙 자, 무엇보다 먼저 이 분야에 있는 모든 테스터들은 동일한 경험이 있을 겁니다. 버그 없이 릴리스되는 소프트웨어를 가진 회사는 이 세상 어느 곳에도 없을 겁니다. 마치 야수의 본성과 같은 거죠. 물론 제게는 그 모든 것이 상처이지만요.

저자들 자, 그런 식으로 그냥 빠져나가진 못하실 겁니다! 하나만 말해보세요!

훙 좋습니다. 얼마 전 릴리스한 내용 중에 바탕 화면 버그가 하나 있었습니다. 어떤 조건이 되면 바탕 화면이 충돌이 나는 거였죠. 쉽게 수정할 수 있는 내용이었고 빨리 수정함으로써 사용자는 거의 영향을 받지 않았죠. 하지만 그게 옳다고 할 순 없습니다. 우리는 그 하나에 대해 여러 테스트를 작성했습니다. 진짜에요. 그것 하나 때문에 여러 테스트를 작성했다니까요!

크롬 TEM 조엘 히노스키와의 인터뷰

조엘 히노스키Joel Hynoski는 시애틀 커클랜드Seattle-Kirkland에 위치한 사무실 초창기부터 구글에서 일을 한 TEM으로, 수년에 걸쳐 다양한 그룹을 운영해왔다. 그는 지금 크롬과 크롬OS를 포함한 모든 클라이언트 제품을 담당한다. 조엘은 사무실에서 기이한 오스트리아 사람이라고 소문이 나있는데, 그 별명은 테스터의 정신과는 어울리지만 매니저라는 그의 직급과는 별로 어울려 보이진 않는다.

저자들은 테스팅에 대한 그의 생각과, 크롬과 크롬OS에 대한 경험들에 대해 조엘과 함께 이야기를 나눴다.

저자들 자 빨리요, 사용하시는 컴퓨터가 무엇인지 좀 말씀해주세요!

조엘 [노트북을 들면서] 크롬북^{Chromebook}이요!

저자들 갖고 계신 다른 장비가 있는지 가방을 좀 봐도 되나요?

조엘 하하, 제 호주머니에 핸드폰이 하나 있고, 여기 어딘가에 태블릿이 있을 거예요. 하지만 전 제가 테스트하는 이 크롬북을 직접 사용하고, 사용하면서 나타나는 불편 사항이 있으면 언제든지 버그를 기록해요.

저자들 자, 그럼 툴바, 인스톨러, 크롬, 크롬OS까지 우리가 빌드하는 모든 제품과 클라이언트 운영체제를 갖고 있는 제품의 모든 영역을 관리하는 테스트 관리자인가요? 이렇게 많은 일들에 대해 어떻게 균형을 이루시죠?

조엘 테스트 그 자체가 균형을 맞추는 행위예요. 한편으로는 출시가 예정된 제품을 가져와서 각 릴리스에 대해 테스트를 하고 준비가 됐는지 확인하기 위해 필요한 검사를 수행해야 하죠. 또 다른 한편으로는, 자동화를 훌륭하게 잘 만들어야 하고 그 자동화를 위한 프레임워크와 인프라스트럭처에 투자를 해야 하죠. 또 어떤 면으로는 계획을 세우고 개발-빌드-테스트-릴리스 프로세스 간의 구조를 만들어야 할 필요가 있죠. 또한 테스팅을 끝내기 위해 그들이 개발한 새로운 방식에 대해 이야기하는 테스팅 구루의 세상도 경험해봐야 할 거예요. 이런 새로운 경험을 해보지 못하다면 아마 정체돼 있는 것처럼 느낄 수도 있을 거예요.

저자들 그럼 당신은 팔방미인인가요? 진지하게 여쭤볼게요. 이 모든 일들에 대해 이상적인 배분을 어느 정도로 하시나요?

조엘 전 현실적이려고 노력합니다. 판매해야 할 소프트웨어도 있고 벌려야 할 일들도 있습니다. 언제나 트레이드오프는 존재하죠. 우리가 애자일 팀이라 하더라도 최종 검증은 필요하고, 우리가 탐색적 테스팅을 하더라도 다중 릴리스, 플랫폼, 스트림을 추적해야 할 수도 있습니다. 전 절대적이라는 건 믿지 않습니다.

변하지 않는 진실이 있다면 그것은 모든 프로젝트 팀에게 맞는 하나의 모델은 없다는 점입니다. 심지어 하나의 회사 안에서도 다양함이 존재합니다. 좋은 예가 있네요. 제 크롬 팀은 같은 빌딩에 있는 크롬OS 팀과 다른 프로세스들을 사용합니다! 그 둘 중 더 나은 하나가 있냐고요? 그건 상황에 따라 다를 테고, 제가 할 수 있는 일은 두 팀에게 서로 어떤 방법이 적용돼 움직이고 더 생산성 높은 테스트를 할 수 있게 해주는 방법은 무엇인지에 대해 함께 이야기할 수 있게 돕는 것입니다.

제가 하고 싶은 말은 제 팀은 어떤 일이 닥치든지 준비가 돼 있고, 해야 할 일과 하지 말아야 할 일, 해야 할 시점과 그렇지 않은 시점에 대해 인지할 수 있으며, 불필요한 내용은 빠르게 없앨 수 있는 준비가 돼 있어야 한다는 점입니다. 제가 이에 대한 모든 내용을 알 때까지 전 하이브리드한 접근법, 개발자 테스팅, 스크립트 테스팅, 탐색적 테스팅, 위험 기반 테스팅, 기능 자동화 등 어떤 것이든 필요한 것이라면 모두 가져다 쓸 것입니다.

저자들 우, 오, 마치 또 다른 구글 테스팅 책이 나올 듯하네요.

조엘 예, 제게 일 년만 주신 뒤에 판매량이나 아마존 순위나 구글에서의 적합성을 한 번 따져보죠!

저자들 좋습니다. 그럼 저희에게는 크롬과 크롬OS 테스팅을 어떻게 요리했는지 그 가이드를 주세요. 우리는 이 책을 통해 웹 앱을 만드는 팀을 대상으로 구글이 갖고 있는 공용 테스트 인프라스트럭처에 대해 이야기하고자 많은 노력을 쏟아 부었습니다만, 클라이언트 영역을 다루는 당신에게는 꼭 맞진 않아요. 그렇죠?

조엘 맞아요. 바로 그런 점이 이런 도전을 만드는 것입니다. 클라이언트는 구글의 주류가 아니에요. 우리는 웹 회사이고 웹을 빌드하는 방법과 웹용 앱을 테스트하는 방법을 알고 있죠. 따라서 그에 대한 전문지식을 클라이언트 제품에 적용시키고 웹에서 사용하던 툴들을 클라이언트 장비로 가져 오는 일은 매우 도전적인 일이죠. 특히 구글의 인프라스트럭처가 도움이 되지 않을 때 정말 도전적인 문제가 되죠. 크롬 자체는 작은 실험에서 시작됐어요. SWE 몇몇이 모여 "좀 더 나은 브라우저를 만들 수 있겠다."라고 결심을 하고 세상에 내놨어요(그리고 오픈소스이기 때문에 누군든지 수정할 수 있었어요). 초기에 테스팅은 개발자들과 얼리 어댑터인 몇몇 하드코어 테스터들이 했죠. 하지만 수천만 사용자가 있는 지금, 정말 훌륭한 테스트 팀이 준비돼 있는 편이 더 낫겠죠.

저자들 아, 저흰 그 사람들이 누군지 알아요. 훌륭한 설명이네요. 자, 따라서 이제 팀이 꾸려져 있는데, 그들에게 가장 큰 도전 과제는 뭐죠?

조엘 웹이요! 정말로 웹은 언제나 변화하고 있죠. 크롬이 그걸 이길 순 없어요. 항상 애드온, 확장, 앱, HTML 버전, 플래시 등으로 이어지는 흐름이 있어요. 믿기 어려울 정도의 다양한 변수들이 있고, 그 모든 변수들에 대한 작업이 필요해요. 당신이 좋아하는 웹사이트를 제대로 보여주지 못하거나 좋아하는 웹용 앱을 구동할 수 없는 브라우저를 릴리스한다면 아마 다른 브라우저를 찾아보겠죠? 맞아요. 게다가 우리 제품은 다양한 운영체제 위에서도 동작해야 하죠. 하지만 우리가 보유하고 있는 가상 인프라스트럭처로 쉽게 테스트할 수 있는 방법들은 별로 없어요. 어쨌든 제가 무엇보다 걱정하는 건 웹이예요.

저자들 예, 그런 점들이 테스터들에게는 다양하게 골칫거리겠군요. 따라서 우리가 생각하기에 당신은 당신만의 책을 쓸 거라고 생각해요. 당신의 모든 걸 훔쳐가지는 않을 거예요. 하지만 저희에게 웹을 길들일 수 있는 두 개 정도의 기술과 솔루션을 좀 주세요.

조엘 두 개라고요? 흠, 좋습니다. 그럼 애플리케이션 호환성과 UI 자동화에 대해서 이야기하도록 하죠. 이 두 가지는 정말 큰 내용이니까요. 아시겠지만 다른 내용은 다음 책을 위해서 아껴두죠.

애플리케이션 호환성은 브라우저에서 정말 큰 부분입니다. 우리는 다음 질문에 대한 답을 찾으려고 노력했죠. "크롬은 애플리케이션과 웹사이트에 대해 호환성이 있는가?" 다시 말하면 크롬이 웹 페이지를 정확하게 변환해 보여주고 웹용 앱을 올바르게 구동하는가? 우리가 세상의 모든 웹 페이지와 앱을 다 구동할 수 없기 때문에 전체를 검증하는 건 불가능하고, 만에 하나 우리가 그렇게 할 수 있더라도 과연 어떤 내용을 기준으로 비교를 해야 하는가? 이에 대한 우리의 대답은 크롬의 참조 버전이나 경쟁 업체의 브라우저에서 가장 유명한 사이트(우리는 구글이기 때문에 이에 대한 정보를 얻는 건 쉽습니다)들이 정상적으로 동작하는지를 테스트하는 것이었어요. 우리는 수천 개의 사이트를 렌더링해서 보여주고 유사성을 비교할 수 있게 자동화했습니다. 새로운 빌드들에 대해 이러한 점을 매일 매일 확인해서 회귀 테스트를 빠르게 수행했어요. 다르게 보이는 사이트들에 대해서는 무엇이 잘못됐는지 알아내기 위해 사람들이 관심을 갖고 주의를 기울이게 했죠.

하지만 그건 단지 일부분이예요. 우린 사이트와 앱을 동작시킬 수 있어야 했고, 이 부분은 우리가 UI 자동화라 부르는 것을 통해 가능했죠. 크롬은 브라우저에서 실행하거나, URL을 이동하고, 브라우저 상태에 대해 조회하고, 탭을 만들거나 윈도우 정보 등을 사용할 수 있는 API가 있으며, 이걸 우리는 자동화 프락시라 부릅니다.

여기에 파이썬 인터페이스를 추가해서 브라우저에 파이썬(많은 구글 테스터들이 가장 익숙하게 사용하는 언어) 스크립트를 작성할 수 있어요. 이런 부분이 자동화로 강력한 기능을 발휘할 수 있는 방향이고, 개발자와 테스터가 비슷하게 사용할 수 있는 'PyAuto'[3] 테스트라는 거대한 라이브러리를 만들었어요.

저자들 좋습니다. 그러면 크롬은 이미 테스트할 방법이 있고, 크롬OS는 단지 노트북 컴퓨터에 크롬이 녹아 들어가 있는 것일 뿐이므로 그걸 테스트하는 건 제가 상상한 만큼 쉽겠네요?

조엘 제가 사파리safari를 테스트해도 맥 OS는 테스트되지 않고, IE를 테스트한다고 윈도우를 테스트할 수 없듯이 크롬OS와 같은 경우 크롬보다 더 테스트하기 어려운 경우가 있습니다. 제가 갖고 있는 앱 호환 자동화 시스템에 다른 플랫폼을 추가해야 하기 때문이죠.

하지만 이걸 말씀드릴 수 있겠네요. 좋은 기반 위에서 우리는 모든 것을 합니다. 구글은 보드 컴포넌트에서부터 UI까지 시스템 내에서 모든 것을 제어하고 있습니다. 지금 UI 아래의 많은 부분이 크롬의 테스트와 서로 겹치므로 큰 문제가 없어 보입니다. 전 PyAuto를 사용하고 크롬 팀에서 재사용성에 의미가 있는 정말 괜찮은 자동화 스위트를 빌드합니다. 하지만 펌웨어와 커널, 그리고 음…… 예…… GPU, 네트워크 어댑터, 무선 모뎀, 3G 등이 있습니다. 요즘은 이 작은 박스에 많은 것 넣을 수 있어요! 따라서 모든 위치에 자동화가 껴들어 가기는 어렵습니다. 이런 항목들이 구글의 개발 대비 높은 비중을 차지하는 테스트와는 근본적으로 맞지 않는 노동 집약적인 테스팅 작업들이예요. 우리는 프로토타입 단계부터 골판지 상자에 회로 보드를 놓고 시스템을 꾸려나가기 시작했습니다.

기존 테스트 툴을 이용한 시스템으로는 할 수 없는 작업이었습니다. 크롬OS는 오픈소스이고 정상적인 구글 개발 시스템 밖에 존재했죠. 우리는 (거의 반복적으로) 많은 테스트 툴들의 기본 시스템부터 다시 고안하고, 프로세스를 재정의해서 툴이 동작하는 방법을 설명하고, 코드를 만드는 외부 개발자들에게 이러한 툴들을 제공합니다. 우리는 6주의 일정으로 3가지 채널(개발, 베타, 안정화)을 거쳐 5개의 다른 플랫폼

---

3. PyAuto에 대한 정보는 다음 주소에서 얻을 수 있다.
   http://www.chromium.org/developers/testing/pyauto

에 OS를 릴리스합니다. 좋은 점은 제가 오스트리아인이 아니었으면 미쳤을 수 있었다는 거죠!

그래서 우리는 창의적인 사람이 돼야 했습니다. 어떻게 개발자들이 툴을 개발할 수 있게 만들 것인가? 협력업체나 제조사에게서 요청 받은 내용을 얼마만큼 테스트해야 하는가? 어떻게 우리 테스트 팀을 교육시킬 것이며, 하드웨어를 효과적으로 테스트할 수 있는 방법은 무엇일까? 수동 테스트로 인한 작업량을 줄이는 데 어떤 툴이나 장비를 이용하면 도움이 될까? 그리고 어떻게 그걸 변환해서 실제 장비에서 동작시킬 수 있을까? 하는 것들을 생각해야 했죠.

저자들 그 질문에 대한 답을 당신 책에서 해답을 얻을 때까지 기다려야 할 것 같은데요!

조엘 자, 저 역시 아직 모든 해답을 다 찾지 못했어요. 그걸 알아내는 게 제 업무니까 좀 기다리셔야겠네요. 우린 이제 첫 번째 릴리스 상태이고, 수동 테스트와 자동 테스트를 함께 결합시킬 효과적인 접근 방법을 제시해야 해요. 오토테스트[Autotest4]는 리눅스 커널을 테스트하기 위해 설계된 오픈소스 테스트 툴로, 실제 크롬OS 하드웨어 위에서 포괄적인 자동화 테스트 스위트를 제작하기 위해 만들고 있습니다. 관련 팀은 플랫폼 이슈와 오픈소스 공헌자들이 만드는 엄청난 양의 이슈들도 처리하기 위한 확장을 해야 합니다. 오토테스트는 사전 테스트 큐를 동작시키고, 스모크 테스트 스위트 및 가상 장비와 실제 하드웨어에서 시스템이 정상적으로 동작하는지 확인하는 검증 테스트를 만들고 수행합니다. 그리고 물론 크롬OS상에서 동작하는 PyAuto를 사용해 크롬 브라우저 자동화까지 확장해 동작합니다.

저자들 당신과 제임스[James]는 구글에서 테스터의 고용을 담당하는 주력 선수로 잘 알려져 있습니다. 두 분은 테스터 제공자, 리크루터 훈련 업무와 테스터가 되는 것에 확실하지 않거나 구글에서 테스터가 되길 원하지 않는 후보들을 마지막으로 교육시키기 위해 당신들에게 보내진다고 알고 있습니다. 어떤 마법을 부리는 거죠?

조엘 제임스와 전 꽤 오랫동안 같은 사무실을 사용했고, 우린 테스트 분야에 대해 매우 많은 열정을 갖고 있었어요. 이 일을 함께 하게 된 건 너무나도 당연하죠.

---

4. Autotest에 대한 정보는 http://autotest.kernel.org/에서 찾을 수 있다.

하지만 제임스는 목소리가 크고, 모든 사람들이 알 정도로 컨퍼런스에서 많은 발표를 했죠. 그는 그의 인맥 때문에 성공했고, 전 이 분야에 대해 흥미를 가진 사람들을 만날 수 있어서 성공했죠. 매우 다른 점이고 이게 바로 운과 기술의 차이라는 것입니다.

물론 농담입니다. 하지만 제가 테스트에 대한 뜨거운 열정을 갖고 있는 건 사실이랍니다. 또한 제대로 된 사람을 고용해서 구글 엔지니어로 만드는 데에도 열정을 갖고 있습니다. 특히 크롬은 주로 심사숙고 할 문제들이 많아서 이 분야에 대해 사람을 고용하는 것 자체가 도전이었죠. 일주일에 3개의 채널에 거쳐 CR-48(크롬 노트북), 삼성 크롬북^{Samsung Chromebook}, 그리고 새로운 실험용 플랫폼 검증에서 발생한 문제를 접해 본적이 있나요? 그럼 30개의 협력업체들에 그 문제를 던지세요! 24시간에 크롬OS의 안정적인 빌드를 검증할 필요가 있다구요? 18명 정도의 수동테스터가 있으면 수월하게 되겠네요!

전 테스트 스크립트만 사용하며 눈을 감고 업무를 수행하는 테스터 팀을 관리하고 싶지 않아요. 매우 지루한 일이죠. 전 획기적으로 테스트 개발을 하고, 새롭고 혁신적인 툴들을 만들고, 매일매일 수행하는 업무 속에서 많은 창의성을 발휘하고 그걸 업무에 사용하는 팀을 관리하고 싶어요. 따라서 우린 사람을 추가하고 이동시켜가면서도 높은 수준의 기술 수준을 유지하길 원해요. 하지만 이건 고용에 있어서는 어려운 일이죠. 어떻게 구글에 들어올 기술적 수준이 되는 사람을 찾고 테스트에 대한 열정을 갖게 도와줄 수 있나요? 글쎄요, 제임스는 그런 사람들을 많이 알지만, 결국에 언젠가 그의 인맥도 말라버릴 거예요. 전 좀 더 포괄적인 접근 방식을 택했는데, 테스트를 진정으로 재미있게 하는 것이 무엇인지를 알아내고 그런 과정에서 문제가 되는 일을 해결하기 위해 도전하는 것이죠. 대부분 개발자가 되기를 원하지만 그들이 진정한 테스트가 무엇인지를 보고, 얼마나 많은 사람들이 테스트도 해볼 만한 분야라고 흥미를 느끼는지 알면 놀랄 거예요. 테스트에서는 무엇을 도전해야 하는지, 그리고 그것이 얼마나 재미있는지를 알게 되면 스스로 훌륭한 테스터로 성장하는 일을 즐기게 될 겁니다.

저자들 좋습니다. 저희에게 좀 더 알려주세요. 테스트에서 경력을 봐야 하는 이유는 뭘까요?

조엘 테스트는 엔지니어링 분야에서 마지막으로 개척을 할 곳입니다. 우린 어떻게 소프트웨어를 효과적으로 개발할 수 있느냐에 대한 많은 문제점을 해결했습니다만, 제품 테스트에 대해서는 여전히 해결해야 할 문제가 남아있고, 그걸 해결할 수 있는 기회는 얼마든지 있습니다. 자동화를 효과적으로 수행하기 위해 필요한 작업들은 무엇이며, 이를 위해서는 기술적인 작업들을 어떻게 구성할 것인가, 어떻게 반발 없이 민첩하게 성공할 수 있는가 등이 있습니다. 요즘 소프트웨어 엔지니어 분야에서 가장 흥미로운 분야로 경력을 쌓을 기회는 놀라울 정도로 많이 있습니다. 이제는 더 이상 소프트웨어의 일부를 건드리지 않고, HTML5 사이트에 대한 GPU 가속을 테스트하고, 최상의 CPU 코어 성능을 위해 최적화를 하고, 그러면서도 샌드박스는 안전하게 해야 합니다. 이런 일들을 할 수 있는 것이 제가 구글의 테스트 조직에 있음에 매우 감사하고 기뻐할 수 있는 이유입니다. 우리는 주어진 가장 어려운 문제들을 풀면서 매우 흥미롭고 힘이 나게 일을 합니다.

테스트 엔지니어링 디렉터

구글 테스트 엔지니어링 디렉터는 그들 스스로 주체적인 삶을 사는 사람들이다. 각각이 자율성을 갖고 대부분이 개개의 핵심적인 일을 하고 있기 때문에 디렉터에 대한 '디렉터에 대한 이야기'라는 내용을 쓰기가 어려웠다. 그들의 업무에 공통되는 부분은 몇 개 없다. 모두 패트릭 코플랜드Patrick Copeland에게 보고를 하고, 구글 인프라스트럭처를 공통으로 사용하고, 각 도메인에 대해 토론하기 위해 매주 회의를 한다. 하지만 이전 절에서 디렉터에게 보고하는 엔지니어링 매니저와는 달리, 디렉터는 그들이 옳다고 생각하는 방식대로 상품화 팀을 가이드할 수 있는 전권을 갖고 있다.

디렉터들은 신입사원의 채용과 전임, 그리고 테스트 스태프들의 모든 분야에 관여할 수 있다. 그들은 사기 진작 이벤트나 외부 활동, 구글 로고가 새겨진 옷, 백팩, 티셔츠, 재킷 등과 같은 홍보용 사은품을 구매할 수 있는 예산 권한이 있다. 그것은 테스트 팀을 위해 가장 멋진 옷을 주문할 수 있게 경쟁을 하기 위해 허락된 사례였다. 또한 다른 사람과도 공유할 수 있을 만큼 충분히 주문하는 게 예의였다.

구글에서 구글 테스트라는 브랜드는 사내에서 강력한 지위를 갖고 있는데, 이런 홍보용 사은품들이 그걸 유지하는 데 한몫한다. 사실 가끔 홍보용 사은품이 입소문 나기도 한다.

휘태커Whittaker 팀은 "웹 서비스 잘 동작합니다(감사합니다!)The Web Works (you're welcome)"처럼 감각적인 로고가 써진 티셔츠를 주문했고, 구글 캠퍼스 안에서 개발자도 입을 정도로 매우 유명해졌다.

이러한 홍보용 사은품들을 팀들 간에 모두 똑같이 하라고 한 적은 없었다. 여러 도메인에서 재작업을 최소화하기 위한 시도도 없었다. 모든 팀들이 혁신적인 활동을 하게 했으며, 자동화나 툴 개발에 대한 경쟁을 통해 팀들은 더욱 강해졌다. 하지만 일시적 보너스나 동료 보너스 같이 협력을 장려하기 위한 특별한 보상 체계를 적용하기도 했었고, 테스터의 20% 시간에 대해서는 완벽하게 다른 디렉터가 관장하고 다른 팀과 함께 일을 하는 데 사용하게 했다. 사실 20%의 시간 제도는 대부분의 디렉터들이 새로운 팀으로 옮겨가고 싶어 하는 테스터들을 관리하는 데 사용하는 방법이다. 몇 주 동안 새로운 그룹과 함께 사용하는 20%를 쓰고 옮긴 뒤에는 20%의 시간을 이전 그룹과 사용한다.

경쟁하고자 하는 인간의 본성에도 불구하고 협력 정신이 구글이라는 회사 전체에 유지되는 단 한 가지 이유가 있다면 공개 전임 프로세스다. 구글 엔지니어들은 18개월 정도 단위로 팀을 옮기게 권유 받고 있다. '권유'이지 '강요'가 아니라는 점에 유의하자. 디렉터는 다른 디렉터들과 좋은 관계를 유지해야만 한다. 노동력이 공유되고 직원은 언제나 이동하기 때문에 결국 서로가 서로에게 친절할 수밖에 없게 된다.

디렉터의 업무는 리더십이다. 강한 팀을 만들고 그 팀이 만든 제품이 고품질을 유지하면서 유용하게 산업계를 변화시킬 수 있는 소프트웨어가 되고, 그 제품을 판매할 수 있게 하는 것이 그들의 리더십이다. 그가 데리고 있는 엔지니어들로부터 존경심을 얻을 수 있을 만큼 기술적으로 충분한 지식 바탕이 있어야 하고, 빠르게 변하는 구글의 작업 스타일과 호흡을 맞출 수 있게 충분히 혁신적이어야 하며, 사람들이 생산성을 유지할 수 있게 관리에 뛰어나야 한다. 그들은 구글 툴과 인프라스트럭처의 대가들이기 때문에 매일 코드를 릴리스하는 일을 할 때에는 낭비할 시간

없이 바쁘게 움직여야 한다.

테스트 엔지니어링 디렉터로 구글에서 이 모든 일을 이루고 성공하기 위해서는 무엇이 필요할까? 우린 그걸 알 수 있는 가장 좋은 방법은 그 업무를 실제로 하고 있는 사람들로부터 이야기를 듣는 일이라고 생각했다.

검색과 지리 테스트 디렉터 쉘튼 마와의 인터뷰

쉘튼 마^{Shelton Mar}는 테스트 디렉터로, 다른 회사에서는 이사급의 직책이다. 그는 회사에서 가장 오랜 구글 테스터 중 한 명이며, 패트릭 코플랜드보다 먼저 테스팅 서비스 그룹을 생산성 혁신 팀이라고 불렀다. 쉘튼은 작은 팀의 테스트 매니저에서 검색, 인프라스트럭처, 지도 분야에 대한 디렉터십(이사직)을 갖게 된 인물로, 구글에서 밑바닥부터 승진을 한 사람이다. 쉘튼은 현재 구글 어스와 구글 지도를 포함한 위치 기반 제품들을 통틀어 구글에서는 로컬 앤 커머스^{Local and Commerce}라 부르는 제품 영역의 경영진이다.

저자들은 쉘튼과 함께 앉아 구글의 과거에 대한 내부 이야기들과 구글 검색^{Google Search}을 테스트하기 위해 그가 한 일들에 대해 이야기를 나눴다.

저자들 쉘튼, 당신은 구글에 오래 근무하면서 서문에서 패트릭이 썼던 테스팅 서비스 조직 시절을 기억하겠네요. 패트릭 이전의 테스팅은 어땠는지 이야기 좀 해주세요!

쉘튼 그때와 지금 상황은 분명히 다릅니다. 그리고 짧은 기간 내에 많은 것이 변했어요. 하지만 그 속에서도 유지되는 한 가지는 있습니다. 구글은 항상 빠른 페이스로 움직인다는 것이죠. 하지만 초창기 시절의 우리는 운이 좋았던 것 같아요. 인터넷은 간단했고, 우리의 앱은 작았기 때문에 똑똑한 많은 사람들이 최선을 다하면 충분했었거든요. 우리는 마지막 순간 문제가 몰아칠 때 고통을 받았지만, 그래도 몇 명 영웅들이 해결할 수 있을 정도로 관리 가능한 문제들이었습니다. 제품이 가진 시스템 레벨 의존성에 대한 테스팅과 엔드 투 엔드 테스팅을 수동 테스트와 스크립트로 수행했습니다. 하지만 점점 더 커지면서 그 의존성들이 점점 더 문제가 되기 시작했습니다.

전 이런 종류의 테스팅이 나쁘다고 이야기하지 않을 겁니다. 그건 검증에 있어 필요한 부분이고, 통합된 시스템이 잘 동작하는지 확인해 줍니다. 하지만 느린 주기로 테스팅을 해서 이런 의존성을 파악할 수 없을 정도로 어려워지면 무엇인가가 잘 안 될 때 디버깅을 매우 어렵게 만듭니다. 우린 패트릭이 나타날 때까지 이런 문제들로 고분 분투했습니다.

저자들 제가 예측할 때는 '엔드 투 엔드' 시스템에 대해 문제를 식별하기 어려웠다면 백엔드 시스템은 더 어려웠을 거라고 생각되는데요.

쉘튼 정확합니다! 우린 원하는 것만큼 빨리 백엔드 시스템을 릴리스할 수 없었습니다. 품질을 보장할 수 없었기 때문이었죠. 백엔드 시스템은 다른 제품에도 수평적으로 많은 영향을 미치기 때문에 더욱 그랬습니다. 예를 들어 당신이 빅테이블[5]을 잘못 이해하면 많은 앱들이 고통을 받습니다. 이런 경우가 엔드 투 엔드에 대해서만 테스트할 때는 이슈들이 발견되지 않기 때문에 백엔드 시스템을 업데이트할 때 생기는 파급효과지요.

저자들 그럼 당신은 과도한 엔드 투 엔드 검증부터 백엔드 서버 인프라스트럭처의 하드 코어 검증까지를 경험해보셨겠네요. 거기까지 도달한 이야기 좀 해주세요.

쉘튼 글쎄요, 우린 팀의 구성을 변화시키는 것부터 시작했습니다. SET의 역할을 재정의하고 기술적으로 뛰어난 후보들을 고용하는 데 집중했습니다. 기술을 한 번 제대로 익히면 더 나은 백엔드 테스팅 솔루션을 만들었습니다. 우린 우리의 작업이 컴포넌트 레벨의 자동화가 되는 데 초점을 맞췄습니다. 개발과 테스팅 기술을 갖고 있는 한 스마트한 엔지니어들이 우리의 백엔드 인프라스트럭처로 모여들었다고 상상해보세요. 슬슬 감이 오기 시작할 겁니다.

저자들 성공을 이룰 수 있는 특별한 비법이라도 있었나요?

쉘튼 예, SWE의 지원이 핵심적인 요소였습니다. 우리의 SET들은 개발자 레벨에서 더 나은 테스팅 사례들을 만들기 위해 개발 파트너로서 가깝게 일을 했습니다(테스트가 모든 것을 보장할 수 없기 때문에 협력 활동이 중요하므로 '파트너'라는 용어를 사용한 것에 주목하자). 해 놓은 일이 무엇이든 간에 이 밀접한 파트너십을 통하면 그 효과가 더욱

---

5. 구글 파일 시스템에 있는 압축된 고성능의 전매 특허 데이터 저장 시스템 – 옮긴이

증폭됐습니다. 그 시점에 컴포넌트 레벨에서는 무엇인가 해결이 불가능할 것이라는 걸 알았고, 단위 레벨^{unit level}에서 문제를 해결하려고 노력했습니다. 이러한 협동은 팀 내에서 다양한 방식으로 다이내믹한 형태를 띄며 나타났습니다. 따라서 테스트 엔지니어링과 컴포넌트 레벨에서 품질을 담당하는 프로젝트 팀 전체(개발 + 테스트)가 그 시간을 프로세스 개선과 프레임워크, 도구화, 통합 테스트에 초점을 맞추게 됩니다.

저자들 테스트하기 위해 SWE 품질 인원을 고용하는 등 매우 힘든 결정을 내리셨군요. 어떤 진보가 있었나요? 후회는 없었나요? 테스팅 문화에 어떤 영향이 있었나요?

쉘튼 그건 아마도 구글에서 우리가 했던 일 중에서 가장 중요한 변화였을 겁니다. 다음과 같이 변화해야 할 3가지가 있다는 점을 구글 초기에 깨달았습니다.

- 테스트를 위로 올려서 전체 팀(개발과 테스트)이 산출물에 대한 품질을 책임지게 하라.
- 테스트 엔지니어링을 프로젝트 팀의 일부로 포함하라. 관련된 도전 과제와 기술을 이해할 수 있는 강한 엔지니어가 필요하기 때문이다.
- 테스트에 전산학과 엔지니어링을 적용하라.

테스트 엔지니어링을 '습득'(또는 적어도 배운)한 스마트하고 강력한 소프트웨어 엔지니어 없이는 이런 일들을 이룰 수 없습니다. 도전 과제들을 다르게 보기 시작하면서 테스트에서 어려운 문제를 해결하기 위해 최고의 엔지니어들을 고용하고 동기 부여를 해야겠다는 점을 깨닫게 됐습니다. 지금 이렇게 거대한 팀을 구축한 것은 그들이 업무를 즐겼다는 것을 보여주는 것입니다.

저자들 구글에서의 재임 기간 중 구글의 대들보인 검색을 포함한 많은 제품을 다뤄 보셨습니다. 검색을 테스트하는 데 있어 가장 어려운 부분은 무엇이었나요?

쉘튼 무엇에 집중할지를 결정하는 일이었습니다! 종종 엔지니어들에게 검색을 테스트하라고 하면 검색 결과로 구글이 어떤 응답을 하는지에 대해 이야기하기 시작합니다. 물론 그 내용도 충분히 알아볼 만한 가치가 있는 흥미로운 영역이지만, 검색 품질은 그 이상으로 더 많은 것을 요구합니다. 일관성이 있으며 신뢰할 수 있고 사용자에게 빠르게 결과를 알려주기 위해서 복잡하고 정교하게 분산돼 있는 소프트웨어 시스템을 검증할 필요가 있습니다. 내부를 잘 이해하고 있어야 하고 시스템이 어떻게 빌드되는지를 알아서 실제로 검색이 발생하는 때와 장소에 맞게 이러한 동작들을 검증할 수 있어야 합니다. 우리는 처음부터 이 모든 것에 초점을 맞춥니다. 실제 상황에서는 검색 자체의 품질은 분리시켜 상품화 팀의 검색 품질 전문가에게 맡겼습니다. 우리는 구글 검색 결과를 처리하고 업데이트하고 서비스하기 위해 사용되는 인프라스트럭처와 시스템을 검증했고, 검색 품질 전문가는 구글이 최상의 결과를 만들어내는지 확인합니다.

저자들 새로운 프로젝트를 맡았을 때 일반적인 접근 방식은 무엇이었나요? 대개 첫 번째 행동은 무엇인가요? 팀 구축의 관점에서는요? 기술적 인프라스트럭처 관점에서는요? 그리고 테스팅 프로세스 관점에서는요?

쉘튼 일반적으로 이야기하면 제가 제 팀을 평가할 때 가장 처음 물어보는 말은 "테스트를 할 때 무엇이 시스템에 있어 가장 중요한 것인가?"입니다. 검색에 있어서는 성능이, 뉴스의 경우에는 새로움이, 지도의 경우에는 이해도가 가장 중요합니다. 모든 앱 각각이 중요한 속성을 가집니다. 시스템 인프라스트럭처도 유사한데, 저장에 대해서는 데이터 무결성이, 네트워킹의 경우에는 규모에 대한 대비가, 업무 관리 시스템의 경우에는 이용도가 핵심입니다. 당신이 테스트하고 있는 특정 제품에 대해 무엇이 가장 중요한지를 식별하면 그 속성들을 만족시킬 수 있는 시스템의 핵심 역량을 검증하기 위해 당신의 에너지를 쏟아 붓게 됩니다. 중요한 내용이 정상적임을 확인한 후에 UI나 소리와 같이 쉬운 내용에 대해 걱정을 하세요. 또한 성능에 대한 설계 같은 핵심 속성과 변경하기 어려운 영역에 초점을 맞추고 쉽게 업데이트되는 부분에 대해서는 상대적으로 시간을 적게 쓰도록 하세요. 폰트에 대한 버그를 너무 빨리 다루기 시작하면 우선순위를 잘못 생각하지는 않았는지 걱정해봐야 합니다.

저자들 수동 테스트와 자동 테스트 간에는 언제나 팽팽한 줄다리기가 있었고, 구글은 많은 부분이 수동 테스트에서 자동 테스트로 움직이고 있는 것처럼 보입니다. 지금은 어디쯤 서있는 걸까요? 어느 정도가 맞는 걸까요? 한쪽 방향으로 너무 많이 치우쳤다는 것은 어떻게 아시나요?

쉘튼 전 할 수 있는 한 가능한 많이 자동화를 해야 한다고 생각합니다. 수동 테스트는 연속적 빌드의 개념이 있는 곳에서는 사용하기 어렵습니다. 컴포넌트 레벨의 검증과 밤새 수행하는 통합 테스트를 수동 테스트로는 하지 못합니다. 하지만 자동화의 경우에는 변경이 발생했을 때 대응하지 못할 수 있고, 지속적인 유지보수가 필요합니다. 기술이 계속 발전하고 빠른 속도로 변화하면 자동화는 페이스를 유지할 수 있게 재개발될 필요가 있습니다.

그렇긴 해도 자동화 테스트로 할 수 없는 부분을 수동 테스트가 수행하는 내용도 있습니다. 예를 들어 모바일 앱에서 하드웨어의 폭발이라던가, 디스플레이, 폼 팩터[6], 렌더링과 디스플레이에서 변종을 일으키는 디바이스 드라이버 등이 있습니다. 그런 경우의 검증은 수동 테스트에 기댈 수밖에 없습니다. 어쨌든 핵심은 가능한 한 많이 자동화를 하자는 것입니다. 기계가 작업의 90%를 수행하고 인간은 검증 기간의 마지막 10%에 대해서만 지능적으로 검증을 수행하게 합니다(이걸 '마지막 걸음 last mile'이라고 합니다). 자동화는 장치에서 모든 화면을 캡처할 수 있고 디스플레이상에서 변화 내용을 걸러내는 비교 알고리즘을 적용하면 사람을 도와 빠르게 검증을 할 수 있게 합니다. 컴퓨터도 할 수 있는 일을 사람이 하는 건 너무나도 시간이 아까운 일이고, 테스터는 지적 능력과 사람의 판단이 필요한 곳에 적용하는 것이 최선입니다. 반복적인 일은 지적 능력과 사람의 판단이 필요한 곳이 아닙니다.

저자들 출시한 이후에 나타나서 당신을 당황스럽게 한 버그에 대해 이야기 좀 해주세요.

쉘튼 오, 당신은 그런 경우가 없는 것처럼 물어보네요? 완벽한 제품을 출시한 사람이 있을까 생각해봅시다. 불행히도 전 아니네요! 출시한 제품에서 제가 가장 후회하는 버그는 테스트 데이터 센터의 설정이 완전히 바뀌어서 발생한 버그입니다. 한 번은 새로운 버전이 어떠한 검증도 거치지 않고 제품에 실렸습니다. 그 설정 변경으로 인해 사용자들이 좋지 않은 결과를 보게 검색 결과의 품질에 악영향을 미쳤죠. 그로 인해 우린 설정 변경이 검색 품질에 얼마나 중요한지를 깨달았습니다. 그 이후로는 설정 변경을 품질 프로세스의 일부분으로 포함하고 데이터나 설정 변경이 제품에 적용되기 전에 자동화된 테스트를 수행합니다.

---

6. 컴퓨터 하드웨어의 크기, 구성, 물리적 배열을 말한다. 보통 컴퓨터 케이스나 섀시, 도터 보드 같은 내부 컴포넌트의 크기 및 배열을 말할 때 사용한다. – 옮긴이

저자들 그럼 그런 자동화된 설정 테스트를 어떻게 정의하셨나요?

쉘튼 살펴볼 수 있게 만드는 거죠! 검색 결과에 부정적인 영향을 미치는 설정을 발견할 때마다 그 설정에 대한 테스트를 작성하고 유사하게 빈약한 결과를 발생시킬 수 있는 다른 경우의 수에 대해서도 테스트를 작성합니다. 우리의 테스트 스위트에 문제가 될 수 있는 환경 변수들을 집어 넣는데는 그리 오래 걸리지 않았습니다. 그리고 자동화를 이용해 그런 환경에 대한 테스트를 할 때 집어넣을 수 있는 다양한 데이터들을 생성합니다. 이런 사례들을 통해 이제 이런 종류의 버그들은 거의 나타나지 않습니다. 제품에 변경이 가해졌을 때 확실한 자동화가 있으므로 우린 더 큰 확신을 할 수 있었습니다.

엔지니어링 툴 디렉터 아쉬쉬 쿠마와의 인터뷰

구글은 툴에 의해 죽고 사는데, 이러한 툴을 담당하는 사람이 아쉬쉬 쿠마Ashish Kumar다. 그는 개발자가 사용하는 IDE부터 코드 리뷰 시스템, 빌드 시스템, 소스 컨트롤, 정적 분석, 공통 테스트 인프라스트럭처 등 모든 툴에 대한 책임을 지고 있다. 심지어 셀레니엄Selenium과 웹드라이버WebDriver 팀도 그에게 보고한다. 저자들은 애쉬쉬와 함께 이러한 구글 마법의 일부분에 대한 이야기를 나눴다.

저자들 구글에서는 자동화에 관한 신비로움이 GTAC의 인기를 통해 지속되고 있고 당신이 그 배경에 있는 바로 그분인데요. 당신의 툴들이 구글 엔지니어들에게 제공해주는 기능들에 대해 설명해주시겠어요?

아쉬쉬 제 팀은 엔지니어링 툴 팀으로 불립니다. 우리는 구글에서 개발자가 작성하고, 빌드하고 품질이 좋은 소프트웨어를 릴리스하기 위해 매일매일 사용하는 툴의 90%를 책임지고 있습니다. 아직까지는 몇몇 오픈소스 상품화 팀들을 지원하지 않기 때문에 90%라고 말씀을 드리지만, 그들 역시 지원할 계획이 있습니다.

구글은 독보적으로 그 방면에 있어 개발자들이 사용 가능하고 확장 가능한 인프라스트럭처를 제공하는 데 커다란 중점을 두고 있습니다. 외부 사람들은 구글 개발자들이 정기적으로 사용하는 맵리듀스MapReduce와 빅테이블BigTable 같은 기술들이 익숙하겠지만, 내부 개발 툴 인프라스트럭처에도 역시 많은 부분을 투자하고 있습니다.

저자들 몇 가지 구체적으로 설명해주시겠어요?

아쉬쉬 좋아요, 바로 질문을 해주셨군요! 다음과 같은 툴셋이 있습니다.

- **소스 툴** 이 툴들은 워크스페이스 생성, 코드 변경 서브밋, 스타일 가이드라인 강제화를 더욱 쉽게 해줍니다. 수억의 소스코드 라인을 브라우징하고 중복 방지를 할 수 있게 코드를 쉽게 찾아낼 수 있습니다. 클라우드 내에서 방대한 분량의 내용을 인덱싱할 수 있고 리팩토링도 할 수 있습니다.

- **개발 툴** IDE에 플러그인해 구글 코드를 조정할 수 있고, 클라우드에서 서비스에 연결을 가능하게 합니다. 코드 리뷰 시간에는 관련 신호들을 이용해서 신속하게 고품질의 코드 리뷰가 가능하게 합니다.

- **빌드 인프라스트럭처** 이 시스템은 수천 수만의 CPU 및 많은 공유 메모리와 저장소를 이용해서 교차 언어의 조각 빌드를 가능하게 합니다. 생각만 해도 제 머리가 지끈지끈하네요! 이 빌드 시스템은 상호작용에 의해 또는 자동으로 동작하고, 많은 경우의 수에 따라 몇 시간이 소요되는 일들도 수 초 내에 결과를 제공합니다.

- **테스트 인프라스트럭처** 규모에 따른 연속적인 통합이 가능합니다. 이는 모든 개발자들이 하는 체크인에 대해 매일 수백만의 테스트 스위트를 수행함을 의미합니다. 우리의 목표는 개발자에게 즉각적인 또는 그에 가장 가까운 피드백을 제공하는 것입니다. 여기서 다루는 또 다른 면은 규모가 있는 웹 테스팅입니다. 매일 모든 구글 제품에 대해 다양한 브라우저 플랫폼의 조합에 따라 수십만의 브라우저 세션 테스팅을 수행합니다.

- **현지화 툴** 개발자들이 생성하는 문구에 대한 지속적인 번역 작업은 영어 버전이 나옴과 동시에 현지화된 제품 버전이 준비되게 합니다.

- **측정 기준(metric), 가시화, 보고** 모든 구글 제품의 버그를 관리하고 코드, 테스트, 릴리스, 즉 모든 개발 측정 기준에 대한 추적을 중앙 저장소에서 유지해 변경된 내용에 대한 수행 가능한 피드백을 모든 개발자 및 팀에게 제공합니다.

저자들 좋습니다. 해야 할 일이 매우 많군요. 물론 그 일들이 오늘날 당신이 있는 곳에 많은 혁신을 불러왔지만요. 하지만 어떻게 이 모든 작업을 진행하시면서 새로운 개발 역시 동시에 진행되게 균형을 맞추나요? 당신 팀의 규모가 그렇게 큰 것도 아닌데 말이죠!

아쉬쉬 "우린 그일 모두에 대해 노력을 기울이는 것은 아닙니다"가 간단한 대답이 되겠죠. 우리 팀은 구글 전체를 지원하는 중앙 엔지니어링 툴 팀입니다. 종종 툴을 사용하는 상품화 팀이 그들만의 요구 사항을 구체화해서 이야기합니다. 때때로 그 툴들이 일반적으로 사용될 수 있게 그 일반성을 중심으로 평가합니다(따라서 구글의 모든 인원이 그것을 사용할 수 있게끔 합니다). 다른 한편으로는 우리 팀의 엔지니어가 생각하고 있는 참신한 아이디어를 제시합니다. 이게 구글이 일하는 방식입니다. 우리는 최선을 다하고, 이런 형태로 시작 되는 툴들을 발전시킬 수 있게 최선을 다합니다. 중앙 팀의 툴에 포함되는 기준은 두 가지로 나뉩니다. 생산성에 큰 영향을 줄 수 있는 잠재력이 있어야 하고 다수의 구글 개발자에게 적용 가능해야 합니다.

결국 우리는 중앙 집중화된 툴 팀이고, 많은 영향을 주면서 광범위한 분야의 사람들이 사용하는 툴들을 다룹니다. 툴이 오직 한 상품화 팀에만 적용된다면 그 팀이 그걸 소유해야겠죠.

하지만 우리 역시 많은 실험을 바탕으로 시작합니다. 우리가 다음해에 큰 성과를 거두기 위해서는 한 명 또는 두 명으로 이뤄진 팀을 대상으로 그 툴을 사용하게 하고, 몇 가지 테스트를 해야 합니다. 이중 많은 부분이 20% 활동에서 시작되고, 20% 활동 중에 나온 것이라면 그 어떤 것도 거절하지 않았습니다. 엔지니어 개개인들의 20% 시간은 그들 스스로의 시간이지 저에게 소유권이 있는 것이 아니니까요. 이 활동들 중 어떤 것들은 실패하지만, 대개 한 번의 성공이 나머지 실패를 덮어줍니다. 꿈을 크게 꾸고, 빨리 실패하고, 계속 노력하십시오!

어떤 툴들은 프로젝트 진행을 돕는 것으로, 제품에 대한 그들의 영향력을 직접적으로 측정하기가 어렵지만, 구글에서 생산성을 얻는 관점에서 보면 모든 툴들을 사용하는 프로젝트가 괄목할 만한 성과를 내야 합니다.

저자들 성공하지 못할 거라고 생각했지만 결국에는 성공한 툴들이 있었습니까?

아쉬쉬 예! 규모가 큰 소스에 대한 연속적인 통합을 한 일이 있습니다. 그건 아주 큰 문제로, 표면적으로 보면 정말 다루기 어려운 문제처럼 보였습니다. 이러한 연속적인 통합을 수행하기 위해 수천 개의 장비들을 사용했습니다. 팀의 누군가가 구글의 모든 프로젝트를 대상으로 이를 모두 한곳으로 집중화하는 인프라스트럭처를 만들어보자고 제안했고, 이 인프라스트럭처를 이용해 변화에 따른 소스코드 변경을 조사하고, 메모리상에서 모든 CL에 대해 거대한 교차 언어의 의존성 그래프를 관리하고, 자동으로 빌드하고 그 빌드에 영향을 받을 수 있는 테스트를 수행했습니다. 너무 거대한 작업이고 그 자원 활용도가 우리 서버를 위험에 빠뜨릴 수도 있다는 우려를 표명한 건 저만이 아니었습니다. 그 점에 대해서는 회의론자들이 옳았습니다. 자원 사용도가 매우 높았거든요. 하지만 우리 엔지니어들이 이 기술적 장벽들을 하나씩 넘어섰고, 이 시스템은 지금 잘 동작합니다. 다른 사람들과 함께하는 프로젝트도 이렇게 합니다. 작게 시작한 다음, 증가하는 가치를 증명해 프로젝트가 시작할 때 제시한 가치의 두 배를 보여줍니다.

저자들 성공했다고 생각했지만 그렇지 못한 툴도 있나요?

아쉬쉬 예 물론이죠! 원격 페어 프로그래밍입니다. 구글은 분산된 개발 설정을 갖고 있습니다. 많은 팀이 페어 프로그래밍을 하고 그 외의 다른 애자일 개발 테크닉을 적용해 수행합니다. 당신이 작업해야 하는 코드의 많은 부분이 다른 사무실에 있는 누군가가 작성한 코드인데 급한 질문이 생긴다면 지연이 생기게 될 것이고, 그건 생산성에 영향을 미치게 됩니다.

우리가 해본 실험 중 하나가 IDE에 플러그인 형태로 '원격 페어 프로그래밍'을 개발하는 것이었습니다. 목표는 구글 토크^{Google Talk}, 그리고 비디오와 밀접하게 통합해 개발자가 어떤 코드를 수정하면서 질문이 있을 때 개발 환경 안에 내장된 기능을 직접 이용해서 코드를 만든 사람과 채팅을 시작하고, 다른 개발자는 워크스페이스 안을 보고 비디오를 통해서 서로 얼굴을 보면서 페어로 편집을 수행할 수 있게 하는 것입니다. 서로의 체취를 느끼지 않고 페어 프로그래밍을 할 수 있는 거죠!

불행히도 구글 토크^{Google Talk} 통합 없이 간단히 협업 에디터가 있는 초기 버전을 런칭했지만, 우리가 기대했던 만큼 사용하는 얼리 어댑터들을 볼 수 없어서 우린 그 실험을 중단했습니다. 개발자들이 흥미를 보이지 않았습니다. 아마도 그들의 요구를 부합시킬 만큼 우리의 노력이 충분하지 못했던 것 같습니다.

저자들 자동화 파이프라인을 만들려고 하는 회사에 해주고 싶은 조언이 있으신가요? 당신은 어떤 툴로 시작했나요?

아쉬쉬 여러분의 팀에서 함께 일하게 되는 신입 개발자가 사용하는 개발 환경에 초점을 맞추는 것이 정말로 중요합니다. 코드를 체크아웃하고, 코드를 수정하고, 코드를 테스트하고, 수행하고, 디버그하고 배포하기 정말 쉽게 만들어보세요. 이 단계들을 할 때마다 생기는 고통을 없애면 개발자들이 생산적으로 일을 할 수 있게 되고, 고품질의 소프트웨어를 원하는 시간에 생산할 수 있을 것입니다.

이렇게 하기 위해서는 의존성을 명확하게 하고 연속적인 통합 시스템을 설정해서 "정말 동작하네!"라는 말을 할 수 있게 하는 것과 개발자에게 빠른 피드백을 제공하는 것이 정말로 중요합니다. 몇 분 이상이 지체돼 피드백을 받으면 장비를 좀 더 투입하세요. CPU 시간을 단축시키기 위해 드는 비용이 개발자가 상황을 바꾸기 위해 기다리고 쉬는 시간보다 더 적습니다. 수행하기 위한 명령을 타이핑하는 일, 코드를 디버깅하는 일을 쉽게 해주고 배포 역시 용이하게 해줘야 합니다. 여러분이 웹을 다루는 회사에 있다면 부분 배포 역시 쉽게 할 수 있을 것입니다.

저자들 당신의 팀에서 찾고 있는 엔지니어에게서는 무엇이 중요한가요? 단지 툴을 사용할 줄 아는 오래된 엔지니어 같은 기준으로 자를 수는 없을 것 같은데요.

아쉬쉬 툴 개발은 전산학 기초에 대한 특별한 사랑이 필요합니다. 예를 들면 언어 개발, 컴파일러, 시스템 프로그래밍 등에 관심이 있어야 하고, 다른 스마트한 개발자가 당신의 툴을 이용해서 회사에 더 큰 가치를 생산할 때 얻는 만족감 등을 느낄 수 있어야 합니다. 정말로 개발자를 고객으로 대할 수 있는 사람을 찾아야 합니다.

저자들 고객들이 당신의 툴들을 적용하리라는 것을 어떻게 확신할 수 있나요?

아쉬쉬 구글러들은 독특한 집단입니다. 일반적으로 많은 사람들에게 판매를 할 필요가 없습니다. 우리는 생산성 혁신 리뷰Engineering Productivity Review라고 하는 것을 매주 개최하고 툴들을 데모합니다. 엔지니어들이 와서 질문을 하고 우리가 만든 툴이 그들이 고민하고 있는 진짜 문제를 해결하면 그들 스스로 시도를 해봅니다. 일반적으로 실제 사례의 문제를 해결한 툴들은 많이 채택되는 편이고, 그렇지 못한 툴들은 채택이 많이 되지 않습니다. 여기서 비밀은 채택되지 못할 것처럼 보이거나 실패할 것으로 보이는 프로젝트는 가능한 한 빨리 프로젝트를 취소해버리는 것입니다.

저자들 방해가 되거나 장점보다는 단점이 더 많은 툴들을 본적이 있나요?

아쉬쉬 그럼요, 하지만 그 툴이 오래 가게 놔두지는 않았습니다. 그런 프로젝트에 대한 투자는 빠르게 접었죠. 툴 생산의 목적은 프로세스를 자동화하고 그걸 더 쉽게 만드는 겁니다. 가끔 툴 프로젝트들은 나쁜 행동들을 자동화하는 경우가 있습니다. 개발자가 수동으로 무엇인가 잘못하고 있는데, 왜 툴이 그걸 쉽게 하게 해주나요? 만드는 사람은 지금 하고 있는 걸 자동화하기보다는 한발 뒤로 물러서서 잘못된 내용에 대해 함께 모여 논의를 해야 합니다.

저자들 지금은 무엇을 계획 중이신가요? 지금 당신 팀에서 만들고 있는 새로운 툴은 무엇인가요?

아쉬쉬 자, 먼저 끝낼 필요가 있는 '현재 진행 중인' 과제가 많다고 말씀드려야겠군요. 매우 빠르게 변화되는 웹 때문에 웹과 관련 있는 툴들은 항상 개발 모드입니다. 가끔 수정 사항들로 인해 툴을 다시 만들어서 완벽하게 새로운 기능이 되게 변경해 줘야 합니다. 끊임없는 도전이자 끊임없는 기회입니다. 하지만 우리가 하는 내용은 내부적인 것들이라 여기서 그것들에 대해 자세히 말씀드릴 수는 없지만, 규모, 규모, 그리고 더 큰 규모를 생각하세요. 그럼 우리가 하는 일에 좀 더 가까워질 수 있을 겁니다!

구글 인디아의 테스트 디렉터 수제이 사니와의 인터뷰

구글 테스팅 문화의 중요한 부분 중 하나는 지역 및 글로벌 허브를 만들어서 지역적으로 멀리 떨어져 있는 많은 사무실을 활용하는 능력이다. 인도의 하이데라바드는 재능 있는 인도 인력의 활용이 가능해 인도 테스트 엔지니어링을 위한 첫 번째 글로벌 허브였다. 이 센터의 구글러들은 변화의 방향에 활력을 불어넣는 핵심 구글 제품들을 위해 일하고 있고, 단순한 수동 테스트 또는 테스팅 서비스 조직에서 테스트 엔지니어 조직으로 변화했다. 수제이 사니Sujay Sahni는 인도 생산성 혁신 팀을 만들고 운영하는 테스트 디렉터다.

저자들 인도는 마운틴 뷰와는 멀리 떨어져 있는데요. 생산성 혁신 팀은 어떻게 이를 극복해 엔지니어링 오피스의 핵심 경로로 발전했죠?

수제이 생산성 혁신 팀은 전 세계의 센터에 위치한 구글 엔지니어링 팀과 유사한 모델을 따르며, 우리가 필요한 재능을 가진 사람을 찾을 수 있습니다. 인도는 비용을 생각해서 내린 결정이 아니라 특출한 재능을 찾기 위해 필요한 곳입니다. 인도에 있는 팀은 거대한 효과를 낼 수 있을 만큼 충분히 큽니다. 인도는 실제로 개발자와 테스터가 함께 위치한 총괄 센터 중 하나입니다. 다른 곳으로는 런던, 뉴욕, 커클린드, 방갈루, 그리고 몇몇 작은 오피스들이 있죠.

또 저희에겐 유럽과 같이 지역 기호를 충족시키는 지역 허브들도 있습니다. 유럽 지역 중추 센터는 취리히에 세워져 있고, 아시아 태평양은 하이데라바드, 미동부는 뉴욕에 있습니다. 이 센터들은 지역에서 작업을 하고 해당 지역에 있는 좀 더 작은 구글 엔지니어링 오피스에서 엔지니어링 활동들을 함께 가져오기도 합니다. 이렇게 하면 시간을 잘 사용할 수 있고 재능 있는 인력들 관리에도 좋습니다.

하이데라바드 역시 글로벌 허브로서 재능과 테스팅 팀의 엔지니어링 솔루션을 구글 전체에 제공하는 원천입니다. 하이데라바드는 SET 인력이 가장 많은 큰 센터이고, 이곳에서 많은 전략적 프로젝트들을 수행합니다. 이 센터의 구글러들은 방향 변화가 필요한 테스팅 서비스 팀이 아닌 생산성 혁신 팀으로 주요 구글 제품들에 대해 일했습니다.

저자들 구글의 테스팅 진화에 있어 인도는 어떤 역할을 했나요?

수제이 우리가 줄여서 HYD라고 하는 하이데라바드 센터는 지역 총괄 센터 중 처음으로 세워진 곳입니다. 엔지니어링 팀이 함께 위치해 작업할 수 있게 방갈루에 센터를 설립하는 동안 하이데라바드 센터가 재빠르게 테스팅 엔지니어링의 글로벌 허브가 됐습니다. 초기 HYD 센터에는 테스트 엔지니어, 테스트를 하는 소프트웨어 엔지니어, 많은 임시 직원, 협력 업체 직원들로 혼합돼 있었습니다. 그들은 다양한 역량과 역할을 갖추고 중요하고 핵심적인 수많은 구글 제품들(검색, 광고, 모바일, 지메일, 툴바 등)을 위해 일을 했습니다. 주로 핵심 테스팅 인프라스트럭처 개발과 엔지니어링 팀이 테스트를 자동화하고 빠르게 릴리스할 수 있게 하는 프레임워크를 만드는 일을 했습니다. 2006~2007년에 HYD 팀이 전체 구글 SET 풀의 대략 절반을 차지했습니다. 한 가지 흥미로운 일화가 있습니다. SET 역할은 HYD에 고용된 첫 번째 테스트 엔지니어 활동의 결과로 만들어진 역할이라고 합니다! 당신이 믿든지 말든지, 적어도 우리는 간접적으로 테스팅 서비스 팀에서 생산성 혁신 팀으로 변화되는 길을 닦았습니다.

2007년 후반에 새로운 전략적 영역이면서 분열을 줄이면서 날로 증가하는 젊은 엔지니어들을 이끌어 줄 수 있는 시니어들을 좀 더 많이 양성하기 위한 팀을 개발하자는 목적으로 리더십에 변화를 주었습니다. 2008년 초기까지 우리는 좀 더 많은 리더십을 만들어가기 시작했고, 지금은 엔지니어링 팀이 로컬 또는 매우 가까운 곳에 테스트 팀을 가질 수 있게 했고, 그로 인해 HYD에 있는 구글 테스트 팀은 좀 더 발전된 툴들을 만들 수 있게 됐습니다. 클라우드 성능, 안정화 툴, 회귀 테스트 탐지 메커니즘 클라이언트 테스팅 툴들을 만들 수 있게 됐습니다.

이때쯤 시작된 다른 변화는 클라우드 테스팅에 대한 투자와 엔지니어링 툴에 대한 인프라스트럭처에 투자가 시작된 점입니다. 여기에는 클라우드 코드 커버리지 인프라스트럭처, 개발자 IDE, 확장 가능한 클라우드 테스트 인프라스트럭처, 구글 툴박스와 기타 실험적인 활동, 제품을 이끄는 대부분의 툴들이 포함됩니다. 팀은 핵심적인 서비스를 제공했고, 툴들을 구글 내부에 있는 전 세계 엔지니어링 팀과 공유할 뿐만 아니라 핵심 인프라스트럭처들의 경우에는 오픈소스 커뮤니티의 개발자들과 함께 공유를 했습니다. HYD의 구글 엔지니어들은 앱 엔진, 셀레니엄, 이클립스 Eclipse, 그리고 인텔리J IntelliJ 플러그인과 오픈소스 커뮤니티에 다양한 코드를 제공하는 데에도 공헌합니다.

저자들 그런 것들은 매우 훌륭하고 중요한 프로젝트들이네요. HYD에서 완료한 프로젝트 중 하나를 예로 들어 주실 수 있나요?

수제이 예, 구글 진단 유틸리티 Google Diagnostic Utility 는 하이데라바드 생산성 혁신 팀에서 독자적으로 개발했습니다. 이 프로그램들은 기술적 명세와 시스템과 컴퓨터의 설정들을 식별하는데, 고객들이 구글 제품을 사용할 때 발생하는 이슈들을 분석하기 위해 고객과 함께 작업을 하는 팀을 지원해줍니다.

다른 툴들도 있습니다. HYD 생산성 혁신 팀은 엔지니어링 인프라스트럭처와 툴들, 그리고 구글 전체의 테스트를 개발하는 데 초점을 맞춥니다. 여기에는 IDE 같은 개발자 툴, 코드 컴파일을 위한 클라우드 내의 핵심 엔지니어링 인프라스트럭처, 개발자 테스팅, 코드 복잡도, 코드 커버리지, 다양한 정적 분석 역시 포함됩니다. 테스팅 툴들의 경우 HYD 팀이 다양한 구글 클라우드 애플리케이션에 대한 성능과 부하 분석을 위한 테스트 인프라스트럭처 개발을 담당하고 있습니다. 또한 테스트 툴과 검색, 엔터프라이즈, 지메일, 광고들과 같은 핵심 제품들에 대한 테스팅과 테스트 툴 역시 개발하고 있습니다.

저자들 좋습니다. 몇 가지 툴들에 대해 알아보고 싶네요. 이름도 흥미롭게 들리는 군요. 방금 얘기하신 코드 커버리지 툴에 대해 좀 더 이야기해주시겠어요? 코드 커버리지는 구글 테스팅 블로그에서 항상 많은 주목을 받으니까요!

수제이 코드 커버리지는 주어진 코드 기반에 대해 테스트 효과성을 측정할 수 있는 기준으로 전 세계적으로 사용됩니다. 전통적인 패러다임에서 각 팀은 프로젝트 코드를 기반으로 코드 커버리지 측정을 위해 필요한 자원들(엔지니어링, 하드웨어, 소프트웨어)을 설정합니다. 하지만 구글에서는 인도에 위치한 중앙 팀이 있어 모든 구글 엔지니어링 활동에 대한 코드 커버리지 측정 기준을 쉽게 얻을 수 있습니다. 이를 얻기 위해 팀은 5분 내에 이뤄지는 몇 가지 간단한 단계들을 따라 기능을 한 번만 활성화해주면 됩니다. 설정이 되고 나면 모든 프로젝트와 빌드에 대한 커버리지 값을 얻을 수 있고, 중앙 팀은 그 보고서를 보고 분석할 수 있게 됩니다.

커버리지는 수천 개의 프로젝트를 지원하고, 모든 주요 프로그래밍 언어와 수백만의 소스코드 파일을 지원합니다. 커버리지 인프라스트럭처는 구글의 클라우드 인프라스트럭처와 아주 밀접하게 통합돼 있습니다. 이 인프라스트럭처는 컴파일을 하고, 코드를 빌드하고, 분 단위로 측정을 해 끊임없는 코드 변경으로 인해 발생하는 거대한 복잡성과 하루에 일어나는 수천 수만 건의 빌드를 담당합니다.

또한 우리는 테스트 우선순위를 제공하고, 특정 코드가 변경되면 함께 수행해야 하는 관련 있는 테스트를 탐색할 수 있는 스마트한 인프라스트럭처를 제공합니다. 이렇게 하면 목표로 설정한 테스트 커버리지를 제공하고, 코드 품질을 높여주고, 빠른 피드백을 제공하고, 구글의 거대한 엔지니어링 자원을 절약시킬 수 있습니다.

저자들 코드 커버리지는 잘 적용된 것처럼 들리네요. 자, 그럼 언급하신 진단 유틸리티Diagnostic Utility에 대해 좀 더 이야기해주시겠어요?

수제이 진단 유틸리티는 하이데라바드의 생산성 혁신 SET들의 20% 활동을 통해 고안되고 만들어졌습니다. 그건 사용자 이슈를 디버깅할 때 일반적인 컴퓨터 사용자의 기술적 지식과 테크니컬 데이터가 필요한 구글 개발자 간의 차이를 없애는 다리 역할을 했습니다.

구글 사용자가 제출한 보고서를 이해하기 위해 구글 소프트웨어의 상태에 대한 기술적 데이터가 필요합니다. 이 보고서에는 OS, 지역 등과 같이 사소한 정보뿐만 아니라 애플리케이션 버전, 설정 값과 같이 좀 더 복잡한 정보들도 함께 포함하고 있습니다. 사용자는 그런 상세한 정보를 알지 못하기 때문에 이런 정보를 쉽고 신속한 방법으로 얻어내는 것이 또 하나의 도전이었습니다.

진단 유틸리티는 이런 일들을 아주 간단하게 수행하게 도와줬습니다. 추가적인 데이터가 필요한 곳이 있으면 지원 팀은 이 툴에 새로운 설정을 생성하고 어떤 특정 정보를 모아야 하는지에 대한 개요를 서술합니다.

사용자는 이메일을 통해 연락을 받거나 google.com의 고유 링크를 받아서 약 300KB 이하의 구글이 인증한 실행 파일을 다운로드하고 지원을 받게 됩니다. 이 실행 파일은 사용자의 장비를 진단하고 필요한 특정 설정 데이터를 수집하고, 구글에 보낼 설정 내용을 선택할 수 있게 데이터를 미리 보여줍니다. 분명한 건 실행 파일들이 종료될 때 자기 자신에 대한 모든 내용을 삭제하고 사용자의 프라이버시를 보장하며, 수집된 데이터가 사용자에게 검토를 받고 동의를 구한 뒤 제출되게 하는 것입니다.

내부적으로는 데이터가 디버깅과 문제 해결을 빠르게 할 수 있는 적절한 개발자에게 할당되도록 합니다. 이 유틸리티는 구글 고객 지원에 사용됐고, 구글 크롬, 구글 툴바, 클라이언트 애플리케이션 팀들에게 특히 유용합니다. 게다가 사용자들이 훨씬 더 쉽게 구글의 도움을 받을 수 있게 합니다.

저자들 성능과 부하 테스트^{Load Test}에 대해서도 말씀을 하셨는데요. 그 이야기는 어떤가요? 제가 알기론 지메일의 성능 테스트에 깊게 관여하신 것으로 알고 있는데요.

수제이 구글은 광범위한 웹 애플리케이션을 갖고 있습니다. 사용할 때 지연이 없게 하는 것이 중요한 목표입니다. 따라서 자바스크립트 수행과 페이지 렌더링의 속도에 초점을 맞춘 성능 테스트가 이 제품 릴리스 전에 확인해야 할 핵심 검증 중 하나였습니다. 경험상 지연 이슈는 식별하고 해결하는 데 며칠 또는 몇 주씩이 소요됐습니다. 인도 생산성 혁신 팀은 지메일의 프론트엔드 성능 테스트 인프라스트럭처를 개발해 주요 사용자 행동을 발견하고 사용자가 가장 많이 하는 행동들에 대해 성능 테스트를 집중적으로 수행했습니다. 이는 테스트용으로 수정된^{instrumented} 서버 바이너리를 배포해 테스트했고, 테스트는 제어된 배포 환경에서 수행해 가변성이 낮은 상태의 회귀 테스트를 통해 결함을 발견하려고 했습니다. 이러한 솔루션에는 세 부분이 있습니다.

- **큐에 서브밋** 엔지니어들이 코드 변경 부분을 서브밋하기 전에 테스트를 수행하고 성능 지연 값을 수집할 수 있게 해줍니다. 이렇게 해서 빠른 피드백을 제공하고 코드베이스에 버그를 심는 것을 방지해줍니다.
- **연속적 빌드** 최종 코드 변경과 테스트 서버를 동기화하고 관련 테스트를 연속적으로 수행해서 발생하는 모든 결함을 감지하게 합니다. 이것은 팀이 회귀 테스트를 통해 발견하는 결함 주기를 며칠/몇 주에서 몇 시간/몇 분으로 감소시킵니다.
- **제품 성능 지연 감지** 제품 지연 결함을 발생시키는 특정 코드 변경을 식별하는데 사용합니다. 이것은 변경 범위를 분할해 다양한 체크 포인트에서 테스트를 수행합니다.

이러한 해결책들은 제품이 릴리스되기 전에 심각한 버그들을 많이 식별할 수 있게 도와주고, 이 테스트를 엔지니어가 스스로 쉽게 수행할 수 있게 함으로써 품질 향상을 할 수 있게 도와줬습니다.

저자들 기술적이든 비기술적이든 실험해보신 다른 혁신적인 활동은 없나요? 그리고 배운 점은 무엇인가요?

수제이 저희가 해본 일부 실험들은 피드백 주도 개발 툴로, 제대로 된 측정값을 수집하고 엔지니어링 팀에게 생산성 향상을 위해 데이터를 제공하는 데 초점을 맞춥니다. 이 툴에는 코드 시각화 툴, 코드 복잡도 메트릭, 그리고 관련된 다른 내용을 포함합니다. 또 하나는, 진보된 개발 환경으로 엔지니어링 팀이 IDE를 사용하는 방법을 개선하고 코드 품질 향상과 릴리스 속도를 증가하기 위한 측정 기준입니다. 어떤 툴들은 구글 전반에 걸쳐 개발됐고 포스트 모텀 툴로 릴리스 데이터를 통합하고 실행할 수 있게 해주는 툴입니다.

저자들 인도에서 한 경험을 바탕으로 전 세계에 분산된 사무실로 이루어진 소프트웨어 회사의 테스트 엔지니어들에게 해주고 싶으신 마지막 말씀은요?

수제이 쉽지 않은 일이였습니다만, 우리는 할 수 있다는 것을 증명했습니다. 우리가 얻은 교훈들은 다음과 같습니다.

- 당신이 제대로 된 팀과 올바른 프로젝트를 선택했으면 '태양을 따라서'[7] 모델은 매우 잘 동작합니다. 우리는 별 탈 없이 전 세계에 분산돼 있는 팀들과 함께 많은 도전을 하면서 작업을 해왔습니다. 한 타임 존에서 다른 타임 존으로 작업을 잘 넘기는 것이 핵심입니다. 또한 팀과 프로젝트를 주의 깊게 선택하시길 바랍니다. 사람들이 제품에 대해 열정을 갖게 해야 하고 협력이 잘되게 팀을 구축하고 그럴 수 있는 사람들을 고용해야 합니다.
- 크라우드 테스팅^{Crowd testing} 역시 우리에게 잘 맞았습니다. 인도에 있는 능력 있는 테스트 커뮤니티의 풀을 잘 활용했고, 크라우드 소스 모델을 통해 시간 차이를 이용했고 그건 아주 잘 동작했습니다.

재능이 있는 사람을 고용하고 핵심 프로젝트에서 그 재능을 쓰게 하는 것이 중요합니다. 구글은 인도보다 노동력이 싼 나라가 있다고 해서 그 나라로 가진 않습니다. 구글러들이 최고의 작업을 할 수 있게 좋은 품질의 사람을 고용하고 기회가 주어지게 노력할 것입니다. 우리는 구글에서 커다란 영향력을 만들어내고 우리 TE와 SET가 경력을 채워나갈 수 있게 합니다. 윈 윈 게임을 할 것입니다.

엔지니어링 매니저, 브래드 그린과의 인터뷰

'맨발의' 브래드 그린^{Brad Green}은 지메일, 구글 문서도구, 구글플러스를 포함한 구글의 많은 제품의 테스트 엔지니어링 관리자였고, 지금은 구글 피드백^{Google Feedback}과 앵글라^{Angular}라 불리는 프로젝트에서 웹 개발 프레임워크를 개발하는 개발 관리자다. 그는 아이디어가 뛰어난 사람이고, 신발을 신지 않는 사람으로 사무실에서 알려져 있다!

---

7. '태양을 따라서(follow the sun)' 모델이란 타임 존이 다른 여러 사이트에서 일을 연속적으로 이어서 진행함을 의미한다. 예를 들어 실리콘 밸리에서 업무를 하고 하루 일과가 끝날 때 인도의 방갈로로 일을 넘겨서 계속 진행하게 함으로써 시간을 단축하고 프로젝트의 기간을 단축할 수 있다. – 옮긴이

저자들 애플에서 개발 경력이 있다는 것을 알고 있습니다. 왜 구글로 오게 됐고, 왜 생산성 혁신 팀을 선택했죠?

브래드 리누스 업슨Linus Upson이 제가 이곳으로 오게 도와줬죠. 그와 저는 넥스트 NeXT에서 함께 일을 했고, 구글에 있는 그는 정말 열정적으로 보였어요. 6개월 면접 프로세스를 진행하는 동안 패트릭 코플랜드가 저를 꾀어서 생산성 혁신 팀으로 데려오게 됐죠. 좋은 만남이었습니다. 전 제가 맡았던 역할을 통해 많은 것을 배웠고 지금 다시 개발 관리자로 돌아갔지만, 그 전보다 훨씬 잘하게 됐어요. 모든 개발자가 의무적으로 테스트를 경험하게 해야 할 것 같아요!

저자들 당신이 왔을 때 구글에서 가장 놀라운 테스팅 문화는 무엇이었나요?

브래드 그 때는 2007년 초반이었고 패트릭이 서문에서 이야기한 변화의 시도가 완벽하게 구축되진 않았었어요. 여기에 녹아있는 테스트 노하우들을 보고 놀랐었습니다. 매번 제가 새로운 그룹을 만날 때마다 저를 놀라게 하는 테스트 전문가를 발견할 수 있었어요. 문제는 이 경험이 고르지 않게 적용된다는 점이었죠. 에스키모들이 눈에 대한 수백 가지의 단어를 갖고 있는 것처럼,[8] 구글도 테스트 스타일에 대한 많은 용어를 갖고 있었어요. 다른 팀의 사례들을 공부할 때마다 새로운 테스트 용어들을 배워야 한다고 생각했어요. 어떤 팀들은 매우 엄격하고 어떤 팀은 그렇지 못했죠. 변화가 필요한 것은 분명했어요.

저자들 당신이 구글에 온 이후에 테스팅 분야에서 가장 큰 변화는 무엇인가요?

브래드 두 개가 있었어요. 첫째는 일반 개발자들이 테스팅에 더 많은 관여를 하게 되고, 자동화 작성에 더 많은 관여를 하게 된 점이죠. 그들은 단위, API, 통합, 시스템 전체 테스트에 대해 알고 있어요. 연속적 빌드를 하면서 소리 소문 없이 들어가는 문제들을 보게 되면 본능적으로 더 많은 테스트를 생성해요. 기존 내용을 다시 생각하기 위해 많은 시간을 소비할 필요가 없었죠! 이렇게 해서 초기부터 고품질의 제품을 만들어내고 더 빨리 출시를 할 수 있게 했죠. 둘째, 수백 명의 뛰어난 엔지니어들을 테스트 분야로 끌어들일 수가 있어요. 전 이 두 가지가 관련이 있다고 생각해요. 한마디로 얘기해서 테스팅 문제와 테스트를 수행하는 것이 인정을 받는 문화였어요.

---

8. http://en.wikipedia.org/wiki/Eskimo_words_for_snow에서 밝혀진 것처럼 사실이 아니다.

저자들 구글에서 관리자란 무엇인지에 대해 이야기하죠. 구글의 관리자가 되면서 가장 어려웠던 일은 무엇이고, 반대로 가장 쉬운 일은 어떤 일이었나요? 또 가장 흥미로운 분야는 무엇이었나요?

브래드 구글은 특출 나게 자기 동기 부여가 잘되는 사람들을 고용했어요. "내가 그렇게 하라고 했잖아"라는 건 한 번 정도 먹힐 뿐이지만, 이 스마트한 사람들은 시작을 하고 수십 번 생각한 후에 자신이 생각한 최선을 수행합니다. 가이드를 해주고, 통찰력을 제공하고, 제 사람들에게 문을 열고 그들이 가장 열정을 쏟아 붓고 싶어 하는 일을 하게 해서 대부분 적극적으로 일을 수행하게 합니다. 제가 직접 명령을 해야만 했다면 그들이 훌륭한 결정을 내릴 수 있게 하지 못했을 거예요. 제 직책이 매니저이지만, 최대한 적게 관리를 하려고 했어요. 정말 스마트하고 열정이 있는 엔지니어들에게는 그러한 리더십이 필요합니다. 매니저들이라면 이 점에 주의해야 합니다.

저자들 당신 팀은 개발자 테스트의 측정 기준[metric]에 대해 많은 업적을 이뤘습니다. 메트릭 작업이란 무엇인가요? 어떤 데이터를 추구하나요? 그리고 그 내용이 품질에 어떻게 영향력을 주나요?

브래드 많은 작업이 있었지만 조그마한 진척이 있음은 사실이에요. 4년 동안 이 분야에서 실패를 했지만 따라서 많은 걸 배울 수 있었어요! 팀이 절대적인 가이드로 쓸 수 있는 코드와 테스트 품질의 마법 메트릭을 발견하기 위해 어마어마한 작업을 쏟아 부었기 때문에 실패했다라고 이야기합니다. 컨텍스트라는 것이 매우 중요하기 때문에 메트릭을 일반화하기란 매우 어렵습니다. 그래요, 테스트가 느리게 수행되거나 믿을 수 없는 경우를 제외하고는 더 많은 테스트를 하는 게 더 좋습니다. 예, 전체를 모두 검증해야 하는 시스템 테스트를 수행해야 하는 경우가 아니면 소형 테스트가 대형 테스트보다 좋습니다. 측정을 하는 데 유용한 방법들이 있지만, 애플리케이션 코드를 작성하는 것처럼 테스트 구현에도 미묘한 차이가 있고 예술적인 형태가 많습니다.

저는 테스트의 사회적 관점이 전산학 측면보다 더 어렵다는 것을 배웠습니다. 모든 사람이 좋은 테스트가 필요함을 알지만, 대부분 팀이 그걸 작성하게 하는 데 어려움이 있습니다. 제가 아는 가장 좋은 툴은 경쟁입니다. 좀 더 많은 소형 테스트를 원하나요? 당신의 팀을 다른 팀과 비교하세요. 헤이, X팀을 보세요. 그들은 84%의 단위 테스트 커버리지를 갖고 있고 그들의 전체 테스트 스위트는 5분 이내에 실행된다구요! 그들이 우리를 이기게 내버려둘 꺼예요?

측정할 수 있는 모든 것을 측정하겠지만 모든 믿음은 사람에게 두세요. 하지만 당신은 계속 회의적이어야 해요, 내부적으로 어떤 테스트를 수행하던지 간에 사용자에게 릴리스를 하고 나면 당신이 예측하거나 재현하지 못하는 많은 환경이 있으니까요.

저자들 그래서 구글 피드백Google Feedback에 관여하신 거군요! 구글 피드백의 목적에 대해 조금 설명해 주실 수 있나요? 어떤 문제를 해결하기 위해서 만들어진 건가요?

브래드 피드백은 사용자가 구글 제품에 동의를 하고 문제점을 보고하게 합니다. 매우 쉽습니다. 단지 페이지에 있는 제출 폼을 누르기만 하면 사용자는 할 일을 다 한거예요. 맞죠? 자, 많은 팀이 하루에 수천 개가 넘는 수많은 양의 보고서를 다룰 수 없어 방법을 찾으려고 많은 시도를 했어요. 게다가 사용자가 제출한 정보는 항상 불완전하고 가끔 부정확하기 때문에 그들이 이슈들을 디버깅하는 데 종종 문제가 생기곤 합니다. 피드백을 이용해서 이런 문제점들을 해결하고자 했죠.

저자들 구글 피드백이 어떻게 동작하는지 좀 더 이야기해주실 수 있나요?

브래드 피드백은 사용자의 프라이버시를 보장하면서 사용자로부터 가져올 수 있는 모든 정보를 수집하면서 시작합니다. 브라우저, 운영체제, 플러그 인, 그리고 다른 몇 가지 환경 정보들은 수집하기 쉽고 디버깅하는 데 필수 요소들입니다. 진짜 트릭은 스크린 샷을 모아오는 거죠. 보안이라는 이유로 브라우저는 콘텐츠가 있는 이미지를 수집할 수 없습니다. 우리는 보안 문제를 해결해 자바스크립트에서 브라우저의 렌더링 엔진을 다시 구현했습니다. 우리는 스크린 샷을 가져올 수 있고 사용자가 문제가 발생한 곳을 페이지에서 영역을 지정할 수 있게 했습니다. 그러고 나서 문제점을 텍스트로 기술하게 합니다. 사용자가 좋은 버그 보고서를 제출하게 가르치는 것은 불가능합니다. 대신 스크린 샷은 시간이 지난 뒤 모호한 설명을 명확하게 만들어줍니다.

저자들 하지만 외부의 모든 사용자들로부터 동일한 버그 보고서를 계속 받지 않나요? 그건 양적으로 문제가 있을 것 같은데요!

브래드 양적인 문제를 해결하기 위해 비슷한 내용끼리 모으는 자동화된 클러스트링을 수행했습니다. 수천의 사용자가 동일한 이슈에 대해 보고를 한다면 우린 바구니에 그것을 집어넣습니다. 수천 개의 이슈를 찾아내고 손으로 그걸 분리하는 건 불가능한 작업입니다. 따라서 우리는 양에 따라 그룹의 순위를 부여하고 어떤 문제점이 사용자에게 가장 큰 영향을 주는지 알아내고 어떤 문제를 가장 급하게 해결할 필요가 있는지에 대해 분명한 신호를 제공합니다.

저자들 구글 피드백 팀의 규모는 어떻게 되나요?

브래드 12명의 개발자와 3명의 프로젝트 매니저로 구성돼 있습니다. 구글의 전형적인 팀 기준으로 보면 프로젝트 매니저가 많습니다만, 구글 제품들을 모두 다뤄야 하는 수평적인 제어가 필요하기 때문입니다.

저자들 구글 피드백을 출시하는 데 있어 가장 큰 도전, 기술적인 문제, 여타 문제점들에는 무엇이 있었나요?

브래드 기술적인 측면에서 스크린 샷을 생성하는 것인 매우 어려운 일이었습니다. 많은 사람들이 그걸 시도하는 것 자체가 미친 짓이라고 생각했습니다. 하지만 지금은 아주 놀라울 만큼 잘 동작하고 있죠. 클러스트링 자동화 이슈는 아직도 도전 과제로 남겨졌구요. 다른 언어로 작성되는 이슈들에 대해서는 잘 처리했지만, 아직도 계속 진행 중입니다.

저자들 구글 피드백의 미래는 어떨까요? 구글 웹사이트가 아닌 곳에서도 언젠가는 이용이 가능할까요?

브래드 우리의 목표는 고객들이 우리 제품에서 발견한 문제점들에 대해 이야기할 수 있는 방법을 제공하는 것입니다. 현재의 의사소통은 단방향입니다. 미래에는 완벽한 대화 체제를 구축해야 한다고 생각합니다. 외부 제품에 대해 이 릴리스를 제공할 계획이 현재는 없습니다만, 좋은 생각처럼 들리기는 하네요.

저자들 일반적인 소프트웨어 테스팅에서 다음 도약은 무엇이라고 보시나요?

브래드 무엇보다도 테스트를 함께하는 개발 환경이 최고의 기능이라고 생각합니다. 당신이 작성한 기능 코드를 테스트하기 원하는 언어, 라이브러리, 프레임워크, 툴들을 모두 알고 그걸 작성하는 데 도움을 준다면 어떨까요? 엄청 나겠죠? 요즘

같으면 테스트 프레임워크를 함께 만들어야 해요. 테스트는 작성하기 어렵고, 유지보수하기 어렵고, 동작할 때 불안정한 일입니다. 제일 낮은 수준에서 '테스트'를 할 수 있게 하는 것이 정말 매우 가치 있는 일이라고 생각합니다.

저자들 제임스 휘태커 박사에 대해 세상이 알아야 할 뭐 안 좋은 얘기 없나요?

브래드 어린 보핍(양치기 소녀) 복장을 한 불행한 사건보다도 리더십 순위에 머물러 있는 건 무엇인가요!

제임스 휘태커와의 인터뷰

제이슨 아본(Jason Arbon)과 제프 카롤로(Jeff Carollo) 작성

우리는 제임스를 인터뷰하기 위해 그의 사무실로 향했다. 제임스는 대대적인 축하를 받으면서 구글에 왔고, 테스트 성향을 가진 인지도가 높은 사람 중 한 명이었다. 우리 블로그에서 그의 포스트는 많은 관심을 받았고, GTAC에서 그가 출현하는 곳에 많은 사람들이 몰려들었으며, 많은 전문가들이 그 자리에 있었고, 키노트 순회 같은 것도 있었다. 그의 거대한 영향력은 시애틀과 커클랜드 오피스를 지배했을 뿐만 아니라, 패트릭 코플랜드를 제외한 회사 전체에 뻗쳤을 것이다. 상사인 패트릭이 있긴 하지만, 테스트 분야 중 가장 지적인 리더를 구글에서 뽑으면 그건 바로 제임스가 될 것이다.

저자들 당신은 2009년에 마이크로소프트에서 구글로 왔는데요, 당시 마이크로소프트 블로그에 옮기는 회사 이름을 밝히지 않았습니다. 왜 그랬는지 설명해 줄 수 있나요? 그냥 단지 신비감을 조성하기 위해서였나요?

제임스 첫 질문부터 어려운데요? 첫 질문은 쉬울 거라고 했잖아요!

저자들 어떤 질문이든 대답하신다고 약속하셨잖아요, 어서 말씀하시죠!

제임스 글쎄요, 많은 사람들에게 저의 새로운 출발을 알리기 위해 주로 MSDN 블로그를 사용했습니다. 마이크로소프트를 그만두는 데 대해 두려움이 있었고, 그 때 당시 트위터에는 아무도 없었기 때문에 가장 큰 마켓 포럼을 통해 그만두는 것을 알리려고 했습니다. 사람들을 직접 일일이 찾아다니면서 '퇴직' 인사를 하지 않으

면서 많은 사람들에게 알리고 싶었습니다. 많은 마이크로소프트 사람들에게 이메일을 보내 귀찮게 하기보다는 제 블로그를 읽는 편이 낫다고 생각했거든요! 어쨌든 발표하기에는 가장 좋은 방법이었습니다.

제가 떠나는 것을 아는 많은 사람들이 저와 이야기를 하기 위해 많은 시간을 쏟았고, 즐겁게 일하던 직장을 떠나는 것은 쉬운 일이 아니었습니다. 제게 있어 수년을 함께 일한 동료들을 떠나는 건 어려운 일이었습니다. 전 마이크로소프트를 좋아하고 그곳에서 일하는 엔지니어들을 존경합니다. 떠나는 것이 겁이 났고 제 결정이 잘한 결정인가에 대해 스스로 많은 의심을 해봤습니다. 정말로 제가 더 많은 사람들과 이야기를 했었다면 퇴사하지 말라고 설득 당했을 수도 있습니다. 하지만 정말 구글에서 일을 해보고 싶었고, 다른 사람들의 설득으로 인해 그 기회를 놓치고 싶진 않았습니다.

저자들 왜요? 어떤 점이 당신이 구글로 오게끔 만들었나요?

제임스 당신도 알다시피 이상하긴 합니다. 제 초창기 경력은 컨설턴트 교수였고 그 뒤 벤처회사를 설립했고 대기업을 제외하고는 무엇이든지 해봤습니다. 제가 용기를 내어 대기업에서 일하기로 결심했을 때 전 큰 규모를 원했습니다! 더 클수록 더 좋았습니다. 작업이 더 섹시할수록 더 좋았습니다. 제 작업으로 인해 더 많은 사용자를 만나면 더 좋았습니다. 전 제가 산업계에서 어떻게 성공할 수 있는가를 보고 싶었으니 최고의 회사에서 일을 해야겠죠? 따라서 마이크로소프트로 옮겼던 이유고, 지금 구글로 이동한 이유입니다. 전 대기업을 원했고 아마 가장 큰 대기업에서 일을 할 것입니다.

하지만 가장 멋진 테스트 회사로 성장한 구글의 출현이 무엇보다도 제가 옮기기로 결정하게 된 결정적 계기가 됐습니다. 마이크로소프트가 오랜 시간 동안 그 위치에 있었지만, 전 패트릭 코플랜드가 그 위치를 빼앗아 왔다고 생각합니다. 구글은 그 어떤 곳보다도 테스터가 일하기 좋은 곳으로 보였습니다.

최종 결정을 내리게 된 건 제 면접이었습니다. 패트릭 코플랜드, 알베르토 사보이아 Alberto Savoia, 브래드 그린 Brad Green, 쉘튼 마 Shelton Mar, 마크 스트리에벡 Mark Striebeck (더 이상 제가 언급하지 않아도)…… 이 모든 사람들이 저와 면접을 함께 했고, 우리가 나눈 대화들은 놀라웠습니다. 알베르토와 저는 '면접' 동안 화이트보드를 꽉 채웠습니다. 뒤에 그가 저에게 이야기하기를 제게 어떤 질문을 했는지도 잊어버렸다고 했습니다. 쉘튼과 저는 우리가 논의한 내용에 대해 사실 동의하지 않았지만, 그는 오픈 마인드로 제 의견을 받아들였고, 차이점은 있었지만 제게는 매우 큰 인상을 심어주었습니다. 지금은 면접 때보다 훨씬 더 제 의견에 동의합니다. 그리고 브래드요? 그는 쿨하죠. 그는 2월에 면접을 하는 데에서도 신발을 신지 않았습니다. 심지어 그의 태도 역시 맨발 같았습니다. 마크는 제가 구글로 오게 확신을 시키고자 면접 내내 많은 시간과 노력을 쏟았습니다. 이 모든 면접 동안 아이디어들이 떠올랐습니다. 마치 마약과 같이 밀려 들어왔습니다.

전 그 후에 지쳤습니다. 제 기억에 택시를 타고 가는 동안 제가 일할 최고의 회사를 찾았다고 생각했었지만, 실제로 거기서 일할 에너지가 있을까 걱정했던 것이 생각납니다. 제가 정말로 공헌을 할 수 있을까 걱정했었습니다. 일종의 위협이 됐습니다. 적당히 할 수가 없었습니다. 도전을 좋아하는 제 생각은 "성공은 쉽게 오지 않는다."입니다. 누가 쉬운 직업을 원하겠어요?

저자들 따라서 그 명성에 걸맞았나요?

제임스 예, 업무가 전혀 쉽지 않았습니다! 하지만 지금 이야기하는 건 열정 같네요. 솔직히 말하면 테스트에 대한 열정과 스마트함을 가진 사람은 마이크로소프트에도 있습니다. 양적으로 보면요. 구글에서 다른 점은 그러한 열정을 따르기 훨씬 더 쉽다는 점입니다. 알베르토와 저는 같은 팀에 있어본 적이 없습니다만, 우린 우리 시간의 20% 동안 함께 일할 수 있었습니다. 그리고 브래드와 저는 IDE와 자동화된 버그 보고 등을 함께 작업합니다(브래드는 구글 피드백을 통해서, 저는 바이트^{BITE}를 통해서 합니다). 구글은 그러한 협업을 위한 매체를 제공하는 데 아주 능하고, 실제로 일일 업무의 일부분으로 인정받을 수 있었습니다.

저자들 우린 커클랜드에서 당신과 함께 일을 했고 다른 팀과 비교했을 때 팀 전체가 작업을 완료하는 속도와 사기에 큰 차이가 있는 것을 보았습니다. 어떤 비밀이 있죠?

제임스 저는 커클랜드가 제가 그전에 일했던 어떤 곳보다 좋은 장소였음을 인정합니다. 하지만 그곳에서 이룬 업적에 대해서는 말하지 않겠습니다. 어쨌든 그 중 일부분은 규모가 큽니다. 제 이직으로 인해 대규모의 고용이 가능해졌고, 놀라운 능력을 가진 사람들을 불러 모았습니다. 제 생각에 처음 몇 분기 만에 테스팅 직원의 4배 이상을 모집했습니다. 따라서 더 큰 팀을 만들 수 있었고, 다른 제품을 위해 일을 하더라도 유사한 업무를 하는 사람들이 근처에 위치해서 일을 할 수 있게 했습니다. 개발 팀에 포함되게 테스터들을 빌려주는 대신 테스터들의 그룹이 함께 앉아서 서로 다른 아이디어들을 주고받을 수 있게 했습니다. 그게 생산성과 사기를 높이는 데 놀라운 작용을 한 것입니다.

또 추가된 사람들로 인해 당신과 같은 베테랑들이 현재 프로젝트에서 벗어날 수 있었고, 그로 인해 더 큰 도전을 할 수 있게 해주었습니다. 제프^{Jeff}는 구글 툴바에 대한 사전 제출 큐를 작성하고 있었습니다. 휴! 그의 재능이 아까운 일인가요. 제이슨, 당신은 구글 데스크톱을 테스팅하고 있었어요. 제가 당신에게 좋은 관리자가 되는 비밀을 말하자면 단지 사람과 프로젝트를 매칭하라는 겁니다. 제대로만 매칭시키면 당신이 할 일은 거의 끝나는 겁니다. 그 사람들은 기뻐할 것이고 그 프로젝트 역시 더욱 잘 될 거예요. 하지만 그 역시 저를 더 빛나게 해주는 핵심 요소죠.

또 다른 핵심 요소는 우리가 20%의 시간을 사용하는 방법적인 면에서 여유를 주고, 사실은 추가적인 사람들로 내 실험을 할 수 있다는 점입니다. 일부 위험하고 실험적인 프로젝트를 할 수 있게 사람을 모을 수 있었습니다. 우리는 판매하는 소프트웨어로는 불가능한 것들을 할 수 있는 툴과 실험들로 시작했고 열정을 갖고 임했습니다. 테스터의 창의성과 사기를 진작시키는 데 툴 개발만한 것이 없다는 점을 발견했습니다. 솔직히 제 생각에 그 일이 제 업무 중에서 가장 만족도가 높은 부분인 것 같습니다. 어쩌면 저는 테스트를 하는 사람이라기보다는 툴을 만드는 사람일지도 모릅니다.

저자들 구글의 조직적 구조 중에서 가장 좋아하는 부분은 무엇인가요?

제임스 좀 쉬운 질문이네요! 사실 제가 구글을 팔아야 할 필요가 있을 때 구글을 지원한 후보들에게 이렇게 설명합니다. 테스터가 테스터에게 보고를 하고 테스터들은 그들의 운명을 스스로 결정합니다. 이게 제가 구글에 대해 가장 좋아하는 두 가지 입니다. 테스터는 그 누구에게도 신세를 지고 있지 않습니다. 테스트는 테스터만의 고용 위원회가 있고, 그들만의 검토 위원회가 있고, 그들만의 진급 위원회가 있습니다. U.N.은 테스트를 독립된 나라로 인지하고 있습니다!

여기서는 어딘가에 굴종하는 문화는 없습니다. 또 다른 이유는, 테스트 역할의 희생 정신일 겁니다. 품질 게임에서 적극성을 보이지 않는 개발 팀은 테스터의 수를 확보할 수 없습니다. 그리고 테스터들이 영리해야 합니다. 인원이 부족하기 때문에 우선순위를 잘 결정해야 합니다. 또한 자동화에 능해야 하고 개발자와 협상에 능해야 합니다. 그 중에 으뜸은 희생 정신입니다. 패트릭은 많은 일을 올바르게 이루었습니다만, 제 생각에 많은 문화적 변화를 위해 강제적으로 필요한 한 가지는 희생정신이라고 생각합니다.

저자들 중앙 집중화된 테스트 조직이 없는 마이크로소프트에서 구글로 와서 구글 문화에 순응하시는 데는 얼마나 걸리셨나요?

제임스 제가 시작할 때 패트릭 코플랜드는 두 개의 조언을 해줬습니다. 첫 번째는 "오로지 배우기만 하는 시간을 가져라"였습니다. 정말 중요한 조언이었습니다. 대기업의 지식을 배우는 데는 시간이 걸렸습니다. 구글에서의 효율과 마이크로소프트에서 효율을 이해하는 데는 또 다른 기술이 필요했습니다. 처음 몇 달 동안은 패트릭이 제안한 대로 했습니다. 말하는 대신 듣고, 시도하는 대신 질문했습니다. 저는 그를 매우 보챘습니다. 사실 전 사실 몇 주 안에 그걸 했다고 생각했거든요!

저자들 두 개라고 말씀하셨는데……

제임스 오, 죄송합니다. 깜박했네요. 때때로 패트릭은 현명한 말들을 해줍니다. 제가 추측 컨데 전 그 중 하나만을 즐겼네요! 두 번째는 제가 그렇게 좋아하지는 않습니다만, 더 좋은 조언이라고 판명이 났습니다. 그는 제 옆으로 와서 이야기했습니다. "이봐 친구, 난 자네가 구글 밖에서는 명성이 있는걸 알지만, 자넨 아직 내부에서 이룬 것이 하나도 없네." 패트릭의 메시지는 미묘하지 않습니다. 그가 한 말의 의미를 파악하려고 시간을 낭비할 필요가 없어요. 그의 메시지는 항상 명확하고 이번 메시지는 "그전에 제가 무엇을 했던지 간에 구글은 상관하지 않는다."라는 것이었습니다. 구글러로서 저는 구글에서 성공을 하거나 아무것도 아닌 게 되겠죠. 그저 주변을 어슬렁거리고 적응하지 못하면 승진할 수 없을 겁니다. 그의 제안은 제가 거대한 무엇인가를 책임지고, 가능하면 다른 사람과는 차별되는 무엇인가를 만들어내고 그걸 출시하라는 것이었습니다. 전 크롬과 크롬OS를 선택했고 이뤄냈습니다. 제가 크롬OS의 첫 번째 테스트 매니저였고, 출시가 된 이후 그걸 제 디렉터

중 한 명에게 위임했죠. 패트릭이 옳았습니다. 무엇인가 뛰어나게 한 뒤에 그 다음 다른 무엇인가를 하는 건 더 쉽습니다. 제 이력은 저를 구글의 문턱까지만 인도를 했을 뿐이고, 구글 안에서의 성공이 매우 주요했습니다. 제가 그걸 했다는 사실과 제품에 기여를 했다는 점으로 인해 사람들은 제 말에 관심을 기울이기 시작했습니다. 제가 다시 한 번 직업을 변경한다면 전 이 공식을 다시 써먹을 겁니다. 먼저 배우고, 먹히는 방법을 세우고 혁신을 일으킬 수 있는 방법을 찾기 시작할 것입니다.

저자들 제품 테스팅을 넘어서 패트릭이 당신에게 맡아 주기를 원한 큰 영역이 있었나요?

제임스 예, 그는 저에게 TE 분야를 맡아주길 요청했어요. SET라는 역할은 계속 있어왔고 사람들이 그 역할에 대해 아주 잘 알고 있었고 직무 경로가 잘 정리돼 있었어요. 따라서 예측할 수 있었고 SET에 대한 검토와 진급에 대해 어떻게 관리해야 하는지 방법을 알고 있었어요. 하지만 TE는 아직도 알아가고 있는 중입니다. 패트릭은 제 이직에 맞춰 TE의 역할에 대해 재조명했어요. 전 생각했죠. "내가 시작하기도 전에 여기에 날 써먹겠구나."라고요. 전 사실 그가 일의 중심이 너무 SET를 향해 있어서 TE 역할에 생기를 불어 넣고 싶어 하는 건 아닌가 의심했어요. 기억하세요. 그는 제게 말한 적이 없어요. 단지 제 느낌일 뿐이예요.

저자들 따라서 당신은 TE들을 위해 무엇을 했나요?

제임스 패트릭과 저는 TE 워크그룹을 시작했고, 그 그룹은 아직도 있어요. 우리는 매주 만났는데, 처음에는 두 시간씩 만났고 마지막에는 한 달에 한 시간씩 만났습니다. 패트릭은 몇몇 미팅에 참석했고 그 뒤 저에게 넘겨서 운영하게 했죠. 그 그룹은 패트릭이 직접 선택한 약 12명의 TE로 구성됐어요. 저 역시 그들 중 아는 사람은 없었어요. 첫 번째 미팅 때 우린 두 개의 목록으로 시작했어요. 무엇이 TE라는 역할을 흥분하게 만들고, 무엇이 TE라는 역할에 회의감을 들게 하면서 미치게 만드는지. 단지 이 목록을 만드는 것만으로도 많은 참석자들에게 카타르시스를 느끼게 했어요. 그들은 동일한 문제에 대해 불만이 있었고, 무엇이 미치도록 흥분하게 만드는지에 대해 동의했어요. 전 거기에 패트릭과 함께 있으면서 그들의 정직함에 감명받았어요. 아무도 입에 발린 말을 하진 않았죠! 일을 하면서 겪은 많은 회의에서 모든 사람들이 방안에 있는 가장 중요한 사람의 말을 기다리기만 하고, 그 사람이 거기 있다는 이유로 말을 하지 않은 걸 많이 봐 왔었거든요. 하지만 구글은 그렇지 않았죠. 아무도 패트릭의 생각을 신경 쓰지 않았고, 그들 스스로 미팅을 주도해나갔 어요. 패트릭이 그걸 받아들이지 않았다면 그건 그의 문제였겠죠. 정말 믿을 수 없을 정도로 신선했어요.

그 워크그룹은 TE의 역할에 대해 정의하고 TE의 승진 가이드라인으로 삼기 위해 직무 체계를 다시 작성했어요. 우리는 새로운 계층을 만들고 전체 TE 커뮤니티에서 투표를 하게 하고, 그 내용이 승인 됐어요. 정말 멋졌고, 전 축하의 의미로 전체 워크그룹에 금일봉을 내렸죠. 진정한 노력이었고 성공을 거뒀어요. 우린 또한 적절 한 테스터를 면접하는 방법에 대해 가르치기 위해 면접 가이드라인을 작성하고, 그 가이드라인을 SET와 SWE에게 보냈어요. 리크루터들에게도 동일한 정보를 보 냈구요. 제 생각에는 이제 TE 역할 역시 SET의 역할만큼 정의돼 있다고 말할 수 있을 것 같습니다.

저자들 당신은 내부 작업을 충분히 배울 만큼 오랜 기간 구글에 있었습니다. 구글의 비밀을 말해줄 수 있나요? 테스팅의 마법이 가능하게 된 핵심 요소는 무엇인가요?

제임스 전산학 학위를 포함한 테스터 스킬 셋, 개발자를 도울 수 있는 테스팅 자원 의 희소성과 테스터를 최적화하는 일, 자동화를 우선시해 사람은 컴퓨터로서는 할 수 없는 일만 하게 하고, 사용자의 피드백을 빠르고 반복적으로 통합하는 데 사용하 는 것입니다. 우리가 이룬 일을 흉내 내고 싶어 하는 어떤 회사든지 다음 네 가지를 가지고 시작을 해야 합니다. 기술, 희소성, 자동화, 반복적인 통합입니다. 이게 바로 비법인거죠. 자, 가서 구글 테스팅 스프를 만들어보세요!

저자들 다른 책은 어떤가요? 다른 책을 저술할 계획이 있으신가요?

제임스 잘 모르겠네요. 전 책을 저술하는 일을 미리 계획하진 않습니다. 제 첫 번째 책은 플로리다 테크^{Florida Tech}에서 학생들에게 테스팅을 가르치기 위해 썼던 코스 노트로부터 만들어졌어요. 제가 스타^{STAR, Software Testing Analysis & Review} 컨퍼런스 에서 발표를 하고 어떤 여성분이 제게 와서 그걸 책으로 만들 의향이 있는지를 물어 보기 전까지는 그 내용을 책으로 쓸 계획이 없었죠. 그녀는 출판인이었고 그래서 나온 책이 『How to Break Software』라는 책이죠. 책 전체를 모두 제가 직접 썼는

데, 그건 정말 길고 복잡한 과정이어서 책을 쓰는 동안 절 완전히 불태웠죠. 따라서 그다음 나온 두 번째 책은 공동저자가 있어요. 허그 톰슨^{Hugh Thompson}이 『How to Break Software Security』를 저술했고, 제가 도왔죠. 마이크 앤드류^{Mike Andrews}는 『How to Break Web Software』를 저술했고, 그 책에서 제 역할은 또 돕는 거였죠. 그 책들은 제 책이 아닌 그들의 책이예요. 제 역할은 작자와 사상가, 그리고 끝낼 수 있게 하는 관리자 수준이었죠. 전 정말 글 쓰는 것을 좋아하고 허그나 마이크도 제가 그 분야에 있어 그들보다 더 낫다고 말해도 시기하진 않을 거예요. 당신 둘이요? 물론 마찬가지일 거예요. 제가 없었더라면 두 사람 모두 그 책을 쓰지 못했을 거예요(허그가 또 다른 저술을 하려 하더라도 제 추측은 동일해요!). 제 전문적인 경력이 무엇이든 결국에는 책으로 펼쳐내게 될 것이고, 제 주변사람들은 공동저자가 될 거예요. 어디 한 번 아니라고 말해보세요.

저자들 음…… 자, 그 부분은 독자들에게 맡겨보죠. 저흰 아니라고 말은 못하겠네요.

제임스 전 혼자서 완벽하게 쓸 수가 없었고 『탐색적 테스팅^{Exploratory Testing}』은 제가 혼자 저술한 두 번째 책입니다. 그 책 역시 제가 컨퍼런스에서 발표를 해서 나온 책이죠. 전 책으로 펼쳐 낼 때까지 일정 기간 동안 튜토리얼 작업과 자료들을 충분히 만듭니다. 당신 두 명이 도와주지 않았다면 이 책을 쓸 수 있었을지 사실 잘 모르겠어요. 완전히 협업하는 책은 이 책이 처음이라서요. 제 생각에는 우리 셋 모두 동등하게 공헌했다고 생각해요.

저자들 우리도 동등하게 공헌했다고 생각하고, 우리 둘 다 관여할 수 있어서 너무 기뻐요. 우린 당신 주변을 맴도는 사람들이 될 수도 있었지만(그리고 제프는 당신과 이 분야에 있는 대부분 사람들의 코드를 도와 줄 수 있어요), 당신은 글을 잘 쓴다고 인정할 께요. 하지만 우리에게 말해봐요. 이 책에서 맘에 드는 부분이 어디죠?

제임스 전부요. 이 책은 정말 쓰는 동안 즐거웠어요. 필요한 모든 자료가 있었기 때문에 이 책을 쓰는 동안 자료들을 이용해서 큰 마법을 부릴 필요가 없었어요. 단지 문서화를 하는 일뿐이었죠. 제 생각에 제가 한 일이라곤, 인터뷰뿐인 거 같네요. 인터뷰를 해준 사람들은 주는 것을 즐거워했고, 완벽하게 작성할 수 있게 하는 것을 즐거워했죠. 제가 처음 인터뷰를 시작했을 때 전 정말로 이 인터뷰들이 빨리 끝나길 바랐어요. 홍 당^{Hung Dang}이 정말 하이라이트였죠. 그와 나는 그의 안드로이드 랩을 순환하면서 시간을 보내고 테스팅 철학에 대해 토론을 하는 등 강렬한 인터뷰를 했죠. 제가 학교를 졸업한 이후 그렇게 빠르게 노트를 적어본 적이 없어요. 그와 함께한 시간은 정말 훌륭했던 시간이었어요. 전 여기 있는 사람들과 이야기를 하면서 프로세스들에 대해 많은 것을 배우고, 이 책을 쓰기 전까지 몰랐던 많은 것들에 대해 알게 됐죠. 제 생각에는 저널리스트가 되는 것은 그 주제에 대해 정말로 알게 돼가는 과정인 것 같아요.

저자들 테스팅을 하지 않았다면 무엇을 했을까요?

제임스 기술 분야에서 개발자 툴을 만들거나 개발자에게 전파하고 다녔을 거예요. 전 소프트웨어를 쉽게 쓰는 것을 좋아해요. 모든 사람이 제프 카롤로^{Jeff Carollo}처럼 뛰어나진 않으니까요! 전 우리가 아직도 손으로 코딩을 해서 애플리케이션을 만드는 걸 믿을 수가 없어요. 제가 80년대에 대학교에서 배웠던 개발 기술이 아직도 쓰인다니까요. 정말 미친 짓이죠. 기술의 세계는 완전히 변했는데 우린 아직도 C++를 쓰고 있죠. 왜 소프트웨어 개발은 쉬워지면 안 되죠? 왜 쓰레기처럼 쓰이고 보안도 안 되는 코드가 기본 코드가 되죠? 좋은 코드를 작성하는 게 나쁜 코드를 작성하는 것보다 쉬워야 해요. 그게 제가 일하는 이유일 거예요. 복음 역시 매우 중요하죠. 전 연설하길 좋아하고 기술자와 기술에 대해 이야기하는 것을 정말 좋아합니다. 저를 고용한 사람이 저에게 네 업무는 개발자들을 만나서 그들과 함께 상호작용을 하는 것이라고 말하면 테스팅보다 훨씬 흥미로울 거예요. 그런 사람 찾으면 제게 좀 알려주세요.

저자들 기술 분야를 벗어나면요?

제임스 글쎄요. 그 다음을 생각해보지 않아서 대답하기 어렵네요. 전 아직도 이 분야에 많은 열정을 갖고 있거든요. 하지만 만약 그렇다면 아마 전 관리자 코스를 가르치고 있을 거라고 생각해요. 당신들은 항상 제게 제가 괜찮은 관리자라고 말을 했고, 요즘 전 가만히 앉아서 제가 왜 그걸 못하는지에 대해 생각하고 있어요. 아마도 그게 제 다음 책『관리자처럼 엉망이 되지 않는 방법^{How Not to Suck as a Manager}』이 될 것 같네요. 전 또한 환경을 위해 일하는 것을 좋아해요. 전 이 행성을 사랑하고 이를 유지하는 일 역시 아주 가치 있는 일이라고 생각하거든요.

오, 그리고 전 맥주를 좋아하죠. 전 정말 맥주를 좋아해요. 조만간 치어스[9]의 놈[Norm] 처럼 할 수 있다고 생각해요. 상상이 가네요. 제 구역으로 걸어가면 모든 사람이 '제임스!'라고 외치고 제 바의 술집용 하이 체어에 앉아 있는 누구든지 길을 내주는 거죠. 이러한 것이 제가 제 일을 잘 했다고 생각하는 것입니다. 순수한 존경심 외에 놈(치어스의 주인공)을 위한 동료들의 보너스죠.

---

9. 1982~ 1993년까지 방영한 미국 시트콤 드라마 – 옮긴이

5장

구글 소프트웨어 테스팅의 향상

구글의 테스팅 프로세스는 모든 엔지니어의 업무 흐름에 품질을 포함시키는 것이라고 요약해 설명할 수 있다. 엔지니어들이 성실하고 정직하게 본인의 업무에 임한다면 제품의 품질은 증가한다. 새로 짠 코드가 낫고, 최신 빌드가 더 낫다. 통합은 필요 없다. 시스템 테스트는 진짜 사용자 문제에 대해 집중할 수 있다. 프로젝트와 모든 엔지니어들이 버그라는 부담을 쌓지 않게 해야 한다.

당신의 회사가 이 정도 수준으로 품질에 관심을 갖는 데 성공했다면 다음과 같은 질문이 생겨날 것이다. "다음은 뭐지?"

구글에서는 그 다음에 해야 할 것들이 이미 자리 잡기 시작했다. 제품 개발에 있어 테스팅 직책을 완벽히 정립했듯이 몇 가지 명백한 결함에 대해 새로운 프로세스를 만들었다. 5장에서는 그러한 결함을 다루고, 구글에서 진화하고 퇴화하는 테스팅들에 대해 다룬다. 생산성 혁신^{Engineering Productivity} 조직에서 분리한 테스팅은 상품화 팀이 흡수했다. 우리는 이것은 어느 정도 수준으로 테스트가 성숙하면 발생하는 자연적인 현상이라 믿었다. 구글은 개발과 테스트를 더 이상 구분하지 않는다.

구글 프로세스의 심각한 결함

테스팅은 주로 품질을 대변하는 것으로 보이며, 개발자에게 품질에 대해 무엇을 하고 있냐고 물어보면 '테스팅'이라고 주로 대답한다. 하지만 테스팅이 품질은 아니다. 품질은 녹아 들어가는 것이지 덧붙이는 것이 아니므로 품질은 개발자의 업무다. 더 이상 다른 말은 필요 없다. 그런 생각들이 테스터들은 개발자의 보조라는 첫 번째 심각한 결함을 가져온다. 결국 테스팅에 대해 많이 생각하지 않고, 테스팅을 쉽게 생각하고, 결국에는 더 적은 테스팅을 할 것이다.

매번 우리가 편안한 소파에 앉아 TV를 볼 때마다 다른 누군가가 내 차를 세차해주는 상황을 상상해보면 이것을 이해할 수 있다. 사람들은 스스로 세차를 할 수 있지만, 누군가 내 차를 청소해 줄 때 아무것도 안 하고 있게 된다. 세차 업체가 주차장으로 와서 우리를 위해 세차를 해준다면 더 이상 그것에 대해 생각할 필요 없이 행복하게 맡겨버리면 그만이다. 개발자가 신경 쓰지 않아도 되도록 테스팅이 서비스된다면 그들은 테스팅에 대해 생각을 아예 안 할 것이다. 테스팅은 어느 정도의 고통을 반드시 수반해야 한다. 개발자의 일부분이 테스팅에 대해 고려를 해야만 한다. 테스팅을 너무 쉽게 만들어 버리면 개발자들이 게을러진다.

구글에서 테스팅을 구분된 조직에서 행한다는 사실이 이 문제를 더 키웠다. 품질은 단순히 다른 사람의 문제가 아니라 다른 조직의 문제가 돼버린다. 아까 말한 세차 업체 같은 책임을 갖는 조직은 찾기 쉽고, 무언가 잘못됐을 때 불평하기가 쉽다.

두 번째 결함은 개발자와 테스터가 조직 간의 경계로 나눠져 있다는 데 연관이 있다. 테스터는 제품과 관련 있게 여겨지기보다는그 직무 자체로 구분된다는 데 문제가 있다.

제품에 포커스가 있지 않으면 제품이 고통 받는다. 소프트웨어 개발의 궁극적인 목표는 제품을 코딩하는 것도 아니며, 제품을 테스트하는 것도 아니며, 제품을 문서화하는 것도 아닌, 바로 제품을 만드는 것이다. 제품 전체에 대해 모든 엔지니어들이 자신의 직무를 수행해야 하는 것이다. 즉, 직무란 것은 부차적인 것이다.

건강한 조직은 사람들이 "전 테스터에요."라고 말하는 것이 아니라 "전 크롬을 만들어요."라고 할 때 알 수 있다. 몇 년 전에 테스팅 컨퍼런스에서 "나는 테스트한다. 고로 존재한다."라고 그리스어와 영어로 찍힌 티셔츠를 보았다. 누가 만들었는지 굉장히 똑똑하긴 하지만, 테스팅이라는 직무를 너무 띄워놓은 반항적이고 전투적인 슬로건이라 할 수 있다. 어떤 직무도 당연하진 않다. 팀의 모든 사람들은 개발 프로세스의 일부를 위해 일하는 것이 아니라 제품에 대해 일한다. 프로세스 자체는 제품에 부수적인 것이다. 왜 더 나은 제품을 만드는 것을 제외한 더 많은 프로세스들이 없을까?

사용자들은 제품과 사랑에 빠지지 그것을 만드는 프로세스와 사랑에 빠지진 않는다.

구글이 개발과 테스트를 구분한 것은 직무 기반으로 조직의 운용을 촉진시키므로 오히려 테스터들이 자신이 맡고 있는 제품과 함께 가는 것을 어렵게 한다.

세 번째 심각한 결함은 테스터들이 때때로 소프트웨어 자체보다 테스트 산출물을 더 중요시 여긴다는 점이다.

테스팅의 가치는 그 활동에 있지 산출물에 있는 것이 아니다.

테스터가 만들어낸 모든 산출물들은 소스코드에 비하자면 부수적인 것들이다. 테스트 케이스나 테스트 계획은 소스코드보다는 덜 중요하다. 버그 리포트도 그렇다. 이러한 생성물들을 만들어내는 활동들이 실제적으로 가치가 있는 것이다. 불행하게도 이러한 생성물들에 대해 노고를 치하할 때(연간 리뷰에서 테스트 엔지니어에 의해 작성된 버그 리포트의 개수를 센다든지 할 때), 소프트웨어에 대해서는 망각한다. 모든 테스팅 산출물들은 소스코드, 즉 제품에 영향을 미칠 때 그 존재 가치가 있는 것이다.

분리된 테스터들로 이뤄진 팀은 테스트 산출물들을 구축하고 관리하는 데 초점을 맞추는 경향이 있다. 테스팅 활동이 오로지 소스코드에 집중될 때 제품이 잘 나올 것이다. 테스터들은 반드시 제품에 중요성을 둬야 한다.

마지막 결함이 아마 가장 통찰력 있는 부분일 것이다. 가장 통과하기 힘든 테스팅 프로세스를 통과한 문제들을 잡기 위해 제한된 사용자들에게 얼마나 자주 제품을 릴리스하는가? 그 해답은 '거의 항상'이다. 저자들 모두 배포한 소프트웨어에서 테스팅 팀이 찾지 못한 현장 문제들 때문에 고통 받아본 경험이 있다(구글에서든 어디서든). 사실 이 책을 쓰는 동안에 발견된 구글플러스의 많은 어려운 버그들이 개밥 먹기 테스터들(이 제품을 이용하려고 하는 구글플러스 팀 외의 다른 구글러들)에 의해 발견됐다. 우리는 사용자처럼 행동했으며, 개밥 먹기 테스터 역시 사용자라고 해도 틀린 말은 아니다.

테스팅을 누가하는지는 중요하지 않다, 단지 테스팅이 완료되는 것이 중요하다.

개밥 먹기 사용자들, 신뢰 높은 테스터들, 크라우드 소싱 테스터들, 얼리 어댑터들은 테스트 엔지니어보다 항상 좋은 내용의 버그를 찾는다. 사실 TE가 테스팅을 적게 하고 다른 이들이 많이 하는 편이 낫다.

따라서 이에 관해 우리는 무엇을 하고 있는가? 구글 테스팅에 있어서 모든 것을 제품에 집중하고 팀에 기반을 두고 어떻게 바로 잡을 수 있는가? 이제 우리는 미지의 영역에 들어섰고, 우리가 할 수 있는 것은 추측뿐이다. 하지만 이 책에서 다루지 않는 미래의 구글에서의 테스팅을 예측하기 위한 기반을 형성하는 강력한 트랜드가 몇 가지 있다. 사실 SET와 TE의 역할이 이러한 미래에 대해 이미 준비하고 있는 것이다.

이 두 가지 직책은 구글에서 서로 다른 길을 걷고 있다. SET는 점점 더 개발자 같아지며, TE는 점점 더 사용자 같아지고 있어서 둘은 완전히 반대 방향으로 나아가고 있다. 성숙한 소프트웨어 개발 조직에서 이러한 일은 자연스럽게 조직적으로 벌어지고 있다. 부분적으로 이러한 경향은 압축된 개발 주기와 개발자, 테스터, 사용자 등에게 마지막 빌드를 지속적으로 제공하는 기술 혁신 때문이기도 하다. 이러한 활동들은 엔지니어가 아닌 이해관계자들을 개발 프로세스에 포함시키는 기회를 좀 더 제공한다. 또한 품질은 '테스트' 어쩌구가 붙은 직책을 가진 엔지니어만의 영역이 아니라 모두의 책임이라는 생각이 성숙됐기 때문이기도 하다.

SET의 미래

간단히 말해 미래에 SET는 없다고 생각한다. SET는 개발자다. 구글은 그들을 개발자로서 고용하고, 개발자 기준에서 그들의 능력을 평가하며, 개발자와 SET 모두 소프트웨어 엔지니어라고 부른다. 이러한 많은 유사성은 하나의 결론을 이끌어 내는데, 그것은 개발자와 SET가 완전히 같은 직무라는 것이다.

직무 자체가 이렇다 하더라도 실제 하는 일은 다르다. 구글의 마법 공식은 SET가 수행하는 업무다. SET는 테스트 가능성, 신뢰성, 디버깅 등에 관한 기능을 제공한다.

UI이나 기능적 컴포넌트의 기능이라고 생각해보면 SET는 이러한 기능들에 대한 책임을 갖는 개발자인 것이다. 이것이 우리가 생각하는 구글 및 다른 성숙한 미래의 다른 소프트웨어 회사들에서 발생할 직무의 진화이며, 테스트 개발을 단순히 기능이 아닌 중요한 내용으로 취급하는 길인 것이다.

사실 이것이 현재 상태에서 문제가 있는 프로세스의 한 부분이다. 모든 사용자 접근 기능을 제품 매니저[PM]가 관리하고, SWE가 만든다. 이러한 기능들의 코드들은 잘 정의된 자동화 업무 흐름에 따라 추적되고, 관리되고, 유지 보수된다. 하지만 테스트 코드는 TE가 관리하고 SET가 만든다. 왜 그럴까? 이건 그동안 직책에 따른 관습적인 형태 때문이다. 하지만 진화는 정점에 이르렀고, 테스트 코드를 중요 산출물로 다룰 시대가 도래했다. 이제는 이것을 PM이 관리하게 하고, 소프트웨어 엔지니어인 SWE가 만들어야 한다.

어떤 SWE가 최고의 SET를 만들고, 신뢰 있는 품질 기능을 가지며, 그들의 업무를 진지하게 받아들이는가? SET라는 직책을 이미 갖고 있는 구글 같은 회사에서는 모든 SET를 SWE로 쉽게 바꿀 수 있고, 이미 그렇게 해왔다. 하지만 이는 차선책에 불과하다. 모든 SWE는 품질 기능들을 책임져야 할 의무를 가짐으로써 이득을 얻어야 한다.[1] 하지만 이것을 단순히 적용하는 것은 실용적이지 못하다(다른 말로 구글스럽지 못하다). 대신에 테스팅 기능의 소유권을 새로운 팀 멤버, 특히 신입들에게 준다.

여기에 우리만의 이유가 있다. 테스팅 기능은 제품 전체를 관통한다. 그렇기 때문에 개발자들이 제품을 인터페이스에서 API까지 배워야 테스팅 기능 개발에 관여한다. 제품을 깊게 파고들어 그 설계와 아키텍처를 빨리 배우는 방법은 무엇일까? 테스트 기능(처음부터 만들고, 수정하고, 유지 보수할 기능)의 담당자가 되는 것이 모든 팀의 모든 개발자에게 완벽한 시작점이 된다. 그리고 시작 프로젝트로도 매우 좋다고 말하고 싶다. 새로운 멤버가 오면 기존의 테스트 개발자들은 기능 개발로 옮겨 새로운 엔지니어에게 길을 터준다. 신입 엔지니어들은 시간이 지남에 따라 능력이 좋아지고, 품질을 진지하게 다루게 된다.

대학을 졸업하고 고용된 신입 개발자들은 시작하기 좋은 곳으로 테스트 개발을 찾는다. 전체 프로젝트를 이해할 수 있는 기회뿐만 아니라, 많은 테스트 코드들

---

1. 구글은 서비스 신뢰성 엔지니어(SRE, Service Reliability Engineers)를 위한 미션 컨트롤이라는 프로그램을 갖고 있다. SRE의 6개월 프로그램을 완료한 SWE는 상당량의 보너스와 미션 컨트롤 구글이라고 각인된 배지가 있는 가죽 재킷을 받는다.

이 사용되는 것은 아니기 때문에 압박을 덜 수 있고, 사용자가 직면할 버그에 대한 잠재적인 부담(나중에라도 느낄)을 덜 수 있다.

단일 직무 모델과 구글의 현재 모델의 기본적인 차이점은 테스팅 전문가가 SWE 사이에 균등하게 분산돼 있는가, 아니면 반대로 SET라는 것에 집중돼 있는가 에 있다. 이것은 SET 병목현상을 없앰으로써 얻는 아주 큰 생산성 부여의 차이가 있다. 게다가 직무의 이름이 다르지 않은 엔지니어가 함께 일함으로써 테스트에서 기능 개발 혹은 그 반대로 이동하는 데 대한 편견이나 오명이 없다는 장점이 있다. 단일 제품, 단일 팀, 단일 직무인 것이다.

TE의 미래

좋은 테스트 엔지니어에 대한 필요성은 커진 적이 없었지만, 우리는 그 필요성이 이미 정점을 쳤고, 굉장히 빠르게 줄어든다고 믿고 있다. 사실은 TE가 전통적으로 수행했던 테스트 케이스 생성, 실행, 회귀 테스팅의 많은 일들이 좀 더 완전해졌고, 효율적인 형식으로 사용 가능해졌기 때문이다.

소프트웨어 출시 방법에 관한 기술 향상을 통해 이렇게 다양한 기회가 제공된 다. 주간, 월간 빌드와 공들인 통합 과정의 날들을 돌이켜보면 가능한 한 최대로 사용자처럼 행동해 버그를 발견해 주는 테스터가 중요했었다. 제품을 수백만의 사 용자들에게 출시하고 나면 문제를 추적하기 힘들고, 제품을 업데이트하기 힘들기 때문에 출시되기 전에 버그를 발견해야 한다. 더 늦어져서는 안 된다.

웹을 통해 소프트웨어를 제공한다는 의미는 몇몇 선택된 사용자에게 출시해 피드백을 얻은 후에 업데이트를 빠르게 수행할 수 있음을 의미한다. 개발자와 사용 자 사이의 의사소통이나 협업에 대한 경계가 사라진다. 몇 달씩 가던 버그가 몇 분 만에 제거된다. 이것은 더 나은 소프트웨어 출시와 더 나은 사용자 피드백의 경우로, 이를 통해 빌드, (개밥 먹기 사용자들dog fooders, 신뢰 테스터들, 얼리 어답터들 혹은 실제 사용자에게) 출시, 수정, 그리고 빠른 재출시를 통해 많은 사용자들이 버그들에 대해 알 수조차도 없다. 이러한 절차에서 전문 TE 팀이 정확히 어디에 있어야 하는 가? 사용자 경험은 그들이 이전에 겪었던 것보다 훨씬 덜 고통스럽게 변했으므로, 이제는 우리의 테스팅 자원을 적절하게 조정할 때다.

핵심은 여기에 있다. 다음 중 누가 소프트웨어를 테스트하게 할 것인가? 중요한 버그를 발견해 주리라는 희망하에 예상되는 실제 사용 방법을 수행하기 위해 열심히 노력하는 비싸게 고용한 탐색적 테스팅 전문가인가 아니면 실제 버그를 찾고 보고하게 장려된 많은 실사용자들인가? 출시 초기에 이슈를 보고하는 실제 사용자에게 접근하는 것은 결코 쉽진 않았지만, 일별/시간별 업데이트를 통해 이러한 사용자들이 겪게 되는 실제 위험은 최소화됐다.

우리가 생각하기에 테스트 엔지니어링은 테스트 설계 역할로 변화해야 한다. 소규모의 테스트 디자이너들은 테스팅 서피스, 위험 온도 맵과 애플리케이션 투어를 빨리 만들어낸다(3장 참조). 그리고 나서 개밥 먹기 사용자들, 신뢰 테스터들, 얼리 어댑터들, 크라우드 테스터들이 피드백을 주면 TE는 커버리지를 확인하고 리스크 영향을 계산하고, 그 경향이 줄어들고 있음을 확인하고, 테스팅 활동을 적절히 조정한다. 또한 테스트 설계자들은 보안, 개인 정보 보호, 성능, 탐색 테스팅 등에 관련된 전문가들이 어디에 필요한지 밝혀내 인력을 바로 투입하게 도움을 줄 수 있다.

들어오는 데이터를 수집 분석하기 위한 툴을 생성하거나 도입하는 업무도 필요하다. 이러한 업무들은 테스트 생성도 없고, 테스트 수행도 없고, 실제 테스팅 자체가 없다. '없다'라는 것은 너무 강력한 표현일지도 모르겠지만, 여하튼 그러한 업무들이 매우 최소화된다. 이 역할은 이제 공짜로 제공되는 테스트 자원에 관한 설계, 조직, 관리를 하는 것이 필요하다.

우리가 생각하기에 TE는 보안 전문가와 같은 역할을 갖거나 다른 이들이 수행하던 테스팅 활동의 관리자가 될 것이다. 이러한 역할은 많은 전문지식을 요구하는 어려운 고참급 역할이다. 현재의 TE 역할보다는 훨씬 봉급이 많을 것이긴 하지만, 현재 필요한 인원보다는 훨씬 적은 소수의 인원만 필요하게 될 것이다.

테스트 디렉터와 매니저의 미래

TE와 SET의 역할 변화의 따라 테스트 디렉터와 매니저 혹은 임원까지 포함해 그들의 미래는 어떻게 될 것인가? 그들 중 기술적 우위를 가진 아주 소수의 사람들만 뛰어난 엔지니어로서 독립적인 역할을 갖게 될 것이다. 그들은 느슨하게 연결된 TE와 품질에 집중하는 SWE 사이의 리더이자 코디네이터로서 살아가게 될 것이지만, 궁극적으로 품질이나 특정 프로젝트에 책임을 지지는 않는다. 테스트 활동은 사람들이 작업하고 있는 실제 제품에 책임을 지고 있고, 제품 출시나 다른 엔지니어링 절차와 관련 없는 중앙화된 조직에 대해서는 책임을 지지 않는다.

테스트 인프라스트럭처의 미래

놀랍겠지만 구글의 테스트 인프라스트럭처는 여전히 클라이언트 기반일 것이다. 소스코드 트리에 존재해 빌드되고 셸 스크립트를 통해 지정된 가상머신들로 배포되는 자바나 파이썬으로 작성된 셀레니엄과 웹드라이버 테스트가 여전히 많이 있다. 이러한 테스트 드라이버들은 네이티브 운영체제의 애플리케이션에서 코드를 실행해 자바 기반의 테스트 로직을 브라우저에 삽입한다. 이러한 방법이 잘 쓰이곤 있긴 하지만, 테스트 생성과 수행에 많은 사람과 인프라스트럭처가 필요하기 때문에 전체적으로 다시 만들 필요가 있다. 인프라스트럭처를 테스팅하는 것은 결국 클라우드로 이동하게 돼 있다. 테스트 케이스 저장소, 테스트 코드 에디터, 레코더, 테스트 수행, 디버깅들은 웹사이트 내부나 브라우저 익스텐션 안에서 작동될 것이다. 테스트 저작, 수행, 디버깅은 애플리케이션과 같은 언어와 컨텍스트를 사용할 때 가장 효율적이다. 최근에 구글이나 다른 많은 프로젝트에서는 이러한 경향이 웹 애플리케이션에서 더 뚜렷하다. 네이티브 안드로이드나 iOS 애플리케이션과 같은 웹이 아닌 프로젝트들을 위해, 웹 대상 테스트 프레임워크의 적용을 이용한 웹으로 주도될 것이다. 그 예로 네이티브 드라이버[2]는 웹으로 먼저 이동하며, 네이티브가 그 다음이다.

프로젝트와 테스팅이 이러한 '빠른 실패' 환경에서 나타나거나 사라질 필요가 있는 것처럼, 더 적은 수의 내부, 커스텀 테스트 프레임워크와 지정된 테스트 실행 머신이 있을 것이다. 테스트 개발자는 오픈소스 프로젝트에 많은 영향력과 공헌을

---

2. 구글 테스팅 블로그는 네이티브 드라이버에 대해 다음 링크에서 포스팅했다.
   http://google-opensource.blogspot.com/ 2011/06/introducing-native-driver.html

할 것이고, 그것들을 개선하며, 공유된 클라우드 컴퓨팅 자원에서 실행할 것이다. 셀레니엄과 웹드라이버는 커뮤니티에서 관리되고, 회사에 의해 스폰을 받는 인프라스트럭처 개발로 모델을 설정했다. 이러한 프로젝트들에 더 많은 것들이 있으며, 오픈 테스트 프레임워크, 오픈 버그, 이슈 트랙킹 시스템, 소스 컨트롤 등의 긴밀한 통합이 있을 것이다.

테스트 데이터, 테스트 케이스, 테스트 인프라스트럭처를 공유하는 것은 모든 것을 비밀로 하거나 소유할 때 예상되던 이익을 포기해도 좋을 만큼의 가치가 있을 것이다. 비밀이면서 소유된 테스팅 인프라스트럭처라는 뜻은 그것이 비싸고, 천천히 움직이며, 같은 회사에서조차도 프로젝트에 따라 재사용이 힘들다는 의미다. 미래의 테스터는 가능한 한 많은 코드와 테스트, 버그 데이터를 공유할 것이고, 커뮤니티에서 들어오는 새로운 형태의 클라우드 기반의 테스팅과 테스트 생성, 그리고 사용자들의 좋은 의도들이 모든 것을 숨겼을 때 얻었던 이득보다 더 나을 것이다.

고품질의 제품과 빠른 릴리스 사이클을 유지하면서 테스팅 비용을 절약하고, 테스트 인프라스트럭처를 개발자에 좀 더 가시적으로 제공하고, 무엇보다도 프로젝트 레벨의 테스트 개발자가 인프라스트럭처가 아닌 테스트 커버리지에 집중할 수 있게 하기 위해서는 좀 더 오픈된 클라우드 기반이어야 한다.

결론

우리가 알고 사랑하는 테스팅의 마지막은 이해하기 어려운 메시지다. 이것은 현재 상황에 의해 정의된 커리어를 갖는 사람들에게는 훨씬 더 어려울 것이다. 하지만 애자일 방법론, 연속적 빌드, 초기 사용자 참여, 크라우드 기반 테스팅, 소프트웨어 온라인 출시들을 사용한다고 하더라도 소프트웨어 개발 문제가 원천적으로 변한 것은 아니라는 데 아무도 이의가 없다. 수십 년된 테스팅 교리에 얽매이는 것은 무책임한 처사다.

이러한 변화는 구글의 모든 사람들이 알고 있지는 못하지만, 이미 구글에서는 잘 진행 중이다. 중앙화된 테스팅의 엔지니어, 매니저, 디렉터는 좀 더 프로젝트에 집중된 팀과 책임자로 분산되고 있다. 이러한 변화는 그들을 좀 더 빨리 움직이게 하고, 테스트 절차에서 관심을 분리시키고, 좀 더 제품 자체에 집중하게 한다. 구글러로서 우리는 이러한 변화가 다른 회사보다는 아주 조금 빠르다는 것을 알고 있다. 세상의 모든 테스터가 이러한 새로운 현실에 조만간 적응하게 될 것이다. 동떨어지지 않는 테스터로 남기 위해서는 이러한 변화를 껴안고 주도해야 한다.

크롬OS 테스트 계획

상태: 초안

(연락처 chromeos-te@google.com)

저자: jarbon@google.com

개요

- **리스크 기반** 크롬OS는 테스트 할 범위가 넓고, 커스터마이즈된 브라우저가 다양하며, 애플리케이션 관리자의 사용자 경험^{UX}, 펌웨어, 하드웨어, 네트워킹, 사용자 데이터 동기화, 자동 업데이트, 그리고 제조회사^{OEM}에 따른 하드웨어의 물리적 특성에 커스터마이즈돼야 하는 특징을 갖고 있다. 이러한 테스팅 관련 문제를 일관성 있게 해결하기 위해 리스크 기반의 테스트 전략을 수립한다. 즉, 팀은 시스템의 가장 위험한 영역에 중점을 두고 목록을 만들어가며, 단위 테스트와 개발 팀의 코드 품질에 많은 의존을 하며, 제품의 전체 품질을 높일 수 있는 강력한 기반을 형성한다.

- **하드웨어 테스트 매트릭스 자동화** 다양한 하드웨어가 주어지고 연속적으로 발생하는 각 OS 빌드마다 전체 하드웨어 매트릭스에 따라 테스트를 수행해 오류를 식별하는 것은 매우 중요하고, 특정 소프트웨어, 하드웨어 또는 특정 환경에서 발생하는 이슈들을 분리하는 데 도움이 된다(예를 들면 "브라우저 빌드X가 무선 환경에 있는 HP 하드웨어에서만 테스트가 실패한다."와 같이 이슈들을 분리한다).

- **빠른 이터레이션 가능** 크롬OS의 일정은 도전적이므로 가능한 한 빨리 버그를 식별하고 특정 재현 조건을 분리하는 것이 매우 중요하다. 우선 버그가 소스 트리

안으로 들어가는 것을 피하기 위해 모든 테스트는 개발자의 로컬 워크스테이션에서 수행할 수 있어야 하고, 속도를 높이기 위해 거대한 자동화 매트릭스는 회귀 테스트와는 분리돼 수행된다.

- **공개 툴과 테스트** 주어진 크로미엄 OS^Chromium OS가 갖고 있는 오픈소스 특성과 OEM 파트너의 품질 요구에 부합하기 위해 테스트 팀은 툴과 테스트, 자동화 등이 외부에 공유돼 실행될 수 있게 모든 노력을 기울여야 한다.

- **크롬OS 기본 브라우저 플랫폼** 크롬 브라우저 테스트 팀은 기본 플랫폼으로 크롬 OS에 중점을 두는 것으로 전환하고 있다. 테스트 가능성, 자동화 등에 대해 크롬 OS가 첫 번째가 되고, 다른 플랫폼은 그 다음이 된다. 이는 크롬OS에서 크롬 브라우저가 매우 중요한 역할을 함을 의미한다. 크롬 브라우저는 UX이자 OS 안에 있는 모든 것을 대표하며, 하드웨어는 기능을 지원하기 위해 존재한다. 크롬 브라우저의 품질은 크롬OS보다 높아야 한다.

- **테스트는 데이터를 전달한다** 테스트 팀의 목표가 품질을 보증하는 것도 아니고 그렇게 할 수도 없다. 품질은 프로젝트의 모든 분야와 외부 OEM, 오픈소스 프로젝트 등을 포함해 이야기해야 한다. 테스트 팀의 목표는 리스크를 완화시키고 가능한 한 많은 이슈와 버그를 찾아내고 측정 기준을 제공하고, 좀 더 큰 팀의 기능적 리스크에 대한 일반적인 평가를 하는 것이다. 테스트, 개발, 프로그램 관리자^PM, 그리고 서드파티는 크롬OS의 품질에 강한 영향을 주며, 의견을 낼 수 있다.

- **테스트 가능성(testability)과 상승 효과** 테스트 가능성은 특히 구글 앱스^Google apps 팀, 외부 서드파티, 심지어는 내부적으로 지금까지 이슈가 돼 왔다. 접근 권한을 가진 테스트 팀 파트너, 안드로이드, 웹드라이버 팀은 테스트 가능성을 가속화하고 크롬을 공식적으로 크롬OS에서 지원되게 한다. 이렇게 하면 구글 앱스 팀의 팀 내에서 테스트 자동화 생산성이 증가한다. 이는 또한 크롬이 궁극적으로 서드파티 웹 페이지의 다른 애플리케이션들을 테스팅할 수 있는 이상적인 플랫폼이 될 수 있게 한다.

리스크 분석

테스트 팀은 기능적 리스크 분석을 도출하기 위해 다음을 마음속의 목표로 갖는다.

- 반드시 제품의 품질 리스크를 이해한다.
- 반드시 테스트 팀은 항상 주어진 시간 내에서 가장 높은 투자 대비 수익ROI을 낼 수 있는 행동에 초점을 맞춘다.
- 반드시 신규 품질을 평가할 수 있거나 제품이 개선되고 새로운 데이터가 생김에 따라 새롭게 발생하는 리스크 데이터를 평가할 수 있는 프레임워크가 있어야 한다.

리스크 분석은 단순히 이미 알려진 기능들과 제품의 역량에 대해 나열한다. 테스트 팀은 고객과 사업에 미칠 결과의 심각성과 조합된 실패의 가능성과 노출 빈도 등을 따져서 내재돼 있는 리스크를 절대적으로 평가한다. 따라서 기존 테스트 케이스, 자동화, 사용성 테스팅, OEM 테스팅 등과 같은 완화 계획을 통해서 알려진 리스크를 줄일 수 있게 한다. 모든 컴포넌트는 위험도에 따라 순위를 부여하고, 이 영역들에 대해 테스트 케이스 개발, 자동화, 프로세스 등을 어떻게 적용할 것인지를 작성한다.

결론은 제품의 위험이 무엇인지를 알고 있고, 제품의 리스크를 제거하기 위해 자원을 들이고 방법론을 적용하는 것이다.

빌드 베이스라인에 따른 테스트

모든 연속적 빌드는 빌드봇Buildbot을 통해 개발 단위 테스트와 함께 다음의 테스팅을 한다.

- 스모크 테스트(P0 자동화)
- 성능 테스트

매일 마지막으로 성공한 테스트

매일 테스팅을 마지막으로 성공했다고 알려진[LKG, last known good] 연속적 빌드에 대해 다음을 수행한다.

- 기능적 인수 테스트에 대한 수동 검증(이는 하루에 한 가지 하드웨어 종류로 제한될 수 있다)을 한다.
- 기능에 대한 회귀 테스트 자동화를 수행한다.
- 최상위 웹 앱에 대한 연속적인 테스트는 일일 빌드에 따라 자동화 테스트와 수동 테스트 모두 규칙적으로 시작한다.
- 스트레스, 장시간 테스트, 안전성 테스트는 규칙적으로 수행한다. 이슈가 나타나지 않을 때까지 일일 빌드 기반으로 테스트를 다시 수행하고, 주 단위 수행으로 옮겨간다.
- 연속적인 수동 탐색적 테스팅과 투어 테스팅을 수행한다.
- 테스트 자동화는 자동 업데이트한다.

릴리스에 따른 테스팅

모든 채널에 대한 모든 '릴리스 후보'를 빌드한다.

- **사이트 호환성** 크롬 브라우저 테스트 팀은 크롬OS의 상위 100개 사이트를 검증한다.
- **시나리오 검증** 파트너 또는 조약에 따라 크롬OS 빌드에 대해 일반적으로 주어지는 데모(최대 2~3개의 데모)의 시나리오를 검증한다.
- **P0 버그 검증** 수정된 모든 P0 버그에 대해 검증한다. 마지막 릴리스 기간 이후에는 모든 P1 버그의 80%를 검증한다.
- **최고의 스트레스와 안전성 테스트 수행** 스트레스와 안전성 테스트를 수행한다.
- **크롬OS 수동 테스트 케이스** 모든 크롬OS 수동 테스트 케이스를 수행해야 한다 (다른 하드웨어로 테스트들을 분할할 수 있다).

수동 테스트와 자동화 테스트

수동 테스트는 중요하다. 특히 프로젝트의 초기에 UX와 다른 기능들이 빠르게 발전하고 테스트할 수 있게 만드는 작업과 자동화가 진행 중일 때 중요하다. 크롬OS의 핵심 가치가 단순성이기 때문에 수동 테스트는 매우 중요하며, UX는 사용자에게 직관적이고 즐거움을 줘야 한다. 기계로는 절대 이를 테스트할 수 없기 때문이다.

자동화는 장기간 시험과 테스트 팀의 효율성과 회귀 테스트에 대한 경비 역할로서 매우 중요하다. 브라우저 안에서 자동화가 가능하면 우선순위가 높은 다수의 수동 테스트와 ROI가 높은 테스트 또한 자동화될 수 있다.

개발과 테스트 품질 초점

개발 팀은 테스트 팀보다 상대적으로 그 규모가 크며, 컴포넌트와 CL의 기술적 상세 사항에 대해 좀 더 통찰력이 있다. 우리는 개발 팀이 좀 더 풍부한 단위 테스트와 주요 부분에 집중한 시스템 테스트를 오토테스트Autotest를 통해 추가해주길 원한다.

테스트 팀은 엔드 투 엔드 테스트와 테스트 시나리오의 통합, 사용자에게 노출된 기능과 컴포넌트 간의 상호작용, 안전성, 대규모 테스팅과 보고에 좀 더 중점을 둔다.

릴리스 채널

기꺼이 피드백을 제공하고 여러 개의 다른 '채널'을 통해서 사용자들에게 다양한 등급을 제공한 핵심 크롬 브라우저 팀의 성공에서 배운 교훈을 적용해야 한다. 다양한 채널을 통해 품질에 대한 확신을 단계적으로 증가시켜 가는 일을 진행한다. 이는 google.com의 '플라이팅flighting'을 흉내 낸 것인데, 대규모 배포 전에 실사용 조건을 여러 단계로 테스트해볼 수 있게 함으로써 제품의 리스크를 완화시킨다.

사용자 입력

품질에 있어 사용자 입력은 매우 중요하다. 사용자가 적극적인 피드백을 주고 그들의 데이터를 조직화하기 쉽게 해야 한다.

- **구글 피드백 확장(Google Feedback Extension)** 이 확장은 사용자가 어떤 URL에서든 포인트 앤 클릭을 할 수 있게 함으로써 분석과 피드백을 클러스트링 할 수 있는 대시보드를 제공한다. 테스트 팀은 구글 피드백을 크롬OS에 통합 가능하게 지원했고 크롬UX에 확장했다.

- **알려진 버그 확장/HUD** 프로젝트 작업 또는 환경에 있어 신뢰할 만한 사용자들을 대상으로 OS의 버그를 모아두기 쉬워야 하고, 크롬OS 브라우저에서 직접, 기존 버그를 보기가 쉬워야 한다. 장기적으로 이 프로젝트와 품질 데이터는 좀 더 일반적인 목표인 '헤드업 디스플레이' 프로젝트로 발전하게 된다. 비표준화된 하드웨어와 가속화에 대한 지원을 포함해 구글러들에게 공격적으로 자료를 제공한다.

테스트 케이스 저장소

- **수동 테스트 케이스** 모든 수동 테스트 케이스는 테스트 스크라이브^{TestScribe}에 저장된다. 그리고 나서 사람들은 code.google.com의 테스트 케이스 저장소에서 작업한다.

- **자동화된 테스트 케이스** 모든 내용이 오토테스트^{Autotest}의 형식에 맞춰 트리 구조로 저장된다. 모든 것은 버전화되고, 공유되고, 테스트 대상 코드와 함께 위치한다.

테스트 대시보드

많은 양의 데이터를 빠르게 퍼트릴 필요가 있을 때 테스트 팀은 세세한 품질 기준을 대시보드화하기 위해 자원을 투자한다. 이렇게 해서 고수준의 품질 평가(녹색과 붉은색 신호등)를 제공하고, 수동과 자동 테스트 수행 결과를 모으고, 실패 정보에 대해 깊게 파헤칠 수 있게 한다.

가상화

초기에 크롬OS 이미지의 가상화를 지원하는 것이 중요하다. 이는 물리적 하드웨어에 대한 의존성을 없애고, 이미지를 만드는 작업을 가속화하며, 셀레니엄과 웹드라이버를 이용한 회귀 테스트를 지원하고, 크롬OS 테스트를 지원하고 워크스테이션에서 직접 개발을 가능하게 지원한다.

성능

빠른 성능은 크롬OS의 핵심 요소이고, 많은 개발 팀에 분산된 큰 프로젝트다. 테스트 팀은 수행, 보고, 랩 성능 측정 결과의 경향 측정을 돕는 데 목적을 두지만, 직접적으로 성능 테스팅을 개발하는 데 초점을 두진 않는다.

스트레스, 장시간 수행, 안전성

테스트 팀은 장시간 수행하는 테스트 케이스를 만들고 랩에 있는 물리적 하드웨어에서 테스트 케이스를 수행하는 데 초점을 둔다. 그리고 플랫폼을 통해 오류 주입을 추가한다.

테스트 수행 프레임워크(Autotest)

테스트 팀과 개발 팀은 테스트 자동화의 핵심 테스트 프레임워크가 오토테스트 Autotest라는 의견 일치를 봤다. 오토테스트는 리눅스 커뮤니티를 통해 입증됐고, 다수의 내부 프로젝트에서 사용됐으며, 오픈소스다. 오토테스트는 로컬과 분산 수행 환경을 지원한다. 오토테스트는 웹드라이버와 다른 서드파티 테스트 하니스test harness들과 같은 다른 기능적 테스트 하니스를 모두 감싸 테스트 수행, 분배, 보고에 대해 단일화된 인터페이스를 제공한다. 핵심 테스트 툴 팀이 윈도우나 맥을 지원하기 위해 오토테스트를 추가하는 데 투자하는 건 흥미로운 일이다.

OEM

OEM은 크롬OS 빌드에 대한 품질에 핵심 역할을 한다. 테스트 팀과 개발 팀은 관련 매뉴얼을 조달하기 위해 작업하고, OEM에 대한 자동화된 테스트 케이스들을 만들어서 하드웨어와 빌드에 대한 품질을 측정한다. 테스트 팀은 또한 최상위 OEM과 밀접하게 작업해 가능한 한 빨리 문제를 발견하거나 OEM 특정 이슈들을 발견하기 위해 매일 테스트를 수행해 하드웨어 가변성을 검사한다.

하드웨어 랩

하드웨어 랩은 다양한 넷북과 전원, 유무선 네트워킹, 상태 대시보드, 전원 관리, 무선과 같이 테스팅과 직접적인 관련이 있는 몇 가지 특화된 인프라스트럭처를 이용해 공통 서비스를 제공하는 디바이스들을 지원하기 위해 필요하다. 랩의 장비들은 HIVE 인프라스트럭처에 의해 광범위하게 관리된다.

E2E 팜 자동화

테스트 팀은 하드웨어와 소프트웨어로 커다란 매트릭스를 구성하고, 그에 따른 테스트 수행 및 보고를 하기 위해 넷북으로 꽉 찬 팜^{farm}을 만든다. 이러한 팜은 현지 랩의 접근성을 확보하기 위해 마운틴 뷰, 커크랜드, 하이데라바드 지역에 마련돼 있고, 거의 24시간 계속되는 테스트 수행과 디버깅을 제공한다.

브라우저 앱매니저 테스팅

크롬OS의 핵심 브라우저는 크롬OS에 특화된 UX와 기능을 가진 크롬의 리눅스 버전이다. 많은 핵심 렌더링 및 기능은 동일하지만, 핵심 브라우저와 크롬OS 버전에는 몇 가지 중요한 차이점이 있다. 예를 들면 핀으로 고정된 탭, 다운로드 관리자, 앱 런처, 플랫폼 제어 UX, 무선 등등이다.

- 크롬OS는 핵심 크롬 브라우저의 수동 테스트와 자동화 테스트를 위한 첫 번째 플랫폼이다.

- 핵심 브라우저 팀은 어떠한 빌드의 브라우저도 통합하게 결정했다(품질과 크롬OS 기능에 기반을 두고).

- 각 크롬OS의 릴리스 후보들에 대해 핵심 브라우저 팀이 일반적인 사이트의 매트릭스(앱) 호환성 테스트(상위 300 사이트)를 크롬OS에서 수행한다(현재는 실제 동작하는 사이트에 대해서 수동 테스트만 존재한다).

- 사이트(앱) 호환성 테스트는 웹드라이버를 이용해서 일부 자동화돼 있고, 빌드봇이나 정규 랩 수행에 통합돼 있다. 주요 크롬OS 특정 문제들에 대해 '이른 경고' 신호를 제공한다.

- 브라우저에서 크롬OS와 관련된 기능과 앱 관리자에 초점을 둔 수동 테스트 스위트는 협력업체 팀이 개발하고 수행한다.

- API가 구현되는 동안 크롬OS의 수동 테스트 스위트는 협력업체에 의해 자동화된다.

- 크롬OS의 크롬봇Chromebot은 단지 웹 앱이 아닌 크롬OS의 특화 기능을 다양한 리눅스와 크롬OS상에서 수행해야 한다.

- 수동으로 수행하는 탐색적 테스팅은 단순성, 기능성, 사용성 등과 같은 최종 사용자 중심의 이슈를 찾는 데 가치를 둔다.

브라우저의 테스트 가능성

브라우저는 핵심 UX와 사용자에게 크롬OS의 기능적 관점을 제공한다. 브라우저 UX^{BrowserUX}는 많은 부분이 테스트 불가능하며, 브라우저 외부에 있는 낮은 수준의 IPC AutomationProxy 인터페이스만 테스트 가능하다. 크롬OS에서 웹 앱, 크롬 UX와 기능 테스팅을 단일화하고, 낮은 레벨의 시스템 테스트를 시작한다. 우린 또한 크롬이 웹 앱을 테스트하기 가장 좋은 브라우저임을 확신하길 원하고, 외부 웹 개발 팀이 크롬 플랫폼을 제일 먼저 테스트하도록 권장한다. 최종적으로 다음과 같이 테스트를 구성한다.

- **크롬OS에 대한 셀레니엄과 웹드라이버 포트** 이는 웹 앱을 위한 핵심 테스트 프레임워크 드라이버다. 크롬 브라우저와 OS 테스트 팀은 앱 팀과 외부 테스터들이 견고하고 테스트 가능한 인터페이스를 확보하기 위해 웹드라이버에서 크롬에 특화된 부분에 대한 모든 소유권을 갖고 싶어 한다.

- **자바스크립트 문서 객체 모델(DOM, Document Object Model)을 통한 크롬 UX와 기능의 노출** 이는 크롬의 UX와 기능적 측면을 웹드라이버로 테스트 가능하게 한다. 이 기능은 크롬뷰^{ChromeView}에서 셧다운, 슬립, 사람들이 접근하는 것과 동일한 방법 등을 사용할 수 있다.

- **고수준 스크립팅** 웹드라이버로 작업하는 사람들은 기본 웹드라이버 API를 순수 자바스크립트에 확장해 종국에는 고수준의 기록/재생과 매개변수화된 스크립트 형태로 확장하고 싶어 한다(예를 들면 'Google Search <용어>'). 이는 UX가 빠르게 변화할 때 발생하는 유지 보수 이슈 및 필요한 엘리먼트 찾기와 같이 웹드라이버를 이용한 내부와 외부의 테스트 개발 속도를 증진하게 된다.

하드웨어

크롬OS는 하드웨어 요구 사항과 다양한 OEM으로 받은 가변 항목이 있다. 물리적 하드웨어와 크롬OS 간의 통합이 잘 됐음을 확인하기 위해 핵심 OEM 플랫폼에 대한 직접적인 테스팅이 필요하다. 특히 다음을 위한 테스트를 설계해야 한다.

- **전원 관리** 전원선과 배터리 전원 주기, 실패, 하드웨어 컴포넌트의 전원 관리 등
- **하드웨어 고장** 크롬OS는 무엇을 검출하고 어떻게 복구하는가?

타임라인

2009년 4사분기
- 수동 인수 테스트가 정의되고 연속적 빌드로 수행됨
- 기본 릴리스 품질 테스팅을 정의하고 매 주요 릴리스마다 수행됨
- 기본 하드웨어 랩이 작동되기 시작 함

- 리스크 분석 완료
- 가상 이미지와 물리적 장비 이미지에 대한 지원을 분리
- 크롬OS에 대한 웹드라이버와 셀레니엄의 포트 구성
- 상위 웹 앱에 대한 몇 가지 자동화 테스트
- 개발과 테스트에 대한 테스트 하니스test harness 결정
- 크롬OS에 대한 구글피드백GoogleFeedback 통합 주도
- 핵심 테스트 팀, 사람, 프로세스 정립
- 자동화된 A/V 테스트
- 리스크 기반 계획 완료
- 수동 UX 테스팅 계획

2010년 1사분기

- 품질 대시보드
- 자동화된 자동 업데이트 테스트
- 테스트 랩에서 자동화된 성능 테스팅 지원
- 마운틴 뷰, 커크랜드, 하이데라바드에 있는 모든 랩이 작동돼 테스트 수행
- 리눅스와 크롬OS에 대한 크롬봇Chromebot
- 주요 크롬OS 기능과 UX에 대한 테스트 가능성testability 지원
- 크롬OS의 기능 회귀 테스트에 대한 자동화
- 웹 앱 셀레니엄 회귀 테스트에 크롬OS 추가
- 브라우저와 UX 테스팅을 지원하는 기록/재생 프로토타입
- 크롬싱크ChromeSync E2E 테스트 케이스 자동화
- 안전성과 오류 주입Fault-Injection 테스팅
- 직접적인 네트워킹 테스트
- 규칙적인 탐색적 수동 테스팅

2010년 2사분기

* 테스팅과 자동화를 통한 리스크 완화

2010년 3사분기

* 테스팅과 자동화를 통한 리스크 완화

2010년 4사분기

* 모든 리스트가 완화되고, 모든 내용이 자동화되고, 새로운 이슈 없음. 더 이상의
  UX나 기능적 변경 없음. 완전 종료를 위한 테스트 팀 단계적 축소

주요 테스트 드라이버

* 크롬OS 플랫폼에 대한 테스트 기술 리드
* 크롬OS 브라우저에 대한 테스트 기술 리드
* 핵심 브라우저 자동화 테크 리드
* 대시보드화와 품질 기준 적용
* 수동 인수 테스트 정의와 수행
* 수동 회귀 테스트 정의와 수행(그리고 벤더에서 그 일에 대한 팀)
* 브라우저 앱 호환, 핵심 UX, 기능성(수동)과 벤더의 팀
* 오디오와 비디오
* 안정성/오류 주입
* 접근성 테스팅
* 하드웨어 랩: 마운틴 뷰, 커크랜드, 하이데라바드
* 테스트랩 자동화
* 하드웨어 인수
* 전체 방향과 투자

관련 문서

- 리스크 분석

- 하드웨어 랩

- E2E 팜 자동화

- 가상과 물리적 장비 관리 인프라스트럭처

- 헤드 업 디스플레이^{HUD}

- 수동 인수 테스트

- 테스트 결과 대시보드

- OEM 하드웨어 품질 테스트

- 하드웨어 사용과 상태 대시보드

- 크롬OS 수동/기능 테스트 계획

크롬에 대한 테스트 투어

테스트 투어는 다음과 같다.

- 쇼핑 투어
- 학생 투어
- 국제 전화 투어
- 올빼미 투어
- 장인 투어
- 나쁜 이웃 투어
- 개인화 투어

쇼핑 투어

설명 쇼핑이란 많은 사람들의 기분 전환거리이며, 구입할 만한 새로운 제품을 발견하는 곳으로 떠나는 즐거운 여행이다. 특정 도시에서 쇼핑은 그 주된 매력 만큼 사치스러운 것이다. 홍콩에는 800개 이상의 점포를 가진 세계적 수준의 멋진 대형 쇼핑몰이 있다.

소프트웨어에서 상업적이라는 것이 이상한 것은 아니며, 많은 프로그램이 돈을 내고 구입해야 한다. 이것은 특히 추가 콘텐트를 다운로드할 수 있게 하는 요즘에는 더욱 더 그렇다. 쇼핑 투어는 사용자가 원활하고 효율적으로 제품을 구매할 수 있는 유효성을 검사하기 위해 테스트 중인 소프트웨어에 사용자들을 초대한다.

응용 크롬은 인터넷으로 들어가는 관문이므로 돈을 사용하는 데 수만 가지 방법이 있다. 모든 업체를 테스팅하는 것이 불가능하지만, 대다수의 소매상들이 접근 가능한지와 구글 스토어가 아무 문제가 없는지 확인한다. 다음은 사이트 트래픽에 기반을 둔 상위 온라인 소매상들의 리스트들이다.

- 이베이(www.eBay.com)
- 아마존(www.amazon.com)
- 시어스(www.sears.com)
- 스테이플스(www.staples.com)
- 오피스맥스(www.officemax.com)
- 메이시(www.macys.com)
- 뉴에그(www.newegg.com)
- 베스트 바이(www.bestbuy.com)

학생 투어

설명 많은 학생들이 외부에서 수학하는 기회를 통해 발전하고자 하며, 지역 자원을 이용하고 새로운 목표를 위해 그들의 전문지식 분야를 늘릴 것이다. 이러한 여행은 도서관, 자료실, 박물관 같이 여행자가 이용 가능한 모든 자원들을 다 커버한다.

　이와 비슷하게 소프트웨어에서는 많은 사람들이 새로운 기술을 내놓고, 특정 주제에 대한 이해를 늘리는 연구에 이런 기술들을 사용한다. 이러한 투어는 단지 사용자가 소프트웨어를 사용하게 하고, 정보를 구성하고 모으는 데 도움이 되는 소프트웨어 내의 모든 기능을 테스트하고 이용할 수 있게 한다.

응용 다양한 소스로부터 크롬이 얼마나 데이터를 잘 수집하고 구성하는가를 테스트한다. 예를 들어 사용자가 수십 개의 사이트에서 정보를 얻고, 이를 클라우드 기반의 문서로 통합할 수 있는가? 오프라인 콘텐츠를 효율적으로 업로드할 수 있고 사용할 수 있는가?

테스트 제안 영역

크롬에 대한 학생 투어는 다음과 같이 수행한다.

- **복사와 붙이기** 클립보드를 통해 다른 종류의 데이터를 이동 가능한가?
- **이동성** 오프라인 콘텐츠(웹 페이지, 이미지, 텍스트 등)를 클라우드로 이동 가능한가?
- **가용성** 여러 윈도우에서 여러 문서를 한 번에 열 수 있는가?
- **운반성** 다른 종류의 탭과 윈도우(일반 윈도우와 익명의 윈도우)를 넘나들며 데이터를 이동시킬 수 있는가?

국제 전화 투어

설명 여행 중에 집에다 전화를 거는 경험은 누구나 있을 것이다. 국제 전화 교환수와 환율, 신용카드 등에 대한 고려는 흥미로운 것들이다.

소프트웨어에서 사용자는 같은 기능(집에 있는 사람)을 다른 플랫폼, 다른 권한 레벨, 다른 설정에서 다뤄보길 원한다. 이 투어는 어디서 사용하든 원활하고 믿을 만한 경험을 보장하는 것에 초점을 맞춘다.

응용 윈도우, 맥, 리눅스 같은 이종 플랫폼에서 크롬을 실행하면서 일반적인 사이트를 방문하고 일반적인 기능들을 사용한다. 가능하다면 같은 플랫폼에서 다른 커넥션 설정을 이용해보기도 한다.

테스트 제안 영역

크롬의 국제 전화 투어는 다음과 같이 수행한다.

- **운영체제** 윈도우, 맥, 리눅스
- **권한 레벨** 높은 무결성, 낮은 무결성
- **언어** 복잡한 언어들과 오른쪽에서 왼쪽으로 읽어야 하는 언어들
- **네트워크 옵션** 프록시, 와이파이, 유선 랜, 방화벽

랜드마크 투어

설명 프로세스는 간단하다. 가고자 하는 방향에서 랜드마크(나무, 바위, 절벽 등)를 찾을 나침반을 사용해서 랜드마크를 향해 나아가고, 찾고 나면 다음 랜드마크를 찾아 나가는 것을 계속하는 것이다. 모든 랜드마크가 같은 방향에 있는 한 산 속에서 길을 잃어도 찾아갈 수 있을 것이다. 탐색적 테스팅을 하는 사람들에게 랜드마크 투어는 숲을 관통하듯이 소프트웨어에 랜드마크를 설정하고 그 방향으로 나간다는 점에서 비슷하다고 할 수 있다.

응용 크롬에서 이 투어는 하나의 랜드마크에서 다른 것으로 얼마나 쉽게 찾아갈 수 있는지를 보여준다. 사용자가 다른 브라우저 창, 첨부 파일 열기, 설정 등과 같은 랜드마크를 획득할 수 있는지 검증하라.

크롬에서 제안하는 랜드마크

크롬의 랜드마크 투어는 다음과 같이 수행한다.

- **브라우저 창** 웹을 브라우징하기 위한 메인 브라우저 윈도우다.
- **시크릿 창** 기록이 남지 않게 아무도 모르게 웹을 사용하는 데 필요한 시크릿 창이다. 트레이드마크인 스파이 cloak-and-dagger 캐릭터가 왼쪽 위 코너에 나타나서 사용자가 시크릿 창을 이용하고 있음을 알려준다.
- **콤팩트 내비게이션 바** 메뉴에서 사용 가능한 브라우저 윈도우인데, 탭 타이틀 바에 검색 상자가 붙어 있다. 특정 크롬 버전에서만 가능하다.
- **다운로드 매니저** 다운로드 매니저는 사용자가 다운로드한 콘텐츠 목록을 보여준다.
- **북마크 매니저** 북마크 매니저는 사용자의 즐겨찾기를 보여주고 즐겨 찾기 페이지를 열어주는 전체 화면 윈도우다.
- **개발자 툴** 개발자 툴에는 작업 관리자, 자바스크립트 콘솔 등이 있다.
- **설정** 크롬의 오른쪽 위 모서리의 스패너 아이콘을 선택해 나오는 메뉴에서 설정을 선택할 수 있다.

- **테마 페이지** 사용자가 크롬OS의 외관을 바꿀 수 있는 페이지다.

올빼미 투어

설명 얼마나 멀리 갈 수 있는가? 올빼미 투어는 관광지에서 다음 관광지로 조금만 쉬거나 아예 쉬지 않고 여행하는 것을 말한다. 이러한 투어는 체력을 테스트한다. 얼마나 버틸 수 있는가? 모든 올빼미 여행자들이 살아남을 수 있을까?

소프트웨어에서 이 투어는 테스트 중인 제품이 얼마나 긴 시간 동안 제품의 기능을 사용할 수 있는지 알아본다. 핵심은 어느 것도 멈춰지지 않고 하나의 긴 사용자 경험을 계속하는 것이다. 이 투어는 오랜 시간 사용할 때만 발견되는 버그를 찾아낼 수 있게 해준다.

응용(크롬) 매우 많은 탭을 열고, 많은 익스텐션들을 설치하고, 테마를 변경하고, 하나의 세션에서 오랫동안 브라우징한다. 탭이나 윈도우의 사용이 끝났다고 해서 닫지 말고, 계속 콘텐트를 열어보면 된다. 이 투어가 며칠 이상이 걸린다면 크롬을 밤새 열어놓고 다음날까지 투어를 계속한다.

테스트 제안 영역

크롬의 올빼미 투어는 다음과 같이 수행한다.

- **탭과 윈도우** 많은 수의 탭과 윈도우를 연다.
- **확장(extension)** 많은 확장을 추가하고 계속 실행한다.
- **지속시간** 오랜 시간 동안 열어 놓은 채 둔다.

장인 투어

설명 어떤 이들이 즐거운 여행을 하는 동안, 어떤 이들은 비즈니스를 위해 여행한다. 장인 투어는 여행자들이 새로운 목적지에서 얼마나 쉽게 비즈니스를 수행할 수 있는가를 측정한다. 그곳에 로컬 벤더가 있는가? 그곳에서 사업을 시작하려면 얼마나 번거로운 절차를 거쳐야 하는가?

소프트웨어에서 이 투어는 얼마나 쉽게 사용자들이 테스트 중인 소프트웨어의 툴을 사용해 콘텐츠를 개발할 수 있는가를 살펴본다. 로컬 벤더와 번거로운 절차 대신 사용자는 소프트웨어가 애플리케이션에게 얼마나 많은 툴을 제공하고 얼마나 쉽게 콘텐츠를 가져오고 내보낼 수 있는지를 살펴본다.

응용 크롬은 온라인 콘텐츠를 테스트하고 실행하는 자바스크립트 개발자들과 웹 개발자들을 위한 알맞은 툴들을 제공한다. 이 투어를 이용해 툴들을 확인하고, 샘플 스크립트를 생성하고 온라인 콘텐츠를 테스트하라.

크롬의 툴

크롬의 장인 투어는 다음과 같이 수행한다.

- **개발자 툴** 페이지 엘리먼트, 자원, 스크립트와 자원 트래킹을 할 수 있는 페이지를 살펴보자.
- **자바스크립트 콘솔** 콘솔의 자바스크립트가 제대로 실행되는가?
- **소스코드 보기** 코드의 색이 보기 쉽게 돼 있고, 다른 도움말들 역시 읽기 쉽고 관련된 섹션들을 쉽게 찾아볼 수 있게 돼 있는가?
- **작업 관리자** 프로세스 목록이 제대로 돼 있고, 웹 페이지가 얼마나 많은 자원을 소모하고 있는지 쉽게 볼 수 있는가?

나쁜 이웃 투어

설명 모든 도시에는 나쁜 이웃들과 우범 지역이 있어서 여행자들은 이러한 곳을 피해야 한다. 소프트웨어에선 많은 버그를 내뱉는 부분을 나쁜 이웃이라고 한다.

응용 크롬은 빠르고 단순화된 웹 브라우징에 포커스를 맞췄지만, 무거운 콘텐츠는 다루기 어려웠다. 크롬이 처음 배포됐을 때 유튜브 비디오가 제대로 재생되지 않는다고 보고됐고, 그 이후의 많은 어려운 문제들을 해결했지만, 무거운 콘텐츠는 여전히 문제다.

크롬OS에서의 나쁜 이웃

크롬의 나쁜 이웃 투어는 다음과 같이 수행한다.

- **온라인 비디오** Hulu, 유튜브, ABC, NBC, 전체 화면 모드, 고해상도
- **플래시 기반 콘텐츠** 게임, 광고, 프레젠테이션
- **확장** 무거운 확장 테스트
- **자바 애플릿** 자바 애플릿이 잘 실행되는지 검증하라. 야후 게임즈는 자바 애플릿을 쓰는 좋은 예다.
- **O3D** 구글만의 O3D로 작성된 콘텐츠를 검증하라. 예를 들어 지메일에서 O3D를 사용한 화상 통화 같은 것이 있다.
- **다중 인스턴스** 다른 탭과 윈도우에서 무거운 콘텐츠를 실행해 다중 인스턴스를 테스트하라.

개인화 투어

설명 개인화 투어는 여행자가 그들의 여행에 대해서 많은 것들을 선택할 수 있다는 것을 보여준다. 개인화의 대상은 새 선글라스, 렌트 카, 가이드 고용, 쇼핑 등 모든 것을 포함한다. 소프트웨어에서는 사용자가 소프트웨어를 그들이 원하는 대로 커스터마이징할 수 있는 다양한 방법을 살펴보는 것이다.

응용 테마, 익스텐션, 북마크, 설정, 숏컷, 프로파일 등을 통해 사용자의 입맛에 맞게 크롬을 커스터마이징하는 여러 가지 방법들을 살펴본다.

크롬을 커스트마이즈하는 방법

크롬의 개인화 투어는 다음과 같이 수행한다.

- **테마** 크롬OS의 외관을 커스터마이징할 수 있는 테마를 사용하자.
- **확장** 크롬의 기능과 외관 확장을 다운로드해 설치하자.
- **크롬 설정** 크롬 설정을 바꿔서 사용자 인터페이스를 커스터마이징하자.

- **프로파일 분리** 하나의 사용자에게 설정한 설정이 다른 계정에 영향을 미치지 않는지 검증하자.

툴과 코드에 대한 블로그 포스트

부록 C에서는 구글 테스팅 블로그에 포스팅 된 몇 가지 내용들을 소개한다.

버그와 중복 노동을 없애기 위한 BITE의 사용

2011년 10월 12일 9:21 오전, 수요일

http://googletesting.blogspot.com/2011/10/take-bite-out-of-bugs-andredundant.html

조 앨런 무하스키

웹이 점점 더 효율적이 되면서 웹사이트에 대한 버그를 정리하는 프로세스는 지루하고 수동적인 일로 남아있다. 예를 들면 이슈를 찾고 여러분의 버그 시스템 창을 띄우자. 문제에 기본적으로 입력해야 할 내용을 채워라. 브라우저로 다시 돌아가서 스크린 샷을 만들고, 그걸 이슈에 붙여라. 그리고 거기에 설명을 더 적어 넣어라. 전체 프로세스는 하나의 컨텍스트 스위칭이다. 버그를 정리하는 데 사용하는 툴부터 문제 영역을 하이라이트시키고 정보를 모으는 툴까지, 테스터로서 여러분의 집중력 대부분을 테스트하고자 하는 그 애플리케이션이 아닌 부가적인 일에 신경을 쓰게 한다.

BITE^{Browser Integrated Testing Environment}, 테스팅 환경 통합 브라우저는 크롬에서 확장(http://code.google.com/chrome/extensions/index.html)해 사용할 수 있는 오픈소스 프로젝트로, 수동 웹 테스팅을 돕기 위해 만들어졌다(그림 C.1 참조).

그림 C.1 크롬 브라우저에 추가된 BITE 확장 메뉴

이 확장^{extension}을 사용하려면 버그에 대한 정보와 시스템에 대한 테스트를 제
공하는 서버가 서로 링크 돼야 한다. 그러고 나면 BITE는 관련된 템플릿을 사용해
웹사이트 환경에서 버그를 정리할 수 있는 기능을 제공한다. 버그를 정리할 때
BITE는 스크린 샷, 링크, 문제가 있는 UI 엘리먼트를 자동으로 수집하고 버그에
그 내용을 첨부한다(그림 C.2 참조).

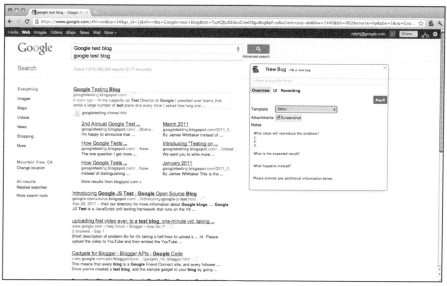

그림 C.2 BITE 확장을 통한 버그 정리 인터페이스

이는 문제에 대한 실제 원인과 행동 요소들을 결정할 수 있는 풍부한 정보를
제공해 개발자들이 버그를 수정할 수 있게 한다.

버그 재현을 위해서 테스터는 문제가 발생한 경로를 정확히 기록하고 기억해
야 한다. 하지만 BITE가 있으면 페이지에서 취한 테스터의 모든 행동은 자바스크
립트로 기록되고, 이후에 다시 재생할 수 있다. 이는 특정 환경에서 어느 시점에
버그가 만들어졌는지를 빠르게 알 수 있게 하거나, 문제 해결을 위해 코드의 어느
부분을 변경해야 하는지를 빠르게 결정할 수 있게 한다.

BITE는 또한 수동 테스트를 하면서 사용자가 취한 행동을 자동화시킨 기록/재
생 콘솔을 갖고 있다. BITE 기록처럼 RPF 콘솔은 나중에 당신이 취한 행동을 재생
할 수 있게 자바스크립트를 자동으로 작성한다. 그리고 BITE의 기록/재생 메커니
즘은 오류에 대비해 작성돼 있다. UI 자동화 테스트가 때때로 실패할 수 있는데,
그런 경우 제품 이슈라기보다는 테스트 이슈인 경우가 많다. 이러한 부분을 방지하
기 위해 BITE 재생이 실패했을 때 테스터는 해당 페이지에서 동일 행동을 반복해
저장된 내용을 실시간으로 수정할 수 있다. 코드를 수정하거나 실패한 테스트를
보고할 필요는 없다. 클릭해야 할 버튼을 찾는 데 실패한 스크립트가 있다면 다시

클릭하기만 하면 된다. 그러면 스크립트가 수정될 것이다. 코드를 건드릴 필요가 있는 경우 인라인 에디터인 Ace(http://ace.ajax.org/)를 사용해 여러분들이 작성한 자바스크립트를 실시간으로 수정할 수 있다.

http://code.google.com/p/biteproject에서 BITE 프로젝트 페이지를 확인해보자. 피드백을 주고 싶다면 언제든 bite-feedback@google.com로 보내주기 바란다.

웹 테스팅 기술 팀의 조 앨런 무하스키Joe Allan Muharsky가 포스팅함(제이슨 스트레드윅Jason Stredwick, 줄리 랄프Julie Ralph, 포 후Po Hu, 리차트 부스타만테Richard Bustamante는 이 제품을 만든 팀의 멤버들이다)

퀄리티 봇 풀어 놓기

2011년 10월 06일 1:52 오후, 목요일

http://googletesting.blogspot.com/2011/10/unleash-qualitybots.html

리차드 부스타만테

당신은 크롬 업데이트가 안정된 채널 릴리스에 도달하기 전에 당신의 웹사이트를 깨뜨리는지 알고 싶은 웹사이트 개발자인가? 당신의 웹사이트가 크롬의 모든 채널에서 어떻게 나타나는지를 비교하기 위한 가장 쉬운 방법을 찾고 있는가? 이제 그렇게 할 수 있다!

퀄리티 봇Quality Bots(http://code.google.com/p/qualitybots/)은 웹 개발자를 위해 구글의 웹 테스팅 팀이 만든 새로운 오픈소스 툴이다. 이는 픽셀 기반의 DOM 분석을 사용해 여러 크롬 채널들에서 보이는 웹 페이지를 검사하는 비교 툴이다. 크롬의 새 버전이 나오면 퀄리티 봇은 잘못된 내용을 조기에 알려주는 경고 시스템 역할을 한다. 게다가 개발자들이 크롬 채널을 통해 자신의 페이지들이 어떻게 보이는지를 빠르고 쉽게 알 수 있도록 도와준다.

퀄리티 봇의 프론트엔드는 구글 앱 엔진(http://code.google.com/appengine/) 위에서 만들어졌으며, 웹 페이지를 긁어모으는 백엔드는 아마존 EC2로 만들어졌다. 공개 웹 페이지를 크롬의 여러 버전으로 긁어모으기 위해 퀄리티 봇을 이용해서 가상 장비를 운영하려면 아마존 EC2 계정이 필요하다. 툴은 사용자가 로그온할 수 있는 웹 프론트엔드를 제공하고 수집하고 싶은 URL들을 요청하고, 대시보드(그림 C.3 참조)에서 최근에 수행한 결과를 보고 페이지의 어떤 엘리먼트들이 문제를 일으키는지에 대한 상세한 정보를 차례로 보여준다.

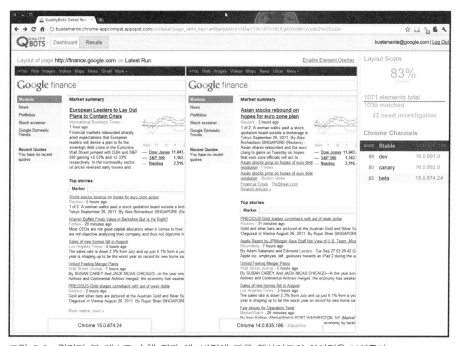

그림 C.3   퀄리티 봇 테스트 수행 결과 예. 버전에 따른 웹사이트의 차이점을 보여준다.

개발자와 테스터들은 많은 양의 변화로 인해 주목해야 할 부분들을 크롬 채널에서 찾고 각 페이지를 렌더링할 때 안전하게 무시해도 될 만한 페이지들을 식별하기 위해 이 결과를 사용한다(그림 C.4 참조). 아무것도 변하지 않았을 때 사이트에 대한 지루한 호환성 테스팅 수행 여부 및 시간 소모를 줄여준다.

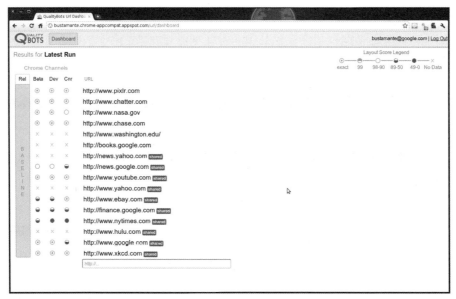

그림 C.4 다양한 크롬 버전에서 테스트된 웹사이트의 범위를 보여주는 크롬의 퀄리티 봇 대시보드

흥미 있는 웹사이트 개발자들이 좀 더 깊이 있게 살펴보길 바라며, 퀄리티 봇 프로젝트 페이지(http://code.google.com/p/qualitybots/)에서 함께 프로젝트에 참여하기를 희망한다. 피드백은 언제든지 환영이며, qualitybots-discuss@googlegroups.com로 보내주길 바란다.

웹 테스팅 기술 팀의 이브라힘 엘 파[Ibrahim El Far]가 포스팅함(에리얼 토마스[Eriel Thomas], 제이슨 스트레드윅[Jason Stredwick], 리차드 부스타만테[Richard Bustamante], 테야스 샤[Tejas Shah]는 이 제품을 만든 팀의 멤버다)

RPF: 구글의 기록/재생 프레임워크

2011년 11월 17일 5:26 오전, 목요일

http://googletesting.blogspot.com/2011/11/rpf-googles-record-playbackframework.html

제이슨 아본(Jason Arbon)

GTAC(http://www.gtac.biz/)에서 사람들은 내게 기록/재생 프레임워크[RPF]가 브라우저 통합 테스트 환경[BITE](http://googletesting.blogspot.com/2011/10/takebite- out-of-bugs-andredundant.html)에서 잘 동작하는지를 물어봤다. 원래 이에 대해 회의적이었지만, 누군가는 시도해봐야겠다고 생각했다. 다음은 RPF의 품질을 측정하기 시작한 방법에 대한 입증되지 않은 데이터와 배경이다. 아이디어는 사용자가 브라우저에서 애플리케이션을 사용하게 하고, 그들의 행동을 기록하고, 내용을 자바스크립트로 저장해서 재현 또는 회귀 테스트 시에 그걸 사용하자는 것이었다. 대부분의 테스트 툴들이 그렇듯이, 특히 코드를 생성하는 것들은 시간을 많이 쓰지만 완벽하진 않다. 포후[Po Hu]는 동작하는 초기 버전을 만들어서 실제 제품에서 이 테스트를 할 수 있는지 판단했다. RPF의 개발자인 포는 크롬 웹 스토어 팀과 함께 작업을 해서 초기 버전이 그들에게 어떤 작용을 하는가를 지켜봤다. 왜 크롬 웹 스토어(https://chrome. google.com/webstore/)를 이용했을까? 이 웹사이트는 데이터 주도 UX가 많고, 인증, 파일 업로드 기능이 있고, 사이트는 항상 변하며, 셀레니엄 스크립트가 잘 동작하지 않는다(http://Seleniumhq.org/). 매우 어려운 웹 테스팅 문제였다.

크롬 웹 스토어 테스트 개발자 웬시 리우[Wensi Liu]와 내용을 공유하기 전에 우리는 스스로 영리한 행동이었다고 생각하는 무엇인가를 했다. 바로 퍼지 매칭과 테스트 스크립트의 인라인 업데이트였다. 셀레니엄은 훌륭했지만 초기 회귀 스위트가 만들어지고 난 후 제품의 지속적인 변화에 따라 많은 팀이 결국에는 셀레니엄 테스트의 간단한 유지 보수에 많은 시간을 소비해야 했다. 기존 셀레니엄을 이용한 자동화처럼 특정 엘리먼트가 발견되지 않을 때 단순히 실패 여부만 알려준 후 개발자가 자바 코드를 업데이트하고 재배포한 뒤 다시 수행하고 테스트 코드를 재검토하는 수동 DOM 익스펙션을 수행하기보다는 테스트 스크립트가 지속적으로 동작하고 단순한 클릭만으로 코드 업데이트가 이뤄지면 어떨까? 우리는 엘리먼트에 기록돼 있는 모든 속성을 지속적으로 추적했다. 또한 수행할 때 기록된 속성 및 그에 따른 값과, 수행 동안 그것들이 발견될 적합한 확률을 계산했다. 오차 범위 내에서 (오직 부모 노드 또는 클래스 속성이 변화됐을 때) 매칭이 정확하지 않으면 우리는 경고를 기록하고 테스트 케이스를 계속 수행한다. 다음 테스트 단계 또한 잘 동작하면 테스트가 성공하는 동안 테스트는 계속 수행되고, 로그에는 오직 경고만을 기록한다. 디버그 모드인 경우에는 수행을 멈추고 BITE UI를 통해 매칭 룰을 선택하고 클릭하면 빠른 업데이트가 가능하기도 했다. 우리는 이런 행동이 거짓 양성의 테스트 수를 줄이고 업데이트를 좀 더 빨리 할 수 있게 한다는 점을 알아차렸다.

이 방법은 옳은 방법은 아니었지만, 좋은 방법이긴 했다!

우리는 테스터 혼자에게만 RPF를 맡긴 후 며칠 후 그와 이야기를 했다. 그는 이미 RPF에서 셀레니엄 스위트를 거의 모두 다시 만들었고, 제품의 변경으로 인해서 테스트는 깨지고 있었다(그것은 구글에서 개발자의 변경 속도를 맞추기 위한 테스터의 고된 삶이다). 그는 기뻐보였으므로, 우리는 곧 이 환상적인 퍼지 매칭이 동작하는지 아닌지를 그에게 물었다. 웬시^{Wensi}는 좋아하면서 "오 그래요? 전 모르겠는데요. 전 사실 사용하지 않았……"다고 대답했다. 우리는 업데이트 UX가 혼돈을 주거나 주목할 만한 효과를 주지 못했거나 또는 깨져버렸는지에 대해 생각하기 시작했다. 대신 웬시는 테스트에 문제가 생겼을 때 스크립트를 다시 기록하기 훨씬 쉬웠다고 이야기했다. 그는 어떤 방식으로든 제품을 다시 테스트해야 했었는데, 잘 동작하는지를 수동으로 검증할 때 기존 테스트를 삭제하고 기록하는 기능을 켜서 스크립트를 새로 저장하고 이후 재생하는 편이 나았다고 했다.

RPF를 사용한 첫 주에 웬시가 발견한 내용은 다음과 같았다.

- 웹 스토어에 있는 기능의 77%는 RPF로 테스트 가능하다.
- RPF의 초기 버전을 통해 회귀 테스트 스크립트를 생성하는 것은 셀레니엄/웹드라이버를 통해 생성하는 것보다 약 8배 정도 빠르다.
- RPF 스크립트는 6개의 기능적 회귀 테스트 문제를 발견하고 간간이 발생하는 많은 서버 문제를 발견한다.
- 로그인과 같은 공통 설정 루틴은 재사용을 위해서 모듈로 저장돼야 한다(이 기능을 임시로 만든 버전은 후에 곧 동작했다).
- RPF는 클라이언트 측 바이너리가 필요하기 때문에 셀레니엄이 실행되지 않는 크롬OS에서 동작한다. RPF는 순수한 클라우드 솔루션이었기 때문에 동작했고, 브라우저 전체적으로 동작하는 데 무리가 없었으며, 웹의 백엔드와 통신한다.
- BITE를 통해 모아진 버그들은 간단한 링크를 제공하는데, 개발자의 장비에 BITE를 설치하고 개발자 자리에서 버그를 재현할 수 있다. 재현 경로를 수동으로 수행

할 필요가 없다. 정말 멋진 기능이다.

- 웬시는 RPF가 다른 브라우저에서도 동작하기를 희망했다. RPF는 오직 크롬에서 만 동작했지만, 사람들은 종종 크롬이 아닌 다른 브라우저로 사이트를 방문하기 때문이다.

어쨌든 우리는 좀 더 흥미로운 무엇인가를 하고 있다는 점을 깨닫고 개발을 계속했다. 하지만 머지않아 크롬 웹 스토어 테스팅은 셀레니엄을 사용하는 것으로 다시 돌아갔다. 마지막 23%의 기능인 파일 업로드와 체크아웃 시나리오를 안정시 키기 위해 몇 가지 로컬 자바 코드가 필요했기 때문이다. 지나고 나서 보니 서버에 서 제공하는 테스트 가능성을 이용해 클라이언트에서 몇 가지 에이작스AJAX 호출을 함으로써 이를 해결할 수 있었다.

우리는 RPF가 대표 웹사이트들에 대해 고루 잘 동작하는지 검사를 시작했다. 이는 BITE 프로젝트 위키에 공유돼 있다(https://docs.google.com/spreadsheet/ccc?key= 0AsbIZrIYVyF0dEJGQV91WW9McW1fMjItRmhzcWkyanc#gid=6). 몇 가지 수정 사항이 있어 내용이 조금 업데이트됐지만, 무엇 때문에 동작하지 않는지는 알 수 있게 해줄 것이 다. 이 시점에서 알파 품질을 고려해야 한다. 대부분의 시나리오에서 동작하지만, 그래도 몇 가지 심각한 경우가 여전히 있기 마련이다.

조 앨런 무하스키Joe Allan Muharsky는 개발자 중심과 기능 중심적인 투박한 UX를 가진 BITE의 디자인을 직관적으로 보이게끔 했다. 조의 핵심은 방해가 되지 않는 한 필요할 때까지 UX를 유지하면서, 가능한 한 직접 발견하고 찾기 쉽게 사용성을 유지하는 것이었다. 우리는 아직까지 정식적인 사용성 연구를 하지 않았지만, 최소 한의 지침을 가지고 이러한 툴들을 사용해 본 외부 테스터들과 많은 실험을 해봤다. 뿐만 아니라 구글 지도Google Map에 대한 버그를 찾는 개밥 먹기 테스터들과도 시행 해봤다. RPF의 몇 가지 부분에는 어색한 이스터 에그가 숨겨져 있지만, 기본적인 기록과 재생 시나리오는 누가 보아도 명확하다.

RPF는 실험을 위주로 하는 테스트 팀의 손을 떠나 크롬 팀에 정식으로 인도됐 고, 정기 회귀 테스트에 사용된다. 팀은 또한 코딩을 할 수 없는 사람들을 항상 주시했고, 외부 테스터들은 BITE/RPF를 통해 회귀 테스트 스크립트를 생성한다.

누구든 BITE/RPF(http://code.google.com/p/bite-project/)의 유지 보수를 위해 함께 해주길 바라고, 구글도 앞으로 이 작업을 이끌어갈 포 후[Po Hu]와 조엘 히노스키[Joel Hynoski]에게 잘해줘야 한다.

구글 테스트 분석기 – 현재 오픈소스

2011년 10월 19일 1:03 오후, 수요일

http://googletesting.blogspot.com/2011/10/google-test-analytics-now-inopen.Html

짐 리어돈(Jim Reardon)

테스트 계획은 쓸모없다!

희망스럽게도 지난 주 스타 웨스트[STAR West] 세션에서 제임스 휘태커는 테스트 계획에 대해 테스트 전문가 그룹에게 물었다. 그의 첫 번째 질문은 "얼마나 많은 분들이 테스트 계획을 작성하나요?" 방안에 있는 대부분인 약 80명 정도가 손을 들었다. "한 주 정도가 지난 후에 얼마나 많은 분들이 테스트 계획에서 가치를 얻거나 참고를 하나요?" 정확히 3명이 손을 들었다. 프로젝트의 모든 내용을 장황하고 상세한 화려한 문장을 이용해서 문서를 작성하는 데 많은 시간을 소비하면 매우 빨리 포기하게 된다는 점을 모든 사람들이 안다.

구글에서 우리 그룹은 테스트 계획을 대체할 수 있는 방법론을 만들기로 했다. 그것은 이해할 수 있어야 하고, 빠르며, 행동할 수 있고, 프로젝트에 지속적으로 가치를 부여해줘야 한다. 지난 몇 주 동안 제임스는 이 방법론에 대해 몇 가지 사항을 블로그에 포스트했다. 우리는 그것을 ACC[1]라 불렀다. 그것은 소프트웨어 제품을 성분으로 분해해 가는 툴이고 '10분 테스트 계획'(단지 30분 정도만 걸리는)이라 부르는 방법이다.

---

1. ACC는 속성, 컴포넌트, 역량(기능)을 의미하는 Attributes-Components-Capabilities의 약자다.
   – 옮긴이

이해 가능함

ACC 방법론은 프로젝트를 완벽하게 설명하는 측정 기준을 만든다. 구글 내부에서 관습적으로 사용해 왔던 테스트 계획을 사용함으로 인해 일부 프로젝트에서는 놓치는 커버리지 영역을 커버한다.

빠름

ACC 방법론은 빠르다. 우리는 30분 이내에 복잡한 프로젝트를 ACC를 이용해서 분해했다. 이는 기존의 테스트 계획을 작성하는 것보다 매우 빨랐다.

행동 가능함

ACC 분할의 일부분으로 작성하는 리스크는 애플리케이션의 역량을 평가한다. 이러한 가치들을 이용해서 프로젝트의 가장 위험한 리스크 영역을 보여주는 온도맵 heat map을 만들게 되고, 그 부분에 높은 품질을 가질 수 있게 많은 테스팅 시간을 쏟아야 한다.

일관된 가치

프로젝트에서 발생하는 리스크를 정량화할 수 있는 버그나 테스트 커버리지 같은 데이터 신호들을 가져와서 ACC 테스트 계획을 만들 수 있는 몇 가지 실험적인 특징을 만들었다.

ACC를 단순하게 생성할 수 있게 구글 내에서 만든 툴인 테스트 분석기Test Analytics(http://code.google.com/p/test-analytics/)를 오픈소스로 발표하게 돼 매우 기쁘게 생각한다.

테스트 분석기는 두 개의 주요 부분으로 구성돼 있는데, 다른 무엇보다도, ACC 표(그림 C.5 참조)를 한 단계씩 생성할 수 있는 툴로, 이 툴이 존재하기 전에 사용했던 구글 스프레드시트(그림 C.6 참조)보다 훨씬 빠르고 단순하다. 또한 단순한 스프레드시트(그림 C.7 참조)로는 표현하기 어렵거나 거의 불가능한 ACC 역량과 이와 관련된 리스크 분석과 표를 시각적으로 제공한다.

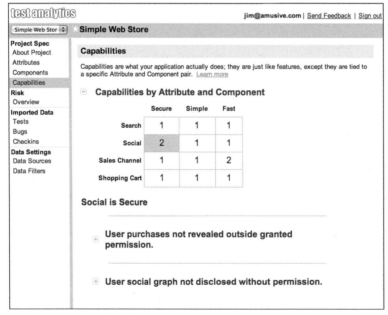

그림 C.5 테스트 분석기(Test Analytics)에서 프로젝트 속성 정의하기

그림 C.6 테스트 분석기의 프로젝트 캐퍼빌리티 표시

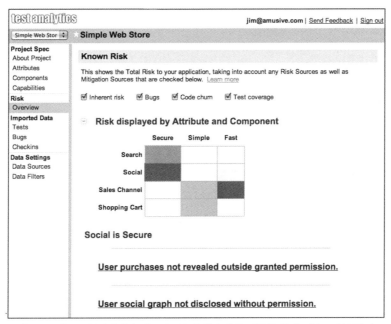

그림 C.7 테스트 분석기에서 컴포넌트와 속성의 측정 기준을 통해 리스크 보여주기

두 번째 부분은 ACC 계획을 만들고 리스크 표를 자동으로 업데이트해 살아 숨 쉬는 계획으로 만드는 점이다. 테스트 분석기는 여러분의 프로젝트에서 버그, 테스트 케이스, 테스트 결과, 그리고 코드 변경등과 같은 품질 신호들을 가져와서 이런 작업을 수행한다. 이 데이터를 가져오면서 테스트 분석기는 예측할 수도 없는 리스크를 시각화하고, 이는 정량적인 값에 기반을 두고 시각화한 내용이다. 프로젝트의 컴포넌트 또는 캐퍼빌리티(또는 기능)에 대한 많은 코드의 변경이나, 많은 버그가 계속 열린 상태로 계속 있거나 검증이 잘되지 않으면 그 영역의 리스크는 더 높게 된다. 테스트 결과는 그러한 리스크를 완화시킨다. 테스트를 수행하고 성공한 테스트 결과를 입력한다면 테스트를 수행하는 동안 해당 영역의 리스크는 낮아지게 된다.

이 부분은 아직도 실험적인 부분이다. 우리는 아직도 이러한 신호들을 기반으로 어떻게 계산을 해야만 리스크를 결정하는 가장 적절한 공식이 될지 실험하고 있다(그림 C.8 참조).

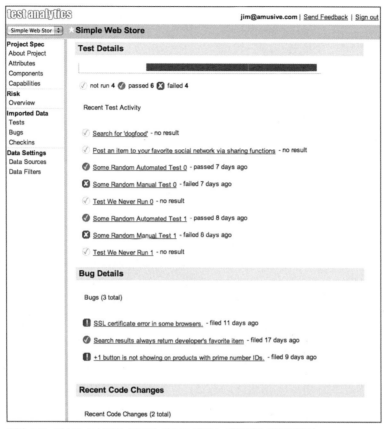

그림 C.8 테스트 분석기를 버그와 테스트 케이스 데이터에 바인딩하기

　　하지만 우리는 이 기능을 가능한 한 빨리 릴리스하길 원하고, 따라서 테스팅 커뮤니티에서 이 툴이 많은 팀들에 얼마나 잘 동작하는지에 대한 피드백을 받고 싶다. 그래야 반복적으로 툴을 개선해서 좀 더 유용하게 만들 수 있다. 좀 더 많은 품질 신호들, 코드 복잡도, 정적 코드 분석, 코드 커버리지, 외부 사용자 피드백, 그리고 테스트 계획에 필요한 좀 더 높은 레벨의 동적인 데이터들을 입력하게 하는 것도 매우 훌륭한 일이다.

　　현재 제공되는 버전(http://goo.gl/Cv2QB)을 받을 수 있고, 문서(http://code.google.com/p/test-analytics/wiki/AccExplained)와 함께 코드(http://code.google.com/p/test-analytics/)를 체크아웃할 수도 있다. 물론 피드백이 있다면 우리에게 알려주길 바란다.

토론을 위한 구글 그룹스(http://groups.google.com/group/test-analytics-discuss)가 생성 돼 있고, 여기에서 테스트 분석기^{Test Analytics}에 대한 경험을 공유하고 질문에 대한 답을 공유한다. 오래 지속되는 테스트 계획을 세우자!

찾아보기

ㅇ

베타리더 한마디

모든 회사는 에러가 적은 좋은 품질의 소프트웨어를 개발해 발표하고 싶어 하지만, 계속적인 에러 발생으로 소프트웨어 테스팅을 강화하고 있다. 이 책은 검색 서비스의 제공뿐만 아니라 안드로이드를 비롯한 다양한 소프트웨어를 개발하는 구글의 소프트웨어 테스팅에 관한 책이다. 구글은 누구나 한번 일해보고 싶어 하는 잘 나가는 회사이기에, 구글에서는 어떻게 소프트웨어를 테스트하는지 모두 궁금해 하고, 가능하면 구글의 테스트 프로세스를 도입해서 효율적인 테스트를 하고 싶을 것이다. 이 책을 읽고 구글의 프로세스를 당상 적용할 수는 없더라도 소프트웨어 개발 프로세스에 응용할 수는 있을 것이다.

― **이공선** /『The Art of Software Testing (Second Edition) 한국어판』 역자

우주정복을 목표로 하는 '구글', 구글에선 어떻게 테스팅을 하고 있을지 무척 궁금했다. 이 책은 그 궁금증을 속 시원히 풀어준다. 『소프트웨어 테스팅, 마이크로소프트에선 이렇게 한다』와는 사뭇 다른 방식으로 구글스럽게 풀어낸 책이란 생각이 든다. "사람의 직관이 필요하지 않은 것을 제외한 모든 것을 자동화하라."는 모토를 따라 각 테스트 단계마다 자연스럽게 진행되는 자동화를 통한 테스팅이 기억에 남는다. 자동화 자체가 목표가 아닌 더 좋은 품질의 서비스를 위한 테스팅 도구로서의 자동화가 완벽하게 그 역할을 다하고 있었다. 또한 테스팅 직무를 갖고 일하는 SET, TE 구글러들의 자신감과 행복감, 그리고 테스팅에 대한 전문가로서 스스로 열정을 갖고 일하는 모습이 부러웠다. 일상의 반복으로의 지루한 테스팅이 아닌, 다시금 테스팅을 하는 사람으로서의 열정을 일으켜주고, 도전케 하는 책이라 생각된다.

― **여용구** /NHN Business Platform,
『소프트웨어 테스팅, 마이크로소프트에선 이렇게 한다』 역자

모바일이 대세인 요즘 소프트웨어 개발에서 속도는 더욱 더 중요한 요소일 것이다. 구글이 이런 시대의 트렌드에 뒤처지지 않고, 오히려 더욱 성장할 수 있었던 비밀이 이 책에 담겨 있다. 세계 IT 기업 중 최고라 자부하는 거대 기업에서 벤처 기업과 같은 속도로 개발 프로세스를 진행하는 것은 놀라운 일이다. 이 책을 통해 매우 빠르게 릴리스가 진행되면서도 높은 수준의 품질을 유지할 수 있는 전략과 팁들을 이 책을 통해 얻을 수 있다. 그리고 세계 최고의 품질 전문가들이 품질 향상을 위해 노력한 고민의 흔적들과 아이디어도 배울 수 있다.

– 황영석 /NHN Business Platform

품질 관리는 향기다. 매력적인 냄새를 풍기지만 손에 잡히지 않는다. 그리고 항상 테스트는 투자 순위에서 뒤로 밀린다. 의식주가 먼저이듯 품질은 테스트가 아니라 개발의 핵심적인 요소라는 통찰은 강렬하다. 특히 최고의 소프트웨어 기업인 구글이 이러한 깨달음을 심각하게 받아들이고 SET와 TE라는 역할을 부여했다는 점, 그리고 크고 작은 모든 개발 회사에 동기부여를 할 수 있다는 점에서 이 책은 가치가 있다.

– 류정욱 /『성공적인 웹 프로그래밍(PHP와 MySQL)』 역자

구글은 소프트웨어를 어떻게 테스트하는가
구글의 테스팅 문화와 기법에 관한 인사이드 스토리

발 행 | 2013년 3월 22일

지은이 | 제임스 휘태커 • 제이슨 아본 • 제프 카롤로
옮긴이 | 제갈호준 • 이주형

펴낸이 | 권 성 준
편집장 | 황 영 주
편 집 | 김 진 아
          임 지 원
디자인 | 윤 서 빈

에이콘출판주식회사
서울특별시 양천구 국회대로 287 (목동 802-7) 2층 (07967)
전화 02-2653-7600, 팩스 02-2653-0433
www.acornpub.co.kr / editor@acornpub.co.kr

이 도서의 국립중앙도서관 출판시도서목록(CIP)은 서지정보유통지원시스템 홈페이지(http://seoji.nl.go.kr)와
국가자료공동목록시스템(http://www.nl.go.kr/kolisnet)에서 이용하실 수 있습니다.(CIP제어번호: CIP 2013001447)

책값은 뒤표지에 있습니다.